微服务架构深度解析

原理、实践与进阶

王佩华◎编著

电子工业出版社
Publishing House of Electronics Industry
北京·BEIJING

内 容 简 介

在当今的数字化经济时代，微服务架构已经成为公司业务构建的主流架构模式，代表了未来的技术发展趋势，同时微服务也成为开发者的必备技能。

本书从微服务架构的设计理念和方法论切入，从不同角度全面介绍微服务特性、使用场景、组织流程、构建交互、部署交付等软件工程各个关键环节和核心要素，既包含了具体微服务技术的源码解读、原理分析，也加入了作者在电信、金融领域积累的真实案例和实践经验。

全书分为原理篇、实践篇、进阶篇。原理篇涵盖微服务的概念、采用前提、领域驱动设计、DevOps；实践篇对 Spring Boot、Spring Cloud 治理框架、系统集成、微服务数据架构、微服务交付、微服务的监控等重要技术话题展开深入讲解；进阶篇主要介绍函数式编程及响应式微服务架构、Kubernetes、云原生架构生态。

本书不仅适合初学者深入理解微服务架构，也可以作为团队管理者或者架构师进阶微服务架构的技术参考手册。

未经许可，不得以任何方式复制或抄袭本书之部分或全部内容。
版权所有，侵权必究。

图书在版编目（CIP）数据

微服务架构深度解析：原理、实践与进阶 / 王佩华编著. —北京：电子工业出版社，2021.6
（深入理解精品）
ISBN 978-7-121-41238-7

Ⅰ. ①微… Ⅱ. ①王… Ⅲ. ①网络服务器 Ⅳ. ①TP368.5

中国版本图书馆 CIP 数据核字（2021）第 097840 号

责任编辑：董　英
印　　刷：三河市君旺印务有限公司
装　　订：三河市君旺印务有限公司
出版发行：电子工业出版社
　　　　　北京市海淀区万寿路 173 信箱　　邮编：100036
开　　本：787×980　1/16　　印张：36.25　　字数：829.4 千字
版　　次：2021 年 6 月第 1 版
印　　次：2021 年 6 月第 1 次印刷
印　　数：3500 册　定价：118.00 元

凡所购买电子工业出版社图书有缺损问题，请向购买书店调换。若书店售缺，请与本社发行部联系，联系及邮购电话：（010）88254888，88258888。
质量投诉请发邮件至 zlts@phei.com.cn，盗版侵权举报请发邮件至 dbqq@phei.com.cn。
本书咨询联系方式：010-51260888-819，faq@phei.com.cn。

专家力荐

微服务化是近年来系统架构领域的一场重要变革，本书作者不仅从理论上带大家理解微服务，还难能可贵地结合了自己在实际业务中的微服务落地实践。

相信这些凝结了作者智慧的宝贵经验，会让有志于此领域的读者受益良多。

——祁宁　SegmentFault 社区 CTO，Typecho 作者

微服务经过了长足的发展，在每个阶段所产生的信息都很多。在信息爆炸的当今，找到一本将信息梳理得井井有条的好书，是提升学习效率的最佳途径。

本书层次分明，分为原理篇、实践篇和进阶篇，适用于广泛的人群。理论篇对新手入门非常友好，实践篇非常适合在工作中解决实际问题的开发者，进阶篇则面向响应式编程和云原生架构，是高手的必备技能。

——张亮　Apache Member，ShardingSphere PMC Chair

本书讲解了微服务架构落地过程中的领域驱动设计、服务注册与发现、负载均衡、限流熔断、网关和微服务监控等实战技巧，并从 Service Mesh、Serverless、云原生等视角讲解了未来微服务

架构的走向。本书值得一读，读者必定能从中取长补短，构建或补充自己的微服务架构知识体系。

——许进　《重新定义 Spring Cloud 实战》作者，
Spring Cloud 中国社区（spring cloud.cn）创始人

本书结构清晰，从原理、实践、进阶三个方面对微服务架构进行深度解析。涵盖内容丰富，从领域驱动设计到微服务治理，从 Spring Cloud 生态到响应式微服务架构体系建设。如果你正在进行 Java 微服务架构设计，或者正打算快速学习基于 Spring Cloud 的微服务架构，本书将为你节省许多宝贵时间。

——黄勇　《架构探险》作者，阿里巴巴前高级架构师

佩华的新书内容覆盖面非常广。从分布式系统到微服务架构，从 Spring Boot 到 Spring Cloud 的各种组件，从 Docker 到 Kubernetes，从领域驱动设计到响应式编程和云原生开发，都有作者很多独到的见解。致力于微服务开发的工程师从中汲取并归纳为自己的知识，真是再好不过了。

——梁鑫　SIA 开源项目创始人，互联网金融公司高级架构师

本书深入浅出地讲解了微服务的前生今世，包含了丰富的实践经验，对微服务架构进行了全面的解构，无论是广度还是深度都颇为经典，个人觉得踩坑复盘经验最为珍贵，也是国内微服务方面少有的能够写这么详细的图书。

——耿航　中国电子技术标准化研究院木兰开源社区运营负责人

本书对微服务的理论和实践，都进行了由浅入深的剖析，同时从技术体系的纵深出发，对微服务架构的技术栈进行逐一拆解，指导实践落地。对于初识微服务的同学，可以较快地理解微服务，包括理念、概念、架构思想、边界等，在结合实践的同时快速上手微服务架构；对于资深的微服务玩家，这是一个完整的、体系化的复盘和总结，对于微服务架构的利与弊、架构处理的平衡都进行了详细的分解与剖析，有助于推动读者对架构演进的思考。

——张真　百信银行首席架构师

在云原生时代，微服务架构是企业 PaaS 化演进及中台建设的必备技能。本书系统性地解析了微服务架构领域相关的理论知识、实践落地经验及技术发展趋势，可以帮助微服务相关人员构建知行合一的能力，对设计开发分布式应用系统有很好的指导作用，也是技术管理者技术选型的参考书。

——向江旭　美的集团 IoT 技术副总裁兼首席技术官

微服务是当前软件开发的发展趋势，越来越多的系统采用微服务方式构建。作者基于十余年的经验积累，深入浅出地介绍了微服务系统的原理、模式、最佳实践，为我们构建微服务系统提供了非常有价值的指引和参考。我向大家推荐这本书。

——高崇　伦敦证券交易所集团高级技术专家

本书中的内容来源于作者多年的工作积累和实践总结，从理论到实践再到进阶，以全方位递进的方式对微服务的设计和应用进行了解读，能够让大家在日常开发工作中少走弯路，有很强的指导意义。

——王新栋　极客时间《OAuth 2.0 实战》专栏作者，京东技术专家

前　言

当前，微服务架构在国内正处于蓬勃发展的阶段，无论是大型互联网公司还是传统的 IT 企业，纷纷采用微服务架构构建系统。在过去几年里，DevOps、云原生、面向演进式架构等理念已经深入人心，围绕微服务生态也出现了大量的组件、框架、工具，这很好地支撑了海量的数据增长和用户业务需求的快速变化。本书将从微服务理论开始介绍，结合作者多年的工作经验，深入讲解分布式系统和微服务架构，从而帮助技术人员切实掌握微服务架构技术。

缘起

"物之所至者，志亦至焉；志之所至者，礼亦至焉；礼之所至者，乐亦至焉；乐之所至者，哀亦至焉。"

——楚简《民之父母》

2008 年，在一次软件架构设计高端课程中，有人将中国传统的"五至"与软件工程做了形象的类比，提到从事软件开发工作的工程师要"以物为本"。这次课程学习让我印象深刻，也让刚刚从事软件开发工作的我第一次对"架构"这个词有了直观而深刻的认识，这次课程学习成了我后来的架构师之路的灯塔。

在"五至"中，对"物、志、礼"进行了明确的排序：先有物，而后有志，最后有礼，所以重点是"物"。我们把这种思想对应到软件工程的项目实践中，可以这样理解：物就是最终的交付物，即软件产品；志对应项目的利益相关人；而礼则对应项目的过程管理。这样的排序不无道理，在项目实践过程中，应该以最终的交付物为中心，所以我们必须重视架构设计，只有经过完善的架构设计，才能呈现最好的软件产品。在项目的初期就要做好架构设计，达到"物之所至"；协调项目的利益相关方，达成共识，达到"志亦至焉"；在项目的进行过程中，做好项目管理和流程监控，达到"礼亦至焉"。

由上可知，软件架构是决定软件工程成败的首要因素，架构之道就是面对不同的问题域找到最佳的技术实现方案。在软件工程中，技术架构同时受到组织、流程管理的影响，然而软件产品最终能否成功仍然需要"以物为本"。

与时俱进

纵观计算机产业，过去的半个世纪，遵从摩尔定律的规律，计算力一直保持着大跨度的提高。1956 年，英特尔创始人戈登·摩尔提出，集成电路的集成度每两年会翻一番；而后这个周期缩短到 18 个月，微处理器的性能每隔 18 个月提高 1 倍。然而，硅芯片已逼近物理和经济成本上的极限，许多专业人士纷纷预测，摩尔定律在不久的将来会失效。界时，我们会面临 CPU 性能提升放缓，计算力增长势微的局面。同时云计算、大数据、物联网、边缘计算、人工智能等技术的进一步成熟所产生的海量数据，却加大了对后端数据中心计算力的需求。

数字化经济的快速发展和云计算给底层 IT 系统带来的巨大变革正是当下微服务架构快速发展的时代背景。Gartner 预计，从 2018 年到 2022 年，PaaS 将成为未来的主流平台交付模式，而 PaaS 平台需要更加灵活的云原生应用架构做技术支撑，微服务架构正是云原生架构落地的关键技术。

正所谓"大道至简"，微服务本身是一个化繁为简的过程，它采用细粒度的分布式架构模式，通过系统化的思考方式，将纷繁复杂的业务逻辑映射到底层技术。在软件构建方面，微服务倾向于使用面向服务和领域驱动设计（Domain Driven Design）的方法论，将现实中的问题投影到对象的世界。"抽象、分解、扩展、复用"是常见的微服务构建系统的内功心法。然而软件开发没有"银弹"，架构设计还要从使用、性能、成本、效率、团队、收益等多方面权衡（Trade-off），进行综合考虑。

微服务架构的目标是，将业务与技术的复杂度进行分离，使业务更专注于实现对客户的价值交付，而将非功能需求封装在平台或者底层 SDK 中。目前在企业的应用开发中，Spring Boot 和

Spring Cloud 平台作为微服务的技术开发框架，依然占据主流地位；而伴随容器和 Kubernetes 平台的崛起，结合自动化和 DevOps 持续交付流程，微服务可以显著提升应用交付的效率和产品的质量，此外，微服务还有如下优势：

- 更加快速地响应业务需求。
- 可提升应用的开发效率。
- 可满足对云原生的支持。
- 可满足系统的弹性、扩展性的需求。
- 容错性及生产就绪特性可保证服务的高可用。
- 有标准化的服务实现和交付方式。
- 基于"不可变基础设施"模式，可以减少环境因素的影响。
- 可提升系统性能及资源利用率。

传统粗放式的开发和运维方式将逐渐被取代，而更加高效、智能化、自动化的开发和运维方式将使每个人从中获益。当前，微服务和云原生应用架构还在快速演进之中，其间充满了机遇和挑战。作为软件从业人员，面对技术的更新迭代，我们唯有整装待发，才能与时俱进。

关于本书

本书的原理篇将深入讲解当前微服务架构的理念和方法论；实践篇主要讲解 Spring Boot 和 Spring Cloud 微服务框架体系；进阶篇关注微服务发展的技术趋势。本书既涵盖了我多年在传统电信企业中积累的分布式架构设计经验，也涵盖了互联网金融行业的前沿技术实践；本书既有我在大型项目中的经历分享和痛点复盘，也有开源软件的案例介绍，以及当下微服务技术趋势的深度剖析和预测。在本书的代码案例中，使用的是 Spring Boot 1.5.11，在进阶篇中使用了 Spring Boot 2.x，这两种版本在使用和配置方面有诸多不同，并且其中一些功能仅支持 JDK1.8 及以上版本，读者在阅读中需要注意。

内容结构

本书在结构上从 3 个层次深入解读微服务架构，希望读者能够循序渐进地深入了解微服务架构的理论及技术实践；当然，具备一定微服务架构经验的工程师也可以根据需要选择性地阅读。

- 原理篇

原理篇主要讲解微服务的概念、微服务与云原生的关系、微服务的主要特性及设计哲学、采用微服务的前提、微服务构建的理论基础及基本原则,以及领域驱动设计和微服务构建方法论、DevOps 方法论等相关知识。

- 实践篇

实践篇主要对微服务架构落地的脚手架、关键技术、系统集成、数据架构、持续交付、服务治理监控等重要技术话题展开讲解。另外,针对初学者对 Spring Boot 和 Spring Cloud 体系"入门容易、精通难"的问题,实践篇中结合框架源码详细解构了 Spring Boot 的框架底层运行机制,并具体介绍了 Spring Cloud 核心治理组件及其工作原理,还会讲解如何基于开源软件做扩展性开发。

- 进阶篇

进阶篇主要介绍函数式编程、响应式微服务架构设计原理、常用的响应式编程框架、Spring Boot 2 新特性,讲解 Kubernetes 工作原理、微服务与云原生生态的技术融合演进、微服务未来的技术发展趋势。

由于我在编写本书的同时需要兼顾工作,时间和精力有限,书中难免有不足之处,恳请广大读者批评指正。

致谢

首先感谢工作中的各位同事,感谢生活中的朋友,感谢宜信公司的高蕾涵同学,感谢电子工业出版社董英老师的鼓励和帮助,因为你们我才有动力完成这本书。最后,谨以此书献给我的妻子和家人,感谢你们对我工作的大力支持!

王佩华

读者服务

微信扫码回复：41238

- 获取本书配套资源
- 获取作者提供的各种共享文档、线上直播、技术分享等免费资源
- 加入本书读者交流群，与作者互动
- 获取博文视点学院在线课程、电子书 20 元代金券

目　录

原理篇

第 1 章　微服务概述 ... 2
1.1　微服务架构介绍 ... 3
1.1.1　背景介绍 ... 3
1.1.2　微服务的定义 ... 4
1.1.3　微服务与云原生 ... 6
1.2　微服务主要特性 ... 9
1.2.1　粒度更细的服务 ... 9
1.2.2　围绕业务划分团队 ... 10
1.2.3　技术多样性 ... 11
1.2.4　去中心化 ... 12
1.2.5　自动化运维 ... 13
1.2.6　快速演进 ... 14
1.3　架构设计哲学 ... 14
1.3.1　小即是美 ... 15
1.3.2　做好一件事 ... 16
1.3.3　快速建立原型 ... 16
1.3.4　软件的复利效应 ... 17
1.3.5　可移植性优先 ... 18
1.4　小结 ... 19

第 2 章 微服务的采用前提 20
2.1 微服务使用场景 21
2.1.1 项目复杂度 21
2.1.2 团队规模 22
2.1.3 变更频率 22
2.1.4 项目类型 23
2.1.5 遗留系统迁移 23
2.2 技术与理念 24
2.2.1 面向服务 24
2.2.2 底座技术 25
2.2.3 架构技术 26
2.2.4 服务监控与治理 28
2.2.5 容器和自动化技术 28
2.2.6 云原生 12 要素 29
2.3 康威定律 32
2.3.1 协作问题 32
2.3.2 沟通效率问题 33
2.3.3 组织的演进 33
2.4 流程管理 34
2.4.1 敏捷方法论 34
2.4.2 DevOps 转型 35
2.4.3 自动化管理工具 37
2.5 小结 37

第 3 章 微服务构建 38
3.1 领域驱动设计 39
3.1.1 领域驱动设计概述 39
3.1.2 专注问题域 42
3.1.3 服务的拆分 44
3.1.4 界限上下文 46
3.1.5 领域建模 47
3.1.6 架构设计 49
3.2 微服务化改造 51
3.2.1 技术债务 51
3.2.2 微服务化改造时机 51
3.2.3 单体架构的改造模式 51

3.3 微服务构建进阶 53
  3.3.1 软件构建 53
  3.3.2 微服务构建实践 54
  3.3.3 微服务架构反模式 55
3.4 小结 57

实践篇

第 4 章 脚手架 60

4.1 脚手架介绍 61
  4.1.1 什么是脚手架 61
  4.1.2 为什么需要脚手架 61
  4.1.3 不要重新造轮子 62
  4.1.4 常用脚手架 64
4.2 Spring Boot 启动 67
  4.2.1 Spring Boot 概述 67
  4.2.2 Spring Boot 快速搭建 70
  4.2.3 @SpringBootApplication 注解详解 72
  4.2.4 Spring Boot 启动流程进阶 77
  4.2.5 Spring Boot 自动装配机制 80
  4.2.6 Spring Boot 功能扩展点详解 85
4.3 Spring Boot Starter 技术 88
  4.3.1 Spring Boot Starter 概述 88
  4.3.2 Spring Boot 常用开箱即用 Starter 91
  4.3.3 Spring Boot 生产就绪与环境配置 95
  4.3.4 Spring Boot 安全管理 102
  4.3.5 Spring Boot 实现自定义 Starter 108
4.4 Spring Boot Web 容器 114
  4.4.1 Spring Boot Web 容器配置 115
  4.4.2 Spring Boot 嵌入式 Web 容器原理 121
  4.4.3 Spring Boot 的 ClassLoader 加载机制 124
4.5 小结 131

第 5 章 关键技术 132

5.1 服务注册与发现 133
  5.1.1 服务注册与发现原理 133

- 5.1.2 微服务注册中心技术选型 ... 135
- 5.1.3 Spring Cloud Eureka ... 139
- 5.1.4 Eureka 架构与设计原理 ... 142
- 5.1.5 Eureka 缓存机制 ... 145
- 5.1.6 Eureka 定制化开发 ... 148
- 5.2 服务配置中心 ... 149
  - 5.2.1 服务配置中心管理 ... 149
  - 5.2.2 Spring Cloud Config ... 151
  - 5.2.3 Config Server 配置详解 ... 158
  - 5.2.4 Config Server 定制化开发 ... 161
- 5.3 微服务网关 ... 170
  - 5.3.1 微服务网关模式 ... 170
  - 5.3.2 网关的主要功能 ... 175
  - 5.3.3 网关的技术选型 ... 177
  - 5.3.4 Spring Cloud Zuul 网关 ... 178
  - 5.3.5 Zuul 的主要工作原理 ... 182
  - 5.3.6 Zuul 的插件机制及定制化开发 ... 187
  - 5.3.7 Zuul 的动态路由 ... 190
  - 5.3.8 Zuul Filter 扩展功能实现 ... 196
  - 5.3.9 Zuul 源码解析 ... 201
- 5.4 负载均衡 ... 204
  - 5.4.1 负载均衡机制 ... 204
  - 5.4.2 四层与七层负载均衡 ... 206
  - 5.4.3 负载均衡算法 ... 206
  - 5.4.4 Spring Cloud Ribbon ... 207
  - 5.4.5 Ribbon 的核心工作原理 ... 213
  - 5.4.6 Ribbon 源码解析 ... 215
- 5.5 容错与隔离 ... 222
  - 5.5.1 隔离机制 ... 223
  - 5.5.2 微服务的风险 ... 225
  - 5.5.3 降级保护 ... 227
  - 5.5.4 限流保护 ... 229
  - 5.5.5 熔断保护 ... 231
  - 5.5.6 超时与重试 ... 232
  - 5.5.7 Spring Cloud Hystrix 容错框架 ... 233
  - 5.5.8 Hystrix 的核心工作原理 ... 240

		5.5.9 Hystrix 源码解析	249
5.6	小结		252

第 6 章 系统集成 253

6.1	服务集成交互技术	254
	6.1.1 网络协议	254
	6.1.2 Linux I/O 模式	258
	6.1.3 序列化方式	262
6.2	REST 服务集成	263
	6.2.1 REST API	264
	6.2.2 Swagger 接口文档规范	270
	6.2.3 JAX-RS 提供 REST 服务	272
	6.2.4 Feign 实现 REST 调用	273
6.3	RPC 远程过程调用	278
	6.3.1 RPC 框架概述	278
	6.3.2 主流 RPC 通信框架	280
	6.3.3 Dubbo 架构进阶	281
	6.3.4 Spring Cloud 集成 Dubbo	294
	6.3.5 Spring Cloud 集成 gRPC	299
6.4	MOM 异步通信	309
	6.4.1 消息中间件概述	309
	6.4.2 消息中间件的使用场景	311
	6.4.3 常用消息中间件	314
	6.4.4 RabbitMQ 消息中间件	314
	6.4.5 Kafka 消息中间件	318
	6.4.6 Spring Cloud Stream 概述	319
	6.4.7 Stream 源码解析	325
	6.4.8 Stream 应用进阶	341
6.5	小结	344

第 7 章 微服务数据架构 345

7.1	数据分类及存储特性	346
	7.1.1 关系数据库概述	346
	7.1.2 NoSQL 数据存储	349
	7.1.3 Spring Data	353
	7.1.4 使用 spring-boot-starter-jdbc 访问 MySQL	354
	7.1.5 Spring ORM 框架访问数据库	358

		7.1.6　Spring Data 与 NoSQL 的集成 363
　7.2　事务管理理论 370
		7.2.1　事务管理概述 370
		7.2.2　ACID 理论 372
		7.2.3　一致性理论 373
		7.2.4　CAP 理论 373
		7.2.5　BASE 理论 374
　7.3　微服务架构的数据一致性 374
		7.3.1　解决方案概览 375
		7.3.2　两阶段提交模式 375
		7.3.3　TCC 补偿模式 377
		7.3.4　Saga 长事务模式 379
		7.3.5　可靠消息模式 383
　7.4　小结 389

第 8 章　微服务交付 390
　8.1　软件交付演进 391
		8.1.1　软件过程模型 391
		8.1.2　交付演进历程进阶 394
　8.2　微服务如何持续集成交付 397
		8.2.1　配置管理概述 398
		8.2.2　持续集成概述 399
		8.2.3　持续集成 Pipeline 399
		8.2.4　持续交付概述 408
		8.2.5　持续交付 Pipeline 408
　8.3　基于容器的交付 410
		8.3.1　Docker 概述 410
		8.3.2　Docker 的原理 412
		8.3.3　Docker 构建部署过程 414
		8.3.4　Docker Compose 编排服务 419
		8.3.5　Maven 插件构建 Docker 镜像 421
　8.4　小结 423

第 9 章　服务监控治理 424
　9.1　监控系统概述 425
		9.1.1　监控系统原理及分类 425

9.1.2　监控分类 427
　　　9.1.3　监控关注的对象 428
　9.2　指标型数据监控 431
　　　9.2.1　指标采集概述 431
　　　9.2.2　JavaAgent 技术 434
　　　9.2.3　Javaassist 技术 438
　　　9.2.4　Spring Boot Admin 监控详解 440
　　　9.2.5　Spring Boot 集成 Prometheus 443
　9.3　日志监控方案 446
　　　9.3.1　日志采集方案 446
　　　9.3.2　ELK 日志的解决方案 449
　　　9.3.3　Spring Boot 的日志解决方案 450
　9.4　服务调用链技术 455
　　　9.4.1　APM 与调用链技术 455
　　　9.4.2　Dapper 与分布式跟踪原理 457
　　　9.4.3　Sleuth 与 Zipkin 技术 459
　　　9.4.4　SkyWalking 技术 465
　9.5　小结 468

进阶篇

第 10 章　响应式微服务架构 470
　10.1　响应式编程 471
　　　10.1.1　响应式编程的动机 471
　　　10.1.2　响应式宣言 475
　　　10.1.3　响应式编程详解 476
　　　10.1.4　编程范式 480
　10.2　响应式技术框架 482
　　　10.2.1　响应式编程规范 483
　　　10.2.2　Java Flow API 484
　　　10.2.3　RxJava 响应式框架 487
　　　10.2.4　Reactor 响应式框架 490
　　　10.2.5　Vert.X 响应式编程 494
　　　10.2.6　Spring Boot 2 响应式编程 497
　10.3　Spring WebFlux 框架 499
　　　10.3.1　Spring WebFlux 概述 499

	10.3.2	WebFlux 服务器开发	501
	10.3.3	WebClient 开发	506
	10.3.4	服务端推送事件	509
	10.3.5	Spring WebFlux 的优势与局限	511
10.4	Spring Cloud Gateway		514
	10.4.1	Spring Cloud Gateway 概述	514
	10.4.2	Spring Cloud Gateway 的工作原理	517
	10.4.3	Spring Cloud Gateway 的动态路由	527
	10.4.4	Spring Cloud Gateway 源码解析	533
10.5	小结		540

第 11 章 Kubernetes 容器管理 … 541

11.1	Kubernetes 的基础		541
	11.1.1	Kubernetes 基本概述	541
	11.1.2	Kubernetes 的核心组件	542
11.2	Kubernetes 的设计理念		543
	11.2.1	Kubernetes 的设计原则	543
	11.2.2	Kubernetes 与微服务	544
	11.2.3	Kubernetes 与 DevOps	544
11.3	Spring Cloud 与 Kubernetes 的生态融合		545
	11.3.1	Spring Cloud 与 Kubernetes 各自的优劣势	545
	11.3.2	Spring Cloud 与 Kubernetes 的融合	547
	11.3.3	Spring Cloud Kubernetes 项目	548
11.4	小结		552

第 12 章 微服务发展趋势 … 553

12.1	云原生应用架构		553
	12.1.1	云原生应用架构进阶	554
	12.1.2	Java 的云原生应用优化	555
12.2	Service Mesh 技术		556
	12.2.1	微服务的 SideCar 模式	557
	12.2.2	Service Mesh 的技术前景	557
12.3	Serverless 技术		558
	12.3.1	Serverless 的模式	558
	12.3.2	Serverless 的技术前景	559
12.4	总结		560

原理篇

本篇内容

本篇我们会介绍微服务架构迅速发展的时代背景、微服务的定义和主要特性,以及其背后的设计哲学。

我们还将从实际业务场景出发介绍采用微服务架构的前提、如何对单体架构进行微服务化改造、巨石型应用的拆分迁移策略。

同时,针对微服务架构的构建过程,将围绕技术、组织、流程管理等软件工程要素展开详细讨论,深入讲解康威定律、DevOps、领域驱动设计、云原生12要素及相关的概念、理论、架构原则。

第 1 章
微服务概述

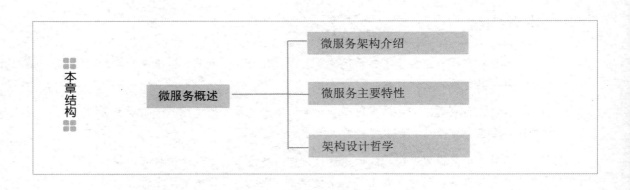

微服务的概念来源于 Martin Fowler 的一篇知名博文：*MicroServices*。在博文中，"微服务架构"这个术语用来描述一种将软件应用程序设计为可独立部署的服务套件的特定方式。

"细粒度自治服务""自动化部署""围绕业务能力""端点智能""语言和数据的分散控制"，从这些描述微服务架构特征的术语中，我们发现了一种越来越吸引人的软件系统风格。

1.1 微服务架构介绍

1.1.1 背景介绍

目前不仅各大互联网公司已经在大规模地应用微服务架构，而且传统行业也逐渐接受了这种架构模式，纷纷开始采用微服务架构构建业务系统。为什么微服务架构会如此受欢迎？微服务架构是设计而来还是演变而来的呢？要了解这些问题，我们需要从现代经济模式和企业组织架构入手来了解微服务架构崛起的时代背景。

Niels Pflaeging 在 *Organize for Complexity* 一书中通过"浴缸曲线"（见下图）将西方从 20 世纪到现在的经济模式划分为三个时代：本地市场和用户定制化的"手工艺时代"；通过机械规模化提升效率和比拼成本，市场广阔而缺乏竞争的"泰勒工业时代"；以知识工人为主体，新兴行业涌现、施压，从而带来市场需求快速变化的"全球经济时代"。

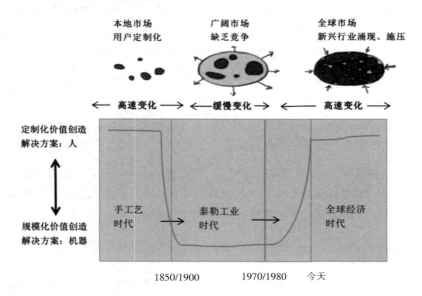

在"手工艺时代"，产品的价值创造完全取决于掌握技艺的手工艺者，局部市场、高度动态化、定制化是这个时代的特点，但这种模式很难做到规模化地生产和持续地输出价值。在"泰勒工业时代"，主流的组织是上传下达的"命令控制型"组织，更适合简单、重复的规模化生产，但这种组织架构的不足是对市场响应慢，在应对复杂变化方面十分脆弱。而在"全球经济时代"，由新兴行业带领，逐渐兴起更多扁平或分散的复杂的自适应组织，这种架构模式更加倾向于跨职能混搭和协作，和市场直接对接，可以快速灵活地响应市场变化。

可以说，组织、系统架构和技术之间隐含着映射关系。从组织所采用的技术栈和架构特征可以快速推断出组织的业务模式和组织架构方式。单体架构、垂直架构、集中式数据库常见于泰勒型组织；而云计算、微服务、DevOps 等技术更加适合于复杂的自适应组织。同时，技术架构反过来也受限于强势的组织架构和企业管理文化约束。

回顾早期的软件系统，企业采用单体架构可以快速满足业务的简单诉求，然而随着项目规模的扩大、业务模块的耦合、组织人员的膨胀，使得单体架构冗余而数量庞大的代码越来越无法适应企业灵活应对变化的需求，大量紧耦合的代码导致应用的模块界限日益模糊，业务发展急需匹配高可用、可扩展、隔离性好、复用性强的应用系统架构，而传统的单体架构显然无法满足企业的需求。

在 *Microservice Pattens* 一书中，作者使用餐饮应用 FTGO（Food to Go）举例，说明了系统是如何一步步走向单体地狱的。系统的过度复杂使得业务逻辑耦合、开发速度缓慢、交付周期长、难以扩展，这给开发人员带来了极大的挫折感，生产效率也随之大幅下降。单体架构在运行状态下，出现故障难以隔离，局部异常问题往往会影响整个系统的正常运行，最终导致整体服务的不可用，给业务人员造成的收入损失、给客户造成的糟糕体验都让人无法忍受。

正是在这样的时代背景和业务诉求下，微服务架构成为了解决复杂问题的灵丹妙药。微服务架构在应对需求的变化、容错处理、服务复用及扩展、提升开发效率、简化交互等方面都有明显的优势。同时，敏捷、DevOps、持续集成/持续交付、容器技术、Spring Cloud 框架、轻量级服务、领域驱动设计等的涌现也为微服务架构的发展奠定了基础。

综上所述，持续快速响应市场、高度动态化、应对复杂场景的能力已经成为企业的核心竞争力，企业越来越需要一个能够面对变化、并且能够主动拥抱变化的软件架构，而微服务架构正是在这样的时代大背景下逐渐发展壮大起来的。

1.1.2 微服务的定义

微服务并没有一个明确的官方定义，它可以解释为一种架构编程思维，更多地被描述为一种架构风格。微服务架构的概念可以说来源于技术专家多年的工作积累和最佳实践总结，是通过不断发展、演进逐渐形成的。

架构演进论

在"技术雷达"里，微服务最早以"Micro-service"，而非"MicroService"出现，从架构演进的角度来说，微服务是从 SOA（Services Oriented Architecture，面向服务架构）发展演进而来的，是更先进的细粒度的 SOA 实现方式。

SOA 和微服务本质上都是分布式的架构模式，但是传统的基于 ESB（Enterprise Service Bus，企业服务总线）的 SOA 架构和微服务架构要解决的问题其实并不相同。在 J2EE（Java 2 Platform Enterprise Edition，Java 企业级应用平台）的企业架构中，ESB 在异构系统的集成方面发挥功能。而微服务架构更多地采用轻量级的通信协议，围绕业务进行服务拆分、解耦、复用、隔离，实现细粒度的分布式服务构建和管理。

微服务架构对传统 SOA 架构最大的改变是强化端点（Endpoints）和弱化通道（Dumb Pipe），抛弃了 ESB 过度复杂的业务规则、编排、消息路由等功能。微服务强调服务的自治性，服务应用从一开始就可以独立地进行开发和演进。另外，微服务间的通信应尽可能地轻量化，微服务在 SOA 的基础上更加关注细粒度服务的独立性、可扩展性、伸缩性和容错性等。

最佳实践论

微服务的另外一种定义来源于架构大师们多年的最佳实践总结，Martin Fowler 于 2014 年在他自己的博文中首次提出微服务的定义，概括总结如下：

"微服务架构"是一种将单个应用程序作为一套小型服务开发的方法，服务之间相互协调、互相配合，每个服务运行在其独立的进程中，并以轻量级机制（通常采用 HTTP 协议）进行交互通信。这些服务是围绕业务功能构建的，它们可以通过全自动部署机制进行独立部署。微服务采用去中心化的管理理念、可以用不同的编程语言编写，并使用不同的数据存储技术。总结起来微服务有以下几大特征：

- 通过服务组件化。
- 围绕业务能力组织。
- 是产品不是项目。
- 智能端点和哑管道。
- 去中心化治理。
- 去中心化数据管理。
- 基础设施自动化。
- 为失效设计。
- 演进式设计。

可以看出，Martin Fowler 试图将微服务定义为一个一般化的架构"最佳实践"集合。微服务的这些特征也很好地融合了领域驱动设计、自动化、DevOps、容器等先进的技术实践、架构理念和方法论。

与此同时，微服务的架构风格被描述为一种可以实现业务功能松散耦合（Loosely Coupled）

的、具备一定服务边界（Bounded Context）的服务集合。这种架构风格使得大型、复杂的应用实现 CI/CD（Continuous Integration/Continuous Delivery，持续集成/持续交付）成为可能，并且技术栈可以独立发展演进。

归根结底，微服务本质上还是一种分布式系统架构。它强调系统应该按照业务领域边界做细粒度的拆分和部署；它剔除了 SOA 中的企业服务总线，使用轻量级、标准化的 HTTP（REST API）协议进行交互集成。微服务架构有利于应用应对业务的快速变化和规模化发展，通过对软件复杂性的有机治理，使系统易于有序化重构及扩展。

1.1.3 微服务与云原生

云原生（Cloud Native）可以理解为一系列技术及思想的集合，既包含微服务、容器等技术载体，也包含 DevOps（开发与运维的合体）的组织形式和沟通文化。企业采用基于云原生的架构进行构建、运行、管理现代应用的技术模式能够平滑而快速地将业务迁移到云上，享受云的高效性和按需伸缩的能力。

云原生的提出

"效率"：天下武功、唯快不破，面对激烈的市场竞争，企业把服务产品快速交付的能力作为制胜的法宝。云原生架构的提出与应用的快速开发、快速交付的能力密不可分。作为对比，与传统企业为应用提供和部署软件按周、按月来计算，互联网公司经常在一天内可以进行上百次发布。这种快速迭代和部署是建立在云基础设施和自动化持续交付能力之上的。

"弹性"：随着用户规模和需求的增长，我们的应用需要能够快速扩展，提高服务能力。传统企业依靠购买硬件的方式来提升和扩展服务能力，而云原生架构可以通过虚拟化的技术实现按需扩展，动态地扩展服务实例以满足计算、存储、服务资源的弹性需求。

"可靠"：服务仅仅做到快速交付和弹性扩展是远远不够的，还需要兼顾系统的稳定性、可用性、持久性，而这种特征与服务的容错能力、故障隔离能力、可视化能力、系统快速恢复能力紧密相关，也就是系统所谓的"反脆弱"能力。现代应用如果想在这些"非功能需求"上得到保障，就需要采用云原生技术和云原生基础设施保障服务的高可用性。

云原生与微服务

"云原生"的本质和目标是一种应用模式，它能够帮助企业快速、持续、可靠、规模化地交付软件，其中关键的支撑组件总结如下。

- 容器化的抽象封装：标准化代码和服务，每个部分（应用程序、进程等）都封装在自己的容器中，有助于复用和资源隔离。实现方式代表有 Docker、rkt。
- 动态管理：通过集中式的编排和调度系统来动态管理及优化资源。实现方式代表有 Kubernetes、Swarm 和 Mesos。
- 面向微服务：应用程序基于微服务架构，显著提升开发效率、提高架构演进的灵活性和可维护性。实现方式代表有 Spring Boot、Spring Cloud。

从云原生的代表组件可以看出，云原生的主要组成技术包括容器、服务编排管理和微服务技术。云原生可以说是从概念上统一了构建、交付、运行现代应用的最佳实践集合。在运行环境上，强调应用程序的运行环境是以容器和 Kubernetes 为主的云基础设施；在流程管理上，主要配合使用持续集成、持续发布以及 DevOps 能力；在软件开发上，基于微服务架构构建现代应用程序和软件。虽然微服务架构也可以运行在传统虚拟机或物理机上，但是微服务架构的最佳运行载体是以容器为代表的云原生环境。

云原生架构

云原生架构的思想和特征可以通过云原生 12 要素表达，我们在后面的章节中会详细讲解 12 要素的主要内容，从实践的角度，作为最早践行 Cloud Native 的 Netflix，在云原生架构的目标、原则和措施等方面进行了详尽描述：

- 不可变性。使用易失效的基础设施来构建高敏捷（Highly Agile）、高可用（Highly Available）服务。其目的是为了提高伸缩性（Scalability）、可用性（Availability）、敏捷性（Agility）、效率（Efficiency）。
- 关注点分离。通过微服务架构实现关注点分离，避免出现"决策瓶颈"。实际上，实现关注点分离有助于提升系统的可扩展性和可用性。
- 反脆弱性。默认所有的依赖都可能失效，在设计阶段就要考虑如何处理这些失效问题。为了让系统更强壮，Netflix 会不断地攻击自己、主动破坏，以提醒技术人员系统要进行反脆弱性设计。
- 高度信任的组织。Netflix 基于信任的管理风格，相信自己的员工可以做出正确的决策，倡导给基层员工自主决策权。
- 共享。在 Netflix，管理是比较透明的，共享能够促进技术人员的成长。

结合云原生的特征和云原生的架构实践，我们将云原生架构图描述如下（见下图），从架构层面来说，Cloud Native 是构建在不可变基础设施（以容器技术为代表）和以微服务架构技术为基础的分布式系统之上的，这里的云包括私有云、公有云和混合云。微服务架构作为云原生概念的核心组成部分，本质上就是保证我们更好地适应云环境下的高效开发和运维。

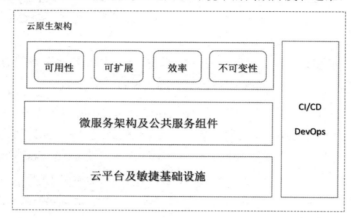

云原生成熟度

对于系统采用云原生架构的程度，我们可以用云原生成熟度模型进行精确的等级划分和判断，成熟度模型一共包含 4 个等级（从 Level 0 到 Level 3 成熟度逐级递增），从这些等级划分可以看到开发和运行应用程序的原则、模式和具体技术实践。如果你所在公司正在进行微服务的改造或者云原生架构的迁移，可以参考如下表所示的成熟度模型正确地评估你所在组织的云原生架构等级。

级别	描述	关键技术
Level 3：适应性	应用程序能够以全自动的方式检测或预测变化并对其做出反应。 应用程序管理和控制功能从应用程序中抽离出来，或者使用外部应用程序控制服务。	人工智能分析决策 智能化运维 高度自动化 成熟的公共服务和基础设施
Level 2：抽象	应用程序必须与基础架构完全分离。 抽象出应用程序蓝图、部署策略、扩展策略、关联和布局规则等。 应用程序服务必须是弹性的和可适应的。应用程序也应该被设计，以便一个服务的失败不会级联到其他服务。 应用程序由多个服务组成，每个服务的设计都是弹性的、可适应的、可组合的、最小的和完整的	微服务治理平台 容器资源调度平台 CI/CD发布平台 分布式存储、消息中间件 分布式数据库
Level 1：松耦合	应用服务满足隔离、自治特性并与运行环境分离。 应用服务代码与配置文件存储和数据管理层解耦分离。 应用服务与网络依赖分离，可以实现动态服务注册与发现	微服务框架 初步的持续交付能力 配置中心、注册中心

续表

级别	描述	关键技术
Level 0：虚拟化	应用程序运行在虚拟机或云实例上。 应用程序创建不可变的应用程序映像	虚拟化隔离 模块化 负载能力

1.2 微服务主要特性

1.2.1 粒度更细的服务

微服务架构相比 SOA 分布式架构强调按业务边界做细粒度的服务拆分。SOA 架构使用粗粒度的服务模式来封装业务和技术能力，减少服务交互，但同时带来了业务耦合的复杂性。而微服务架构本质上是一个做减法的架构，将规模庞大的单体系统进行服务拆分，每个细粒度服务的功能和职责单一。当然，服务的粒度并不是拆得越细越好，如果拆分不当，还会造成服务频繁地跨网络操作，增加系统的整体复杂性。

首先，微服务粒度的划分要求工程师充分理解和洞察业务领域的边界，保证你所拆分的服务是自包含的。所谓"自包含"就是说你的服务是可以独立部署、独立演进的，你的服务可以自主地完成某个特定的、单一的功能。

其次，细粒度服务应该同时具备高内聚和低耦合两个特征。高内聚要求将系统中相关的元素和行为聚集在一起，把不相关的元素和行为放在别处；低耦合是指降低微服务之间的相互依赖程度和相互作用关系，如果服务之间存在紧密联系，说明它们的耦合度比较高，最好不要做拆分操作，而应该做聚合操作，这样可以使信息的传递和协作比拆分成独立的服务更加简单可控。

另外，细粒度服务应该尽量做到独立。这一特性也适用于单一职责原则：SRP（Single Responsibility Principle），该原则由 Robert C. Martin 提出。从面向对象设计的角度看，所谓职责是指一个类（Class）变化的原因。如果一个类有多个改变动机，那么这个类就具有多个职责，而单一职责原则就是指一个类或者模块应该有且只有一个改变原因。

下面总结一下粒度更细的服务带来的好处：

- 粒度更细的服务使每一个服务专注做好一件事情。每个服务完成一个单一任务，在功能不变的情况下，应用被拆分为多个可管理的服务，很好地解决了系统的复杂性问题。

- 粒度更细的服务有助于新人对工程的学习。对于一个大型的、生命周期比较长的项目，人员的流动和组织变化是经常发生的事情，而庞大的单体架构容易使模块之间相互耦合，功能界限模糊，同时增加了新人的学习成本。
- 粒度更细的服务有利于部署。对于大型单体项目，模块之间往往存在紧密的代码耦合，一个子模块的编译错误往往会导致整个应用无法构建成功，而细粒度的服务可以通过独立工程解决"牵一发而动全身"的问题。
- 粒度更细的服务具备更好的复用性。在软件领域，我们一直提倡使用复用的方式构建系统，粒度更细的服务通过独立的部署，通过声明语言无关、平台无关的标准接口（REST API、gRPC）对外暴露服务，实现了积木式的架构搭建模式，提高了软件整体的开发效率。

1.2.2 围绕业务划分团队

传统的 IT 企业习惯根据人员掌握的技能来划分组织。例如，熟悉前端的同事，都集中在一个前端开发团队；熟悉数据库的同事，一般都会集中在 DBA（Database Administrator，数据库管理员）团队；熟悉测试的同事，专门成立一个测试团队专职做测试工作。我们习惯于将这样的团队称为"职能型组织"，它的优势是资源集中，有利于同一职能内部的专业人士交流和经验积累。

然而，职能型组织最大的问题是团队之间不容易协调利益冲突，容易形成部门墙或者叫部门壁垒。当职能部门有多个项目同时进行时，就会产生资源失衡问题，不利于各职能部门之间的沟通交流和团结协作。业务的需求变化如果牵涉多个职能型组织所负责的模块协作联调，往往会出现项目排期问题、优先级问题，对于跨地域、跨国家的组织，还会出现时差问题、沟通及文化差异问题，这个时候反而增加了团队之间的沟通和协调成本，降低了开发效率。

微服务架构更加提倡以业务为中心，强调围绕业务领域来划分团队。团队由具备不同能力象限的人员组成，而这样的全功能型团队相比职能型团队可以防止人员之间的互相扯皮、互相指责的问题。同一个团队围绕业务领域沟通效率更高，团队合作更加积极主动，有更强的主人翁意识（Ownership）。从技术的维度看，微服务架构倾向于在指定范围的"业务界限上下文"中定义标准规范的交互方式，这样能够保证业务接口（API）更加稳定，在后续服务的迭代升级过程中具备更好的业务兼容性和可演进性。

综上所述，在围绕业务构建微服务架构的时候，解决的一个本质问题就是人员分工的问题，正如康威定律所说，任何组织所设计的系统、所交付的软件产品方案在结构上都应该与该组织的沟通结构和组织方式保持一致。下面是组织结构演进示意图。

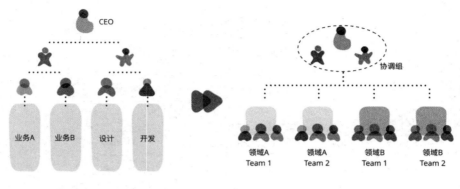

层级职能型组织　　　　　　　　　小团队集群型组织

1.2.3　技术多样性

微服务架构不限定提供服务方所使用的技术栈和技术选型。微服务架构倾向于服务之间使用标准的轻量级的通信协议（HTTP）完成服务的集成和通信。例如，对于性能要求比较高、对网络通信效率比较关注的服务，可以使用 C++语言构建；对于文本分析性的业务，可以采用 Python 脚本语言；而对于企业应用级的 Web 项目，使用 Java 语言开发比较合适。可见，每一种语言和技术都有其"擅长"的场景和适合解决的问题。

微服务架构提倡数据存储的多样性和独立性。不同的数据存储引擎有各自擅长处理的业务类型数据。对于公司的核心业务即 OLTP（On-Line Transaction Processing，联机事务处理）业务，可能会采用 MySQL 这样的关系型数据库。关系型数据库的特点是遵循 ACID 原则[1]，对事务的一致性有更好的支持，通过标准的 SQL 语言就可以方便地实现结构化数据的查询和更新。

在 NoSQL 数据库阵营中，对于日志数据，可以存放在 Elasticsearch 这样的 LSM 树数据结构存储引擎中，适合日志搜索、查询操作；对于分布式系统之间的共享数据，采用 Redis 这样的内存引擎，在读写效率、高并发性能上有更大的优势；如果是文档型数据，使用 MongoDB 这样的文档存储引擎更加高效便利。下面是采用不同编程语言和技术栈配合不同的数据存储类型的技术多样式示意图。

---

[1] ACID 原则：ACID 原则指原子性、一致性、独立性及持久性。

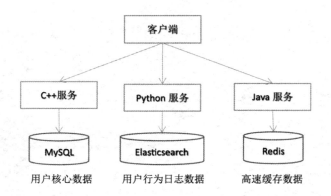

微服务架构提倡在技术多样性的场景中，选择最适合的技术栈。微服务通过使用标准的 API 接口对外暴露服务，给尝试新技术提供了更加友好的架构支持。

然而，很多公司也推崇使用统一的编程语言和标准化的技术栈。统一技术栈的优势也是明显的，首先它会带来开发效率的提升；单一技术栈的维护成本相对较低；新加入的开发人员也能够尽快适应统一的编程语言和架构风格；项目的风险相对比多技术栈有更好的可控性。

即便如此，我们说微服务架构还是向着异构化、技术多样性的趋势在发展，因为只有保持技术的多样性，才能保证技术生态的生命力。对于技术栈和技术选型来说，架构师需要一个 Trade-off（权衡利弊）的过程。

1.2.4　去中心化

大型企业在集成异构系统和完成进程之间的通信时，一种传统的架构模式就是使用 ESB 消息总线技术，它可以完成信息路由、业务规则编排、协议转化等功能。虽然，ESB 架构改变了传统软件的架构模式，消除了不同应用之间的技术差异，协调了不同应用服务的协作运行方式，实现了服务之间的集成和整合，但是，ESB 架构倾向于使用集中式的架构管理模式，它本质上是一种中心化的架构。我们将这种企业服务总线或服务编排系统的方案称为"智能管道和哑终端"模式，它会导致业务逻辑的中心化和哑服务问题。

"哑终端"（Dumb Endpoint）会导致 ESB 消息总线过度复杂，这种中央式的架构模式存在天然的技术与业务耦合问题。业务编排和业务消息转化能力与业务功能全部集中在单一逻辑控制单元中，它并没有做很好的业务封装，而是将业务逻辑的复杂性全部传递到了消息总线中。同时，随着服务规模的扩大，中心化架构的可扩展性会成为一个极大的障碍。业务中的职责边界不清和 ESB 中心化的问题还会暴露性能问题，成为系统的瓶颈。

微服务架构摒弃了 ESB 的设计理念，在微服务架构中，服务使用智能端点（Smart Endpoint）模式。智能端点强调所有的业务逻辑应该自包含在业务内部的处理逻辑单元中，它可以确保在服务限界内服务的内聚性，而服务之间的通信应该尽量轻量化和简单化。同时，微服务使用哑管道（Dumb Pipe）通信机制，将业务无侵入的公共组件抽象出来，封装在通用的消息基础设施中（API 网关、消息中间件等）。

我们把微服务架构这样的设计理念称为"去中心化"。微服务架构倾向于服务之间订立标准化的服务契约，目标是通过明确清晰的服务边界和服务契约机制让服务可以各自独立迭代和演进。

为了最大化微服务能带来的自治性，我们需要给拥有服务的团队委派决策和控制权。去中心化管治的最高境界就是亚马逊所宣扬的"构建并运行它"的理念，团队对构建的软件的方方面面负责。

1.2.5 自动化运维

微服务架构的采用也引入了很多复杂性，关键问题是我们不得不管理大量的服务。微服务增大了运维负担：有更多的东西需要部署，有更多的地方需要监控，错误自然也成倍增加。而解决这些问题的一个关键方法就是拥抱"自动化文化"。前期花费一定的成本，构建支持微服务的工具是很有意义的，比如，自动化测试保证开发迭代中的代码质量，使用自动化发布工具将微服务部署到各个环境，使用配置文件来明确不同环境间的差异，创建自定义镜像来加快部署，创建全自动化的不可变服务器。

自动化一直是软件系统运维的最佳实践，也是微服务架构强调的重要特性。云技术使得底层基础设施及运行在之上的组件自动化变得非常简单。尽管前期投入通常会更高，但从中长期来看，无论是人力运维成本，还是在系统的弹性和性能方面，几乎总能获得更多的回报。自动化可以比人更快地修复、扩展和部署系统。

自动化贯穿软件生命周期的整个过程，在持续集成领域，我们经常使用 Jenkins 等工具自动构建、测试和部署微服务软件包。微服务不仅应该自动化部署，还应该努力实现金丝雀测试和回滚等过程的自动化。

除非系统负载几乎从未发生变化，否则应该根据负载的增加对微服务进行自动扩展，并根据负载的持续下降进行自动收缩。通过扩展可以确保服务仍然可用，通过按比例收缩可以降低成本。

随着微服务及云原生架构的大规模推广和使用，部署和运维的复杂度会逐渐从业务端下沉到以 Kubernetes 为代表的基础设施 PaaS 平台，利用云和微服务架构，我们可以更加快速地部署和交付我们的服务，围绕快速交付的基础设施建设是微服务架构规模化发展的首要任务。

1.2.6 快速演进

软件的固有特性随着时间的推移会变得越来越难以改变，软件的组成部分会因为各种各样的问题变得脆弱，难以操作。软件和现实世界一样，当人类的需求和环境供给达到平衡时，世界是美好的，然而当这种平衡因为虫害或者气候变化被打破时，人类需要向生态中引入变化，重新建立平衡。对于软件系统，同样存在这种动态的平衡，我们需要提早对系统进行规划和设计。

尽管很多人喜欢在一个理想的环境下来讨论架构，然而，对于庞大复杂的单体架构，很多因素可能促使我们将混乱引入系统工程：业务需求的快速变化、工作任务的优先级冲突、有限的人力资源和预算、软件工程师水平的参差不齐、缺乏规范的开发流程和部署方式。另外，如果是遗留系统，还会存在代码版本混乱、冗余的代码逻辑等技术债务。这种技术包袱总会带来灾难性的后果。通常，业务人员往往不想放弃还在工作的系统，而开发人员，面对单体系统的腐化，只能通过不断地堆叠功能完成任务。不停地做加法，架构成为塞满各种功能和修复逻辑的庞然大物，最终产生破窗效应。而这种架构上的缺陷也将持续加重我们的技术债务，业务人员要么忍受这样糟糕的设计、不断地妥协，要么丢弃已有系统，推倒重来，这样的做法对于资源有限的团队和公司来说，显然是难以承受的。

微服务架构强调在项目早期将软件分成若干个阶段及不同的模块，从时间、业务维度及架构维度上做水平和垂直化的分解。微服务构建的首要任务就是理解业务的问题域，好的架构师会充分考虑业务领域的内聚性，降低业务之间的耦合，寻求两者的平衡，并将架构的可扩展性作为重要的设计考量因素。微服务架构的一个特征就是面向架构演进，微服务架构的目标正是通过业务领域的边界划分、通过服务的隔离来分解问题，逐个击破，因此微服务架构天然具备了可演进性。

1.3 架构设计哲学

如果说软件开发的本质是不断挖掘问题领域中隐藏的错综复杂性，那么架构解决的问题就是如何管理这些复杂性。而在软件领域，最为复杂的软件实体莫过于软件操作系统。从数以千计的工程师参与开发的 UNIX 操作系统到 Linux 开源系统的成功，越来越多的人开始关注和思考 UNIX 技术背后隐藏的设计哲学。

UNIX 设计哲学概括为一句话就是"小而专注"。可以说，微服务架构理念和 UNIX 设计哲学一脉相承，微服务将 UNIX 设计哲学中的核心准则通过概念的抽象，描述成了更加通用的架构风格和设计原则。下面,让我们跟随经典重新认识在 AT&T 公司诞生的 UNIX 操作系统和它背后的设计哲学,所谓"温故而知新",这些经典思想能加深我们对微服务架构的认识和理解。

1.3.1 小即是美

在软件的设计开发过程中,软件系统的规模很容易膨胀,工程师喜欢将纷繁复杂的功能全部堆积在一个程序中,这样的好处是代码唾手可得。然而,根据二八法则,实际运行中的代码其实往往只占到我们代码量的 20%。所以,切忌将大而全的工程作为我们的目标,相反,我们应该将功能设计成为实用且简洁的小程序[1]。

在我的职业生涯中,经历过很多设计复杂、规模庞大的单体系统。有的是基于 C++编程语言的后端大型系统,有的是使用 J2EE-XML 编程风格、交织着庞大功能模块的巨石型应用,这些项目通常由 10 人以上的研发团队负责,动辄百人/月的开发计划。这种大型单体系统在上线后,时常发生系统内存溢出、系统宕机等问题,让开发人员心惊胆战。往往一个小问题会影响整个系统的正常运行,排查解决过程需要检查整个工程的代码逻辑,开发人员疲于解决生产上线后的各种问题和 Bug 修复。

事实证明,我们需要将庞大、复杂的系统分解成小程序。正如 UNIX 系统中强调的 KISS(Keep it Simple and Stupid)原则,可以说整个 UNIX 系统都是由数目众多的小程序组合完成各种复杂的操作系统功能的。每个小程序只完成其中一小部分功能。表面上,这些小程序都很低效,但是正是通过像搭积木一样将不同功能的小程序通过变换顺序和组合的方式,完成了各种意想不到的丰富而强大的功能。

小程序之美体现在响应变化上。通过小程序可以将这种改变控制在足够小的范围,保证不会给整个系统带来巨大的影响。

小程序之美体现在工程结构的简化和完备上。当你的程序充满了个性化的反射调用和程序员独特的编程思维痕迹,那么应该反省你的代码是不是已经脱离了小程序应有的代码简洁和易于理解。

小程序之美体现在性能优势上。小程序对外部的依赖少,从而可以快速启动,基于资源收敛式的反应式编程模型可以提升性能并减少资源浪费。

小程序之美体现在团队合作和独立演进上。清晰的边界划分是团队协作的有效手段,而体现

---

1 小程序:指微服务。

在微服务架构上就是服务提供者和消费者可以预先订立契约,可以根据契约独立、并行开发各个服务,这样就实现了服务之间的解耦,使其功能能够独立进化。

1.3.2 做好一件事

小程序应该只做好一件事,应该保持对一件事的专注力。在 UNIX 设计哲学中,解决一个问题并将问题解决到完美,比同时解决多个问题更为重要。然而在我们的工程中,随着项目的进展,我们很难将庞大的代码库进行清晰的模块划分,更糟糕的是我们很多时候并不知道这些模块之间的服务界限。

在 UNIX 操作系统中,我们可以发现很多命令的强大之处正是只有单一的功能,并将这件事干好,也就是所谓的"Do one thing, do it well"。而且 UNIX 首创的管道可以把这些命令任意地组合,以完成一个更为强大的功能。这些哲学到今天都在深深地影响着整个计算机产业,下面我们罗列一些经典的 UNIX 命令程序,如下表所示。

命令	功能描述
awk '{print $1}' <file>	显示文件的第一列
cmp <file1> <file2> || <command>	比较两个文件
find / -type f -name <file> -print	在整个文件系统中查找一个文件
grep '[a-z][0-9]' <file>	以某个正则表达式查找文件行
mount -p	查看挂载的文件卷
sed -e 's/hello/john/g' <file>	把某文件中的hello替换成john

微服务的目标是独立地完成一件事并做到最好。微服务可以根据业务的边界来确定应用的行为,这样它不仅可以很容易地确定某个功能逻辑对应的代码,而且由于该服务专注在某个边界之内,因此可以更好地避免由于代码库过大衍生出的复杂性问题。

1.3.3 快速建立原型

只做好一件事的小程序可以让我们的项目轻装前行,我们不必再担心系统会成为一个庞然大物而无法控制。对于单体巨石应用,需要制定周密的计划去编写设计文档,以及为聚合不同模块之间功能而准备脚本和代码,相比之下,自治的小程序更加清楚自己的业务职责和业务范围。开发人员可以对小程序快速建立原型,缩短服务的交付周期,迅速构建可以供用户使用的程序和服务,并从结果中得到反馈,向最终的目标前进。

在 UNIX 设计哲学中,软件发生变化是不可避免的,这种变化来源于沟通的失败、需求理解的差异、知识经验的限制等，所以软件工程相比任何其他工程都更加容易返工，需要软件从业者不断试错、总结、验证，并根据期望重新建立共识。尽快建立原型是一个重要的步骤，有了具体的原型，可以降低项目的风险，可以给客户展示和进行可视化跟踪。往往这个过程是伴随着系统的迭代和演进的。

回到微服务，我们说微服务架构在建立原型上有天然的优势，微服务架构的很多特性能让我们快速落地和逐步地独立完善和迭代项目。

- 微服务架构强调细粒度的服务，在服务规模上尽量精简和务实。
- 微服务架构只做好一件事，没有过多的其他因素干扰，我们可以将注意力集中在完成这件事情上，尽量排除干扰因素。
- 微服务架构提供轻量级的通信集成方式，有利于集成测试和验证结果。
- 微服务架构建立在已有的技术基础之上，能够更加快速地构建、发布和体验应用。

1.3.4 软件的复利效应

在软件工程实践中，在项目的启动或者早期阶段，经常会面临技术方案的选择问题。一些软件工程师会陷入自我保护的状态，认为别人的方案存在缺陷，自己如果重新做会比现有方案做得更好，但其实可能是因为他不了解"每个软件可能都是在某种约束条件下工作的，而且适用于某些特定的场景"。我们把这种现象称为"NIH（Not Invented Here）综合征[1]"。NIH综合征的结果就是重新发明轮子，患有NIH综合征的人相信内部开发更安全、更高效、速度更快、维护成本更低，然而，其实他们并不一定能够使用创新的方案来解决实际的问题。

目前，软件正朝着规模化和标准化的方向发展，标准驱动下的软件开发和集成方式，要求你的工作能够集成到标准中，而不是另起炉灶。NIH综合征的危险之处就是，你的软件、你的服务无法与标准对接，你的系统可能成为一个孤岛系统。例如，在你提供了私有协议的RPC方式暴露服务的情况下，你的服务只能生存在自己的闭环体系中，而且基于标准的HTTP接口API的调用方式很难与你的服务集成。

项目的生命周期受很多因素的影响，预算、人员成本、推广等都会给项目的持续发展带来风险，NIH综合征会给项目的持续发展带来额外的成本问题，因为你缺少相关人员、资料、生态的支持，而采用标准化的技术可以从互联网中得更多的技术、社区和人员的支持。

下面让我们看看UNIX的实践，所谓"前人种树、后人乘凉"。查阅UNIX坎坷的发展历程，

---

[1] NIH综合症：一种文化现象，人们不愿使用某种产品、成果或者知识，不是出于技术等因素，而只是因为它源自其他地方。

我们就会发现，UNIX 操作系统是在数千名工程师的辛勤努力的基础上发展起来的。UNIX 中复杂的逻辑都是由小的程序累积而成的，聪明的程序员总是可以借用前人写的优秀代码实现自己的功能，这样才能更快、更好地扩大软件的影响力和威力，放大自己的工作成果。

在微服务领域，我们已经看到非常多优秀的微服务技术框架，例如本书后续会详细介绍的 Spring Boot 微服务脚手架。它是在 Spring 生态的基础上发展起来（Spring Boot 也是软件复利的成果）的开发框架。在 Java 世界，Spring Boot 带给广大开发者的是更加简化的工作流程，以及更高的开发效率。这也是 Spring 出色的地方，弥补了 Java 在简化工作上的空白，让开发者开发者避免了大量的重复工作。Spring Cloud 则降低了建立分布式系统的复杂度，Spring 的忠实热爱者可以充分享受软件复利效应带来的福利。

1.3.5 可移植性优先

可移植性在软件工程中的重要性无论怎么强调都不过分，因为这个哲学正是 UNIX 操作系统能够成为"常青树"的秘诀。在 UNIX 环境下，Shell 脚本具备更好的可移植性，Shell 脚本通常由多个 UNIX 命令组成，Shell 可执行文件间接由 UNIX 命令解释器解释执行。如果你对效率要求不高，可以尽量使用 Shell 脚本执行，Shell 脚本语法简单、使用方便、运行之前不需要编译、具备很强的文本处理能力，开发效率也比较高。

但是 Shell 归根结底还是一种弱类型语言，没有严格的数据类型检查。Shell 的缺点是 I/O 性能不高，同时因为是解释性语言，对于值计算类型的问题也没有很好的支持。如果你想让程序具有更好的可移植性，可以选择具备跨平台能力的编程语言。Java 便是一种跨平台语言，基于 JVM 虚拟机平台，Java 制定了字节码执行引擎规范，可以满足程序的可移植性要求。这也是 Java 语言发展这么多年依然具有强大生命力的重要原因。

在微服务时代，容器的隔离性和可移植性可以说为软件开发带来了革命性的颠覆，Docker 技术通过采用 LXC[1] 虚拟化手段，利用 Linux 系统的 Namespace 和 Cgroup 技术确保了应用程序与资源的隔离。Docker 通过和各大厂商联合发起 OCI（开发容器标准），规范了应用运行时的容器镜像标准。镜像的打包、构建、部署、命名过程都按照统一规范进行，进而标准化了底层运行时支撑环境，这样你就可以在统一的容器环境下灵活地交付、部署和移植代码。通过采用 Docker 容器技术，我们将不需要再关注操作系统的特殊性和差异性，可以更关注应用程序本身，底层多余的环境因素

---

[1] LXC：Linux Container 的简写，它可以提供轻量级的虚拟化，以便隔离进程和资源。

可以通过容器提供的虚拟环境来屏蔽。也就是说，我们的微服务具备了更好的可移植性，真正做到了"一次构建，随处运行"。

1.4 小结

本章我们了解什么是微服务、微服务架构产生和发展的背景、云计算时代下微服务与云原生架构的关系、微服务架构的主要特性，及微服务架构与 UNIX 设计哲学的内在联系。然而微服务架构并不适用于所有场景，下一章将带大家了解微服务的采用前提。

第 2 章
微服务的采用前提

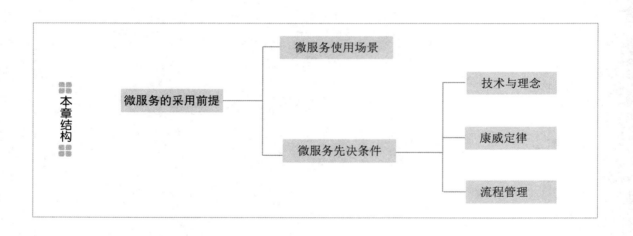

有些公司对微服务架构存在着"盲目崇拜",大型企业在微服务架构上的成功更加增加了人们转型微服务架构的信心,但是大公司的技术实践未必适用于你所在的公司,我们有必要重新审视微服务架构,了解微服务的采用前提。

微服务会带来分布式下应用的开发、测试、运维等多方面的问题。拆分后的细粒度服务从原来进程内部方法调用转变为分布式跨网络调用,由此带来了更多的服务治理难题。从技术的角度看,需要根据项目的实际情况和业务场景等工程约束条件,决定是否采用微服务。

通过康威定律,我们知道组织结构与一个公司的技术架构存在着紧密的关联性。公司的数字化转型,不仅在技术上需要与时俱进,还要和企业的组织方式、管理流程的调整同步进行。公司能否围绕技术、组织、流程这些工程要素进行迭代升级,是能否转型到微服务架构的前提。

2.1 微服务使用场景

2.1.1 项目复杂度

微服务架构主要解决的问题是通过对庞大的单体架构进行服务拆分,使得服务更加容易理解和控制。当你的业务应用逻辑本身复杂度不是很高时,微服务架构的威力是很难发挥的,所谓"杀鸡焉用宰牛刀"。

下图揭示了微服务架构与单体架构的复杂度与生产力的关系。

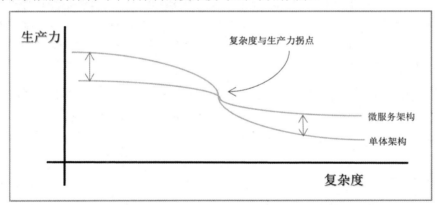

在项目复杂度较小时,采用单体架构的生产力更高;复杂度到了一定规模时,单体架构的生产力开始急剧下降,这时对其进行微服务化的拆分才是合算的。复杂度和生产力虽然存在拐点,但并没有量化复杂度的拐点,或者说没有明确系统或代码库的规模达到具体多大时才更加适合开始进行微服务化的拆分。

团队决定构建一个微服务项目时,需要根据项目的复杂度判断是否有必要采用微服务架构,因为微服务本身也会给系统带来非业务功能的复杂性,所以在转型微服务时要慎重考虑。大多数采用微服务架构的场景还是单体架构的改造,这是业务开发人员在巨石型应用带给团队极大困扰之后的一个自然选择。这个项目阶段往往就是所谓的项目复杂度与生产力的"拐点"时期，对单体架构进行合理的服务拆分是实施微服务架构的一大前提，在后续的章节中，我们会进一步详细讲解服务拆分的依据和策略。

Martin Fowler 曾经说过："……除非你的系统复杂到难以管理的程度，否则不要考虑采用微服务……"微服务架构需要额外的开销，比如服务设计、服务通信、服务管理和系统资源。采用微服务是有代价的，如果一个应用程序无法充分利用微服务的优势，那么采用微服务反而得不偿失。所以，在我们采用微服务之前，首先需要做一个很好的权衡，需要明白使用微服务的驱动力是否充足；业务是否复杂到需要借助微服务拆分来解决问题，以快速响应变化。

2.1.2 团队规模

微服务架构非常适合大型项目团队。对于大型项目，《人月神话》中的"人月互换理论"已经证明是失败的，这种方式往往忽略了沟通的成本。正如著名的"两个比萨原则"：如果两个比萨不足以喂饱一个项目团队，那么这个团队可能就显得太大了。

然而，对于小型的项目团队或者只有少数开发人员维护的系统，其实是没有必要使用微服务架构的。单体架构的简单性有助于简化团队成员的工作，并且可以将系统的复杂度控制在一定范围内。使用微服务架构会增加组织的沟通成本，模块之间的跨网络交互也会给开发和运维带来额外的成本，将本来简单的事情复杂化。

所以，在实施微服务架构前，首先请关注你的团队规模。在人力资源有限的情况下，其实并不推荐使用微服务架构，因为如果你的公司没有像亚马逊、Netflix 这样的技术储备和平台储备，微服务架构反而会增加系统的复杂度，进而带来一系列问题，让你怀念单体架构带给你的简单性。

2.1.3 变更频率

2016 年，Gartner 发布了关于应用变化速度的报告"Pace-Layered Application Strategy"，该报告以变化速度为标准将业务应用分为三层。

- SOI（Systems of Innovation，敏态业务）：比如互联网业务，需求变更快，要求快速迭代、快速交付。
- SOR（Systems of Record，稳态业务）：比如传统业务，变更周期长、变化频率低、变化成本高、变化风险高。
- SOD（Systems of Differentiation，中台业务）：解决前后端的开发速度匹配失衡问题，中台为前台与后台之间添加的一组"变速齿轮"。

对于新兴行业中的敏态业务，它们需要有更加动态化和更快的响应，服务往往需要更快的交付速度和更加频繁的版本发布。微服务架构的一个显著优势，就是对变化的快速响应。微服务架构相比单体架构更加独立，所以在快速开发、持续集成、持续交付上有更明显的优势。另外，微服务架构强调使用标准、轻量级的通信协议进行服务交互，契合中台作为集成前、后台资源的业务形态。所以从业务形态和服务的交付频率上说，微服务比较适合在 SOI 和 SOD 的场景中应用。

传统的稳态业务，比如大型的电信项目、银行项目，本身周期比较长，变化频率相对较低，我们不需要迁移到微服务架构，而是最好保持它目前的运行状态。

我们可以借助工具来检查哪些项目的变更频率比较快，可以利用 GitLab 这样的工具统计项目代码的提交次数和构建频率，以便决定哪些项目需要进行微服化改造。还可以使用源代码管理系统来查看代码的活跃度。以 Git 存储库为例，可以使用常用的 Linux 工具，通过几个命令行选项来运行 Git 日志。例如，我们可以使用命令生成提交次数最多的"前十个代码文件列表"。此外，也可以利用全新的"代码鉴定"工具（比如 CodeScene）深入了解项目，CodeScene 可以识别代码中的热点，帮助我们找出代码活跃区域。

2.1.4　项目类型

从来没有一种架构模式适用于所有业务形态。目前企业内部还有很多对性能有严苛要求的系统运行在单体架构之上。虽然单体架构存在诸多缺点，但是单体架构内的各个组件之间的交互更加简单，内部的方法调用更加高效。对 I/O 性能要求比较高的实时计算系统或者嵌入式系统，往往关注服务的延迟和服务的吞吐性能。

相比单体架构，在完成相同功能的情况下，微服务架构可能需要经过更多的网络交互调用，而远程调用势必增加系统在网络上的 I/O 延迟和花费在网络上的数据传输处理时间。所以，对性能敏感的项目，微服务架构对系统造成的性能影响显然是无法被接受的。

另外，微服务架构更适合处理 OLTP（On-Line Transaction Processing，联机事务处理）类型的项目，而不擅长处理 OLAP（On-Line Analytical Processing，联机数据处理）类型的项目。大数据处理中使用比较广泛的架构是 Lambda 和 Kappa 等，以及 Hadoop 技术。

2.1.5　遗留系统迁移

在生产环境中，我们有大量的遗留系统。我们可以通过逐渐改进和演变的方式实现遗留系统向微服务架构的迁移。

遗留系统是否要迁移到微服务架构是一个战略问题，你需要甄别遗留系统是否适合采用微服务架构。

在战术层面,你需要制定详细的改造迁移策略,如功能剥离、灰度替换、数据解耦、数据同步、滚动发布等。如果你正在面对一个遗留系统的微服务改造项目,那么无论它的原始设计多么随意,无论它现在变得多么糟糕,在把它重构成微服务之前,都要认真仔细地思考一下,它正处在软件生命周期的什么阶段?它是一个任务关键型系统吗(比如包含了一个不可替代的遗留数据库)?你需要多长时间来替换整个系统?更新或者替换过程需要一个长期详尽的计划吗?

微服务架构在更新或替换遗留系统方面扮演着重要的角色,没有策略指引的迁移很可能会造成灾难性的后果。在后续的微服务构建相关章节中,我们会讲解常见的微服务改造模式。

2.2 技术与理念

微服务的概念还在快速发展的过程中,它不仅给我们提供了分布式下细粒度服务设计、构建、交付、运维的方法,同时整合了过去几年行业的先进技术和最佳实践。

2.2.1 面向服务

大部分企业选择微服务架构是业务驱动的。对于基于传统 J2EE 技术栈的 Web 项目而言,早期单体架构就是所谓的"一个 War 包打天下",将应用程序的所有功能都打包成一个独立的 War 包,部署在 Tomcat 的指定目录下就可以顺利运行。然而,软件项目是一个不断迭代和变化的过程,业务模块的增加、功能的扩展、人员的更迭、需求的变动最终都需要修改代码来实现。于是代码跟随版本的不断升级而逐渐膨胀变得难以维护。单体架构的灵活性、可扩展性、可运维性都明显下降,开发人员效率降低、系统稳定性变差、局部小问题导致"牵一发而动全身"。

在这种情况下,单体架构为了保证程序内部的高内聚、低耦合,引入了分层的架构模式。分层架构在某种程度上解决了不同类型代码的逻辑耦合问题,模块之间有了更加清晰的职责划分,降低了单体架构的整体复杂度。而分层架构的问题是没有聚焦当前业务逻辑,以技术为导向的架构形态很难做到服务的复用,业务模块无法独立部署和演进。

微服务的理念与 SOA 服务架构是一脉相承的,微服务架构同样强调面向服务,将一个大的"问题空间"通过领域建模拆解为实体之间的关系和行为,使用限界上下文(Bounded Context)将实现细节封装起来,让服务可以独立伸缩,每个服务都有明确的边界。

在面向业务构建微服务时,我们不应该把主要的关注点放在是采用 Tomcat 还是 Jetty 应用容器上，也不应该放在 Spring Cloud、Docker、RPC 这些技术概念或框架上。微服务架构首先要考虑的是解决业务的问题。在开始微服务架构转型之前，请先理解业务，洞察业务边界、职责划分，让团队专注于实现某个特定的应用服务。微服务需要根据一定的软件设计原则来实现面向服务的架构模式，本书在微服务构建章节会深入讲解领域驱动设计如何帮助我们对系统进行合理的服务划分，如何拆解、聚合以实现服务的开发和复用。另外，面向服务的系统的服务边界划分需要我们格外注意，因为错误的服务领域划分将会使服务陷入大量的远程调用和分布式事务中，在这种情况下，微服务给整个系统带来的不是便利而是麻烦。

2.2.2　底座技术

从效率的角度出发，微服务架构需要配套的技术栈和技术底座[1]支撑。目前，很多一线互联网公司已经成功基于底座技术实现了微服务架构的落地和实践。

技术选型是落地微服务架构的关键环节，公司在落地微服务架构的过程中，不仅仅要关注技术本身，更重要的是结合自己公司的技术现状和人员技术背景，根据已有的技术栈来进行微服务架构的落地和实践。

从技术选型的角度出发，我们需要根据一定的优先级来考虑：需求满足度、社区活跃度、技术掌控能力。

- "需求满足度"是最重要的因素，因为技术和架构最根本的动机还是满足业务的需求，如果一项先进的技术没有满足用户的需求，则这项技术将失去发展的动力。
- "社区的活跃度"是非常重要的参考，因为社区的活跃度代表了这项技术被广大开发者接受的程度和这项技术的广泛度和生命力。对于技术薄弱的公司，最好采用在一线互联网公司落地并且在社区内拥有良好口碑的开源产品。因为这些技术已经在大企业中经过了生产环境的验证，并且有良好的社区生态，可以得到更多的技术支持。当然，有实力的公司会选择通过自研的方式落地微服务架构，而对于小规模团队，还是建议采用社区的技术框架落地微服务架构，一方面可以不用从头开始，另一方面，也会降低公司的整体学习成本。
- 同时，需要考虑公司人员的技术掌控能力。例如，如果一个框架使用 C 语言实现了微服务架构，虽然在性能上有优势，但整个团队没有懂 C 语言的开发者，那么就需要重新考虑是否有其他的替代技术方案。

基于 Spring 社区的影响力，目前可以认为 Spring Boot 是构建 Java 微服务架构的事实标准；

---

[1] 技术底座：泛指技术平台。

另外，Dubbo 是阿里多年的生产级分布式微服务实践的技术结晶，Dubbo 本质上是一套基于 Java 的 RPC 框架，服务治理能力非常强，在国内技术社区中具有很大的影响力。还有 Apache ServiceComb 等国内外知名微服务框架，这里就不再赘述。

2.2.3 架构技术

单体架构被拆分为微服务后，需要解决众多服务的治理及复杂度管控问题。微服务存在领域模型建设、服务边界划分、服务与服务之间的依赖、服务交互集成、独立数据管理等问题，针对这些，我们需要优化我们的架构设计理念和设计方法。

领域驱动设计

Eric Evans 在《领域驱动设计》一书中对不同公司的业务应用程序中遇到的复杂问题进行了总结，帮助我们在现实世界中进行建模。他为领域驱动设计提出了大量的最佳实践和经验技巧：

- 领域驱动设计方法有利于软件开发团队与业务部门或领域专家密切合作，使开发人员与业务人员达成共识。
- 技术人员和业务专家应该首先进行领域建模，找到有界的上下文和相关的核心域，以及普遍存在的语言、子域、上下文映射，用于简化软件项目的复杂度，使得设计思路能够更加清晰、设计过程更加规范。

对于微服务架构而言，它和领域驱动设计同样关注业务。领域驱动设计理念聚焦于领域建模、实体、边界划分、界限上下文。领域驱动设计非常适合从业务上去划分微服务的边界，定义服务对外暴露的接口。每一个微服务都应该是一个可以独立开发、部署、运行的自治主体。可以说，领域驱动设计是指导微服务架构设计、解耦业务、服务拆分、服务构建的关键原则。

前后端分离技术

微服务倡导专业分工，每个组件都专注于各自的业务领域。而大部分软件，尤其是面向企业领域的系统基本都是由前端和后端服务组成的。将前后端分离作为切入点，我们可以轻松地开启微服务化改造之旅。下面是微服务架构进行前后端职责划分的主要规则：

- 技能分离，前后端可以使用不同的特定语言或框架来实现最佳的微服务实践。
- 职责分离，前端主要负责和用户的交互逻辑，后端主要负责业务逻辑和资源的管理。
- 部署分离，前端和后端可以做到独立发布，不存在发布过程的耦合，前端和后端可以根据约定的 API 进行版本迭代和独立演进。

前后端分离架构有利于将微服务在技术层面上解耦，后端微服务可以专注于实现对后端服务和资源的管理，而不用再关注与用户交互的逻辑验证等问题。

前后端分离有利于微服务中的各组件的演进和组合，微服务架构细粒度的服务可以让不同前端共享不同后端，通过"搭积木"的方式实现服务的复用和独立的演进，如下图所示。

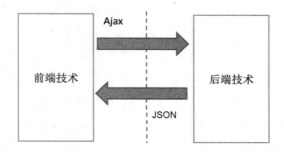

事件驱动技术

在单体架构下，系统的复杂性在于如何做好模块之间的解耦，因为模块依然存在于同一个进程中，实现进程内的并发处理和多线程模型的管理是单体架构的主要工作。所以单体架构的瓶颈往往是 CPU，不适合网络 I/O 密集型的计算处理场景。而在微服务架构下，因为细粒度的服务之间的交互主要通过分布式网络进行，而事件驱动架构为微服务提供了更多的跨网络集成优势。

- 基于事件的体系结构是异步的，不存在网络阻塞。在提供服务之前，我们必须考虑网络的局限性。选择 REST 同步调用方式存在服务调用依赖问题，会产生级联消息雪崩效应，而选择事件机制我们不用担心同步调用的问题。
- 基于消息队列的异步消息处理机制。相比请求/响应模式的服务集成方式，采用 Broker 代理的服务集成方式可实现服务之间的解耦，同时可以提高服务的性能、可靠性、可扩展性。然而，事件驱动框架也会在消息一致性、消息的监控和传输上给系统带来额外的技术复杂性。
- "协同"优先"编排"原则。事件编排机制会由"中心大脑"来领导并驱动整个流程，这个大脑就像交响乐队中的指挥；事件协同机制会预先说明清楚系统中各个部件的职责，而把具体怎么实现留给各个部件。总的来说，事件编排机制的缺点是明显的，中心控制点承担了太多职责，它会成为网状结构的中心枢纽。而事件协同机制不仅可以降低系统的耦合性，还可以让我们以更加灵活的方式修改现有系统。
- CQRS（Command and Query Responsibly Separate，命令查询职责分离），是介于脚本驱动和领取驱动之间的一种服务建模与数据交互模式，是事件驱动领域中被广泛使用的一个概念，通过 CQRS 可以解决数据读写交叉问题，并能有效降低业务逻辑的复杂性。

2.2.4 服务监控与治理

在单体架构时代，因为所有服务都集中在少数几个系统中，系统之间的相互调用关系相对简单，在出现故障时，可以将问题根源锁定在有限的系统范围内并定位问题。而在微服务架构下，众多微服务实例之间有频繁的分布式跨网络协作、相互远程调用，这时如果没有一整套服务治理方法，帮助我们保证 SLA（Service-Level Agreement，服务等级协议）、增强服务治理水平、提升微服务的治理与运维效率，那么微服务的转型之路将举步维艰。

技术团队关注的焦点往往是架构的实现和业务建模，容易忽略微服务架构带来的一系列负面影响，通过微服务监控与治理可以全方位地掌控当前服务的运行状态和资源利用情况，可以说，服务治理与监控既是微服务架构在平台层面的核心工作，也是微服务应用"长治久安"的前提。通过微服务治理能力的提升，可以提供对业务应用的快速响应能力、保证业务的健康稳定及持续演进；在技术上，可以帮助微服务的开发和运维人员实时地掌握微服务的运行状态，以及进行问题定位和故障恢复。

在服务治理的技术选型上，Spring Cloud 提供了服务治理的一站式解决方案。同时，微服务框架结合众多技术组件可以提供 Metrics 指标监控、日志监控、调用链等信息监控、健康检查和告警通知等功能。Metrics 监控主要依赖于时间序列数据库，目前较成熟的产品有 Prometheus 和 OpenTSDB；我们可以采用 ELK（Elasticsearch、Logstash、Kibana 三个技术框架缩写）技术栈实现日志的归集、存储、搜索和可视化报表查看等；可以采用 Spring Cloud Sleuth 日志收集工具包，结合 Zipkin 和 HTrace，作为 Spring Cloud 的一种分布式追踪解决方案。

2.2.5 容器和自动化技术

容器和自动化技术可以说是微服务规模化发展需要解决的首要问题。基于容器的部署和交付无论在软件开发领域，还是运维相关领域，都带来了巨大的技术颠覆。通过自动化交付部署可以将开发与运维环节打通。交付物的标准化使得我们可以"标准化"地交付应用及它所依赖的运行环境。Docker 容器一次构建、多次交付的特性可以使微服务具备了更好的可移植性、可复用性。

很多人把容器化和微服务架构混为一谈，认为自己的服务部署到了容器后，系统就是一个微服务架构了。其实二者存在本质上的差异。可以说，一个巨石型单体架构即使部署到了容器上，依然无法改变它架构上的"拙劣"。

目前容器技术仍然是微服务架构最佳的运行时环境和平台，也很好地支撑了微服务架构去中心化、细粒度、容错、伸缩的特性。如下图所示，是虚拟机与容器不同的隔离机制。

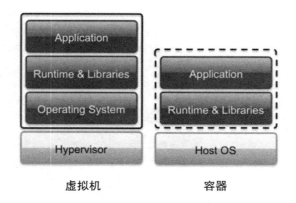

虚拟机　　　　容器

使用传统虚拟机的应用存在如下运维弊端：

- 部署非常慢、成本非常高、资源浪费。
- 难以迁移和扩展。
- 服务与硬件厂商提供的特性绑定。

使用容器对微服务架构进行自动化运维的优势：

- 容器的资源开销更小，Docker 本身共享操作系统内核，容器可以节省更多物理机资源。
- 在开发和运维之间搭建了一座桥梁，是实现 DevOps 的最佳方案。
- 容器可以对软件和其依赖的标准镜像格式打包，保证应用在不同运行环境下的统一交付，解决环境差异问题和大规模的交付部署问题。
- 容器本质上相当于一个进程，每个容器都可以看作一个不同的微服务进程，因此可以独立升级，与底层共享操作系统，性能更加优良，系统负载更低，在同等硬件资源条件下可以运行更多的应用实例，更充分地利用系统资源。
- 在没有适合的工具和自动化运维的情况下，使用微服务架构会导致灾难。目前基于容器技术和 Kubernetes 技术的平台已经成为微服务交付和管理的最佳平台。

2.2.6　云原生 12 要素

Gartner 定期发布的技术成熟度曲线可以帮助我们方便地评估技术的成熟度，同时帮助我们制定战略，即采用怎样的技术工具。Gartner 最新发布的技术影响力和普及模式与成熟度分析说明，微服务架构已经在中国全面进入成熟落地阶段，从全球来讲，很多知名 IT 企业和公司，像亚马逊、Netflix、阿里巴巴，已经采用微服务架构重塑了自己的核心业务系统。当前，很多公司为了节省成本、减少对基础硬件设施的投入，纷纷选择采用公有云或者私有云的方式管理公司的应用服务和基础设施。

云原生 12 要素（如下图所示）是基于云的架构设计和开发模式需要具备的一套全新的理念，也是云原生应用开发的最佳实践原则。

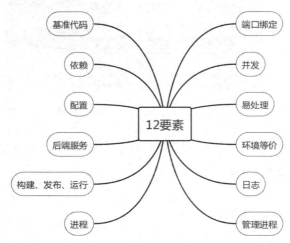

- 要素 1：基准代码
  基准代码和应用之间总是保持一一对应的关系：一旦有多个基准代码，就不能称为一个应用，而是一个分布式系统。分布式系统中的每一个组件都是一个应用，每一个应用都可以分别使用云原生 12 要素进行开发。
- 要素 2：依赖
  显式声明依赖关系，应用程序不会隐式依赖系统级的类库。要通过依赖清单，确切地声明所有依赖项。此外，在运行过程中通过依赖隔离工具来确保程序不会调用系统中存在但清单中未声明的依赖项。这一做法会统一应用到生产和开发环境。像 Java 语言使用的 Maven 打包软件或者 Cradle 都可以显式声明依赖。
- 要素 3：配置
  通常应用的配置在不同部署环境（预发布、生产环境、开发环境等）中会有很大差异。Factor 推荐将应用的配置存储于环境变量中。我们可以非常方便地在不同的部署环境中修改环境变量，却不动一行代码。
- 要素 4：后端服务
  这里的后端服务指的是应用运行所依赖的各种服务，例如数据库、消息代理、缓存系统等，对于云原生应用来说，往往还会有日志收集服务、对象存储服务及各种通过 API 访问的服务，可以把这些服务作为外部的、通过网络调用的资源。

- 要素 5：构建、发布和运行

  构建、发布和运行三个阶段需要有严格的界限，部署工具应该明确每个发布版本的唯一发布 ID 对应的构建版本。

- 要素 6：进程

  应用进程的内部不要保存状态信息，以一个或多个无状态的进程运行应用，任何状态信息都应该被保存在数据库、缓存系统等外部服务中。应用实例之间的数据共享也要通过数据库和缓存系统等外部服务进行，直接的数据共享不但违反无状态原则，还引入了串行化的单点，这会给应用的横向扩展带来障碍。

- 要素 7：端口绑定

  通过端口绑定提供服务，应用完全自我加载而不依赖于任何网络服务器就可以创建一个面向网络的服务。互联网应用通过端口绑定来提供服务，并监听发送至该端口的请求。

- 要素 8：并发

  通过进程模型进行扩展，任何计算机程序一旦启动，就会生成一个或多个进程。互联网应用采用多种进程运行方式，而不是线程方式，进程是"一等公民"。

- 要素 9：易处理

  要求应用可以瞬间（理想情况下是数秒或者更短时间）启动或停止，因为快速启动和优雅终止可最大化程序的健壮性，这将有利于应用快速进行横向扩展和变更，或者进行故障后的重新部署，这两者都是程序健壮性的体现。

- 要素 10：环境等价

  环境等价的浅层次含义是要求在开发环境和线上环境中使用相同的软件栈，并尽可能为这些软件栈使用相同的配置，以避免程序对不同环境的依赖。

- 要素 11：日志

  应用程序应该将其产生的事件以每个事件一行的格式按时间顺序输出，这点毋庸置疑，但是本要素想说的其实是：应用程序不要自行管理日志文件。

- 要素 12：管理进程

  一次性管理进程应该和正常的常驻进程使用同样的环境。这些管理进程和任何其他的进程一样使用相同的代码和配置，基于某个发布版本运行。后台管理代码应该随其他应用程序代码一起发布，从而避免同步问题。屏蔽环境差异和集群下的多实例问题。

总之，云原生 12 要素很适合快速部署应用程序，因为它们不需要对将要部署的环境做任何假定。它允许底层云平台使用简单而一致的机制，轻松实现自动化，快速配置新环境并部署应用，同时实现规模优化、应用快速迭代演进。

2.3 康威定律

在设计系统时,组织所交付的方案结构将不可避免地与其沟通结构一致。

—— 梅尔文·康威

2.3.1 协作问题

根据康威定律,技术架构与组织的职责划分相关,而职责划分从根本上确立了组织的沟通协作方式,这种协作方式最终决定了技术架构的形态。如果你的组织本身是比较松散的协作方式,往往你的架构会变得离散;而如果你的组织是紧耦合的,架构往往也会慢慢向紧耦合的方式发展。

当技术人员将单体应用拆分成多个细粒度服务的时候,就产生了服务之间的协调沟通问题,而这种问题都是建立在组织结构之上的。组织为了解决协作的问题,就会设置沟通管理方式,当我们对组织划分不合理的时候,解决问题需要跨部门沟通时,就会产生巨大的沟通成本。而康威定律提醒我们,在实施微服务架构时,不仅仅需要关注软件的架构和设计,更要关注团队之间的委派、分配和协作的方式。如果组织划分不合理将会使我们的工作失焦,导致系统架构与业务沟通协作模式不匹配。

微服务架构倾向于组织架构围绕业务领域边界进行划分,这种协作方式是比较理想的。通过构建与业务架构一致的团队组织,实现每个独立的团队都可以为自己负责的业务和技术负责。这种组织结构的好处在于:需要升级或者变更服务时,各角色成员可以在团队内部进行高效沟通,有利于达成共识和高效协作。只有外部服务之间的接口需要变更时才需要跨部门沟通,如果前期在服务之间的交互上定义了良好的接口,则接口变更的概率并不大,即使接口模式有变更,也可以通过一定的设计模式和规范来协作解决。

组织划分的最终目标是实现每个团队组织都有清晰的边界和职责。通过组织的划分,形成高内聚、可复用的业务形态,聚焦的技术架构有利于功能模块的沉淀积累和迭代演进。把不属于自己职责的业务或者技术,尽量从自己的服务中剔除,通过组织协作的方式实现低耦合,避免职责重复带来的工作重复和效能损失。

康威定律从本质上说明了组织结构对系统架构的影响,强调系统设计与组织结构的不一致导致的危险和协作问题。当我们的系统规模开始扩大时,这种协作问题将会对微服务系统的业务响应、需求变更、质量保证等方面产生更加深刻的影响。

2.3.2 沟通效率问题

《人月神话》中说：一项工作在估算和安排中使用工作单位"人月"来计算成本。这里需要说明的是"成本"虽然可以根据开发产品的人数和时间确定，但是工作的进度却不一定，因为使用"人月"来评估一项工作的规模是存在欺骗性的，人数和时间在一定程度上是无法互换的，一个原因就是忽略了最重要的因素：人员之间的沟通成本。

软件开发本质上是一项系统工作，需要团队成员密切配合才能完成，是错综复杂关系下的一种密集脑力活动实践。沟通、交流的工作量非常大，它很快会消耗任务分解所节省下来的个人时间。而添加更多的人手，实际上增加了沟通的成本，降低了个人的工作效率。

沟通效率往往会受到组织结构的影响。按照康威定律，我们的组织结构应该与我们的应用架构保持一致，最早践行微服务架构的亚马逊和 Netflix 可以说是执行这条原则的典范，通过小团队的构建提升了沟通的效率。

例如，在 Netflix，存在很多小而独立的团队，这些独立的团队创建的服务也是彼此独立的，这最小化了沟通成本，带来了效率的提升。这样，软件架构也可以得到快速迭代和演进。

人与人的沟通是非常复杂的，一个人的沟通精力是有限的，所以当问题太复杂，需要很多人协调解决的时候，我们需要拆分组织来提高沟通效率。团队的组织方式从某种程度上决定了他们设计的系统架构，而高效的沟通不仅有利于为业务人员提供即时的反馈，也能够以最小的代价达成共识，实现降本增效。

2.3.3 组织的演进

在实施微服务初期，管理者一般将大部分精力集中在满足业务和服务的功能性诉求上。很多小型团队在不需要太多精力投入的情况下，通过开源软件搭建注册中心、API 网关、容器等微服务基础设施，就可以完成基本的微服务管理功能。

然而，随着业务的快速增长和微服务规模的扩大，以及系统复杂性的上升，维护这样一套基础设施会给业务团队带来额外的压力，在关注业务自身功能的同时，管理者还要将精力消耗在非功能需求和以技术为导向的微服务支撑平台上。这个时候，管理者往往低估了微服务架构的复杂性，以及伴随微服务发展的高可用、高并发、可扩展性等技术诉求。管理者需要重新审视组织结构是否适应公司整体技术架构的发展。微服务架构从某种程度上说是一个 CTO 工程。

我们需要业务团队更加聚焦于自己的核心业务能力，正如 Supercell 公司，它是一家典型的以小团队模式进行游戏开发的公司，一般来说两个员工或者 5 个员工，最多不超过 7 个员工组成独立的开发团队，称为 Cell（细胞），这也是公司名字 Supercell（超级细胞）的由来。该公司可以通过这种小团队、快速试错，来检验游戏是否被用户接受和受欢迎程度，实现了小步快跑。

然而 Supercell 的小团队背后是有一个大的平台组织来做支撑的。我们说微服务架构同样需要具备平台化的可复用和支撑能力，平台化的思维和支撑能力不仅仅意味着需要建设以技术为导向的微服务架构、自动化发布平台、容器基础设施，还需要组织结构能够根据业务形态进行持续的演进。微服务架构如果想规模化、成体系化发展，甚至像亚马逊和 Neftlix 这样的公司一样对外输出技术能力，还需要公司做统一的战略规划，需要有以技术为主的平台团队，以及以业务为导向的中台团队。微服务架构的体系化仅从技术维度进行是难以奏效的，最终技术架构一定会受到组织结构的影响，组织结构的演进对企业的竞争力和非线性的增长至关重要。

2.4 流程管理

微服务从技术架构出发，使应用系统具备快速响应、灵活部署、敏捷交付、持续演进的特性成为可能，而规模化的微服务交付如果没有完整的软件工程和流程管理体系、自动化的流程交互运维工具，很难持续发展。

2.4.1 敏捷方法论

最早的软件开发是没有标准的，软件质量好坏完全取决于软件工程师的能力和素养。伴随着软件行业的发展，软件的整个开发流程需要一套方法论来规范，CMMI（Capability Maturity Model Integration，即能力成熟度模型集成）这种基于瀑布模式的标准软件开发流程解决了软件开发的标准化问题。在 CMMI 体系下，软件开发逐步向工程化迈进，但是也缺少了动态性和灵活性，人们开始反思传统方法的弊端，进而提出了敏捷方法。

2001 年 2 月，由 Martin Fowler 等 17 位软件开发专家起草的敏捷宣言发表，敏捷联盟成立。我们可以看到一个熟悉的名字：Martin Fowler，微服务架构的概念最早也是他提出来的。

下面我们了解一下敏捷宣言中敏捷软件开发的四个核心价值观。

- 个体和互动高于流程和工具：这里强调了人与人直接沟通的重要性和高效性，所以有了站立会议。但不要理解为完全不需要流程和工具，只是侧重人与人的沟通。
- 工作的软件高于详尽的文档：这里强调把更多的时间放在开发软件上。但并不是说文档就一点也不要写了，关键性的文档（项目整体流程描述及架构图等）还是要有的。
- 客户合作高于合同谈判：这里要区分公司属性，外包公司团队和企业自有项目团队肯定会采取不同的策略。这句话应该是讲给企业自有项目团队的，为了企业合作双方的利益，这个观点是正确的。但并不是说毫无底线地向客户妥协，而是提倡密切合作，以便提前发现问题，双方都可以减少损失，实现共赢。
- 响应变化高于遵循计划：这里道出了软件开发不可回避的问题，就是需求变更。站在企业整体利益的角度，需求变更是很正常的。随着市场变化、时间推移，之前的需求如果不做修改可能真的就影响了产品的落地效果。但这也不是说需求可以任意地变来变去，需要有既懂业务又懂技术的人来负责评估。

Scrum（迭代式增量软件开发过程）是实现敏捷开发的具体方式之一，是一种具体实施方案和流程，也称为过程管理框架。Scrum 的主要原则是缩短软件的交付周期，通过将过程分解为短期的工作循环，每一个循环为一个 Sprint（冲刺），在每个 Sprint 中，由项目团队确定目标，Scrum 团队由不同类型的人员组成，包括开发、测试、业务人员、美工等，每个团队的目标由项目管理者在计划会议上确定，团队可以自行确定实现 Sprint 目标的方法和途径，可以自行管理日常工作和计划的执行。

微服务架构与敏捷研发流程一脉相承。微服务是将一个完整的系统分割成若干微小的、具备独立性的功能单元，每个功能单元是可以具备一个实际意义的小功能集。各个功能单元之间尽量是解耦或松耦合的，可以实现独立开发而不依赖其他功能单元。而敏捷保证微服务架构能够更好地适应需求的变化，保持团队的高效沟通，敏捷利用小型工作增量、频繁迭代与原型设计等手段，可以使我们摆脱大规模单体软件开发的风险。

微服务架构更多地从技术的角度提升开发和运维的效率，而敏捷方法论贯穿了软件工程的整个流程，它重视流程、沟通、协作。可以说，敏捷在管理流程上是对微服务架构落地的有益补充和保障。

2.4.2 DevOps 转型

随着软件开发敏捷化的推进，DevOps 正在成为软件交付的最佳模式。DevOps 是一种研发模式和一种方法论，从 2009 年开始逐渐流行起来。它不是框架或技术的东西，是更好的优化开发（DEV）、测试（QA）、运维（OPS）的流程，使开发运维一体化，通过高度自动化的工具与流程来使得软件构建、测试、发布更加快捷、频繁和可靠。DevOps 的主要目的在于提高产品的交付能力与效率，要践行 DevOps 首先要改变的就是管理理念。

DevOps 其实包含了三个部分：开发、测试和运维。从单体架构转型到微服务架构后，我们可能面临开发、测试和运维诸多挑战，微服务架构需要借助 DevOps 方法论进行持续开发和持续集成的原因如下：

- 服务拆分成为细粒度的服务后，服务之间需要持续集成，才能完成整体的功能迭代，需要自动化测试、自动化交付。相比单体架构，微服务架构有更高频率的软件部署集成、发布、交付诉求。
- 大多数微服务架构使用容器和云平台，需要在流程上支持快速的发布流程，支持规模化的微服务交付场景。
- 要理解微服务之间的复杂交互，需要优秀的诊断与监控工具，而软件系统诊断与监控不仅仅是运维人员的职责，开发人员也需要深入参与到软件的交付和后期的系统运维和运营中，提升微服务之间交互的可观测性。

软件团队 DevOps 转型需要从下面几个方面展开，这其中不仅包含技术的转型，也包含组织、流程等关键要素的转型。

- 技能方面：团队需要不断引入优秀的技术和好的设计来增强敏捷能力；保持良好的软件架构风格；集成工具链，搭建自动化软件集成、交付、发布平台。
- 组织与流程方面：DevOps需要组建一个自治的团队，使团队向全栈开发方向成长。另外需要融合不同的职能人员，比如开发人员和运维人员工作在同一个部门，向同一个领导汇报。要求开发人员和业务人员在整个项目开发期间必须天天在一起工作。需要建立激励体制和反省体制，团队每隔一定的时间在如何才能更有效地工作方面进行反省，然后对自己的行为进行调整。开发人员需要遵守相应的原则来保证进度。软件进度的唯一标准就是"能使用的软件"，优先要做的事是通过持续地交付有价值的软件来使客户满意。为了达到这个目的，在开发过程中要最小化可执行产品，持续集成/持续交付、持续部署（CI/CD），测试驱动开发（TDD[1]）。交付的时间间隔越短越好，使用户经常看到软件效果。其中测试驱动开发可以优化代码设计，提高代码的可测试性，建立和代码同步增长的自动化测试用例，根据迭代积累的经验和需求变化情况对计划进行不断的调整和细化。
- 文化建设方面：实行激励机制，通过建立激励制度，强化和奖励那些引导组织朝着目标前进的行为。举行每日站立会议，进行高效的会议、记录问题并跟踪问题的解决过程；进行可视化管理，可视化管理可以让所有团队成员直观地获得当前项目的进度信息，及时暴露问题；保证团队理解一致并且适应变化，团队需要一定的敏捷理念，认清客户是逐步发现真正的需求的。

总之，DevOps 贯穿软件工程的整个生命周期，DevOps 不只包含 CI/CD 方法论，除了技术和流程，它还包含企业管理文化。

1　TDD：Test-Driven Development。

2.4.3 自动化管理工具

在 DevOps 实践中，自动化管理工具的使用是非常重要的，下面让我们看看一些常用的代表性工具。

- IT 基础设施自动化
  云服务：使用公有云（如阿里云、AWS 等）服务，不需要买硬件服务器、租用机柜。私有云服务可以基于 Kubernetes 进行扩展构建。
- 代码管理
  Git：存储代码，管理代码的版本。
- 配置管理
  Chef：它是一个非常有用的 DevOps 工具，用于管理配置文件。使用此工具，DevOps 团队可以避免跨 10000 台服务器进行配置文件的更改，相反，只需要在一个地方进行更改，然后自动反映在其他服务器上。
- 自动部署
  Jenkins：这个工具可以实行自动部署，有助于持续集成和测试。
- 交付镜像
  Docker：不仅可以交付软件代码，还能将代码依赖的工程运行环境一同打包进行交付。
- 日志管理
  ELK：这个工具可以收集、存储和分析所有日志。
- 性能管理
  App Dynamic：提供实时性能监控功能。此工具收集的数据有助于开发人员在出现问题时进行调试。
- 监控
  Nagios：当基础设施和相关服务宕机时，确保人们得到通知很重要，Nagios 就是这样一个工具，它可以帮助 DevOps 团队发现和纠正问题。

2.5 小结

软件世界没有"银弹"，不存在理想的软件模型提供全面的解决方案。每一个公司或者企业都需要结合自身的情况和场景来选择是否采用微服务架构。如果你正在基于微服务架构构建或者改造你的系统，那么请注意你使用的技术理念和软件方法论与微服务架构是否存在冲突。总之，在软件工程中，除了技术因素，组织结构、研发流程等都会对微服务架构能否成功落地产生重要影响。

第 3 章
微服务构建

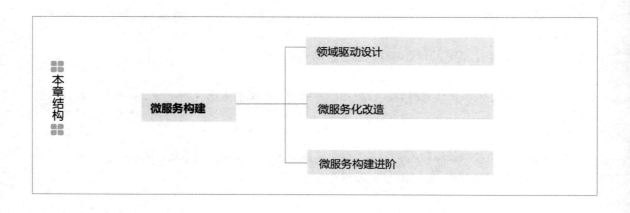

微服务构建本质上是软件构建过程中长期演进积累的一系列理念、架构原则、工具和最佳实践。

领域驱动设计的软件思想体系和方法论可以用于指导微服务建模、微服务划分、微服务架构设计等相关工作,它可以促使技术人员与领域专家达成共识,构建领域边界合理、具备明确界限上下文、关注点分离、独立自治的微服务。

3.1 领域驱动设计

3.1.1 领域驱动设计概述

领域驱动设计（Domain Driven Design）概念的兴起可以追溯到1986年，《人月神话》的作者Brooks提出软件的本质复杂性（Essential Complexity）存在于复杂的业务领域中，技术仅仅是辅助工具，它解决的问题是帮助业务领域从现实问题映射转换成软件实现。

领域驱动设计在战略设计层面，从业务视角出发使技术人员专注于问题域，从领域专家那里获得领域见解，通过模块划分建立领域服务边界，通过界限上下文明确服务的职责。

领域驱动设计在战术设计层面，从技术的视角出发，提炼有效的业务模型，实施领域建模、架构设计完成软件的落地。领域驱动设计通过隔离业务与技术的复杂性，成为程式化、标准化的软件架构设计范式。

软件复杂度的来源

- 业务的复杂性：业务的复杂性体现在业务流程不清晰、业务参与人员多、业务与技术耦合等方面。在业务的早期阶段，为了快速满足功能需求容易形成面条式的代码风格，这样的代码风格会导致软件模块膨胀、开发效率降低、功能扩展步伐放缓、业务模型与代码脱节等。
- 技术的复杂性：技术的复杂性来源于对项目的质量属性需求[1]，诸如系统的性能、客户体验、服务高可用性等。为解决服务的响应延迟、吞吐、安全等问题，我们会引入缓存、消息队列、第三方模块组件，而这些技术的整合给系统引入了额外的复杂性和技术挑战。

领域驱动解决之道

解决这种软件构建中面临的复杂性问题，我们需要从领域开始着手，与业务专家一起获得领域见解，促使软件利益干系方在领域内建立通用语言。技术人员通过建模的手段提炼出事物的本质，以便更好地指导应用系统的构建和规划。

领域驱动设计中包含了大量成熟的理论、概念、模式和架构，它包含一套解决复杂领域模型的软件架构方法，思想是围绕业务模型来连接和实现核心业务概念。

领域驱动设计可以让业务和技术的变化产生的不可预知因素互相分离，将人员变动、团队规模、协作沟通等外界因素变化对产品和项目的影响封装在一个可控的容器和框架下，从而解决软

---

[1] 质量属性需求：系统非功能（也叫非行为）部分的需求。

件面临的复杂性问题，如下图所示。

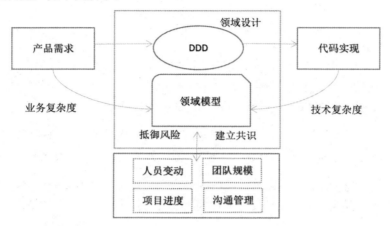

事务脚本模式与领域建模模式

- 事务脚本模式：事物脚本模式常见于单体应用中，它将所有逻辑全部组织在一个单一过程方法中，从数据库的调用到不同业务逻辑、策略的执行全部集成在一个大的方法块中。它的好处是简单、容易实现，它的缺点是没有自己的状态，也无法扩展，容易将服务组件与数据存储模型之间的刚性依赖引入业务逻辑中。
- 领域建模模式：领域建模模式将业务逻辑转移到了领域对象（Domain Object）中，每个领域对象完成属于自己的业务行为。同时数据存储层的逻辑也变得相对简单，数据库不再参与领域模型的业务逻辑，而是回归数据"持久化"的本质。

使用领域模式可以提升系统的内聚性和可重用性，通过不同类之间的协同完成所有功能。另外，多态的模式也让扩展新的策略更加方便，业务语义更加通用、显性化。领域建模过程遵循"SOLID"原则并实现业务域的逻辑解决方案。

> **说明：SOLID 原则**
>
> 1. Single Responsibility Principle：单一职责原则
>
> 2. Open Closed Principle：开闭原则
>
> 3. Liskov Substitution Principle：里氏替换原则
>
> 4. Interface Segregation Principle：接口隔离原则
>
> 5. Dependence Inversion Principle：依赖倒置原则

领域驱动设计核心要素

如下图所示是领域驱动设计的核心要素，包含领域驱动设计中的通用模型术语和重要的战术模式。这些模式不仅可以捕获和传递领域中的概念、关系及逻辑，也能帮助我们管理业务的复杂性并确保领域模型的行为清晰明确。

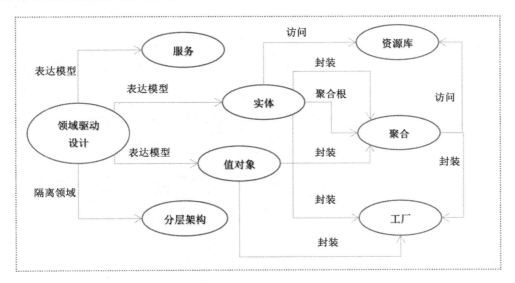

- 领域：相对于软件系统来说就是系统要解决的现实问题。
- 子域：对于领域进行不同维度切分的相对内聚的子系统单元。
- 分层架构：通过分层架构将业务域和技术逻辑域隔离。
- 服务：服务通常是领域对象的调用方，用来协调领域对象完成指定业务逻辑职责。
- 实体：实体与面向对象中的概念类似，它是领域模型的基本元素，在领域模型中，实体应该具有唯一的标识符。
- 值对象：值对象是没有唯一标识符的实体。值对象在领域模型中是可以被共享的，它们应该是不可变的，当有其他地方需要用到值对象时，可以将它的副本作为参数传递。
- 聚合：聚合使用边界将内部和外部的对象划分开来。每个聚合有一个根，这个根是一个实体作为外部可以访问的唯一对象。
- 资源库：是封装的所有获取对象引用所需的逻辑单元。
- 工厂：工厂用来封装对象创建所必需的信息，当聚合根建立时，所有聚合包含的对象将随之建立。

3.1.2 专注问题域

解决一个业务场景中的复杂问题从理解问题域开始,通过专注于问题域并理解复杂问题背后的实质,你才能设计有效的模型来应对业务的挑战。在项目初期,尽量避免沉溺于技术实现,而要把焦点集中在问题领域,不要忘记技术服务业务的原则。

理解问题域

我们以一个金融场景下的"业务运营监控系统"为例进行分析。经过与运营管理专家和相关业务方的多轮需求探论,我们初步了解了用户的业务诉求和痛点。需要强调的是对于问题域的充分理解是我们的首要任务。

这里整理了一份需求文档,它详细地记录了问题域的具体范围和详细需求。这份文档不仅是业务与技术团队之间的一份沟通文档,也可以作为软件生命周期在需求分析阶段的一个清晰的、规范化的知识协作产物。

业务运营监控系统需求文档	
项目需求方	普惠金融·城市信贷运营管理部
需求背景:	
城市信贷业务长期以来使用人肉运维的业务管理方式,运营团队无法通过数字化的方式管理线下团队的运营情况和系统运行状态。业务运营人员反馈进件[1]存在积压,业务被阻断,无法快速地发现和定位问题系统,造成客户长时间等待甚至流失。 目前的解决方法是联合多个技术团队排查、定位问题,这种方式效率低下、沟通成本高。运营团队急需可视化的业务监控系统,监控当前业务的运营情况,定位业务积压的系统,方便运营部门的后续复盘、追责	
项目范围	项目针对普惠金融业务板块的城市信贷业务,目标是对公司贷前流程所涉及的子业务系统和线下门店实现透明的运营状态监控和管理
详细需求	1. 当进件出现积压时,系统可快速定位业务问题并自动通知相关系统的运维人员。 2. 系统可通过预先设置的预警邮箱,将具有业务含义的报警内容通知到指定运营人员。 3. 运营人员可统计当前进件主要被阻塞在什么业务流程阶段。 4. 运营人员可以统计进件在不同阶段的流量状态。 5. 运营人员可以统计当前不同门店的进件状态。 6. 运营人员可以对历史进件状态进行回溯,实现业务追责和系统故障定级。 7. 根据过滤条件查询门店运营状况
涉及系统	综合信贷系统、申请系统、合同系统、信审系统等

---

1 进件:客户申请贷款资料。

提炼问题域

理解复杂问题并从中识别、提炼出关键的业务模型,即提炼问题域是领域驱动设计的关键环节。团队可以通过头脑风暴的形式罗列出领域中的所有事件,整合之后形成最终的领域事件集合。

你需要在关键事件标记的范围里,参照不同利益干系方的业务诉求,组织领域事件和模型,同时,你需要整理出与项目关联的上下游系统,如下图所示。

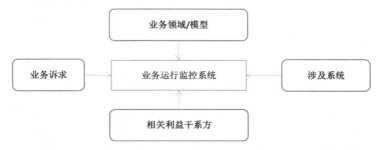

通过挖掘隐藏在领域事件中的核心领域模型,我们可以找到从问题空间到方案空间的对应映射关系。针对上述业务监控系统案例,"进件存量[1]"和"进件流量[2]"的概念成为我们发现的重要领域模型。

作为衡量业务系统运转状态的重要指标,业务的"存量"状态可以表示业务的积压情况,而业务的"流量"状态可以表示业务流转的变化情况。

如下图所示是我们总结的监控系统概要视图,其中实线表示的是城市信贷业务工作流中进件在不同系统的流向,而虚线表示的则是业务的存量、流量在业务监控系统的事件记录。

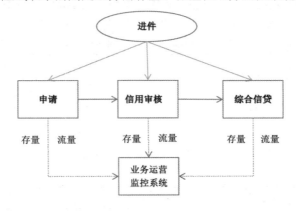

---

1 进件存量:是指在某一指定的时间点,过去生产与积累起来的进件的结存数量。
2 进件流量:单位时间内流过某一段管道的进件体积流量。

3.1.3 服务的拆分

完成问题域的理解和提炼后,我们需要对整体系统做进一步的服务拆分。下图是我们根据业务领域能力对"业务运营监控系统"进行拆分后的子领域服务及模块划分说明。

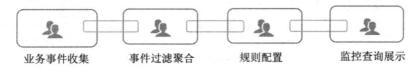

- 业务事件收集(如下图和表所示)

模块名称	简述
服务日志抓取	采集与贷前运营环节相关系统的业务事件日志,作为监控数据来源

- 事件过滤聚合(如下图和表所示)

模块名称	简述
实时计算服务	实时计算服务利用外部分析系统对抓取日志进行过滤和分析,并生成明细监控数据
定时调度服务	调度服务主要做明细监控数据备份留存及数据的二次加工服务

- 规则配置(如下图和表所示)

模块名称	简述
系统前置	系统前置作为和客户端的接口,提供预警查询、规则配置等功能
规则引擎	规则引擎需要配置预警、过滤条件等配置信息

- 监控查询展示（如下图和表所示）

模块名称	简述
查询报表服务	根据业务方的需求可以查看当前业务存量、流量实时信息、报表统计信息

为什么要做服务拆分

- 降低系统的整体复杂性：根据业务领域进行合理的服务拆分是一个有效控制系统复杂性的方法。
- 提高效率：服务拆分后，代码模块相互隔离，并发的开发模式可以提升开发人员的效率。
- 团队人员各司其职：拆分的项目可分派给擅长相关方面技术的人员，让团队成员各司其职，降低工作的耦合度。
- 共享和自治：可以通过定义好的服务接口进行服务共享，同时拆分后的服务也更加自治。
- 解决依赖问题：通过服务拆分，可以清晰地了解哪些服务依赖会对业务造成影响，从而准备预案。

服务拆分的依据

高内聚、低耦合是服务拆分的主要依据，下面我们列举一些常用的服务拆分策略，了解如何对单体架构进行拆分。

- 区分服务类型：工具服务区别于业务服务，它的特点是与业务领域无关，根据其用途可以进一步细分，一般包括的形式有公共工具服务、资源工具服务、包装器服务等。
- 根据功能定义划分服务：领域驱动设计通过分析问题空间和业务逻辑，将应用程序定义为域，域由多个子域组成，每个子域对应于业务的不同功能部分。
- 根据技术边界划分服务：对于产品类型的服务使用技术能力划分服务边界，前后端分离架构就是通过技术栈划分服务边界的典型架构模式。

服务拆分范式

通过增加服务实例或者机器来解决服务的容量和可用性问题是常用的可扩展架构解决方案。在《可扩展艺术》一书中提出了系统的可扩展性模型：AKF可扩展立方[1]，可以作为服务拆分的范式。

---

[1] AKF可扩展立方：描述从单体应用到分布式可扩展应用的可扩展模型。

如下图所示是使用 Scale Cube 的 3D 模型实现的一个微服务架构模型，在 X 轴上通过 API 网关进行水平扩展，在 Y 轴上进行单体拆分后的微服务构建，服务之间可以通过 REST API 进行简单交互，Z 轴是数据维度的拆分。

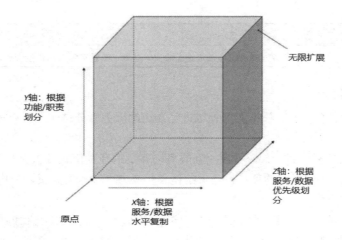

- X 轴：服务扩展，通过克隆的方式水平扩展。一般是负载均衡后运行多个应用副本，达到某个服务的高吞吐量和高可用性。
- Y 轴：功能拆分，通过拆分不同的事务进行扩展。微服务对应着 Y 轴，即将单体应用拆分为微服务应用。
- Z 轴：数据分区，通过分隔相同的事务进行扩展，例如数据库分库分表。

总之，服务支持水平扩展以提升容量；对功能的拆分体现在对业务模型的切入和深入理解上；应用数据的划分是微服务的重要原则，如果数据的耦合问题无法解决，那么应用服务的划分还会有代码耦合和级联影响。

3.1.3 界限上下文

在找到服务边界并把系统拆分后，我们需要使用"界限上下文"的概念明确服务之间的交互共享模型和行为接口，它不仅可以有效地限定领域的职责边界和特性范围，也可以控制问题域的规模，进而以化整为零的方式控制整个系统的复杂性。

在业务运营监控项目中，存量项模型作为业务过滤聚合服务和存量查询统计服务的共享模型，关系如下图所示。

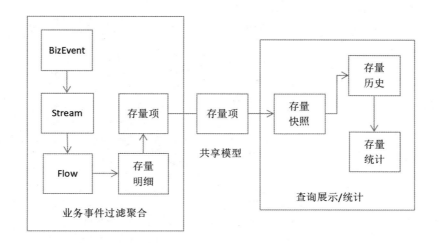

为了实现捕获和统计监控业务运营过程中的不同阶段存量的业务状态，我们将存量项作为上述两个服务上下文的共享模型，但我们不会暴露"过滤聚合服务"中的存量明细、Flow、Stream等模块的实现细节。

作为两个独立的服务主体，它们应该在边界上有明确的界线划分和通信机制。如果服务边界与领域的界限上下文能够保持一致，那么我们已经为高内聚、低耦合的微服务架构实现了关键的一步。

3.1.4　领域建模

领域建模是领域驱动设计的核心，通过领域模型可以封装对业务的抽象，建立业务概念与领域规则的关系。领域模型更关注的是业务语义的显性表达，而不是具体的数据存储及代码逻辑实现细节，它可以有效地降低业务人员和技术人员之间的沟通成本。

案例分析

回到"业务运营监控系统"中，我们把业务监控的核心诉求聚焦在"业务事件"，以及业务的存量和流量领域模型。

在整理了领域服务的核心模块后，我们可以把业务方关注的组织信息、业务类型信息、业务阶段信息进行进一步领域模型细化，如下图所示。

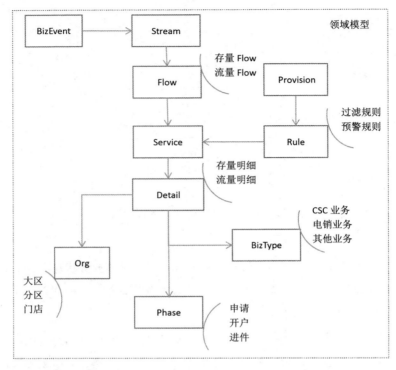

- BizEvent：业务事件是业务监控的数据源，使用统一的 JSON 格式记录消息事件，以日志方式封装当前业务系统发生的事件详情。
- Stream：对应一个端到端的数据流转概念，通常我们会将 BizEvent 事件发送到 Kafka 的一个 Topic 上，通过建立 Stream 可以在消费端处理指定 Topic 上的数据流。
- Flow：Flow 对应一个监控业务计算逻辑，存量 Flow 可以统计对应的存量状态，流量 Flow 统计当前业务的流量状态。
- Service：它并非领域对象，表示一个通用的服务层，Service 提供业务存量和流量的查询、备份、预警等业务方法。
- Provision：用户配置前置通用服务，不对应领域对象，主要接收用户的配置请求，并保存为业务规则。
- Rule：即规则模型，属于核心领域模型，业务方可以通过它灵活地定制关心的业务状态并进行预警、过滤等。
- Detail：属于业务的中间监控过程详情，属于领域对象，同时包含组织、阶段、业务类型等明细对象属性（Org、Phase、BizType）。

使用领域建模的设计方法可以进一步将"业务监控系统"内部的领域服务与领域模型对象关联，显性地表达每个领域模型的具体工作职责及业务行为事件与领域对象之间的上下文映射关系，如下图所示。

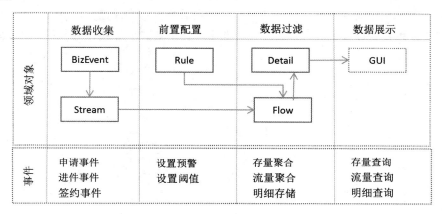

3.1.5 架构设计

架构设计的本质是管理业务和技术复杂性，使系统易于有序化重构及扩展。高质量的架构一定是高度抽象的、围绕业务的、易于理解的、面向演进的。

分层架构设计

领域驱动设计遵循"关注点分离"原则，将技术实现逻辑封装在基础设施层；将业务逻辑封装在领域层，尽量使领域层代码与其他层技术细节分割开来；将应用层作为黏合剂，实现前两者的协作；同时 UI 层可以基于 Swagger 技术暴露 REST API。分层架构如下图所示。

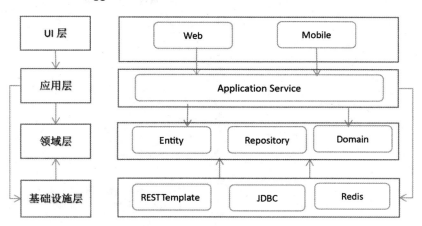

六边形（Hexagonal）架构模式

六边形架构模式又称为"端口-适配器"模式，它将系统分为内部和外部。内部代表应用的业务逻辑，外部代表应用的驱动逻辑、基础设施或其他应用。内部以 API 接口呈现，通过端口和外部系统通信。外部系统需要使用不同的适配器，适配器负责对协议进行转换。应用程序能够以一致的方式与实际运行的设备和数据库相隔离，方便开发和测试，六边形架构模式如下图所示。

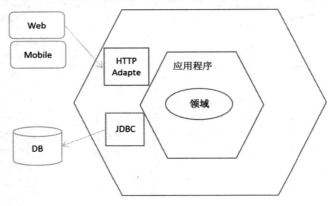

微服务架构模式

微服务架构是强调细粒度、单一职责的架构模式。微服务架构更关注的是系统的非功能需求：质量属性、演进能力、扩展性、观测性、软件交付效率等。微服务使用 CQRS（命令/查询职责分离）中的事务脚本模式应对查询场景，而对于复杂的业务逻辑场景，使用领域驱动设计模式。微服务架构模式如下图所示。

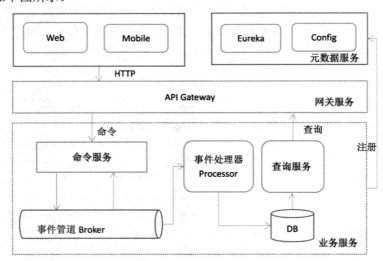

3.2 微服务化改造

对单体架构现状的不满和难以控制是推动微服务化改造的重要因素,企业在向微服务架构转型的过程中面临诸多挑战,需要采用相应的策略模式进行微服务化改造。

3.2.1 技术债务

单体架构下技术债务的产生原因多种多样,总结下来这些技术债务大体可以分为业务复杂、交付质量低、非功能需求不达标等三大类。

- 业务复杂:开发人员依靠模块的叠加加速软件交付,后期形成规模庞大的单体架构,导致业务代码臃肿、业务逻辑耦合、无法复用等问题。
- 交付质量低:单体架构缺少自动化测试能力,存在局部代码质量问题,容易引发整个系统的可用性问题。
- 非功能需求不达标:代码的腐化和缺少维护、重构、改进导致性能逐渐下降等问题,在极端情况下,甚至出现不同资源竞争的短板效应,造成整个系统崩溃。

3.2.2 微服务化改造时机

对于存在技术债务的单体架构,在实施微服务化改造工作前,需要从客观和主观两个方面来判断当前时间点是否是进行微服务化改造的最佳时机。

所谓客观因素包括上一节所说的技术债务因素。此外,代码冲突频率、组织人员规模、产品迭代速速、用户规模量级等量化指标也可以作为微服务化改造的重要客观依据。

微服务化改造时机同样受到技术团队主体愿望和人员技术能力的制约,概括如下:

- 团队的技术选型需要达成一致,并在组织层面上有一致的指导和规范。
- 团队需要根据业务所处阶段、当前系统项目使用的技术栈和团队人员能力决定是否适宜转型微服务。
- 团队是否具备自动化交付和微服务治理平台等技术支撑能力。

3.2.3 单体架构的改造模式

单体架构进行微服务化改造需求遵循一定的改造模式。在不影响业务正常运行的前提下实现业务的平滑过渡,下面我们列举一些经常使用的微服务化改造模式。

绞杀者模式（Strangler Pattern）

绞杀者模式通过逐步替换而非一次性替换的方式来保证新旧系统的平滑过渡。运用一系列易于理解的小规模替换定期交付新的微服务，逐步淘汰遗留系统的功能模块，最终实现全部替换，流程如下图所示。

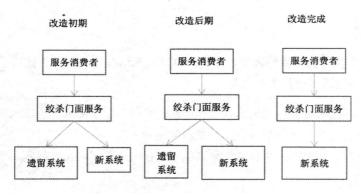

修缮者模式

修缮者模式源于古老的软件工程格言"任何问题都可以通过增加一个中间层解决"，就如修房或修路一样，将老旧待修缮的部分进行隔离，用新的方式对其进行单独修复。修复的同时，需保证与其他部分仍然能够协同完成工作。修缮者模式的基本原理来自 Martin Fowler 的重构方法，如下图所示。

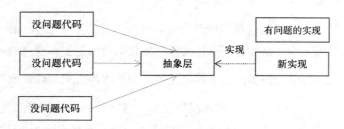

这种模式的实现方式可以分成三个主要步骤。

- 抽象层提取：首先通过识别内部的待拆分功能，对其增加抽象接口层，同时对原有代码进行改造，确保其同样实现该抽象层，这样在依赖关系上就添加了一个中间层。
- 抽象层实现：为抽象层提供新的实现，新的实现采用微服务方式。
- 抽象层替换：采用新的实现对原有的各个抽象层实现进行逐步替换，直至原有实现被完全废弃，从而完成新老实现方式的替换。

演进式改造流程

演进式改造流程是一种以逐步演进的方式对遗留系统进行改造的流程，通过构建服务路标图、服务选择、服务改造、业务验证、迭代优化完成微服务化改造，如下图所示。

- 构建服务路标图：由架构师、业务分析师及技术负责人共同参与构造出一个服务路标图，并接受来自各个方面人员的反馈。
- 服务选择：有了服务路标图之后，遵循价值最大化的原则，从多种角度去制定优先拆分策略，优先拆分相对独立、容易实施的业务部分。
- 服务改造和业务验证：在改造过程中需要验证新的服务是否满足业务需求。在新服务上线投入使用并稳定后，可以从遗留系统中移除原有的代码模块。

边车（SideCar）模式

传统企业中存在大量的遗留系统，对这些遗留系进行微服务化改造的成本很高。对于这些系统，我们的选择并不一定是将其进行微服务化改造，而是将其接入微服务环境中，与其他服务共同协作来实现业务需求。边车模式可为不同语言的遗留系统提供一个同构的接入接口。对于原遗留系统应用程序的每个实例都部署和托管了一个边车实例，实现非侵入式接入。

3.3 微服务构建进阶

本节我们将从更宏观的软件构建视角切入来总结微服务构建的最佳实践，宗旨是指导开发者合理地设计和构建可演进式的系统架构。

3.3.1 软件构建

软件构建通常是指软件的详细架构设计、编码、调试、测试和集成等方面的工作。作为软件开发的主要组成部分，软件构建依然是软件开发工程的核心活动，它在整个软件开发交付周期中大概占到30%~80%的时间。

下图是经过几十年的实践积累，研究人员给出的软件开发过程中各种不同关键活动的时间顺序。

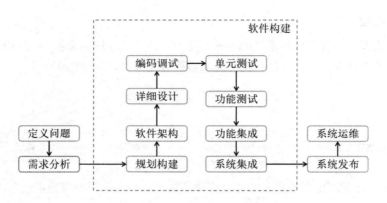

上述活动独立拿出来都可以作为软件工程中的主题加以讨论，而"软件构建"作为软件开发中的核心活动显然具有更重要的地位。

软件构建要重视代码质量，因为源码是软件唯一的精准描述和最终产物，敏捷的开发流程也强调可阅读的代码大于规格文档的理念。源码可以增强软件工程的可管理性，源码的质量和可读性是决定软件能否持续演进的重要因素。

软件构建使用高层架构设计指导系统的编程开发约束。高质量的架构可以使构建活动更加容易，使复杂的系统分解成为可管理、独立、层次化的软件集合；而糟糕的架构设计将使你的构建活动举步维艰、困难重重，严重影响系统的后期维护和扩展。下图是我们总结的高质量架构原则。

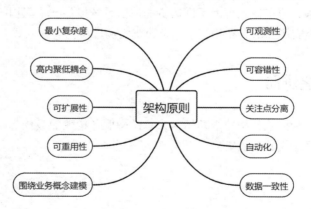

3.3.2　微服务构建实践

微服务构建倾向于使用领域驱动设计模式，从技术实现的层面遵循并实践高质量的软件架构原则，目标是持续快速地满足业务需求，支撑灵活的软件工程流程，实现成本可控及高效的价值交付。我们可以将业务目标、高质量软件架构原则、微服务构建实践三者的关系表述如下图所示。

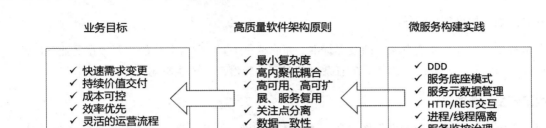

如果对微服务构建实践从时间维度做进一步细化，我们可以将其划分为微服务架构定义、架构落地、规模化发展三个阶段设计。

在微服务架构定义阶段，我们使用领域驱动设计的方法论来完成对业务的建模及服务边界的接口定义。与传统的基于技术实现的分层架构模式不同，领域驱动设计更加关注业务，它在实际业务场景中通过业务边界的识别对领域服务进行界限划分；微服务架构强调功能职责单一、围绕业务组织团队、轻量级的集成交互机制等特性，都与领域驱动设计模式概念高度一致、不谋而合。

在微服务架构落地阶段，需要一个具备承载业务、简单生产就绪的软件底座技术来启动和运行我们的业务服务，在技术选型上，Spring Boot 基于约定优于配置的编程范式，可以极大地提升软件开发人员的工作效率。同时成熟的社区支持、广大的开发群体、全面完整的技术框架支撑都是 Spring Boot 成为微服务架构落地的首选技术栈。

在微服务架构规模化发展阶段，服务治理成为解决系统复杂性、可用性、可观测性、可靠性、容错性、关注点分离的关键技术。在技术选型上，我们使用 Spring Cloud 技术生态作为微服务的治理体系。此外，服务集成交互机制、后端数据一致性、容器技术、持续集成、持续交付、监控治理都是微服务构建和规模化管理需要重点关注的技术领域。

微服务架构的发展趋势是将更多的公共组件、模块能力、横切关注点下沉到基础设施。软件构建的复杂性从业务层转移到基础设施层，通过将业务代码与技术架构解耦，实现业务价值的快速交付。

3.3.3 微服务架构反模式

前面介绍了微服务的一些好的设计模式和实践，下面列举一些微服务架构的反模式，这样我们可以在微服务构建过程中更好地进行取舍。

微服务划分粒度越小越好

微服务粒度的大小并没有统一的业界标准，并非越小越好。服务划分的主要依据是业务属性，组织层级、团队规模、代码规模、业务复杂度都对服务粒度划分产生影响。

内聚不相关功能服务

服务必须清楚地与业务能力保持一致，不应该试图做一些超出范围的事。功能隔离问题对架构治理而言至关重要，否则它会破坏敏捷性、性能和可扩展性，导致创建一个紧耦合、无法扩展演进的架构。

不重视自动化

随着微服务规模的扩大，自动化集成和交付成为微服务交付的关键。微服务的目标是驱动敏捷，为我们提供所需的自动化工具。

服务架构分层

团队过度关注技术层面的内聚，而不是功能相关的重用。这样会形成一个由横向团队管理的人造物理层，导致交付依赖。

手动配置环境

当我们创建的服务越来越多时，服务的配置管理会面临失控的风险。大部分生产部署不顺利的情况都是由于配置错误造成的，手动管理配置信息在微服务架构下将变得越来越困难。

未使用版本控制

在微服务的世界里，复杂度会随着服务数量的增加而增加。制定一个版本控制策略可以使服务的消费者轻松迁移，并且服务提供者可以透明地部署变更而不产生级联影响。

缺少 API 网关

每个服务都要单独实现鉴权、过滤等功能，正确的做法是集中管理和监控部分非功能性问题。API 网关可以编排跨功能的微服务，同时实现共享服务的复用。

服务依赖第三方系统

当服务依赖第三方系统时，服务就不是松耦合的了。要让服务有独立性，交付的每个服务都必须具备独立的测试套件。

3.4 小结

领域驱动设计可以保证业务模型和代码模型的一致性，把业务与技术复杂性分离，通过边界划分来控制业务的复杂性，目前微服务架构的兴起带来了实现领域驱动设计的最佳实践环境。

软件构建过程本质上是一个复杂的过程，这种复杂性伴随在软件工程的整个生命周期。使用微服务架构、领域驱动的软件建模模式可以让我们找到这种复杂性问题的解决之道。

实践篇

本篇内容

本篇是微服务架构的实践篇,我们将从技术实现层面讨论如何实践和落地微服务架构。

在微服务架构模式下,使用一种称为"基底"(chassis)模式的服务开发方式可以快速高效地实现服务启动、服务注册、配置管理、容错、负载均衡、安全等基础功能。本篇重点介绍 Pivotal 公司开源的 Spring Boot 项目,以及在这种模式下的技术实践。

微服务架构的难点是分布式架构下细粒度服务交互的复杂性和服务治理。本篇通过介绍 Spring Cloud 框架,讲解微服务治理体系的关键技术,以及如何保证服务的 SLA[1]。

同时,在细粒度服务的交互集成、数据一致性管理、服务交付部署、服务监控跟踪等方面,我们都将介绍当前主流的技术实践和解决方案。

---

1 SLA:Service-Level Agreement 的缩写,意思是服务等级协议。

第 4 章
脚手架

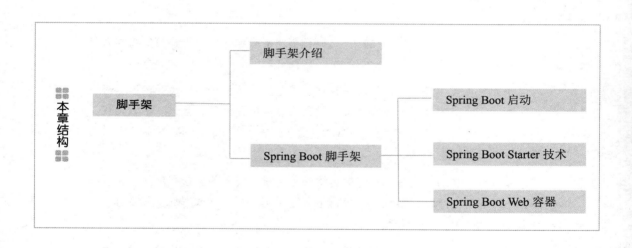

微服务本身是一种架构风格，也是指导组织构建软件的一系列最佳实践集合。然而，业务团队在拆分应用后，会产生更多细粒度服务，并面临这些服务在分布式网络环境中的复杂性。如何专心实现业务逻辑而不陷入微服务架构的技术细节，对开发者来说是一大难题。

本章将介绍脚手架的概念，并介绍 JVM 环境下在技术成熟度、架构完整性、生态活跃度等方面都占据优势的微服务脚手架项目：Spring Boot。

4.1 脚手架介绍

4.1.1 什么是脚手架

脚手架是一种用在建筑领域的辅助工具，或者说是为了保证各施工过程顺利进行而搭设的工作平台，有兴趣的读者可自行查看维基百科上的定义。

对应到软件工程领域，脚手架可以解释为帮助开发人员在开发过程中使用的开发工具、开发框架，使用脚手架你无须从头开始搭建或者编写底层软件。下面的"脚手架"定义来自Stack Overflow[1]，更加偏向于应用服务框架使用的一种编程思想或者说编程范式（供参考）。

> 脚手架：是一种元编程的方法，程序员编写一份规格说明书（Specification），用来描述怎样去使用数据库，然后由编译器脚手架根据这份规格说明书生成相应的代码，进行增、删、改、查等数据库的操作，在脚手架上更高效地建造出强大的应用。

4.1.2 为什么需要脚手架

为什么软件开发需要脚手架呢？我们通过软件开发的一些基本原则看一下脚手架对软件工程的重要作用。

- 复用原则（Reuse Principle）：现在我们推崇的是极致化的编程体验，缩短的开发时间、大量的开发任务、支持需求的变更、高频率的应用服务交付，这些都给软件开发人员带来了前所未有的压力。其中，软件复用技术被公认为解决这些问题的行之有效的方法。从计算机软件编程的发展历史来看，从面向过程的编程语言到面向对象的高级编程语言的广泛使用，是软件复用技术进步的体现。从对象的复用到更大的组件复用，再到如今的框架的复用、服务的复用，都是在利用他人的优秀成果来放大你的工作价值。当一个新手使用脚手架时，对于一个具体问题，可以套用现成的解决方案加以扩展。使用脚手架的应用，仅需通过简单的注解和配置就可以具备健康状态检查、生产环境就绪、可观测等基本服务能力。对于一个业务逻辑问题，可以复用已有的逻辑，一步步迭代，敏捷开发。

---

[1] Stack Overflow：知名IT技术问答网站。

- DRY 原则（Don't Repeat Yourself）：DRY 原则直译过来就是"不要重复你自己"。这一原则和复用原则类似，强调尽量在项目中减少重复的代码行、重复的方法、重复的模块。其实，软件设计原则和模式最本质的思想都是"消除重复"。我们经常提到的重用性和可维护性其实是基于减少重复这一简单而重要的思想的。DRY 原则意味着系统内的每一个部件都应该是唯一的，并且是具有明确含义的（不模糊的）。我们可以通过应用职责单一、接口隔离等原则尽量拆分系统、模块、类和方法，使每一个部件都是职责明确并且可重复使用的。
- 开闭原则（Open Close Principle）：开闭原则中的"开"就是指对功能的扩展是开放的，"闭"是指对于原有代码的修改是封闭的。通俗一点讲，软件系统通常是由各种模块组成的，软件系统在增加一项新的功能时，应该在不修改现有代码的基础上操作。实现开闭原则的关键就是"抽象"，从微观的角度讲，开闭原则适用于一个业务模型的类的设计，把系统内的所有可能行为抽象为一个抽象底层，在这个抽象底层中规定需要提供的方法接口，具体实现类通过集成、代理、委托的方式，扩展实现新的行为或者新的功能。从宏观的角度讲，我们说开闭原则就是将公共模块、开发约定、最佳技术实践经过共享、提炼沉淀到封闭的底层技术基座；而将变化频繁的业务模块、独特的功能逻辑通过继承、组合和集成的方式实现对扩展的开放。

4.1.3 不要重新造轮子

不要重新造轮子（Stop Reinventing The Wheel），这个原则可以说是软件开发里的"金科玉律"。在实际的软件工程场景中，脚手架的使用正是为了我们避免重新造轮子。如果你不借助已有框架或者工具，不仅不会提升开发效率，还会将自己陷入重新造轮子的风险中。这里举一个发生在本人参与的实际项目中的血淋淋的案例。

我们在一个服务治理项目中需要在数据持久层实现一个通用的数据存储接入组件，初衷是降低应用接入不同数据存储引擎的复杂性，屏蔽使用者对不同持久层的感知差异，使开发者通过简单的配置就能适配不同的数据类型。另外，因为期望完全掌握对持久层的控制，以及实现深度定制化的数据转换功能，所以我们并没有使用 Spring 框架，而是走上了自研持久层的道路。如下图所示是自研持久层的 UML 框架图。

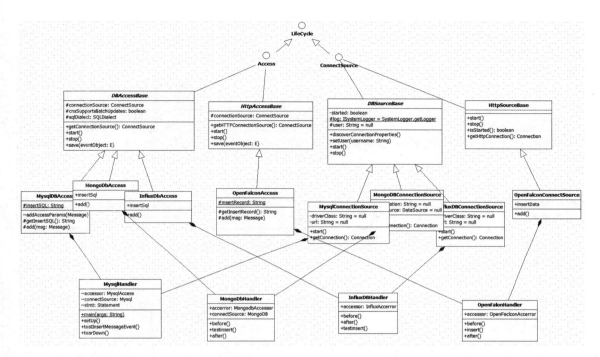

我们分别对接了 MySQL、MongoDB、OpenTSDB、HBase 等数据源。系统从架构设计到落地花费了大概两个月的时间,还不包括后期的测试、对接、调试、修复 Bug 至少一个月的磨合期。然而,由于人员、经验、项目周期等各种因素,最终自研持久层框架的效果并没有达到预期,后期在与业务对接的过程中还出现了各种技术和业务适配问题。

在经过一番技术调研后,我们决定逐渐使用 Spring Data 替代原有的自研持久层框架。经过项目的实践后,我们发现在业务的需求满足性、易用性、开发效率、业务稳定性等各个方面,Spring Data 都具备压倒性的优势,它不仅可以完全满足业务和技术上的需求,而且可以简化我们的开发工作、显著提升工作效率。二者的复盘对比如下表所示。

对比项	自研持久层	Spring Data	Comment(说明)
代码量	框架代码量+业务适配代码量	业务适配代码量	总体代码量,粗略统计自研代码是 Spring Boot 代码的10倍
API使用难度	使用JSON作为API接口	使用Template规范	Spring具有面向对象的API接入方式,使用更加方便和友好
技术支持	只有自研团队做技术支持	Spring框架在互联网上有大量的资源可参考	Spring具有更好的技术支持

续表

对比项	自研发持久层	Spring Data	Comment（说明）
可靠性	由于技术框架开发时间有限，可靠性差	可靠性高	Spring依赖成熟的社区力量，拥有更高的可靠性
成熟度	技术成熟度低	有较高的技术成熟度	Spring技术更加成熟可靠
运维难度	技术框架运维复杂，需要大量配置文件等	基于注解的声明式架构	Spring框架由于成熟度高，主要运维难度在业务实现上
业务适配性	自定义的JSON语法，业务适配需要额外的代码	Spring提供更完善的适配API和注解支持	Spring框架优势明显
人员成本	需要额外的框架开发人员	只需要业务开发人员	自研持久层的运维成本高

Spring Data 项目通过使用对象的语义可以让我们更方便地操作不同类型的数据。它将应用的骨架部分通过"抽象"提取出来，形成了一套系统的开发范式和行为模式。Spring Boot 脚手架也为自定义的复杂查询、修改操作提供了扩展的 Repository 类和自动化配置，使添加定制化的扩展方法更加轻松方便。我们只需要理解 Spring 为我们提供的操作 API 接口，就可以实现复杂的查询等业务逻辑。

Spring Data 将我们的数据持久层框架进行了进一步的封装，开发者通过简单的注解，就可以实现将不同类型数据放到不同持久层集合的存储映射操作。可以说，脚手架工程可以为开发人员屏蔽繁杂的数据存储引擎底层差异和具体工作细节，提升了开发效率，降低了开发难度。

除非你是这个领域的专家，或者没有现成的软件脚手架能够满足你的需求，否则请停止"愚蠢地重复造轮子"的行为。

4.1.4 常用脚手架

下面列举一些软件开发中经常使用的脚手架，看一下如何通过脚手架提高我们的开发效率。

Vue 框架

对于前端开发人员来说，Vue 无疑是一套简单的、易于使用的构建用户界面的前端脚手架。根据 Vue 的官网说法，Vue 是一套构建用户界面的渐进式的 JavaScript 框架。与其他重量级框架不同的是，Vue 采用自底向上的增量开发的设计，Vue 的目标是通过尽可能简单的 API 实现响应的数据绑定和组合的视图组件。

vue-cli 脚手架构建工具，可用于快速搭建大型单页应用。该工具提供"开箱即用"的构建工具配置，带来了现代化的前端开发流程。只需几分钟即可创建并启动一个带热重载、保存时静态检查及可用于生产环境的构建配置的项目：

```
#全局安装 vue-cli
$ cnpm install --global vue-cli
```

要创建基于 Webpack 模板的项目，首先我们选定目录，然后在命令行中把目录转到选定的目录即可，可以使用下面的命令：

```
#my-project 为自定义项目名
$ vueinit Webpack my-project
初始化一个项目，可以使用：
$ vueinit Webpack-simple my-project
```

Maven

Maven 是一个跨平台的项目管理工具，是服务于 Java 平台的项目构建、依赖管理、项目信息管理工具。同时使用 Maven 可以规范项目骨架及包层次结构、命名配置文件、生成代码原型等。

Maven 提供了 archetype 插件来帮助开发人员快速勾勒出项目的骨架，要使用本地 Maven 仓库中的脚手架创建新项目，直接执行如下 Maven 命令，根据提示依次输入 groupId、version、package 信息即可：

```
mvn archetype:generate \
-DarchetypeGroupId=com.xxx \
-DarchetypeArtifactId=archetype-spring-boot \
-DarchetypeVersion=1.0.0 \
-DgroupId=com.xxx \
-DartifactId=demo-archetype-generate \
-Dversion=1.0.0 \
-DarchetypeCatalog=internal \
-X
```

Maven 自动化构建简化了开发人员手动构建工程的过程，规范了项目的构建过程。Maven 自动化构建流程如下图所示。

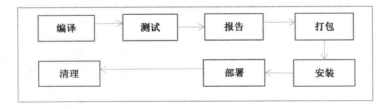

Netty

Netty 是 JBoss 提供的一个 Java 开源框架。Netty 提供异步的、事件驱动的网络应用程序框架和工具，用以快速开发高性能、高可用性的网络服务器和客户端程序。在 Java 世界中还没有 Netty 框架的时候，Java 自带的 NIO 非常复杂，并且还会出现 Epoll Bug（代码缺陷），这个 Bug 会触发 Selector 空轮询，导致 CPU 的使用率达到 100%。Netty 的解决方式是，在 N 次空轮询后自动关闭 Selector，避免了原生 NIO 的空轮询问题。而且 Netty 有很好的线程模型和内存管理框架，如下图所示是 Netty Reactor 工作架构图。

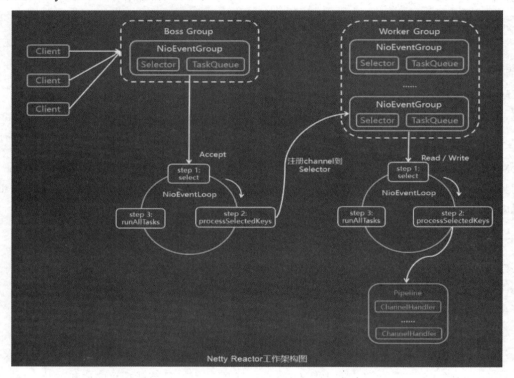

Netty Reactor 工作架构图

Java EE

Java EE 的全称是 Java 2 Platform Enterprise Edition，它是在 SUN 公司领导下，多家公司参与共同制定的企业级分布式应用程序开发规范。

Java EE 技术由一系列技术规范和技术组件组成，包括 RESTful Web Server（JAX-RS）、Jersey Rest 框架、Java Servelt、JMS、EJB 等。通常可以把满足这些标准的业务应用部署在 Tomcat、JBoss 等 Web 服务器上运行。

Dropwizard

Dropwizard 只需通过简单配置就能让你的类提供 RESTful 服务。Dropwizard 是一个微服务框架，是各项技术的一个集成封装，它包含以下组件：

- 嵌入式 Jetty：一个应用程序被打包成一个 jar 文件，并使用自己嵌入的 Jetty 容器。除此之外，无任何其他 war 文件和外部 Servlet 容器。
- JAX-RS：Jersey，用来写基于 REST 的 Web 服务。
- JSON：REST 服务数据传递处理全部用 JSON，使用 Jackson 库。
- 日志：使用 Logback 和 SLF4。
- 数据库：使用 Hibernate 集成 ORM 框架。
- 指标：使用 Metrics 作为指标度量工具，在 Java 代码中嵌入 Metrics 代码，可以方便地对业务代码的各个指标进行监控，同时 Metrics 能够很好地跟 Ganlia、Graphite 结合，方便地提供图形化接口。

在微服务架构领域，Dropwizard 可以说是早期脚手架的一个代表，然而 Spring Boot 青出于蓝而胜于蓝，在 Spring 强大和成熟的技术生态下，Spring Boot 展现出来的特性更加优雅，也更加契合当前微服务架构的理念，下一节我们将正式开始 Spring Boot 之旅。

4.2 Spring Boot 启动

Spring Boot 是 Spring 旗下的一个子项目，其设计目的是简化 Spring 应用的初始搭建及开发过程，Spring Boot 可以快速启动和运行你的 Spring 应用服务。

4.2.1 Spring Boot 概述

Spring Boot 本质上是基于 Spring 内核的一个快速开发框架，是"约定优先于配置"理念下的最佳实践，通过解析 Spring Boot 的启动过程，可以帮助我们逐渐了解它的工作机制和其背后整合 Spring 快速开发的实现原理。

磨刀不误砍柴工

在开始讲解 Spring Boot 之前，首先让我们从整体架构上认识 Spring 家族，正所谓"不知全局者不足以谋一域"，如下图所示是 Spring Boot 与 Spring 生态的关系。

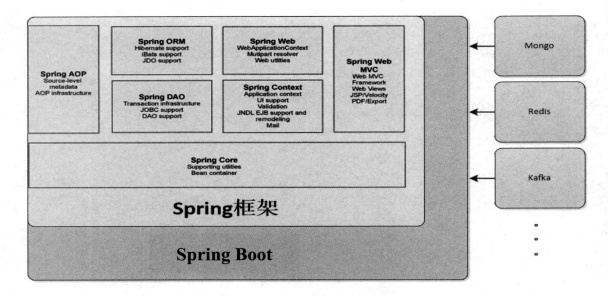

- Spring Core：Spring Core 是 Spring 框架的核心模块，集成在 Spring 框架中，提供了我们熟知的控制反转（IoC[1]）机制。Spring 的核心是管理轻量级的 JavaBean 组件，提供对组件的统一生命周期和配置组装服务管理，如下图所示。

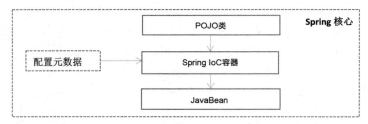

- Spring 框架：Spring 框架的核心就是，控制反转和面向切面（AOP）机制，同时它为开发者了提供众多组件，包括 Web 容器组件（Spring Web MVC）、数据接入组件（Spring DAO）、数据对象映射组件（Spring ORM）等。这些组件基于 Spring Core 的 IoC 容器开发，同时 Spring 框架可以配置管理所有轻量级的 JavaBean 组件和维护众多 JavaBean 组件之间的关系。简单地说，Spring 为开发者提供了一个一站式的轻量级开发框架平台。
- Spring Boot：Spring Boot 是一个微服务框架，以 "Boot" 命名，很好地说明这个框架的初衷——快速启动。Spring Boot 从代码结构上来说包含了 Spring 框架，或者说是在 Spring

---

[1] IoC：控制反转，Inversion of Control 的简写。

框架基础上做的一个扩展。它在延续 Spring 框架的核心思想和设计理念的基础上，简化了应用的开发和组件的集成难度。Spring Boot 是为了简化 Spring 应用的创建、运行、调试、部署等特性而出现的，使用 Spring Boot 脚手架可以让微服务开发者做到专注于业务领域的开发，无须过多地关注底层技术实现细节。
- Spring 中的 IoC 机制与 JavaConfig 的关系：我们知道，Spring IoC 机制是 Spring 框架的核心，通过控制反转机制实现 JavaBean 组件和 JavaBean 组件依赖关系的管理。如果不使用 IoC 技术，开发者需要手动创建、查找、管理业务逻辑对象和依赖。

如果说"程序=算法+数据"，那么这里我们可以把这些 JavaBean 组件看作我们需要维护的数据，当数据（对象）规模膨胀时，将给我们的应用带来极大的耦合度和复杂度。而通过 Spring IoC 容器可以方便地管理我们的对象。

下图是 Spring IoC 容器给开发人员带来的编程模型的转变，它可以降低程序代码之间的耦合度，将耦合的对象依赖关系从代码中移除，通过将对象和依赖关系放在注解（或者 XML 配置文件）中，将程序对组件的控制权转交给 IoC 容器，进行统一管理。开发者只需要专注于业务的 JavaBean 组件的实现，查找逻辑和依赖逻辑全部由 Spring IoC 容器帮助打理。

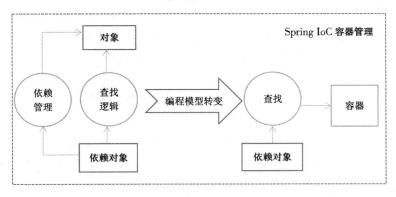

在 Spring 3.0 之前，JavaBean 组件一直是通过 XML 配置文件来配置管理的，Spring 3.0 之后为我们提供了 Java 代码形式（JavaConfig）的配置功能。JavaConfig 功能从 Spring 3.0 以后已经包含在了 Spring 的核心模块中（JavaConfig 并非 Spring Boot 新特性），可以说 JaveConfig 就是 Spring IoC 容器的纯 Java 实现版本。在 Spring Boot 中，JavaConfig 已经完全代替 applicationContext.xml，实现了 XML 的零配置，如下所示是两种不同配置模式示例。

- 基于 XML 配置文件方式

```
<?XML version="1.0" encoding="UTF-8"?>
//省略
```

```xml
    <bean id="button" class="javax.swing.JButton">
        <constructor-arg value="Hello World" />
    </bean>
</XML>
```

- 基于 JavaConfig 方式

JavaConfig 可以被看成一个 XML 文件，只不过是用 Java 代码编写的。

```java
@Configuration
public class DemoConfiguration {
    @Bean
    public JButton button() {
        return new JButton("Hello World");
    }
}
```

JavaConfig 的优势

上面我们介绍了 Spring 实现的 JavaBean 管理模式，主要有 XML 配置文件和 JavaConfig 两种方式，Spring Boot 采用的 JavaConfig 主要有下面几个优点。

- 面向对象配置：由于配置被定义在 JavaConfig 中的类中，可以充分使用 Java 面向对象的功能，用户可以实现配置继承、配置重写等面向对象特性。
- 减少大量滥用 XML：由于 Spring 把所有逻辑业务类都以 XML 配置文件的形式来表达 Bean，造成 XML 文件充斥整个项目，带来了开发、维护的复杂性，开发人员需要频繁地在 XML 和 Java 语言之间来回切换。
- 类型安全和重构支持：因为注释在类源代码中，所以 JavaConfig 为应用提供了类型安全的方法来配置管理 Spring 容器，由于 Java 对泛型的支持，我们可以按照类型而不是名称检索 JavaBean，这带来了更大的灵活性和重构支持。

本节我们带大家简单地回顾了 Spring 框架的整体架构，这些都是"开胃菜"，下面让我们看看 Spring Boot 是如何创建一个独立运行、生产级别的 Spring 应用的。

4.2.2　Spring Boot 快速搭建

1. 开发环境准备工作

在开始之前，我们需要搭建 IDE（集成开发环境），目前流行的 IDE 有 IntelliJ IDEA、Spring Tools、Visual Studio Code 和 Eclipse 等。Java Development Kit（JDK）我们推荐使用 OpenJDK 8

或者 OpenJDK 11。

2. 使用 Spring-Initializr 快速构建工程

我们可以通过Spring官方提供的Spring Initializr[1]来构建Spring Boot项目，它不仅完美支持IDEA和Eclipse，而且能自动生成启动类和单元测试代码，给开发人员带来了极大的便利。如下图所示是Spring官方的Spring Boot构建工程模板，你可以使用Maven或者Gradle进行初始化项目的构建。你需要填写Group、Artifact等工程元数据信息，最后单击GENERATE按钮生成Spring Boot模板工程。

3. 静态工程模板

Spring Boot 静态工程目录模板示例如下：

```
|+-mvnw
|+-mvnw.cmd
|+-pom.xml
|+-src
 |+-main
    |+-java
```

---

[1] Spring Initializr：它是 Spring 官方提供的一个工具，可以帮助你构建 Spring Boot 项目。

```
|+-com
 +company
   +-project
     +-Application.java           ---- Spring Boot 启动类
     +-config                     ---- Spring Boot 启动配置类
     |  +- DeomConfig.java
     +-controller                 ---- 前端控制 Web 接口层
     |  +- DemoController.java
     +-domain                     ---- 数据服务实体层
     |  +- Entity.java
     +-service                    ---- 数据服务接口层
     |  +- Service.java
     |   +-ServiceImplement.java  ---- 数据服务接口实现类
     +-dao                        ---- 数据访问接口层
     |  +- DemoRepository.java
     |  +- DemoMapper.java
     +-Rest                       ---- HTTP 远程访问 Rest 层
     |  +- DemoRest.java
     +-api                        ---- HTTP 远程访问接口层
     |  +- Entity.java
```

4. 增加启动代码，开始 Spring Boot 的启动流程

```
package com.xxxxx;
import org.springframework.boot.SpringApplication;
import org.springframework.boot.autoconfigure.SpringBootApplication;
import org.springframework.context.annotation.ComponentScan;
@SpringBootApplication
public class DemoApplication {
    public static void main(String[] args) {
        LOGGER.info("DemoApplication started...");
        SpringApplication.run(DemoApplication.class, args);
    }
}
```

5. 运行 Spring Boot 应用

```
./mvnw spring-boot:run
```

4.2.3 @SpringBootApplication 注解详解

下面我们通过源码了解 Spring Boot 是如何工作的。首先我们看一下@SpringBootApplication 注解，它是用来标注主程序的，表明这是一个 Spring Boot 应用，也是一个组合注解，主要由下面三个注

解组成：

- @SpringBootConfiguration
- @EnableAutoConfiguration
- @ComponentScan

@SpringBootApplication 注解定义如下：

```
@Target(ElementType.TYPE)
@Retention(RetentionPolicy.RUNTIME)
@Documented
@Inherited
@SpringBootConfiguration
@EnableAutoConfiguration
@ComponentScan(excludeFilters = {
@Filter(type = FilterType.CUSTOM, classes = TypeExcludeFilter.class),
@Filter(type = FilterType.CUSTOM, classes = AutoConfigurationExcludeFilter.class) })
public @interface SpringBootApplication {
    @AliasFor(annotation = EnableAutoConfiguration.class, attribute = "exclude")
    Class<?>[] exclude() default {};
    @AliasFor(annotation = EnableAutoConfiguration.class, attribute =
    "excludeName")
    String[] excludeName() default {};
    @AliasFor(annotation = ComponentScan.class, attribute = "basePackages")
    String[] scanBasePackages() default {};
    @AliasFor(annotation = ComponentScan.class, attribute =
    "basePackageClasses")
    Class<?>[] scanBasePackageClasses() default {};
}
```

@SpringBootConfiguration 注解解析

@SpringBootConfiguration 注解代码如下：

```
@Target(ElementType.TYPE)
@Retention(RetentionPolicy.RUNTIME)
@Documented
@Configuration
public @interface SpringBootConfiguration {
}
```

@SpringBootConfiguration 来源于@Configuration，二者的功能都是将当前类标注为配置类，并将类中以@Bean 注解标记的方法的实例注入 Spring 容器。@Configuration 是 JavaConfig 形式的 Spring 容器的配置类所使用的。

@EnableAutoConfiguration 注解解析

@EnableAutoConfiguration 注解代码如下：

```
@Target(ElementType.TYPE)
@Retention(RetentionPolicy.RUNTIME)
@Documented
@Inherited
@AutoConfigurationPackage
@Import(AutoConfigurationImportSelector.class)
public @interface EnableAutoConfiguration {
    String ENABLED_OVERRIDE_PROPERTY = "spring.boot.enableautoconfiguration";
    Class<?>[] exclude() default {};
    String[] excludeName() default {};
}
```

@EnableAutoConfiguration 可以说是 Spring Boot 启动注解的主角，其中最关键的注解是@Import(AutoConfigurationImportSelector.class)。

借助 AutoConfigurationImportSelector 类，注解@EnableAutoConfiguration 可以帮助 Spring Boot 应用将所有符合条件的@Configuration 配置加载到当前 Spring Boot 创建并使用的 Spring 容器中。

注意：在 Spring Boot 1.5 以后，EnableAutoConfigurationImportSelector 类已经被 AutoConfigurationImportSelector 类所取代。

下面我们看一下 AutoConfigurationImportSelector 类中的 selectImports 方法是如何实现自动加载配置类的，源码如下：

```
public class AutoConfigurationImportSelector
    implements DeferredImportSelector, BeanClassLoaderAware,
ResourceLoaderAware, BeanFactoryAware, EnvironmentAware, Ordered
{
    @Override
    public String[] selectImports(AnnotationMetadata annotationMetadata) {
    if (!isEnabled(annotationMetadata)) {
        return NO_IMPORTS;
    }
    try {
        AutoConfigurationMetadata autoConfigurationMetadata =
            AutoConfigurationMetadataLoader.loadMetadata(this.beanClassLoade;
```

```java
        AnnotationAttributes attributes = getAttributes(annotationMetadata);
        List<String> configurations =
            getCandidateConfigurations(annotationMetadata, attributes);
        configurations = removeDuplicates(configurations);
        configurations = sort(configurations, autoConfigurationMetadata);
        Set<String> exclusions = getExclusions(annotationMetadata, attributes);
        checkExcludedClasses(configurations, exclusions);
        configurations.removeAll(exclusions);
        configurations = filter(configurations, autoConfigurationMetadata);
        fireAutoConfigurationImportEvents(configurations, exclusions);
        return configurations.toArray(new String[configurations.size()]);
    }
    catch (IOException ex) {
        throw new IllegalStateException(ex);
    }
}
```

getCandidateConfigurations 方法如下：

```java
protected List<String> getCandidateConfigurations(AnnotationMetadata metadata,
        AnnotationAttributes attributes) {
    List<String> configurations = SpringFactoriesLoader.loadFactoryNames(
            getSpringFactoriesLoaderFactoryClass(), getBeanClassLoader());
    Assert.notEmpty(configurations,
        "No auto configuration classes found in META-INF/spring.factories. 
        If you "+ "are using a custom packaging, make sure that file is correct.");
    return configurations;
}
```

getCandidateConfigurations 方法的主要逻辑是调用 Spring 框架提供的一个工具类 SpringFactoriesLoader。SpringFactoriesLoader 是 Spring 内部提供的一种约定俗成的加载配置类的方式，使用 SpringFactoriesLoader 可以从指定 classpath 下读取 META-INF/spring.factories 文件的配置，并返回一个字符串数组。通过这个方法，所有自动配置类都会自动加载到 Spring 容器中。

如下图所示是一个 Spring Boot 应用启动过程的内存快照，可以看到，在"配置列表对象"中除了 Spring 自带的配置类，还有第三方的自动配置类。我们可以根据 SpringFactoriesLoader 规定的协议自定义配置类。

```
> "configurations"= ArrayList<E>  (id=75)
  > ▲ elementData= Object[244]  (id=86)
    > ▣ [0...99]
      > ▲ [0]= "com.creditease.gateway.config.GatewayConfig" (id=89)
      > ▲ [1]= "com.creditease.store.redis.config.RedisConfig" (id=93)
      > ▲ [2]= "com.creditease.gateway.config.DocumentationConfig" (id=94)
      > ▲ [3]= "com.creditease.gateway.config.GatewaySupportConfiguration" (id=95)
      > ▲ [4]= "com.creditease.gateway.config.MultipartConfig" (id=96)
      > ▲ [5]= "com.creditease.gateway.config.SwaggerConfig" (id=97)
      > ▲ [6]= "com.creditease.gateway.config.GatewayControllerConfiguration" (id=98)
      > ▲ [7]= "com.creditease.gateway.config.GatewayServiceConfiguration" (id=99)
      > ▲ [8]= "com.creditease.gateway.config.GatewayFallbackConfiguration" (id=100)
      > ▲ [9]= "com.creditease.gateway.config.GatewayFilterConfiguration" (id=101)
      > ▲ [10]= "com.creditease.gateway.config.GatewayRegisterConfiguration" (id=102)
      > ▲ [11]= "com.creditease.gateway.sag.config.SagProxyAutoConfiguration" (id=103)
      > ▲ [12]= "com.creditease.gateway.config.CommonConfiguration" (id=104)
      > ▲ [13]= "org.springframework.boot.autoconfigure.admin.SpringApplicationAdminJmxAutoConfiguration" (id=105)
      > ▲ [14]= "org.springframework.boot.autoconfigure.aop.AopAutoConfiguration" (id=106)
      > ▲ [15]= "org.springframework.boot.autoconfigure.amqp.RabbitAutoConfiguration" (id=107)
      > ▲ [16]= "org.springframework.boot.autoconfigure.batch.BatchAutoConfiguration" (id=108)
      > ▲ [17]= "org.springframework.boot.autoconfigure.cache.CacheAutoConfiguration" (id=109)
      > ▲ [18]= "org.springframework.boot.autoconfigure.cassandra.CassandraAutoConfiguration" (id=110)
```

上面框线标注的配置类对应下面的 META-INF/spring.factories 配置文件，这个 Properties 格式的文件中主键（Key）可以是接口、注解、抽象类的全名，值（Value）是以","分割的实现类，如下所示：

```
org.springframework.boot.autoconfigure.EnableAutoConfiguration=\
com.creditease.gateway.config.GatewayConfig, \
com.creditease.store.redis.config.RedisConfig, \
com.creditease.gateway.config.DocumentationConfig, \
com.creditease.gateway.config.GatewaySupportConfiguration, \
com.creditease.gateway.config.MultipartConfig, \
com.creditease.gateway.config.SwaggerConfig, \
com.creditease.gateway.sag.config.SagProxyAutoConfiguration, \
com.creditease.gateway.config.CommonConfiguration
```

总结一下，@EnableAutoConfiguration 的作用及 SpringFactoriesLoader 启动加载配置类流程如下：

（1）从 classpath 中搜索所有 META-INF/spring.factories 配置文件，然后将其中 org.springframework.boot.autoconfigure.EnableAutoConfiguration 的 Key 对应的配置项加载到 Spring 容器。

（2）@EnableAutoConfiguration 可以排除配置选项，排除方式有两种，一种方式是在使用 @SpringBootApplication 注解时，使用 exclude 属性排除指定的类，代码如下：

```
org.springframework.boot.autoconfigure.EnableAutoConfiguration=\
@SpringBootApplication(exclude={DataSourceAutoConfiguration.class,})
public class Application {
//省略
}
```

另外一种方式是：单独使用@EnableAutoConfiguration 注解，其内部的关键代码实现如下：

```
@EnableAutoConfiguratio(exclude = {DataSourceAutoConfiguration.class})
public class Application {
    //省略
}
```

@ComponentScan 注解解析

@ComponentScan 注解代码如下：

```
@Retention(RetentionPolicy.RUNTIME)
@Target(ElementType.TYPE)
@Documented
@Repeatable(ComponentScans.class)
public @interface ComponentScan {
}
```

@ComponentScan 注解本身是 Spring 框架加载 Bean 的主要组件，它并不是 Spring Boot 的新功能，这里不对@ComponentScan 扫描和解析 Bean 的过程进行详细说明，感兴趣的读者可以自行查阅资料进行了解。

@ComponentScan 注解的作用总结一句话就是：定义扫描路径，默认会扫描该类所在的包下所有符合条件的组件和 Bean 定义，最终将这些 Bean 加载到 Spring 容器中。下面是我们总结的 @ComponentScan 的主要使用方式：

- @ComponentScan 注解默认会装配标识了@Component 注解的类到 Spring 容器中。
- 通过 basepackage 可以指定扫描包的路径。
- 通过 includeFilters 将扫描路径下没有以上注解的类加入 Spring 容器。
- 通过 excludeFilters 过滤出不用加入 Spring 容器的类。

4.2.4　Spring Boot 启动流程进阶

每一个 Spring Boot 程序都有一个主入口，这个主入口就是 main 方法，而 main 方法中都会调用 SpringBootApplication.run 方法，一个快速了解 SpringBootApplication 启动过程的好方法就是在 run 方法中打一个断点，然后通过 Debug 的模式启动工程，逐步跟踪了解 Spring Boot 源码是如何完成环境准备和启动加载 Bean 的。

查看 SpringBootApplication.run 方法的源码就可以发现 Spring Boot 的启动流程主要分为两个大的阶段：初始化 SpringApplication 和运行 SpringApplication。而运行 SringApplication 的过程又可以细化为下面几个部分，后面我们会对启动的主要模块加以详解。

```
(步骤1)初始化 SpringApplication
(步骤2)运行 SpringApplication:
    (步骤2.1)SpringApplicationRunListeners 应用启动监控模块
    (步骤2.2)ConfigurableEnvironment 配置环境模块和监听
        (步骤2.2.1)创建配置环境
        (步骤2.2.2)加载属性配置文件
        (步骤2.2.3)配置监听
    (步骤2.3)ConfigurableApplicationContext 配置应用上下文
        (步骤2.3.1)配置应用上下文对象
        (步骤2.3.2)配置基本属性
        (步骤2.3.3)刷新应用上下文
```

初始化 SpringApplication

步骤 1 进行 SpringApplication 的初始化，配置基本的环境变量、资源、构造器、监听器。初始化阶段的主要作用是为运行 SpringApplication 对象实例启动做环境变量准备以及进行必要资源构造器的初始化动作，代码如下：

```java
public SpringApplication(ResourceLoader resourceLoader, Object... sources) {
    this.resourceLoader = resourceLoader;
    initialize(sources);
}
@SuppressWarnings({ "unchecked", "rawtypes" })
private void initialize(Object[] sources) {
    if (sources != null && sources.length > 0) {
        this.sources.addAll(Arrays.asList(sources));
    }
    this.WebEnvironment = deduceWebEnvironment();
    setInitializers((Collection)
    getSpringFactoriesInstances(ApplicationContextInitializer.class));
    setListeners((Collection)
    getSpringFactoriesInstances(ApplicationListener.class));
    this.mainApplicationClass = deduceMainApplicationClass();
}
```

SpringApplication 构造方法的核心是 this.initialize(sources)初始化方法，SpringApplication 通过调用该方法完成初始化工作。deduceWebEnvironment 方法用来判断当前应用的环境，该方法通过获取两个类来判断当前环境是否是 Web 环境。而 getSpringFactoriesInstances 方法主要用来从 spring.factories 文件中找出 Key 为 ApplicationContextInitializer 的类并实例化，然后调用 setInitializers 方法设置到 SpringApplication 的 initializers 属性中，找到它所有应用的初始化器。接着调用 setListeners 方法设置应用监听器，这个过程可以找到所有应用程序的监听器，最后找到应用启动主类名称。

运行 SpringApplication

步骤 2 Spring Boot 正式地启动加载过程，包括启动流程监控模块、配置环境加载模块、ApplicationContext 容器上下文环境加载模块。refreshContext 方法刷新应用上下文并进行自动化配置模块加载，也就是上文提到的 SpringFactoriesLoader 根据指定 classpath 加载 META-INF/spring.factories 文件的配置，实现自动配置核心功能。运行 SpringApplication 的主要代码如下：

```java
public ConfigurableApplicationContext run(String... args) {
    ConfigurableApplicationContext context = null;
    FailureAnalyzers analyzers = null;
    configureHeadlessProperty();
    SpringApplicationRunListeners listeners = getRunListeners(args);   // 步骤 2.1
    listeners.starting();
    try {
        ApplicationArguments applicationArguments = new
            DefaultApplicationArguments(args);
        ConfigurableEnvironment environment = prepareEnvironment(       // 步骤 2.2
            listeners, applicationArguments);
        Banner printedBanner = printBanner(environment);
        context = createApplicationContext();
        analyzers = new FailureAnalyzers(context);                      // 步骤 2.3
        prepareContext(context, environment, listeners,
            applicationArguments, printedBanner);
        refreshContext(context);
        afterRefresh(context, applicationArguments);
        listeners.finished(context, null);
        //省略
        return context;
    }
}
```

1. SpringApplicationRunListeners 应用启动监控模块

应用启动监控模块对应上述步骤 2.1，它创建了应用的监听器 SpringApplicationRunListeners 并开始监听，监听模块通过调用 getSpringFactoriesInstances 私有协议从 META-INF/spring.factories 文件中取得 SpringApplicationRunListeners 监听器实例。

当前的事件监听器 SpringApplicationRunListeners 中只有一个 EventPublishingRunListener 广播事件监听器，它的 Starting 方法会封装成 SpringApplicationEvent 事件广播出去，被 SpringApplication 中配置的 listeners 所监听。这一步骤执行完成后也会同时通知 Spring Boot 其他模块目前监听初始化已经完成，可以开始执行启动方案了。

2. ConfigurableEnvironment 配置环境模块和监听

对应上述步骤 2.2，下面是分解步骤说明。

（1）创建配置环境，对应上述步骤 2.2.1，创建应用程序的环境信息。如果是 Web 程序，创建 StandardServletEnvironment，否则创建 StandardEnvironment。

（2）加载属性配置文件，对应上述步骤 2.2.2，将配置环境加入监听器对象中（SpringApplicationRunListeners）。通过 configurePropertySources 方法设置 properties 配置文件，通过执行 configureProfiles 方法设置 profiles。

（3）配置监听，对应上述步骤 2.2.3，发布 environmentPrepared 事件，即调用 ApplicationListener 的 onApplicationEvent 事件，通知 Spring Boot 应用的 environment 已经准备完成。

3. ConfigurableApplicationContext 配置应用上下文

对应上述步骤 2.3，下面是分解步骤说明。

（1）配置 Spring 应用容器上下文对象，对应上述步骤 2.3.1，它的作用是创建 run 方法的返回对象 ConfigurableApplicationContext（应用配置上下文），此类主要继承了 ApplicationContext、Lifecycle、Closeable 接口，而 ApplicationContex 是 Spring 框架中负责 Bean 注入容器的主要载体，负责 Bean 加载、配置管理、维护 Bean 之间的依赖关系及 Bean 的生命周期管理。

（2）配置基本属性，对应上述步骤 2.3.2，prepareContext 方法将 listeners、environment、banner、applicationArguments 等重要组件与 Spring 容器上下文对象相关联。借助 SpringFactoriesLoader 查找可用的 ApplicationContextInitializer，它的 initialize 方法会对创建好的 ApplicationContext 进行初始化，然后它会调用 SpringApplicationRunListener 的 contextPrepared 方法，此时 Spring Boot 应用的 ApplcaionContext 已经准备就绪，为刷新应用上下文准备好容器。

（3）刷新应用上下文，对应上述的步骤 2.3.3，refreshContext(context)方法将通过工厂模式产生应用上下文环境中所需要的 Bean。实现 spring-boot-starter-*(mybatis、redis 等)自动化配置的关键，包括 spring.factories 的加载、Bean 的实例化等核心工作。最后 SpringApplicationRunListener 调用 finished 方法告诉 Spring Boot 应用程序容器已经完成 ApplicationContext 装载。

4.2.5　Spring Boot 自动装配机制

Spring Boot 的快速发展壮大，得益于"约定优于配置"的理念。Spring Boot 自动装配流程中最核心的注解是@EnableAutoConfiguration，在上一节的启动流程中我们已经讲过，它可以借助 SpringFactoriesLoader "私有协议特性"将标注了@Configuration 的 JavaConfig 全部加载到 Spring

容器中，而如果是基于条件的装配及调整顺序的 Bean 装配，需要 Spring Boot 有额外的自动化装配机制。下面从@EnableAutoConfiguration 开始进阶讲解，加深我们对 Spring Boot 自动装配机制的认识。

基于条件的自动装配

下面是@EnableAutoConfiguration 注解，它同样是一个组合注解：

```
@Target(ElementType.TYPE)
@Retention(RetentionPolicy.RUNTIME)
@Documented
@Inherited
@AutoConfigurationPackage
@Import(AutoConfigurationImportSelector.class)
public @interface EnableAutoConfiguration {
    String ENABLED_OVERRIDE_PROPERTY = "spring.boot.enableautoconfiguration";
    Class<?>[] exclude() default {};
    String[] excludeName() default {};
}
```

从源码可见，最关键的就是@Import(AutoConfigurationImportSelector.class)注解的实现。借助 EnableAutoConfigurationImportSelector 模块，@EnableAutoConfiguration 可以帮助 Spring Boot 应用将所有符合条件的@Configuration 配置都加载到当前的容器中。同时借助 Spring 框架原有的底层工具 SpringFactoriesLoader（服务发现机制）和根据特定条件装备 Bean 的 Condition*xxx* 条件注解实现智能的自动化配置工作。Bean 的加载过滤过程主要是通过下面的方法实现的。

```
public String[] selectImports(AnnotationMetadata annotationMetadata) {
    AutoConfigurationMetadata autoConfigurationMetadata =
    AutoConfigurationMetadataLoader.loadMetadata(this.beanClassLoader);
    AnnotationAttributes attributes = getAttributes(annotationMetadata);
    List<String> configurations =
        getCandidateConfigurations(annotationMetadata, attributes);
    configurations = removeDuplicates(configurations);
        //省略
    Set<String> exclusions = getExclusions(annotationMetadata, attributes);
    checkExcludedClasses(configurations, exclusions);
    configurations.removeAll(exclusions);
    configurations = filter(configurations, autoConfigurationMetadata);
    fireAutoConfigurationImportEvents(configurations, exclusions);
    return StringUtils.toStringArray(configurations);
}
```

源码解析如下：

（1）执行 AutoConfigurationMetadataLoader.loadMetadata(this.beanClassLoader)会加载 META-INF/spring-autoconfigure-metadata.properties 下的所有配置信息。

（2）执行 getCandidateConfigurations(annotationMetadata，attributes)会加载所有包下 META-INF/spring.factories 的信息并组装成 Map，然后读取 Key 为 org.springframework.boot.autoconfigure.EnableAutoConfiguration 的数组，并将这个数组返回。

（3）执行 getExclusions(annotationMetadata，attributes)会获取限制候选配置的所有排除项（找到不希望被自动装配的配置类）。

（4）执行 checkExcludedClasses(configurations，exclusions)会对参数 exclusions 进行验证并去除多余的类，它对应@EnableAutoConfiguration 注解中的 exclusions 属性。

（5）执行 filter(configurations，autoConfigurationMetadata)会根据项目中配置的 AutoConfiguration-ImportFilter 类进行配置过滤。

通过查看源码，我们可以发现 AutoConfigurationImportFilter 是一个接口，OnClassCondition 才是它的实现类，而 OnClassCondition 就是 Spring Boot 的 Condition 实现类。@ConditionalOnClass 代码如下：

```
@Target({ ElementType.TYPE, ElementType.METHOD })
@Retention(RetentionPolicy.RUNTIME)
@Documented
@Conditional(OnClassCondition.class)
public @interface ConditionalOnClass {
    String[] name() default {};
}
```

@ConditionalOnClass 是基于@Conditional 的组合注解，在上述的第（5）步中，Spring Boot 可以通过这个注解实现按需加载，只有在@Configuration 中符合条件的 Class 才会被加载进来。@Conditional 注解本身是一个元注解，用来标注其他注解，如下所示：

```
@Conditional({myCondition.class})
```

通过利用@Conditional 元注解，可以构造满足自己条件的组合条件注解，Spring Boot 正是通过这样的方式实现了众多条件注解，实现了基于条件的 Bean 构造，还有 Bean 相互依赖情况下的顺序加载，它不需要再通过显性的基于 XML 文件的依赖文件进行构造。从上述讲解我们可以知道，Spring Boot 结合 Java 元注解概念、Spring 底层容器配置机制，以及使用类似 Java SPI（Service Provider Interface）机制实现的私有配置加载协议，最终实现了"约定优于配置"。

在 Spring Boot 的 Autoconfigure 模块中，还包含了一批这样的组合注解，这些条件的限制在 Spring Boot 中以注解的形式体现，通常这些条件注解使用@Conditional 来配合@Configuration 和@Bean 等注解来干预 Bean 的生成，常见的条件注解如下。

- @ConditionalOnBean：Spring 容器中存在指定 Bean 时，实例化当前 Bean。
- @ConditionalOnClass：Spring 容器中存在指定 Class 时，实例化当前 Bean。
- @ConditionalOnExpression：使用 SpEL 表达式作为判断条件，满足条件时，实例化当前 Bean。
- @ConditionalOnJava：使用 JVM 版本作为判断条件来实例化当前 Bean。
- @ConditionalOnJndi：在 JNDI 存在时查找指定的位置，满足条件时，实例化当前 Bean。
- @ConditionalOnMissingBean：Spring 容器中不存在指定 Bean 时，实例化当前 Bean。
- @ConditionalOnMissingClass：Spring 容器中不存在指定 Class 时，实例化当前 Bean。
- @ConditionalOnNotWebApplication：当前应用不是 Web 项目时，实例化当前 Bean。
- @ConditionalOnProperty：指定的属性是否有指定的值。
- @ConditionalOnResource：类路径是否有指定的值。
- @ConditionalOnSingleCandidate：指定 Bean 在 Spring 容器中只有一个。
- @ConditionalOnWebApplication：当前应用是 Web 项目时，则实例化当前 Bean。

有了组合注解，开发人员从大量的 XML 和 Properties 中得到了解放，可以抛弃 Spring 传统的外部配置，使用 Spring 自动配置，spring-boot-autoconfigure 依赖默认配置项，根据添加的依赖自动加载相关的配置属性并启动依赖。应用者只需要引入对应的 jar 包，Spring Boot 就可以自动扫描和加载依赖信息。

调整自动配置顺序

在 Spring Boot 的 Autoconfigure 模块中还可以通过注解对配置和组件的加载顺序做出调整，从而可以让这些存在依赖关系的配置和组件顺利地在 Spring 容器中被构造出来。

- @AutoConfigureAfter 是 spring-boot-autoconfigure 包下的注解，其作用是将一个配置类在另一个配置类之后加载。

- @AutoConfigureBefore 是 spring-boot-autoconfigure 包下的注解，其作用是将一个配置类在另一个配置类之前加载。

  例如，在加载 ConfigurationB 之后加载 ConfigurationA：

  ○ 实现 ConfigurationA.class

```
@Configuration
@AutoConfigurationAfter(ConfigurationB.class)
public class ConfigurationA{
    Public ConfigurationA(){System.out.println("Config A test");}
}
```

  ○ 实现 ConfigurationB.class

```
@Configuration
public class ConfigurationB{
    Public ConfigurationB(){System.out.println("Config B test");}
}
```

  ○ 创建配置 META-INF/spring.factories 文件

```
org.springframework.boot.autoconfigure.EnableAutoConfiguration=\
com.test.configuration.ConfigurationA, \
com.test.configuration.ConfigurationB
```

通过上面的步骤，就可以实现自动调整 Bean 的加载顺序。另外，Spring 为我们提供了 @AutoConfigureOrder 注解，也可以修改配置文件的加载顺序，示例代码如下：

```
@Configuration
@AutoConfigureOrder(2)
public class ConfigurationA{
    Public ConfigurationA(){System.out.println("Config A test");}
}
```

自动化配置流程

无论是应用初始化还是具体的执行过程，都要调用 Spring Boot 自动配置模块，下图有助于我们形象地理解自动配置流程。

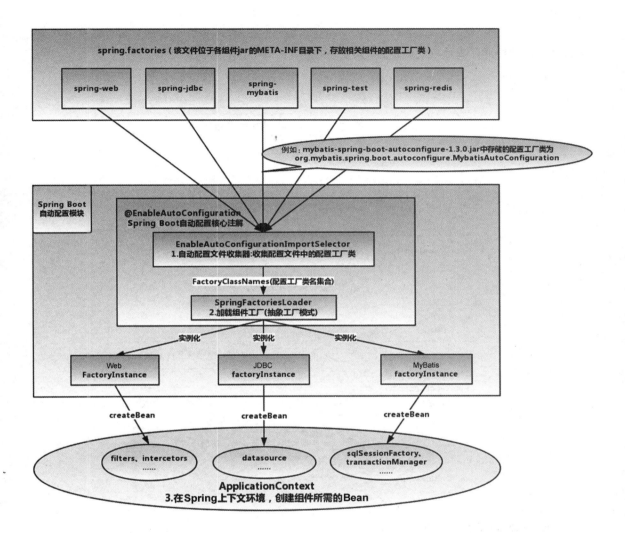

例如，mybatis-spring-boot-starter、spring-boot-starter-web 等组件的 META-INF 下均含有 spring.factories 文件，在自动配置模块中，SpringFactoriesLoader 收集到文件中的类全名并返回一个类全名的数组，返回的类全名通过反射被实例化，就形成了具体的工厂实例，最后工厂实例来生成组件所需要的 Bean。

4.2.6　Spring Boot 功能扩展点详解

在深入分析了 Spring Boot 的启动过程及其自动装配原理后，我们发现，Spring Boot 的启动过程中使用了"模板"模式和"策略"模式，并且利用 SpringFactoreisLoader 的"私有协议"可以完成很多功能的扩展，满足启动的定制化。

我们将这些主要的扩展点结合源码加以总结，如下图所示。

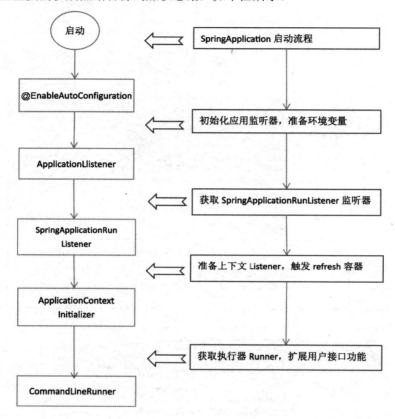

@EnableAutoConfiguration

从功能扩展点的角度，@EnableAutoConfiguration 借助 SpringFactoriesLoader 可以将标注了 @Configuration 注解的 JavaConfig 类汇总并加载到最终的 ApplicationContext 中，使用条件注解可以在自动化配置过程中定制化 Bean 的加载过程：

```
@ConditionOnClass
@ConditionOnBean
@CondtionOnMissingClass
@CondtionOnMissingBean
@CondtionOnProperty
```

ApplicationListener

ApplicationListener 属于 Spring 框架，它是对 Java 中监听模式的一种实现方式，如果需要为 Spring Boot 应用添加我们自定义的 ApplicationListener，那么有两种方式：

- 通过 SpringApplication.addListeners(…)或者 SpringApplication.setListener(…)方法添加一个或者多个自定义的 ApplicationListener。
- 借助 SpringFactoriesLoader 机制，在 Spring Boot 项目自定义的 META-INF/spring.factories 文件中添加配置，以下是 Spring Boot 默认的 ApplicationListener 配置：

```
org.springframework.context.ApplicationListener=\
org.springframework.boot.ClearCachesApplicationListener, \
org.springframework.boot.builder.ParentContextCloserApplicationListener, \
org.springframework.boot.context.FileEncodingApplicationListener, \
org.springframework.boot.context.config.AnsiOutputApplicationListener, \
```

SpringApplicationRunListener

SpringApplicationRunListener 的作用是，在整个启动流程中，作为监听者接收不同执行点的事件通知。没有特殊情况一般不需自定义的 SpringApplicationRunListener。SpringApplicationRunListener 源码如下：

```
public interface SpringApplicationRunListener {
    void starting();
    void environmentPrepared(ConfigurableEnvironment environment);
    void contextPrepared(ConfigurableApplicationContext context);
    void contextLoaded(ConfigurableApplicationContext context);
    void finished(ConfigurableApplicationContext context, Throwable exception);
}
```

ApplicationContextInitializer

ApplicationContextInitializer 也属于 Spring 框架，它的主要作用是，在 ConfigurableApplicationContext 类型（或者子类型）的 ApplicationContext 做刷新（refreshContext）之前，允许我们对 ConfiurableApplicationContext 的实例做进一步的设置和处理。

不过一般情况下我们不需要自定义一个 ApplicationContextInitializer，Spring Boot 框架默认也只有以下四个实现而已：

```
org.springframework.context.ApplicationContextInitializer=\
org.springframework.boot.context.ConfigurationWarningsApplicationContextInitializer, \
org.springframework.boot.context.ContextIdApplicationContextInitializer, \
org.springframework.boot.context.config.DelegatingApplicationContextInitializer, \
org.springframework.boot.context.embedded.ServerPortInfoApplicationContextIniti
```

CommandLineRunner

CommandLineRunner 并不是 Spring 框架原有的概念，它属于 Spring Boot 应用特定的回调扩展接口，源码如下：

```
public interface CommandLineRunner {
    /**
     * Callback used to run the bean.
     * @param args incoming main method arguments
     * @throws Exception on error
     */
    void run(String... args) throws Exception;
}
```

所有 CommandLineRunner 的执行时间点是在 Spring Boot 应用完全初始化之后（这里我们可以认为是 Spring Boot 应用启动类 main 方法执行完成之前的最后一步）。当前 Spring Boot 应用的 ApplicationContext 中的所有 CommandLineRunner 都会被加载并执行。

4.3 Spring Boot Starter 技术

4.3.1 Spring Boot Starter 概述

Spring Boot 能够迅速地在微服开发领域流行起来，并影响众多 Spring 和 Java 开发社区开发人员，可以说主要原因有两个。

- 一是 Spring 的约定优于配置的特性（Convention Over Configuration），这个特性的关键实现机制就是自动装配机制。同时这一特性很好地遵循了简约开发原则，它不仅减少了软件开发人员的开发工作量和需要做的决定数量，获得简单易用的收益，而且方便扩展又不失灵活性。从 Spring 到 Spring Boot，从 Ant 到 Maven，本质上都践行了约定优于配置的原则。
- 二是 Spring Boot 基于 "Spring Boot Starter 技术"，即开箱即用的自动配置模块。在传统 Spring 应用系统中，我们需要完成众多的烦琐配置和多个 jar 包的手动引入及代码的初始化工作，才能将所需要的模块引入工程中。而 Spring Boot Starter 的出现，简化了我们的配置，更重要的是将我们带入一种"可插拔"的编程模式。我们只需要在 Maven 中引入对应的现成 Starter 依赖，在代码中添加必要的注解，就可以获得开箱即用的对应功能。同时，我们可以结合 Spring Boot 的自动配置机制，实现自定义 Starter 组件，从而成为一个自包含的组件和模块，供第三方使用。

从 Starter 的命名方式我们可以区分出两类 Starter。

- Spring 官方 Starter：命名应遵循 spring-boot-starter-{name}的格式，如 spring-boot-starter-web 作为 Spring Boot Web 模块的官方 artifactId。
- Spring 非官方 Starter：命名应遵循{name}-spring-boot-starter 的格式，如 mybatis-spring-boot-starter。本章中介绍的自定义 Starter 属于后者。

Spring 官方 Starter

对于 Spring 官方 Starter，只需在 pom.xml 配置文件中增加对于 Starter 的依赖，这个 Starter 就能够通过代码配置上下文发现并将所需要 jar 包进行关联，在自动配置类中可以通过@ConditionalOnClass 来决定是否实例化（ConditionalOnClass 是指在 classpath 发现需要的依赖的类时实例化）。

所有的 Starter 其实都是要通过代码配置被上下文发现的，可以在 spring-boot-autoconfigure-xxx.jar 源码包中查看，例如下图所示，我们可以看到 Spring Boot 自带的 Starter 实现。

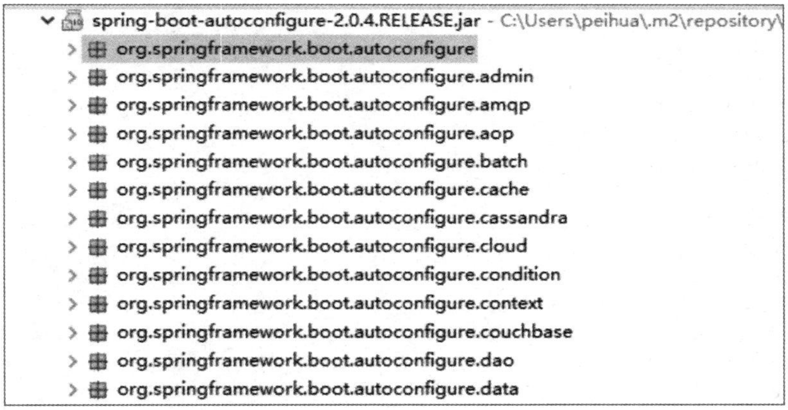

对于 Spring Boot 内置 Web 容器来说，只要通过@ConditionalOnClass 发现了 Tomcat 这个类（配置了 spring-boot-starter-web 的 Maven 依赖），Spring Boot 就会自动检查项目依赖并启动 Tomcat 服务，如下代码所示：

```
@Configuration
@EnableConfigurationProperties(ServerProperties.class)
public class EmbeddedWebServerFactoryCustomizerAutoConfiguration {
    @ConditionalOnClass({ Tomcat.class, UpgradeProtocol.class })
    public static class TomcatWebServerFactoryCustomizerConfiguration {
        @Bean
```

```
    public TomcatWebServerFactoryCustomizertomcatWebServerFactoryCustomizer(
     Environment environment, ServerProperties serverProperties) {
      return new TomcatWebServerFactoryCustomizer(environment, serverProperties);
    }
   }
  }
```

Spring 非官方 Starter

原理上基本与官方 Starter 一致，需要在已经实现的 artifactId 上再封装一层，这一层只负责包含具体的实现类和配置类，而这个 Starter 的 pom.xml 文件相当于一个 Facade 门面，代码如下：

```xml
<dependency>
    <groupId>org.mybatis.spring.boot</groupId>
    <artifactId>mybatis-spring-boot-starter</artifactId>
    <version>1.3.5</version>
</dependency>
```

进入 pom.xml 文件，可以发现自包含的依赖关系，代码如下：

```xml
<project>
<modelVersion>4.0.0</modelVersion>
  <groupId>org.mybatis.spring.boot</groupId>
  <artifactId>mybatis-spring-boot</artifactId>
  <version>1.3.5</version>
  <packaging>pom</packaging>
  ...
  <dependencyManagement>
  <dependencies>
    <dependency>
      <groupId>org.mybatis</groupId>
      <artifactId>mybatis</artifactId>
      <version>${mybatis.version}</version>
    </dependency>
    <dependency>
      <groupId>org.mybatis</groupId>
      <artifactId>mybatis-spring</artifactId>
      <version>${mybatis-spring.version}</version>
    </dependency>
    <dependency>
      <groupId>org.mybatis.spring.boot</groupId>
      <artifactId>mybatis-spring-boot-autoconfigure</artifactId>
      <version>1.3.5</version>
    </dependency>
    <dependency>
      <groupId>org.mybatis.spring.boot</groupId>
```

```
            <artifactId>mybatis-spring-boot-starter</artifactId>
            <version>1.3.5</version>
        </dependency>
    //省略
</project>
```

在这个 pom.xml 文件中,我们发现了 mybatis-spring-boot-autoconfigure 自动配置类,通过它我们可以完成 MyBatis 配置 JavaConfig 的自动配置工作和 MyBatis 实例化配置。它的配置类代码如下:

```
@org.springframework.context.annotation.Configuration
@ConditionalOnClass({ SqlSessionFactory.class, SqlSessionFactoryBean.class })
@ConditionalOnBean(DataSource.class)
@EnableConfigurationProperties(MybatisProperties.class)
@AutoConfigureAfter(DataSourceAutoConfiguration.class)
public class MybatisAutoConfiguration {
    //省略
    public MybatisAutoConfiguration(MybatisProperties properties,
                        ObjectProvider<Interceptor[]> interceptorsProvider,
                        ResourceLoader resourceLoader,
                        ObjectProvider<DatabaseIdProvider>
                        databaseIdProvider,
                        ObjectProvider<List<ConfigurationCustomizer>>
                        configurationCustomizersProvider){
        this.properties = properties;
        this.interceptors = interceptorsProvider.getIfAvailable();
        this.resourceLoader = resourceLoader;
        this.databaseIdProvider = databaseIdProvider.getIfAvailable();
        this.configurationCustomizers = configurationCustomizersProvider.getIfAvailable();
    }
}
```

通过 MybatisAutoConfiguration 自动化配置类,就实现了 MyBatis 的配置在启动时被 Spring Boot 程序加载到 Spring Boot 的 Factory 工厂并实例化为 Bean。

4.3.2 Spring Boot 常用开箱即用 Starter

开箱即用的 Starter 组件也遵循 Spring 约定优于配置的理念,针对企业日常应用开发场景,通过引入这些现成的 Starter 可以简化开发流程。

spring-boot-starter-web 快速开发

除了开发少数的独立应用,大部分情况下,我们都使用 Spring MVC 组件开发企业 Web 应用,为了帮助我们快速搭建并开发一个 Web 项目，Spring Boot 提供了 spring-boot-starter-web 自动配置模块，只要将 spring-boot-starter-web 加入项目的 Maven 依赖即可：

```xml
<dependency>
  <groupId>org.springframework.boot</groupId>
  <artifactId>spring-boot-starter-web</artifactId>
</dependency>
```

在我们的工程中加入上面的 Starter 依赖后，就得到了一个可直接执行的 Web 应用环境，在当前项目下运行 mvn spring-boot:run，可以直接启动一个使用了嵌入式 Tomcat 服务请求的 Web 应用服务。目前我们还没有提供任何 Web 请求的 Controller，所以访问任何路径都会返回一个 Spring Boot 默认提供的错误页面，我们可以在当前项目下新建一个服务根路径作为 Web 请求的 Controller 实现，如下代码所示：

```java
@RestController
public class startController {
    @RequestMapping("/")
    public String start() {
        return "demo, start";
    }
}
```

spring-boot-starter-jdbc 与数据访问

为了使 Spring Boot 成为我们自动配置数据访问的基础设施，我们需要直接或者间接地依赖 spring-jdbc，当 spring-jdbc 位于 Spring Boot 应用的 classpath 路径时，会触发数据访问相关的自动配置行为。最简单的做法就是把 spring-boot-starter-jdbc 添到应用的依赖文件中。默认情况下，如果我们没有配置任何 DataSource，那么 Spring Boot 会为我们自动配置一个基于嵌入式数据库的 DataSource，这种自动配置行为其实很适合于测试场景，但对实际的开发帮助不大，基本上我们会自己配置一个 DataSource 实例。下面我们将 spring-boot-starter-jdbc 加入项目的 Maven 依赖：

```xml
<dependency>
  <groupId>org.springframework.boot</groupId>
    <artifactId>spring-boot-starter-jdbc</artifactId>
</dependency>
<!--引入mysql驱动包-->
<dependency>
    <groupId>mysql</groupId>
    <artifactId>mysql-connector-java</artifactId>
    <scope>runtime</scope>
</dependency>
```

如果我们的工程只依赖一个数据库，那么使用 DataSource 自动配置模块提供的参数是最方便的。在本书的 7.1.4 节中，我们会对"使用 spring-boot-starter-jdbc 访问 MySQL"进行详细讲解。

spring-boot-starter-aop 及其使用场景

在 Java 语言中，AOP（Aspect Oriented Programming，面向切面编程）通过提供另一种思考程序结构的方式来补充 OOP（Object Oriented Programming，面向对象编程）。OOP 中模块化的关键单元是类。而在 AOP 中，模块化单元由"切面"组成。通过预编译方式和运行期动态代理实现程序功能的统一维护。AOP 是 Spring 框架的一个重要特色，它可对既有程序定义一个切入点（Pointcut），然后在切入点前后切入不同的执行任务。常见使用场景有：打开/关闭数据库连接、打开/关闭事务、记录日志等。基于 AOP 不会破坏原来的程序逻辑，因此它可以很好地对业务逻辑的各个部分进行抽离，从而使得业务逻辑各个部分的耦合度降低，提高程序的复用性，同时提高开发效率。Spring Boot 对 AOP 提供了 Starter 组件支持，Maven 依赖如下：

```xml
<dependency>
    <groupId>org.springframework.boot</groupId>
    <artifactId>spring-boot-starter-aop</artifactId>
</dependency>
```

spring-boot-starter-aop 主要由两部分组成：

- org.springframework.boot.autoconfigure.aop.AopAutoConfiguration：提供配置类。
- 通知：配置类中涉及的通知类型有前置通知、后置最终通知、后置返回通知、后置异常通知和环绕通知。

下面是一个实现了 Web Controller 调用的日志切面打印 Web 请求参数及相应结果的实例。

```java
@Aspect
@Component
public class WebLogAspect {
    private Logger logger = Logger.getLogger(getClass());
    @Pointcut("execution(* com.test.demo.Web.*.*(..))")
    public void excudeService(){}
    @Around(value = "excudeService()")
    public Object doAround(ProceedingJoinPoint pjp) throws Throwable {
     Object resultObj = null;
     try {
        RequestAttributes requestAttributes = RequestContextHolder.getRequestAttributes();
        ServletRequestAttributes sra = (ServletRequestAttributes)requestAttributes;
        HttpServletRequest request = sra.getRequest();
        resultObj = pjp.proceed();
```

```
        int status = getProcessResult(resultObj);
        logger.info("RESPONCE : "+ status );
    }
}
```

注解解释如下：

- 使用@Aspect 注解将一个 Java 类定义为切面类。
- 使用@Pointcut 定义一个切入点完成切面功能，根据对应参数执行不同的逻辑：
  - 任意公共方法的执行：

    `execution(public * *(..))`

  - 任何一个以"set"开始的方法的执行：

    `execution(* set*(..))`

  - AccountService 接口的任意方法的执行：

    `execution(* com.xyz.service.AccountService.*(..))`

  - 定义在 service 包里的任意方法的执行：

    `execution(* com.xyz.service.*.*(..))`

  - 定义在 service 包和所有子包里的任意类的任意方法的执行：

    `execution(* com.xyz.service..*.*(..))`

  - 定义在 pointcutexp 包和所有子包里的 JoinPointObjP2 类的任意方法的执行：

    `execution(* com.test.spring.aop.pointcutexp..JoinPointObjP2.*(..))")`

注意：根据需要，可在切入点的不同位置切入内容。

- 使用@Before 在切入点开始处切入内容。
- 使用@After 在切入点结尾处切入内容。
- 使用@AfterReturning 在切入点 return 内容之后切入内容。
- 使用@Around 在切入点前后切入内容，并自己控制何时执行切入点自身的内容。
- 使用@AfterThrowing 处理当切入内容部分抛出异常之后的逻辑。

spring-boot-starter-logging 日志功能

常见的日志系统大致有 Java.util.logging、Log4J、Commons-logging 等，spring-boot-starter-logging 是 Spring Boot 为日志功能提供的一种默认实现。Maven 依赖如下：

```
<dependency>
    <groupId>org.springframework.boot</groupId>
    <artifactId>spring-boot-starter-logging</artifactId>
</dependency>
```

Spring Boot 能够使用 Logback、Log4J2、java util logging 作为日志记录工具，默认使用 Logback。日志默认输出到控制台，也能输出到文件中。如果想改变 Spring Boot 提供的应用日志设定，可以：

- 遵循 Logback 的约定，在 classpath 中使用自己定制的 logback.XML 配置文件。
- 在文件系统的任意一个位置提供自己的 logback.xml 配置文件，然后通过 logging.config 配置项指向这个配置文件，再引用它。

spring–boot–starter–security 与应用安全

spring-boot-starter-security 主要面向的是 Web 应用开发，对应的 Maven 依赖如下：

```
<dependency>
    <groupId>org.springframework.boot</groupId>
    <artifactId>spring-boot-starter-web</artifactId>
</dependency>
<dependency>
    <groupId>org.springframework.boot</groupId>
    <artifactId>spring-boot-starter-security</artifactId>
</dependency>
```

spring-boot-starter-security 默认会提供一个基于 HTTP Basic 认证的安全防护策略，默认用户为 user，访问密码则在当前 Web 应用启动的时候打印到控制台。要想定制，则在配置文件中进行配置。

4.3.3 Spring Boot 生产就绪与环境配置

Spring Boot 自带的 spring-boot-actuator 模块提供的生产就绪（production-ready）特性与运行状况指标检查功能，可以帮助你深入掌握运行中的 Spring Boot 应用程序，一探 Spring Boot 程序的内部信息。

Actuator

Actuator 指用于移动或控制某物的机械装置的制造业术语，Actuator 可以从一个小的变化产生大量的运动。

要将 Actuator 添加到基于 Maven 的项目中开启 Spring Boot 的生产就绪特性，请加载以下依赖项：

```xml
<dependency>
    <groupId>org.springframework.boot</groupId>
    <artifactId>spring-boot-starter-actuator</artifactId>
</dependency>
```

spring-boot-actuator 自动配置模块默认为我们提供了很多 Endpoint，根据 Spring 的官方定义，Endpoint 的解释如下。

Endpoint

Endpoint 是执行器端点，可用于监控应用及与应用进行交互，Spring Boot 包含很多内置的端点，你也可以自己添加。例如，health 端点提供了应用的基本健康信息。

Endpoint 分成两类：原生端点和自定义端点。自定义端点主要是指扩展性端点，用户可以根据自己的实际应用，定义一些自己比较关心的指标，在运行期进行监控。如下表所示是 Endpoint 使用 ID 标识的方式定义的可用监控对象（原生端点）。

ID	描述	默认是否启用
auditevents	暴露当前应用程序的审计事件信息	是
beans	暴露一个应用中所有Spring Bean的完整列表	是
conditions	显示配置类和自动配置类（configuration和auto-configuration）	显示classes的状态及它们被应用或未被应用的原因
configprops	显示所有@ConfigurationProperties的集合列表	是
env	暴露来自Spring的ConfigurableEnvironment的属性	是
flyway	如果有，则显示数据库迁移路径	是
health	显示应用的健康信息（当使用一个未认证连接访问时，显示简单信息）	如果使用认证连接访问，则显示全部信息详情
info	显示任意的应用信息	是
liquibase	如果有，则显示任何Liquibase数据库迁移路径	是
metrics	显示当前应用的metrics信息	是
mappings	显示所有@RequestMapping路径的集合列表	是
scheduledtasks	显示应用程序中的计划任务	是
sessions	允许从Spring会话支持的会话存储中检索和删除	用户会话。使用Spring Session支持反应性Web应用程序时不可用
shutdown	应用可以以优雅的方式关闭	否
threaddump	执行一个线程dump	是

如果你的应用是一个 Web 应用（Spring MVC、Spring WebFlux 或 Jersey），你还可以使用如下表所示的 Endpoint。

ID	描述	默认是否启用
heapdump	返回一个GZip压缩的hprof堆dump文件	是
jolokia	通过HTTP暴露JMX Bean（当Jolokia在类路径上时，WebFlux不可用）	是
logfile	返回日志文件内容（如果设置了logging.file或logging.path属性），支持使用HTTP Range头接收日志文件内容的部分信息	是
Prometheus	以可以被Prometheus服务器抓取的格式显示metrics信息	是

Actuator 的原生 API 有很多，大体上可以细分为以下三类。

- 应用配置类：应用配置、环境变量、自动化配置等。

```
http://localhost:8080/actuator/conditions
http://localhost:8080/actuator/beans
http://localhost:8080/actuator/env
http://localhost:8080/actuator/info
http://localhost:8080/actuator/mappings
```

- 度量指标类：运行时监控到的指标，如内存、线程池、HTTP 统计信息等。

```
http://localhost:8080/actuator/health
http://localhost:8080/actuator/auditevents
http://localhost:8080/actuator/loggers
http://localhost:8080/actuator/metrics/jvm.memory.max
http://localhost:8080/actuator/metrics
http://localhost:8080/actuator/heapdump
```

- 操作控制类：如关闭应用等操作类。

```
http://localhost:8080/actuator/shutdown
```

启用/禁止端点规则

- 默认情况下，除 shutdown 外的所有端点均已启用。要启用单个端点，可使用 management.endpoint.<id>.enabled 属性。以下示例启用 shutdown 端点：

```
management.endpoint.shutdown.enabled=true
```

- 可以通过 management.endpoints.enabled-by-default 来修改端点的默认配置，以下示例启用 info 端点并禁用所有其他端点：

```
management.endpoints.enabled-by-default=false
management.endpoint.info.enabled=true
```

- 禁用的端点将从应用程序上下文中完全被删除。如果只想更改端点公开（对外暴露）特性，可使用 include 和 exclude 属性，详情见下表。

属性值	默认
management.endpoints.jmx.exposure.exclude	/
management.endpoints.jmx.exposure.include	*
management.endpoints.Web.exposure.exclude	/
management.endpoints.Web.exposure.include	info, health

> 说明：include 属性列出了公开的端点的 ID，exclude 属性列出了不应该公开的端点的 ID。exclude 属性优先于 include 属性，意思是指同一端点 ID 同时出现在 include 属性表和 exclude 属性表时，exclude 属性优先于 include 属性，即此端点不被暴露。

Endpoint 的两种主要访问方式

要实现端点的访问，Spring Boot 为我们提供了两种方式。

- **基于 JMX 的监控**

Java 管理扩展（JMX）提供了一种监视和管理应用程序的标准机制，默认情况下，Spring Boot 将管理端点公开为 org.springframework.boot 域中的 JMX Mbean。Actuator 通过 EndpointMBeanExportAutoConfiguration 将所有 Endpoint 实例以 JMX Mbean 形式对外监控暴露，并默认注册在 org.springframework.boot 域下，可以使用 Jconsole 命令启动 Java 管理及监控控制台查看端点信息。

也可以使用使用 Jolokia（基于 JSR-160 规范实现的 MBean 服务）通过 HTTP 实现 JMX 远程管理。Jolokia 是一个 JMX-HTTP 桥，它提供了一种访问 JMX Beans 的替代方法。想要使用 Jolokia，只需添加 org.jolokia:jolokia-core 的依赖。例如，使用 Maven 添加以下配置，然后在 HTTP 管理服务器上可以通过/jolokia 访问 Jolokia。

```xml
<dependency>
    <groupId>org.jolokia</groupId>
    <artifactId>jolokia-core</artifactId>
</dependency>
```

另外，如果想要禁用 JMX 端点，可以使用下面的配置方式：

```
endpoints.jmx.enabled=false
```

- **基于 HTTP 的监控**

如果你正在开发一个 Web 应用程序，Actuator 会自动配置通过 HTTP 公开的所有已启用的端点，并通过以 "management." 为前缀的配置项对端点进行开放。因为 HTTP 是标准的协议，对于跨语言、跨平台访问有天然的优势，使用 HTTP 的方式暴露端点信息有利于与其他监控平台和系统进行对接。

Spring Boot 执行器自动将所有启用的端点通过 HTTP 暴露出去。默认约定使用端点的 ID 作为 URL 路径，例如，health 暴露为/health。如果不想通过 HTTP 暴露端点，可以将管理端口设置如下：

```
management.port=-1
```

保护 HTTP 端点

在配置文件中设置 management.security.enabled:false，这样所有的用户都可以用 Actuator。但是这样的方式可能会暴露服务的敏感信息，并且在默认情况下，Actuator 端点暴露在服务于常规 HTTP 的同一个端口上。如果你的应用程序是公开部署的，你可能希望添加 Spring Security 来进行用户身份验证。当添加 Spring Security 时，默认的"basic"身份验证将被启用。

使用 HTTP 暴露端点的方式与使用任何敏感网址一样，如果你希望为 HTTP 端点配置自定义安全性，比方说只允许具有特定角色的用户访问它们，Spring Boot 提供了一些方便的 RequestMatcher 对象，可以与 Spring Security 结合使用，具体方式如下。

1. 引入 Security 的 Maven 依赖

```xml
<dependency>
    <groupId>org.springframework.boot</groupId>
    <artifactId>spring-boot-starter-security</artifactId>
</dependency>
```

2. 在配置文件中修改 application.yml

```
management
    context-path: /manageActuator
    security
        enabled: false
        roles: SUPERUSER
        user.name: admin
        user.password: admin
```

3. 定制 Spring Security

我们可以在 Security 中赋予用户不同的权限，Actuator 使用这种权限管理来控制用户的行为。Security 可以拦截特定的请求：

```java
@Configuration
@EnableWebSecurity
public class ActuatorSecurityConfig extends WebSecurityConfigurerAdapter{
    @Autowired
    Environment env;
```

```java
@Override
protected void configure(HttpSecurity http) throws Exception {
    String contextPath = env.getProperty("management.context-path");
    if(StringUtils.isEmpty(contextPath)) {
        contextPath = "";
    }
    http.csrf().disable();
    http.authorizeRequests()
            .antMatchers("/**"+contextPath+"/**").authenticated()
            .anyRequest().permitAll()
            .and().httpBasic();
}
```

Actuator 的版本差异

注意：Spring Boot 2.0 以后对 Actuator 做了很大的改动，主要变化如下：

- 2.X 比 1.X 多了一个根路径：/actuator。
- 2.X 的属性发生了变化，如下表所示。

1.X的属性	2.X的属性
endpoints.<id>.*	management.endpoint.<id>.*
endpoints.cors.*	management.endpoints.Web.cors.*
endpoints.jmx.*	management.endpoints.jmx.*
management.address	management.server.address
management.context-path	management.server.servlet.context-path
management.ssl.*	management.server.ssl.*
management.port	management.server.port

- 部分端点路径发生了变更：

```
/autoconfig -> 更名为 /conditions
/docs -> 被废弃
/trace -> 更名为 /httptrace
/dump -> 更名为 /threaddump
```

自定义健康检查器

在介绍自定义健康检查器前，我们先看一下 Spring Boot 定义的一套健康检查框架，后面我们根据整个框架定制一个健康检查器。对于健康检查器来说，最重要的接口就是 HealthIndicator，代码如下：

```java
public interface HealthIndicator {
```

```
/**
 * Return an indication of health.
 * @return the health for
 */
Health health();
}
```

抽象类 AbstractHealthIndicator 是健康检查类的骨架，实现了 health 方法，同时声明了 doHealthCheck 方法。Spring Boot 的健康信息都从 ApplicationContext 中加载各种 HealthIndicator 实现，主要实现流程如下：

- 实例化 Health$Builder。
- 调用抽象方法 doHealthCheck 进行状态的检查，出现异常则状态变为 Status.DOWN。
- 下面是 HealthCheck 类的具体业务实现类示例：

```
@Controller
public class HealthCheck{
    public static boolean flag = false;
    @Autowired
    private DBRepository dataRepository;
    @RequestMapping(value="/checkHealthStatus", method =
        RequestMethod.GET, produces = MediaType.APPLICATION_JSON_VALUE)
    @ResponseBody
    public String checkHealthStatus(){
        try{
            int result = dataRepository.checkDbStatus();
            this.flag = true;
        }catch (Exception e){
            this.flag = false;
        }
        return "当前数据库的状态:"+flag;
    }
}
```

你可以通过 management.health.defaults.enabled 配置项将健康检查项全部禁用，也可以通过 management.health.xxxx.enabled 将其中任意一个禁用。如果我们需要提供自定义的健康检查信息状态，可以通过 HealthIndicator 的接口来实现，并将该实现类注册为 JavaBean。你需要实现其中的 health 方法，并返回自定义的健康状态响应信息，该响应信息应该包括一个状态码和要展示的详细信息。例如，下面就是一个自定义的 HealthIndicator 的实现类：

```
@Configuration
public class MyHealthIndicator implements HealthIndicator{
    @Override
    public Health health() {
```

```
        if(HealthCheck.flag){    //自定义逻辑,判断如果应用是健康的,则为UP,否则为DOWN
            return new Health.Builder(Status.UP).build();
        }else{
            return new Health.Builder(Status.DOWN).build();
        }
    }
}
```

4.3.4　Spring Boot 安全管理

　　Spring Security 是一款基于 Spring 的安全框架,主要包含认证和鉴权两大安全模块。Spring Security 能够为基于 Spring 的企业应用系统提供声明式的安全访问控制解决方案。它提供了一组可以在 Spring 应用上下文中配置的 Bean,充分利用了 Spring IoC(控制反转)、DI(依赖注入)和 AOP(面向切面编程)。Spring Security 本身比较复杂,其中包含众多子项目,如 Spring Security OAuth、Spring Security JWT、Spring Security CAS 等,本节将对 Spring Security 的核心模块及架构原理进行介绍。

Spring Security 核心模块

　　权限系统一般包含两大核心模块:Authentication(认证)和 Authorization(鉴权)。

- Authentication 模块负责验证用户身份的合法性,生成认证令牌,并保存到服务端会话中(如 TLS)。
- Authorization 模块负责从服务端会话中获取用户身份信息,与访问的资源进行权限比对。

　　官方给出的 Spring Security 的核心架构如下图所示。

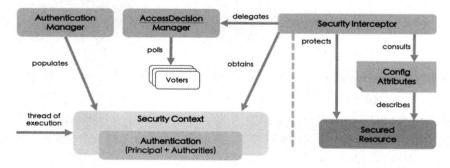

　　核心架构解读如下。

- **Authentication Manager**:负责认证管理,解析用户登录信息(封装在 Authentication 模块中),读取用户、角色、权限信息并进行认证,认证结果被回填到 Authentication,保存在 Security

Context 中。
- AccessDecision Manager：负责投票表决，通过投票器的结果实现一票通过（默认）、多票通过、一票否决策略。
- Security Interceptor：负责权限拦截，包括 Web URL 拦截和方法调用拦截。通过 Config Attributes 获取资源的描述信息，借助 AccessDecision Manager 进行鉴权拦截。
- Security Context：安全上下文，保存认证结果。提供了全局上下文、线程继承上下文、线程独立上下文（默认）三种策略。
- Authentication：认证信息，保存用户的身份标识、权限列表、证书、认证通过标记等信息。
- Secured Resource：被安全管控的资源，如 Web URL、用户、角色、自定义领域对象等。
- Config Attributes：资源属性配置，描述安全管控资源的信息，为 Security Interceptor 提供拦截逻辑的输入。

Spring Boot 进行集成，需要引入 Maven 依赖：

```xml
<dependency>
    <groupId>org.springframework.boot</groupId>
    <artifactId>spring-boot-starter-web</artifactId>
</dependency>
<dependency>
    <groupId>org.springframework.boot</groupId>
    <artifactId>spring-boot-starter-security</artifactId>
</dependency>
```

在 Spring Security 的框架设计中，关键是 AbstractSecurityInterceptor 类，它是一个抽象类，安全认证流程的具体实现逻辑都贯穿在 AbstractSecurityInterceptor 类中，可以把 AbstractSecurityInterceptor 当成为一个模板类，它的实际执行流程都由具体子类所实现，每种受保护资源或者对象都由 AbstractSecurityInterceptor 的实现类拦截实现。Spring Security 提供了两个具体实现类，MethodSecurityInterceptor 用于受保护的方法，FilterSecurityInterceptor 用于受保护的 Web 请求：

- public class FilterSecurityInterceptor extends AbstractSecurityInterceptor implements Filter {...}
- public class MethodSecurityInterceptor extends AbstractSecurityInterceptor implements MethodInterceptor {...}

上述两个继承 AbstractSecurityInterceptor 的实现类具有一致的执行逻辑：

（1）将正在请求调用的受保护对象传递给 beforeInvocation 方法进行权限鉴定。

（2）如果权限鉴定失败，则直接抛出异常。

（3）如果鉴定成功，则将尝试调用受保护对象，调用完成后，不管是成功调用，还是抛出异常，都将执行 finallyInvocation 方法。

（4）如果在调用受保护对象后没有抛出异常，则调用 afterInvocation 方法。

Spring Security 核心源码

Spring Security 默认使用的过滤器是 FilterSecurityInterceptor，它的认证及鉴权流程和主要源码如下：

```java
public class FilterSecurityInterceptor extends AbstractSecurityInterceptor implements Filter {
    private static final String FILTER_APPLIED =
        "__spring_security_filterSecurityInterceptor_filterApplied";
    private FilterInvocationSecurityMetadataSource securityMetadataSource;
    private boolean observeOncePerRequest = true;
    public void doFilter(ServletRequest request, ServletResponse response,
        FilterChain chain) throws IOException, ServletException
    {
        FilterInvocation fi = new FilterInvocation(request, response, chain);
        invoke(fi);
    }
    public void invoke(FilterInvocation fi) throws IOException, ServletException {
        if ((fi.getRequest() != null)&& (fi.getRequest().getAttribute(FILTER_APPLIED) != null)
            && observeOncePerRequest) {
            fi.getChain().doFilter(fi.getRequest(), fi.getResponse());
        }
        else {
            if (fi.getRequest() != null && observeOncePerRequest) {
                fi.getRequest().setAttribute(FILTER_APPLIED, Boolean.TRUE);
            }
            InterceptorStatusToken token = super.beforeInvocation(fi);
            try {
                fi.getChain().doFilter(fi.getRequest(), fi.getResponse());
            }
            finally {
                super.finallyInvocation(token);
            }
            super.afterInvocation(token, null);
        }
    }
}
```

从源码来看，AuthenticationManager 负责制定规则，AbstractSecurityInterceptor 负责执行。并且，Spring Security 的 Web 安全方案基于 Java 的 Servlet 规范进行构建，所以如果你的开发框架是

脱离 Servlet 规范实现的 Web 框架，则无法使用 Spring Security 提供的默认 Web 安全方案。在 Servlet 规范中，实现关卡功能的特性就是 Filter 组件，Spring 框架使用将 GenericFilterBean 注入 Spring 容器的方式来让 Filter 可以享受依赖注入的好处。

WebSecurity 会初始化 FilterChainProxy，它通过扩展 GenericFilterBean 间接实现了 Filter 接口，同时持有一组 SecurityFilterChain，真正执行防护任务的 SecurityFilterChain 中定义的一系列 Filter 的代码如下：

```java
public interface SecurityFilterChain {
    boolean matches(HttpServletRequest request);
    List<Filter> getFilters();
}
```

Spring Security 为 SecurityFilterChain 中的 Filter 设定了优先级顺序。下面的代码是 Security 的 Filter 实现逻辑。

```java
final class FilterComparator implements Comparator<Filter>, Serializable {
    private static final int INITIAL_ORDER = 100;
    private static final int ORDER_STEP = 100;
    private final Map<String, Integer> filterToOrder = new HashMap<>();
    FilterComparator() {
        Step order = new Step(INITIAL_ORDER, ORDER_STEP);
        put(ChannelProcessingFilter.class, order.next());
        put(ConcurrentSessionFilter.class, order.next());
        put(WebAsyncManagerIntegrationFilter.class, order.next());
        put(SecurityContextPersistenceFilter.class, order.next());
        put(HeaderWriterFilter.class, order.next());
        put(CorsFilter.class, order.next());
        put(CsrfFilter.class, order.next());
        put(LogoutFilter.class, order.next());
        filterToOrder.put(
          "org.springframework.security.oauth2.client.Web
          .OAuth2AuthorizationRequestRedirectFilter", order.next());
        filterToOrder.put(
            "org.springframework.security.saml2.provider.service.servlet
            .filter.Saml2WebSsoAuthenticationRequestFilter", order.next());
        put(X509AuthenticationFilter.class, order.next());
        put(AbstractPreAuthenticatedProcessingFilter.class, order.next());
        filterToOrder.put("org.springframework.security.cas.Web.CasAuthenticationFilter",
            rder.next());
        filterToOrder.put(
          "org.springframework.security.oauth2.client.Web.OAuth2LoginAuthenticationFilter",
```

```
        order.next());
    //省略
    filterToOrder.put(
        "org.springframework.security.oauth2.client.Web
        .OAuth2AuthorizationCodeGrantFilter", order.next());
    put(SessionManagementFilter.class, order.next());
    put(ExceptionTranslationFilter.class, order.next());
    put(FilterSecurityInterceptor.class, order.next());
    put(SwitchUserFilter.class, order.next());
    }
    //省略
}
```

虽然 Filter 很多，但可以简单划分为几类，除个别 Filter 在每个 SecurityFilterChain 中都有，其他可以根据需要选用：

- 信道与状态管理类，比如 ChannelProcessingFilter 用于处理 HTTP 或者 HTTPS 之间的切换，而 SecurityContextPersistenceFilter 用于重建或者销毁必要的 SecurityContext 状态。
- 常见 Web 安全防护类，比如 CsrfFilter。
- 认证和授权类，比如 BasicAuthenticationFilter、CasAuthenticationFilter 等。

HttpSecurity

Spring 通过 HttpSecurity 完成定制化 Filter 的加载，拦截顺序及 Filter 的初始化存在于 WebSecurityConfigurerAdapter 的初始化方法 init 中，通过 getHttp 方法可以获得 HttpSecurity 的对象。下面是 WebSecurityConfigurerAdapter 的初始化方法：

```
public void init(final WebSecurity Web) throws Exception {
    final HttpSecurity http = getHttp();
    Web.addSecurityFilterChainBuilder(http).postBuildAction(new Runnable() {
        public void run() {
            FilterSecurityInterceptor securityInterceptor = http
                .getSharedObject(FilterSecurityInterceptor.class);
            Web.securityInterceptor(securityInterceptor);
        }
    });
}
```

这个方法先构建 HttpSecurity 对象，然后通过 WebSecurity 对象的 addSecurityFilterChainBuilder 方法添加到 securityFilterChainBuilders 的 List 中，最后完成组件过滤器链。我们可以通过返回的 HttpSecurity 对象重写 addFilter 方法，加入定制化的 Filter 对象。

定制实现 spring-boot-starter-security

我们可以通过给出一个继承了 WebSecurityConfigurerAdapter 的 JavaConfig 配置类的行为，进行更深一级的对 spring-boot-starter-security 组件的定制化改造。通过前面的 Spring Security 的源码分析，我们知道主要的方式就是继承 WebSecurityConfigurerAdapter，这样做的好处在于，我们依然可以使用 spring-boot-starter-security 默认的一些行为，只需要对必要的行为进行调整，比如：

- 配置多个 AuthenticationManager 实例。
- 对 HttpSecurity 定义的默认资源访问规则进行重新定义。
- 对提供的默认 WebSecurity 行为进行调整。

为了能够让这些调整生效，我们定义的 WebSecurityConfigurerAdapter 实现类一般在顺序上需要先于 spring-boot-starter-security 默认提供的配置，所以一般需要配合 @Order 注解进行标注，代码如下：

```
@Configuration
@Order(SecurityProperties.ACCESS_OVERRIDE_ORDER)
public class DemoSecurityConfiguration extends WebSecurityConfigurerAdapter {
    protected DemoSecurityConfiguration() {
        super(true); //取消默认提供的安全相关 Filter 配置
    }
    @Override
    public void configure(WebSecurity Web) throws Exception {
        //省略
    }
    @Override
    protected void configure(HttpSecurity http) throws Exception {
        //省略
    }
    //通过覆盖其他方法实现对 Web 安全的定制
}
```

总之，WebSecurityConfigurerAdapter 是 Spring Security 框架为我们预先设定的一个安全框架，它允许我们对 Web 安全相关的功能进行定制化开发，但是在某些场景下我们还是会感觉不方便，此时我们可以直接实现并注册一个标注了 @EnableWebSecurity 的 JavaConfig 配置类到 IoC 容器，从而实现一种"颠覆性"的定制，示例代码如下：

```
@Configuration
@EnableWebSecurity
public class OverhaulSecurityConfiguration {
    @Bean
    public AuthenticationManager authenticationManager() {
        //省略
```

```
    }
    @Bean
    public AccessDecisionManager accessDecisionManager() {
        //省略
    }
    @Bean
    public SecurityFilterChain mySecurityFilterChain() {
        //省略
    }
}
```

4.3.5 Spring Boot 实现自定义 Starter

下面我们通过介绍在一个微服务网关项目（Sia-Gateway 已在 GitHub 开源）中自定义 Starter，了解自定义 Starter 的关键步骤，以及实现一个自定义注解的完整步骤，如下图所示。

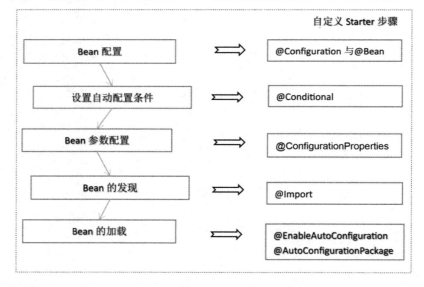

使用到的关键注解和功能的对应关系如下。

- @Configuration 与@Bean 的作用：基于 Java 代码的 Bean 配置。
- @Conditional 的作用：设置自动配置条件依赖。
- @EnableConfigurationProperties 与@ConfigurationProperties 的作用：读取配置文件并将其转换为 Bean。
- @EnableAutoConfiguration、@AutoConfigurationPackage 与@Import 的作用：Bean 的发现与加载。

准备工作

在开始实现自定义 Starter 之前，我们需要手动创建两个工程。前文中已有介绍，第一个工程更像一个门面（Facade）工程，也可以通过引入第一个自定义的 Starter 工程验证自定义 Starter 的功能；第二个工程则是实现自定义 Starter 的实际业务功能部分，完成自动化配置定义、发现配置及实现特定的业务功能。

- sag-spring-boot-starter（pom.xml）

```xml
<?XML...>
    <modelVersion>4.0.0</modelVersion>
    <groupId>com.msa</groupId>
    <artifactId>sag-spring-boot-starter</artifactId>
    <version>1.0-SNAPSHOT</version>
    <packaging>jar</packaging>
    <name>sag-spring-boot-starter</name>
    <!-- 启动器 -->
    <dependencies>
        <!-- 引入自动配置模块 -->
        <dependency>
            <groupId>com.gf</groupId>
            <artifactId>sag-spring-boot-starter-autoconfigurer</artifactId>
            <version>0.0.1-SNAPSHOT</version>
        </dependency>
    </dependencies>
</project>
```

- sag-spring-boot-starter-autoconfigurer（pom.xml）

```xml
<?XML...>
    <modelVersion>4.0.0</modelVersion>
    <groupId>com.msa</groupId>
    <artifactId>sag-spring-boot-starter-autoconfigurer</artifactId>
    <version>1.0-SNAPSHOT</version>
    <packaging>jar</packaging>
    <name>sag-spring-boot-starter-autoconfigurer</name>
    <parent>
        <groupId>org.springframework.boot</groupId>
        <artifactId>spring-boot-starter-parent</artifactId>
        <version>1.5.9.RELEASE</version>
        <relativePath/> <!-- lookup parent from repository -->
    </parent>
    <properties>
        <project.build.sourceEncoding>UTF-8</project.build.sourceEncoding>
        <project.reporting.outputEncoding>UTF-8</project.reporting.outputEncoding>
        <java.version>1.8</java.version>
    </properties>
```

```xml
<dependencies>
    <!-- 引入 spring-boot-starter, 所有 Starter 的基本配合 -->
    <dependency>
        <groupId>org.springframework.boot</groupId>
        <artifactId>spring-boot-starter</artifactId>
    </dependency>
</dependencies>
</project>
```

基于 Java 代码的 Bean 配置

下面是自定义 Starter 的详细配置加载过程，首先使用自动配置 AutoConfiguration 初始化 Bean 对象实例，代码如下：

```java
@Configuration
@EnableConfigurationProperties({ SagProxyProperties.class })
@ConditionalOnBean(SagProxyMarkerConfiguration.Marker.class)
public class SagProxyAutoConfiguration {
    @Autowired
    private SagProxyProperties properties;
    @Bean
    @ConditionalOnMissingBean(ThirdPartyComponent.class)
    public ThirdPartyComponent getThirdcomp() {
        ThirdPartyComponent tpcomp = new
            ThirdPartyComponent(properties.getFilterdynamic(),
            properties.getJavapackageName(), properties.getFilterinterval());
            return tpcomp;
    }
}
```

从上面的代码中可以看到@Configuration、@Bean，这两个注解一起使用可以创建一个基于 Java 代码的配置类，它可以用来替代加载相应 XML 配置文件的过程。@Configuration 注解的类可以看作让 Spring 容器管理的 Bean 实例的工厂。@Bean 注解代表准备注册到 Spring 容器的对象实例，也就是一个带有@Bean 的注解方法将返回的对象，该对象应该被注册到 Spring 容器中。自动配置类 SagProxyAutoConfiguration 的作用是自动生成微服务网关需要的 Bean 实例 ThirdPartyComponent，并将这个 Bean 实例交给 Spring 容器管理，从而完成 Bean 的自动注册。

自动配置条件依赖

从 SagProxyAutoConfiguration 类中使用的注解可以看出，要完成自动配置是有依赖条件的，即@ConditionalOnBean(SagProxyMarkerConfiguration.Marker.class)。

根据条件（ConditionalOnBean），要完成 SagProxy 的自动化配置，我们需要在类路径中判断声明类 SagProxyMarkerConfiguration.mark.class，当这个 Bean 存在时才会完成 Bean 的自动注册。

Bean 参数的获取

至此我们已经知道了 Bean 的配置过程,但是还没有看到 Spring Boot 是如何读取 YAML 或者 Properites 配置文件的属性来创建数据源的,在 SagProxyAutoConfiguration 类里使用了 @EnableConfigurationProperties 注解:

```
@EnableConfigurationProperties({ SagProxyProperties.class })
```

SagProxyProperties中封装了Proxy配置的各个属性,并且使用Spring自带的注解ConfigurationProperties 指定了配置文件的前缀为"sag"[1],相关配置代码如下:

```
@ConfigurationProperties(prefix = "sag")
public class SagProxyProperties {
    private String version = "sag_1.0";
    private String desc = "SIA GATEWAY Provide ";
    private String port = "8080";
    private String superenabled = "false";
    private String debugenabled = "false";
    private String ribbonenabled = "true";
    private String logenabled = "true";
    private String ratelimitenabled = "true";
    private String statisticenabled = "true";
    private String filterdynamic = "true";
    private String javapackageName = "com.creditease.gateway.filter
}
```

通过以上分析我们可以得知:@ConfigurationProperties 注解的作用是把 YAML 或者 Properties 配置文件转化为 Bean 对象,@EnableConfigurationProperties 注解的作用是使@ConfigurationProperties 注解生效,如果只配置@ConfigurationProperties 注解,在 Spring 容器中获取不到 YAML 或者 Properties 配置文件转化的 Bean。

Bean 的发现

Spring Boot 默认扫描启动类所在的包下的主类与子类的所有组件,但并没有包括依赖包中的类,那么依赖包中的 Bean 是如何被发现和加载的?这还要从启动类中的@SpringBootApplication 注解说起,源码如下:

```
@Target(ElementType.TYPE)
@Retention(RetentionPolicy.RUNTIME)
@Documented
@Inherited
```

---

1 sag:自定义网关的配置前缀。

```
@SpringBootConfiguration
@EnableAutoConfiguration
@ComponentScan(excludeFilters = {
    @Filter(type = FilterType.CUSTOM, classes = TypeExcludeFilter.class),
    @Filter(type = FilterType.CUSTOM, classes = AutoConfigurationExcludeFilter.class) })
    public @interface SpringBootApplication {
    /**
    * Exclude specific auto-configuration classes such that they will never be applied.
    * @return the classes to exclude
    */
    @AliasFor(annotation = EnableAutoConfiguration.class, attribute = "exclude")
    Class<?>[] exclude() default {};
}
```

- @Configuration：其作用前面我们已经讲过了，被注解的类将成为一个 Bean 配置类。
- @EnableAutoConfiguration：其功能很重要，可以借助@Import 的支持，收集和注册依赖包中相关的 Bean 定义。
- @ComponentScan：其作用就是自动扫描并加载符合条件的组件，比如@Component 和 @Repository 等，最终将这些 Bean 定义加载到 Spring 容器中。

@EnableAutoConfiguration 注解引入了@AutoConfigurationPackage 和@Import 这两个注解。@AutoConfigurationPackage 的作用就是对自动配置 package 进行自动管理，而注解@Import 主要完成需要自动配置的包的导入，源码如下：

```
@SuppressWarnings("deprecation")
@Target(ElementType.TYPE)
@Retention(RetentionPolicy.RUNTIME)
@Documented
@Inherited
@AutoConfigurationPackage
@Import(EnableAutoConfigurationImportSelector.class)
public @interface EnableAutoConfiguration {
    String ENABLED_OVERRIDE_PROPERTY = "spring.boot.enableautoconfiguration";
    Class<?>[] exclude() default {};
    String[] excludeName() default {};
}
```

要搜集并注册到 Spring 容器的那些 Bean 来自哪里呢？如下代码所示：

```
@Target(ElementType.TYPE)
@Retention(RetentionPolicy.RUNTIME)
@Documented
@Inherited
@Import(AutoConfigurationPackages.Registrar.class)
```

```
public @interface AutoConfigurationPackage {
}
```

Registrar 类的作用是扫描主配置类的同级目录及子包,并将相应的组件导入 Spring Boot 创建管理容器中,源码如下:

```
static class Registrar implements ImportBeanDefinitionRegistrar, DeterminableImports {
@Override
public void registerBeanDefinitions(AnnotationMetadata metadata,
    BeanDefinitionRegistry registry) {
register(registry, new PackageImport(metadata).getPackageName());
}
@Override
public Set<Object> determineImports(AnnotationMetadata metadata) {
    return Collections.<Object>singleton(new PackageImport(metadata));
}
}
```

如果进入 AutoConfigurationImportSelector 类,可以发现 SpringFactoriesLoader 的 loadFactoryNames 方法会调用 loadSpringFactories 从所有的 jar 包中读取 META-INF/spring.factories 文件信息。

下面是 spring-boot-autoconfigure 这个 jar 包中的 spring.factories 文件的部分内容,其中有一个 Key 为 org.springframework.boot.autoconfigure.EnableAutoConfiguration 的值定义了需要自动配置的 Bean,通过读取这个配置可以获取一组@Configuration 类。

```
org.springframework.boot.autoconfigure.EnableAutoConfiguration=\
com.creditease.gateway.config.GatewayConfig, \
com.creditease.store.redis.config.RedisConfig, \
com.creditease.gateway.config.MultipartConfig, \
com.creditease.gateway.config.SwaggerConfig, \
com.creditease.gateway.config.GatewayControllerConfiguration, \
com.creditease.gateway.config.GatewayServiceConfiguration, \
com.creditease.gateway.config.GatewayFallbackConfiguration, \
com.creditease.gateway.config.GatewayFilterConfiguration, \
com.creditease.gateway.config.GatewayRegisterConfiguration, \
com.creditease.gateway.sag.config.SagProxyAutoConfiguration, \
com.creditease.gateway.config.CommonConfiguration
```

每个 xxxAutoConfiguration 都是一个基于 Java 的 Bean 配置类。不是所有的 xxxAutoConfiguration 都会被加载,会根据 xxxAutoConfiguration 上@ConditionalOnClass 等条件判断是否加载;最后,通过反射机制将 spring.factories 中@Configuration 类实例化为对应的 Java 实例。至此,我们已经知道 Spring Boot 是通过怎样的机制发现准备自动配置的 Bean 的,接下来就要考虑怎样将这些 Bean 加载到 Spring 容器。

Bean 的加载

如果要将一个普通类交给 Spring 容器管理，Spring Boot 通常使用下面两种方式实现 Bean 的加载。大多数情况下我们会使用第一种方式，而对于自定义 Starter，显然我们使用了第二种方式。

- 方式一：在配置类（@Configuration）中增加方法级别注解（@Bean）或者使用类级别注解，使用@Controller、@Service、@Repository、@Component 注解标注该类的方式注入 Bean，然后确保@ComponentScan 自动扫描路径包含上述注解类。
- 方式二：从 Spring Boot 的自动化配置过程可以发现，@EnableAutoConfiguratio 注解中使用了 @Import({AutoConfigurationImportSelector.class}) 注解。而 @Import 注解中的类 AutoConfigurationImportSelector 实现了 DeferredImportSelector 等一系列接口，该接口是 ImportSelector 的子接口，通常我们可以直接实现 ImportSelector 接口并实现 selectImports 方法。当我们通过@Import 注解向实现了 ImportSelector 接口的选择器添加相应的自动化配置注解，并在启动类中使用该注解时，selectImports 方法将会交给容器调用，从而实现 Bean 的自动化加载，Spring Boot 正是通过这种机制来将 Bean 注入容器的。此外，还可以通过 BeanDefinitionRegistry 动态注入 Bean，详细逻辑这里就不赘述了。

4.4 Spring Boot Web 容器

Web应用开发是企业开发的重要领域，Spring Boot 1.X的Web容器管理方式基于Servlet容器技术栈。Servlet容器主要基于同步阻塞I/O架构，HTTP请求和线程是一对一的关系，主要是TPR[1]模型，即一个请求对应一个线程。主要的业务逻辑也是基于命令式的编程模式。以Spring MVC框架为主，Web容器方面以Tomcat为主，也可以通过自动配置功能改为Jetty/UnderTow容器。

Spring Boot 2.X 主要基于异步非阻塞 I/O 架构，HTTP 请求基于收敛的线程模型，网络层使用基于 Reactor 的 I/O 多路复用模式，业务逻辑基于函数式编程模式，以 Spring WebFlux 为主要框架。在 Web 容器方面可以基于 Servlet 3.0 的异步模式，默认情况下使用 Netty 作为容器。

本节我们主要以 Spring Boot 1.X 讲解嵌入式 Web 容器的启动和加载原理，在进阶篇的响应式编程中将介绍 Spring 5 及 Spring Boot 2.X 的响应式框架 WebFlux 对 Web 应用服务的支持。

---

[1] TPR：全称 Thread Per Request。

4.4.1　Spring Boot Web 容器配置

Spring Boot 对 Web 项目的支持主要是 Spring Boot 对 Spring MVC 框架的继承。Spring MVC 框架是一个基于 Servlet 容器标准的 Web 容器框架实现，Spring Boot 向 Spring MVC 提供开箱即用的 Starter：**spring-boot-starter-web**。

Spring Boot 应用中利用自动配置功能，只需要在 pom.xml 文件中加入下面的 Web 依赖，就可以直接启动一个 Web 服务：

```xml
<dependency>
    <groupId>org.springframework.boot</groupId>
    <artifactId>spring-boot-starter-web</artifactId>
</dependency>
```

Spring Web MVC 框架使用特定的@Controller 或者@RestController 注解的 Bean 作为处理 HTTP 请求的端点，通过@RequestMapping 注解将控制器中的方法与 HTTP 请求进行映射，示例如下：

```
@RestController
public class DemoController {
    @RequestMapping (value="/{user}", method = RequestMethod.GET)
    public User getUser(){
    Return "zhangsan is return";
    }
}
```

Spring Boot 为 Spring MVC 提供了自动配置功能，包含如下主要配置特性。

- 自动配置 ViewResolver 引入 ContentNegotiatingViewResolver 组件功能。
  示例：在应用中添加 ViewResolver 组件用来匹配 HTML 静态页面，如果没有匹配成功，则返回 false，由其他 ViewResolver 继续尝试匹配。ContentNegotiatingViewResolver 会组合所有的视图解析器，代码如下：

```
@Bean
public ViewResolver htmlResolver()
{
  Return new HtmlResourceView ();
}
public class HtmlResourceView extends InternalResourceView {
    @Override
    public boolean checkResource(Locale locale) {
        File file = new File(this.getServletContext().getRealPath("/") + getUrl());
```

```
        return file.exists();//判断该页面是否存在
    }
}
```

- 自动注册 Converter、GenericConverter、Formatter Bean。

  示例：将页面提交数据转化为后台数据，实现格式化，代码如下。

```
@Configuration
public class MyConfiguration {
@Bean
@CondtionOnProperty(prefix="spring.mvc", name="data-format")
public Formatter<Date> dateFormatter() {
    return new DateFormatter(this.mvcProperties.getDateFormat());
    }
}
```

- 对 HttpMessageConverters 的支持。

  示例：Spring Boot 可以为 HttpMessageConverters 类添加自定义转换类，通过这种方式可以将所有的 HttpMessageConverters 的 Bean 添加到 Converter 列表，覆盖默认的转换器列表，代码如下。

```
@Configuration
public class MyConfiguration {
    @Bean
    public HttpMessageConverters customConverters() {
    HttpMessageConverter<?> additional = ...
    HttpMessageConverter<?> another = ...
    return new HttpMessageConverters(additional, another);
    }
}
```

- 自动注册 MessageCodeResolver。
- 自动使用 ConfigurableWebBindingInitializer Bean。
- 使用 WebMvcConfigurerAdapter 类型的 Bean 来定制化配置。

默认情况下，Spring Boot 会以 /src/main/resources/static 作为查找静态资源的文件路径，如果想自定义静态资源映射目录，需要重写 addResourceHandlers 来添加指定路径，重写 addResourceLocations 来指定静态资源路径。

```
@Configuration
public class MyWebMvcConfigurerAdapter extends WebMvcConfigurerAdapter {
/**
 * 配置静态访问资源
 */
```

```
@Override
public void addResourceHandlers(ResourceHandlerRegistry registry) {
    registry.addResourceHandler("/my/**")
    .addResourceLocations("classpath:/my/");
    super.addResourceHandlers(registry);
  }
}
```

总之，我们可以根据自己的意愿，对默认的 Spring MVC 的组件配置加以修改，方法也很简单，通过在 IoC 容器中注册新的同类型 Bean 来替换即可。如果你希望完全接管 Spring MVC 的所有相关配置，可以添加自己的@Configuration，并使用@EnableWebMvc 注解实现定制化配置。

JAX-RS 和 Jersey 框架

如果你喜欢 JAX-RS 和 REST 风格的编程模型，可以使用下面的 Starter 替代 Spring MVC 框架，Spring 支持 Jersey 1.X 和 Jersey 2.X 等技术框架。这里我们只介绍 Spring Boot 对 Jersey 2.X 的支持，在 pom.xml 文件中加入下面的依赖：

```xml
<dependency>
    <groupId>org.springframework.boot</groupId>
    <artifactId>spring-boot-starter-jersey</artifactId>
</dependency>
```

Spring Boot 对 Jersey 的配置有三种主要方式。在开始不同的配置方式前，我们注册一个端点对象资源，示例代码如下：

```java
@Component
@Path("/hello")
public class Endpoint {
    @GET
    public String message() {
    return "Hello";
    }
}
```

- 第一种方式，创建一个自定义的 ResourceConfig：

```java
@Component
public class JerseyConfig extends ResourceConfig {
    public JerseyConfig() {
    register(Endpoint.class);
    }
}
```

- 第二种方式，返回一个 ResourceConfig 类型的@Bean：

```
@Bean
public ResourceConfig resourceConfig() {
    ResourceConfig config = new ResourceConfig();
    config.register(Endpoint.class);
    return config;
}
```

- 第三种方式，配置一组 ResourceConfigCustomizer 对象。

  Spring Boot 提供了 ResourceConfigCustomizer 接口，让我们更灵活地对 ResourceConfig 对象进行配置。要使用该接口，我们需要先注释掉前面两节中提到的相关代码，然后创建一个类：

```
@Component
public class MyResourceConfigCustomizer implements ResourceConfigCustomizer {
    @Override
    public void customize(ResourceConfig config) {
        config.register(SpringbootResource.class);
    }
}
```

默认情况下，Jersey 将以 Servlet 的形式注册一个 ServletRegistrationBean 类型的@Bean。它的名字为 jerseyServletRegistration，该 Servlet 默认会延迟初始化。

你可以通过 spring.jersey.servlet.load-on-startup 自定义配置 Jersey 组件。通过创建相同名字的 Bean，可以禁用或覆盖框架默认的 Bean。设置 spring.jersey.type=filter 可以使用 Filter 的形式代替 Servlet，相应的@Bean 类型变为 jerseyFilter-Registration，该 Filter 有一个@Order 属性，你可以通过 spring.jersey.filter.order 设置该属性。Servlet 和 Filter 在注册时都可以使用 spring.jersey.init.*定义一个属性集合并将其传递给 init 参数进行初始化。

内嵌容器的配置

Spring Boot 的另一大特性就是支持内嵌的 Web 容器，包括 Tomcat、Jetty 和 UnderTow 服务器，大多数开发者只需要使用合适的 Starter 来获取一个完全配置好的实例即可，内嵌服务器默认监听 8080 端口的 HTTP 请求。spring-boot-starter-web 默认使用 Tomcat 作为 Web 容器，你可以在 pom.xml 中去除 spring-boot-starter-tomcat 依赖，然后引入 spring-boot-starter-jetty 或者 spring-boot-starter-undertow 模块作为替代 Web 容器方案。Starter 还提供了以"server."为前缀的配置项对嵌入式容器配置进行修改。配置项的加载和定制化钩子加载过程如下。

1. 自动化配置嵌入式容器

```
@AutoConfigureOrder(Ordered.HIGHEST_PRECEDENCE)
@Configuration
```

```java
@ConditionalOnWebApplication
@Import(BeanPostProcessorsRegistrar.class)
public class EmbeddedServletContainerAutoConfiguration {
    /**
     * Nested configuration if Tomcat is being used.
     */
    @Configuration
    @ConditionalOnClass({ Servlet.class, Tomcat.class })
    @ConditionalOnMissingBean(value=EmbeddedServletContainerFactory.class, search=
        SearchStrategy.CURRENT)
    public static class EmbeddedTomcat {
        @Bean
        public TomcatEmbeddedServletContainerFactory
            tomcatEmbeddedServletContainerFactory() {
            return new TomcatEmbeddedServletContainerFactory();
        }
    }
}
```

2. 初始化 TomcatEmbeddedServletContainerFactory 的 Bean 对象

```java
public class TomcatEmbeddedServletContainerFactory
    extends AbstractEmbeddedServletContainerFactory implements ResourceLoaderAware {
        public TomcatEmbeddedServletContainerFactory() {
            super();
        }
}
```

3. 定制化 Bean 扩展逻辑

EmbeddedServletContainerCustomizerBeanPostProcessor 在加载 Bean 后开始初始化配置项 PostProcessor 的处理逻辑：

```java
public class EmbeddedServletContainerCustomizerBeanPostProcessor
        implements BeanPostProcessor, ApplicationContextAware
{
 private void postProcessBeforeInitialization(ConfigurableEmbeddedServletContainer bean)
 {
        for (EmbeddedServletContainerCustomizer customizer : getCustomizers()) {
            customizer.customize(bean);
        }
 }
}
```

4. 配置文件加载

从配置文件中，你可以加载配置文件对象的配置值。如果配置文件中没有相关配置项，将使用默认代码设定配置。

```
@ConfigurationProperties(prefix = "server", ignoreUnknownFields = true)
public class ServerProperties
    implements EmbeddedServletContainerCustomizer, EnvironmentAware, Ordered {
    @Override
    public void customize(ConfigurableEmbeddedServletContainer container) {
        if (getPort() != null) {
            container.setPort(getPort());
        }
    }
    //省略
}
```

5. Web 容器定制化

如果你需要对 Web 容器进行更深入的定制,可以使用对应的 Factory 自动化配置 Tomcat 容器,它是初始化的关键流程和步骤,代码示例如下:

```
@Bean
public EmbeddedServletContainerFactory servletContainer() {
    TomcatEmbeddedServletContainerFactory factory = new TomcatEm
        beddedServletContainerFactory();
    factory.setPort(9000);
    factory.setSessionTimeout(10, TimeUnit.MINUTES);
    factory.addErrorPages(new ErrorPage(HttpStatus.NOT_FOUND, "/
notfound.html");
    return factory;
}
```

下图是 Spring Boot 启动过程中 Tomcat 容器完成自动配置的类图结构。我们在最新的 Spring Boot 下查看 Tomcat 的相关配置,发现有两个自动装配类,分别包含了三个定制器,还有一个工厂类。

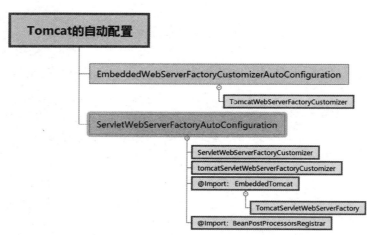

4.4.2　Spring Boot 嵌入式 Web 容器原理

Spring Boot 的目标是构建"非常容易创建、独立、产品级别的基于 Spring 的应用"。这些应用是"立即可运行的"。在这个过程中,完全没有代码生成,不需要配置任何特殊的 XML 配置,为了这个目标,Spring Boot 在 Spring 4.0 框架之上提供了很多特性,帮助应用以"约定优于配置""开箱即用"的方式来启动应用并运行上下文。

Spring Boot 同样改变了一个传统的 Web 应用服务的启动流程和部署方式。通过自动配置机制,Spring Boot 提供了一个嵌入式的运行时容器环境,并使用代码注解的方式在代码中将 URL 服务地址映射到 Controller 的方法完成服务映射。开发者不再需要关心传统容器(如 Tomcat)中 web.xml 的配置,同时实现容器的具体技术都是可替换及可更改的,这些技术以插件化的 Starter 组件方式在运行时加载到 Spring 容器中。

> **ContainerLess 理念**
>
> 微服务把应用和它所依赖的组件包、配置文件及附带的运行脚本打包成一个单一、独立、可执行的 jar 包文件。

在实现 Web 服务器时,几乎不需要任何配置就可以启动 Tomcat。你只需要使用 java -jar 命令就可以让 Tomcat 成为 Spring Boot 的一个自包含的可运行组件和单元。同时,这种自带容器的运行部署方式对云开发环境天然友好。在 Spring Boot 启动流程和容器配置中,其实我们已经介绍了一点内嵌 Tomcat 容器的原理,下面具体看一下 Spring Boot 加载 Tomcat 的具体执行步骤。

1. Spring Boot 引入 Tomcat 依赖

当我们在项目中加入 org.springframework.boot、spring-boot-starter-web 等依赖后,Maven 会把 Tomcat 依赖的一些 jar 包组件也加载进来。

```xml
<dependency>
    <groupId>org.apache.tomcat.embed</groupId>
    <artifactId>tomcat-embed-core</artifactId>
    <version>8.5.31</version>
</dependency>
```

2. 创建 Web 容器的 Context

在 Spring Boot 的 run 方法中,我们发现其中 Web 容器加载很重要的一步就是下面的代码:创建、加载、刷新、运行 Spring 容器的 ConfigurableApplicationContext 模块。

```
protected ConfigurableApplicationContext createApplicationContext() {
```

```java
    Class<?> contextClass = this.applicationContextClass;
    if (contextClass == null) {
     try {
      contextClass = Class.forName(this.WebEnvironment
         ? DEFAULT_Web_CONTEXT_CLASS : DEFAULT_CONTEXT_CLASS);
     }
     catch (ClassNotFoundException ex) {
      throw new IllegalStateException(
         "Unable create a default ApplicationContext, "
             + "please specify an ApplicationContextClass", ex);
     }
    }
    return (ConfigurableApplicationContext)
      BeanUtils.instantiate(contextClass);
}
```

在经历过 Context 的创建及 Context 的一系列初始化步骤之后，调用 Context 的 refresh 方法。它最终会调用 AnnotationConfigEmbeddedWebApplicationContext 类的 refresh 方法，并由其父类 EmbeddedWebApplicationContext 执行刷新，源码如下：

```java
@Override protected void onRefresh()
{
    super.onRefresh();
    try
    {
        createEmbeddedServletContainer();
    }
    catch (Throwable ex) {
        throw new ApplicationContextException("Unable to start Web server", ex);
    }
}
```

3. 创建 Tomcat 实例

这里我们继续跟进 createEmbeddedServletContainer 方法，获得一个嵌入式的容器工厂类：EmbeddedServletContainerFactory。它是一个抽象工厂类，你可以根据不同的容器类型选择不同的容器加载实现。Spring Boot 的默认容器是 Tomcat，其工厂类实现了 Tomcat 实例的加载，代码如下：

```java
@Override
public EmbeddedServletContainer getEmbeddedServletContainer(
    ServletContextInitializer... initializers) {
```

```
Tomcat tomcat = new Tomcat();
File baseDir = (this.baseDirectory != null ? this.baseDirectory: createTempDir("tomcat"));
tomcat.setBaseDir(baseDir.getAbsolutePath());
Connector connector = new Connector(this.protocol);
tomcat.getService().addConnector(connector);
customizeConnector(connector);
tomcat.setConnector(connector);
tomcat.getHost().setAutoDeploy(false);
tomcat.getEngine().setBackgroundProcessorDelay(-);
for (Connector additionalConnector : this.additionalTomcatConnectors) {
    tomcat.getService().addConnector(additionalConnector);
}
prepareContext(tomcat.getHost(), initializers);
return getTomcatEmbeddedServletContainer(tomcat);
}
```

在 prepareContext 方法中，可以将默认的 JSP 和 Servlet Bean 组件加载到 Spring 容器，并对所有 ServletContextInitializer 进行合并，然后利用合并后的初始化类对 Context 进行配置，代码如下：

```
if (isRegisterDefaultServlet()) {
    addDefaultServlet(context);
}
if (isRegisterJspServlet() && ClassUtils.isPresent(
    getJspServletClassName(), getClass().getClassLoader())) {
        addJspServlet(context);
        addJasperInitializer(context);
        context.addLifecycleListener(new StoreMergedWebXMLListener());
}
ServletContextInitializer[] initializersToUse = mergeInitializers(initializers);
configureContext(context, initializersToUse);
//省略
//初始化 Tomcat 容器服务
protected TomcatEmbeddedServletContainer
getTomcatEmbeddedServletContainer(Tomcat tomcat) {
    return new TomcatEmbeddedServletContainer(tomcat, getPort() >= 0);
}
```

4. Tomcat 初始化

下面是 Tomcat 的正式初始化过程，从 tomcat.start 方法开始，Tomcat 实例开始运行。

```
private synchronized void initialize() throws EmbeddedServletContainerException {
```

```
TomcatEmbeddedServletContainer.logger.info("Tomcat initialized with
    port(s): " + getPortsDescription(false));
try {
    addInstanceIdToEngineName();
    removeServiceConnectors();
    this.tomcat.start();
    rethrowDeferredStartupExceptions();
    startDaemonAwaitThread();
}
catch (Exception ex) {
    throw new EmbeddedServletContainerException("Unable to start embedded
    Tomcat", ex);
}
}
```

5. Tomcat 组件加载

下面的代码是在 Tomcat 容器启动后，允许用户存储自定义 scope，用来将 Web 专用的 scope 注册到 BeanFactory 中，同时配置 servlet、filter、listener、context-param 等。beans.onStartup(servletContext)方法中将实现从 Servlet 到 URLMapping 的映射，至此 Tomcat 的初始化工作完成。

```
private void selfInitialize(ServletContext servletContext) throws ServletException {
  prepareEmbeddedWebApplicationContext(servletContext);
  ConfigurableListableBeanFactory beanFactory = getBeanFactory();
  ExistingWebApplicationScopes existingScopes = new
    ExistingWebApplicationScopes(beanFactory);
  WebApplicationContextUtils.registerWebApplicationScopes(beanFactory,
    getServletContext());
  existingScopes.Restore();
  WebApplicationContextUtils.registerEnvironmentBeans(beanFactory,
    getServletContext());
  for (ServletContextInitializer beans : getServletContextInitializerBeans()) {
    beans.onStartup(servletContext);
  }
}
```

4.4.3 Spring Boot 的 ClassLoader 加载机制

在 Spring Boot 的嵌入式 Web 容器原理一节中，我们已经介绍了 Spring Boot 对 Tomcat 容器的加载过程，本节我们进一步讲解 Spring Boot 的 ClassLoader 加载机制。

熟悉 Tomcat 工作原理的人应该知道，Tomcat 内部实现了自定义的类加载器，打破了 Java 的双亲委派机制，下面我们先看看什么是双亲委派机制。

双亲委派机制

双亲委派机制是指 Java 的类加载器收到一个类加载请求时，该类加载器首先会把请求委派给父类加载器。每个类加载器都是如此，只有当父类加载器在自己的搜索范围内找不到指定类时，子类加载器才会尝试自己去加载。Java 类加载机制如下图所示。

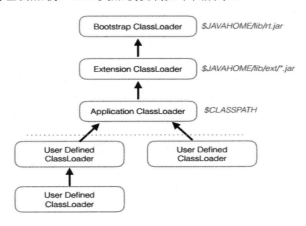

我们通常将类加载器分为下面的三种类型。

- 启动类加载器（Bootstrap ClassLoader）：加载 jre/lib/rt.jar。
- 扩展类加载器（Extension ClassLoader）：加载 jre/lib/ext/*.jar。
- 应用程序类加载器（Application ClassLoader）：加载 classpath 上指定的类库。

如果使用 JDK 默认的双亲委派模式，Tomcat 的类加载器可以加载吗？我们思考一下 Tomcat 作为一个 Web 容器的使用场景。

在 Web 容器中，可能同时需要部署两个以上的应用程序。一个典型的场景是不同的应用程序会依赖同一个第三方类库的不同版本，不能要求同一个类库在同一个服务器中只有一份，因此要保证每个应用程序的类库都是独立的，保证相互隔离。

Tomcat 如果使用默认类加载器，是无法加载两个相同类库的不同版本的。所以 Tomcat 团队设计了自己独特的类加载机制，解决上面的应用 jar 包冲突等问题，通过自定义的类加载机制可以完美地解决 Tomcat 容器中不同应用的隔离问题。下面我们看看 Tomcat 的类加载机制图和 JDK 默认的加载机制图的区别，如下图所示。

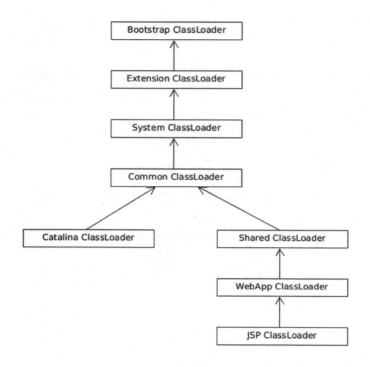

其中：

- Common ClassLoader：Tomcat 最基本的类加载器，加载路径中的 Class 可以被 Tomcat 容器本身及各个 WebApp 访问。
- Catalina ClassLoader：Tomcat 容器私有的类加载器，加载路径中的 Class 对于 WebApp 不可见。
- Shared ClassLoader：各个 WebApp 共享的类加载器，加载路径中的 Class 对所有 WebApp 可见，但是对于 Tomcat 容器不可见。
- WebApp ClassLoader：各个 WebApp 私有的类加载器，加载路径中的 Class 只对当前 WebApp 可见，各个项目就是通过各自的 WebApp ClassLoader 加载进入 Tomcat 容器的。

探索 Spring Boot 的 ClassLoader

Spring Boot 的内置 Tomcat 是如何加载到我们的项目中的呢？我们还是从 SpringApplication 的 run 方法开始追溯 Tomcat 启动 Web Server 的过程，ApplicationContext 执行刷新操作并创建嵌入式容器，源码如下：

```
public class EmbeddedWebApplicationContext extends GenericWebApplicationContext {
    @Override
```

```
    protected void onRefresh() {
        super.onRefresh();
        try {
            createEmbeddedServletContainer();
        }
        catch (Throwable ex) {
            throw new ApplicationContextException("Unable to start embedded
                container", ex);
        }
    }
}
private void createEmbeddedServletContainer() {
    EmbeddedServletContainer localContainer = this.embeddedServletContainer;
    ServletContext localServletContext = getServletContext();
    if (localContainer == null && localServletContext == null) {
        EmbeddedServletContainerFactory containerFactory =
            getEmbeddedServletContainerFactory();
        this.embeddedServletContainer = containerFactory
            .getEmbeddedServletContainer(getSelfInitializer());
    }
    else if (localServletContext != null) {
        try {
            getSelfInitializer().onStartup(localServletContext);
        }
        catch (ServletException ex) {
            throw new ApplicationContextException("Cannot initialize servlet context", ex);
        }
    }
    initPropertySources();
}
```

然后，进入 EmbeddedServletContainer 的 getEmbeddedServletContainer 方法，它会初始化 Tomcat 实例并准备 Context。

```
@Override
public EmbeddedServletContainer getEmbeddedServletContainer(
    ServletContextInitializer... initializers) {
//省略
//准备 Context
prepareContext(tomcat.getHost(), initializers);
//创建 Container
return getTomcatEmbeddedServletContainer(tomcat);
}
```

最后，跟进 prepareContext 方法，我们就可以看到嵌入式 Tomcat 的类加载方式，源码如下：

```
protected void prepareContext(Host host, ServletContextInitializer[] initializers) {
    File docBase = getValidDocumentRoot();
```

```
docBase = (docBase != null ? docBase : createTempDir("tomcat-docbase"));
TomcatEmbeddedContext context = new TomcatEmbeddedContext();
context.setName(getContextPath());
context.setDisplayName(getDisplayName());
context.setPath(getContextPath());
context.setDocBase(docBase.getAbsolutePath());
context.addLifecycleListener(new FixContextListener());
context.setParentClassLoader(
 this.resourceLoader != null ? this.resourceLoader.getClassLoader()
     : ClassUtils.getDefaultClassLoader());
resetDefaultLocaleMapping(context);
addLocaleMappings(context);
try {
 context.setUseRelativeRedirects(false);
}
catch (NoSuchMethodError ex) {
 // Tomcat is < 8.0.30. Continue
}
SkipPatternJarScanner.apply(context, this.tldSkip);
WebappLoader loader = new WebappLoader(context.getParentClassLoader());
loader.setLoaderClass(TomcatEmbeddedWebappClassLoader.class.getName());
loader.setDelegate(true);
context.setLoader(loader);
if (isRegisterDefaultServlet()) {
 addDefaultServlet(context);
}
if (shouldRegisterJspServlet()) {
 addJspServlet(context);
 addJasperInitializer(context);
 context.addLifecycleListener(new StoreMergedWebXmlListener());
}
ServletContextInitializer[] initializersToUse = mergeInitializers(initializers);
configureContext(context, initializersToUse);
host.addChild(context);
postProcessContext(context);
}
```

可见，Spring Boot 以启动线程的 Context ClassLoader 作为 Tomcat 的 WebApp ClassLoader 的父类加载器，而 Tomcat 的 WebApp 类加载器使用 TomcatEmbeddedWebAppClassLoader。所以整个项目的 jar 包的加载都是由 Spring Boot 的主线程 Context ClassLoader 完成的，于是 Context ClassLoader 就可以访问我们的 Web 容器下的所有资源了。

需要说明的是，Spring Boot 使用了 FatJar 技术将所有依赖放在一个最终的 jar 包文件 BOOT-INF/lib 中，它可以把当前项目的 Class 全部放在 BOOT-INF/classes 目录中。你可以在 Spring Boot 的工程项目中看到，在 pom.xml 文件中引入了如下依赖：

```xml
<plugin>
    <groupId>org.springframework.boot</groupId>
    <artifactId>spring-boot-maven-plugin</artifactId>
    <configuration>
        <includeSystemScope>true</includeSystemScope>
    </configuration>
</plugin>
```

jar 包目录结构如下：

```
spring-boot-demo-1.0.0.jar
├── META-INF
│   └── MANIFEST.MF
├── BOOT-INF
│   ├── classes
│   │   └── 应用程序
│   └── lib
│       └── 第三方依赖 jar
└── org
    └── springframework
        └── boot
            └── loader
                └── springboot 启动程序
```

从这个目录结构中，你可以看到 Tomcat 的启动包（tomcat-embed-core-8.5.29.jar）就在 Lib 目录下。而 FatJar 的启动 Main 函数就是 JarLauncher，它负责创建 LaunchedURLClassLoader 来加载 /lib 下面的所有 jar 包。下面是 Spring Boot 应用的 Manifest 文件内容。

```
Manifest-Version: 1.0
Archiver-Version: Plexus Archiver
Built-By: peihua
Start-Class: com.test.demo.SpringbootDemoApplication
Spring-Boot-Classes: BOOT-INF/classes/
Spring-Boot-Lib: BOOT-INF/lib/
Spring-Boot-Version: 2.2.5.RELEASE
Created-By: Apache Maven 3.6.3
Build-Jdk: 1.8.0_121
Main-Class: org.springframework.boot.loader.JarLauncher
```

这里的 Main-Class 是 org.springframework.boot.loader.JarLauncher，它是这个 jar 包启动的 Main 函数。还有一个 Start-Class：com.test.demo.SpringbootDemoApplication，它是应用自己的 Main 函数。Spring Boot 将 jar 包中的 Main-Class 进行了替换，换成了 JarLauncher，并增加了一个 Start-Class 参数，这个参数对应的类才是真正的业务 Main 函数入口。我们再看看这个 JarLaucher 具体干了什

么，源码如下：

```
public class JarLauncher{
    static void main(String[] args) {
        new JarLauncher.launch(args);
    }
    protected void launch(String[] args) {
    try {
        JarFile.registerUrlProtocolHandler;
        ClassLoader cl = createClassLoader(getClassPathArchives);
        launch(args, getMainClass, cl);
    }
    catch (Exception ex) {
    System.exit(1);
    }
}
```

launch 方法分为三步：

（1）注册 URL 协议并清除应用缓存。

（2）设置类加载路径。

（3）执行 main 方法。

这里面，Spring Boot 自定义的 ClassLoader 能够识别 FatJar 中的资源，包括：在指定目录下的项目编译 Class、在指定目录下的项目依赖 jar 包。Spring Boot 支持多个!/分隔符，通过自行实现的 ZipFile 解析器实现了对 URL 插入的定制化 Handler，将获取的 URL 数据作为参数传递给自定义的 URLClassLoader，最终实现资源的获取和解析。

综上，在传统的以 Tomcat 容器部署 War 包项目中，我们的 Web 项目其实是一个被加载对象。Tomcat 容器作为主线程的父类加载器来加载不同的应用。Tomcat 独特的 WebApp ClassLoader 各自加载不同目录下的 War 包应用，应用之间使用 ClassLoader 实现了很好的隔离。

Spring Boot 主要通过实例化 SpringApplication 来启动应用，内置的 Tomcat 容器实现相关 Web 环境及初始化资源准备，并将 Tomcat 内嵌的 WebApp ClassLoader 作为子 ClassLoader 挂载到 Spring Boot 的主线程 Context ClassLoader。同时，Spring Boot 中的@Controller、@RequestMapping 等 Web 服务资源通过自动装配机制，在 SpringApplication 启动过程中通过扫描将资源对象加载到 Spring IoC 容器中。最后 Spring Boot 使用 FatJar 自定义的 jar 包压缩和加载机制，规范了 Spring Boot 项

目的包及目录结构。

4.5 小结

目前，基于脚手架（基底）模式进行软件构建已经成为微服务架构落地的主流开发方式，可以显著提升开发人员的工作效率。Spring Boot 本身基于 Spring 框架，继承了 Spring 强大的技术特性。本章我们对 Spring Boot 框架的核心模块和机制进行了剖析，详细讲解了 Spring Boot 的自动化配置原理、Starter 机制和自定义 Starter 的工作原理，固化了"约定优于配置"和"开箱即用"等简洁的开发理念和高效开发方式。同时，本章也是后续 Spring Cloud 微服务治理的基础，在开始技术进阶之前，务必掌握 Spring Boot 基础原理，这样才能做到事半功倍。

第 5 章
关键技术

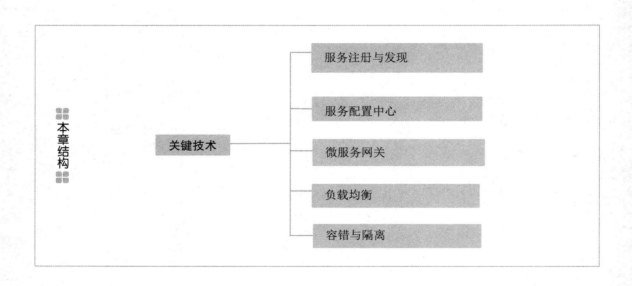

在微服务架构中,帮助开发者快速构建应用的脚手架技术无疑是非常重要的。以 Spring Boot 为代表的基底技术在继承了 Spring 框架思想的同时将简洁便利、约定优于配置、开箱即用等特性进一步发扬光大。然而仅仅依靠 Spring Boot 还不足以支撑微服务架构应对服务高可用、服务动态配置、服务高可扩展、服务负载均衡、服务容错与隔离等非功能需求，我们还需要相关基础设施提供服务治理及管控能力。

Pivotal 公司的 Spring Cloud 可以说是 JVM 平台上微服务治理框架的集大成者。本章我们将详细讲解服务注册中心、服务配置中心、微服务网关三个微服务运行时的关键支撑系统。另外，将介绍 Spring Cloud 组件依赖 Ribbon 及 Hystrix 模块如何实现负载均衡和熔断管理等。

5.1 服务注册与发现

在云原生架构下，微服务需要具备极强的动态性及可扩展性，而服务注册与发现机制正是微服务可扩展性的基础。在微服务体系中，服务注册中心是微服务的核心模块，它是微服务架构中对服务的位置信息、心跳信息、元数据信息进行管理的重要基础设施。服务注册中心通过中心化、动态化的方式管理众多微服务实例。

5.1.1 服务注册与发现原理

在传统的应用系统中，基于硬编码方式对外提供服务地址的方式存在诸多问题，在服务扩展、服务高可用、服务升级方面，如果使用硬编码方式将使服务调用方与服务提供方产生紧耦合问题。

在早期的分布式系统架构中，使用 DNS（Domain Name Server，域名服务器）协议作为服务发现机制，它是实现服务调用方与服务提供方解耦的一种简单有效的方式。DNS 协议是一个"古老"的协议，也是最基本、最通用的协议之一。几乎所有操作系统底层都支持 DNS 协议，基于 DNS 协议的服务发现具备非常好的通用性，几乎使用所有编程语言都可以无缝接入。DNS 可以让我们的一个服务名称与一组 IP 地址关联，或者与一个负载均衡器关联，实现多实例的分发。但是基于 DNS 协议的服务发现机制还是存在灵活性差、无法定制、端口及语言框架等问题。

在云原生范式的微服务架构中，服务的地址信息、服务的描述信息、服务的健康状态、服务的心跳信息、服务的版本、服务的元数据都是服务注册中心关心的初始数据。所以越来越多的基于"私有"协议的服务注册中心涌现出来。后面我们会详细介绍一些目前比较流行的微服务架构的服务注册中心。

下面我们首先来了解一下服务注册与服务发现两者之间的关系。服务注册是生产者将自己的服务元信息上传到服务注册表中的过程，而服务发现是一个消费者通过服务注册表实时获取可用生产者服务信息的过程。

服务注册方式

- 自注册:顾名思义就是服务提供方在启动服务时自己把提供服务的 IP 和端口发送到注册中心,并通过心跳的方式维持健康状态;服务下线时,自己把相应的数据删除。典型的案例是使用 Eureka 客户端发布微服务。
- 第三方注册:存在一个第三方的系统负责在服务启动或停止时向注册中心增加或删除服务数据。Netflix Prana 就是一款第三方注册系统,可与非 JVM 应用共同运行,并利用 Eureka 为该应用注册。
- 注册中心主动同步:是指将注册中心和调度或发布系统打通,注册中心主动同步最新的服务 IP 列表。在 Kubernetes 体系中,Core DNS 订阅 API Server 数据就是采用这种方式实现的。

服务发现方式

- **客户端服务发现**

    在向某一服务发送请求时,客户端会通过查询服务注册表(Service Registry)获取该服务实例的位置,该注册表中包含所有服务的位置。下图展现了这种模式的结构。

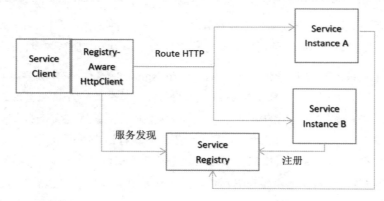

客户端服务发现拥有以下优势:

- 相较于服务端服务发现,活动部件与网络中转数量更少。
- 客户端可以根据自己的策略实现负载均衡,有掌控优势。

客户端服务发现存在以下弊端:

- 客户端与服务注册表耦合。
- 需要为应用程序中使用的每种编程语言或框架建立客户端服务发现逻辑。举例来说,Netflix Prana 就为非 JVM 客户端提供了一套基于 HTTP 代理的服务发现方案。

- **服务端服务发现**

  在向某一服务发送请求时，客户端会通过在已知位置运行的路由器（或者负载均衡器）发送请求。路由器会查询服务注册表，并向可用的服务实例转发该请求。服务注册表也可能内建于路由器中。下图展现了这种模式的结构。

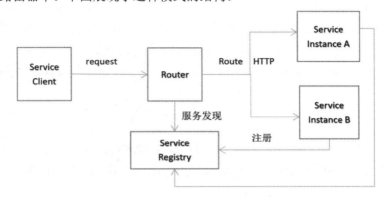

服务端服务发现拥有以下优势：

- 相较于客户端服务发现，其客户端由于无须实现发现功能，对代码没有侵入，而且客户端只需要向路由器发送请求即可。
- 可以解耦客户端与服务端的依赖关系。

服务端服务发现存在以下弊端：

- 路由机制作为另一系统组件进行安装与配置，不仅需要具备一定的接入能力，还需要为其配置一定数量的副本。
- 相较于客户端服务发现，服务端服务发现需要更多的网络跳转。

5.1.2 微服务注册中心技术选型

技术选型可以说是软件开发人员经常面临的问题，技术选型的首要原则是满足业务场景的需要，《人月神话》中提到软件的本质复杂性在于复杂的业务领域，而技术仅仅是辅助工具，技术选型解决的问题是将业务领域问题转换为软件实现。除此之外，从技术的层面上来说，我们还需要考虑如下关键因素。

- 软件的成熟度及软件架构的完整性。不要盲目追求新技术，要采用成熟稳定的技术，在生产环境中经过长时间运行检验的技术可减小我们的使用风险。
- 软件工程性方面。需要考虑公司人员擅长的技术，如果公司目前的业务系统大部分都使用 Java 相关技术，迁移到以 Java 为核心的服务框架或者技术工具会更加容易，且可以降低学习成本。
- 社区活跃度。软件在开源之后，社区越活跃说明有越多的人关注和使用该软件，你也可以在遇到技术问题后得到更多的帮助。

随着目前微服务架构越来越流行和成熟，作为微服务架构的核心模块，各种第三方注册中心如雨后春笋般涌现，很多开源产品都实现了服务注册与发现的功能，如何选择一个适合你的服务注册中心呢？下面我们以三款主流的注册中心（ZooKeeper、Consul、Eureka）为例，开始我们的详细说明和分析。

注册中心与 CAP

CAP 理论告诉我们，一个分布式系统最多只能同时满足一致性（Consistency）、可用性（Availability）和分区容错性（Partition tolerance）这三项中的两项，如下图所示。

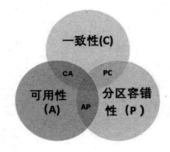

- 一致性：指所有节点在同一时刻的数据完全一致。
- 可用性：指服务一直可用，而且响应时间正常。例如，不管什么时候访问 X 节点和 Y 节点都可以正常获取数据值，而不会出现问题。
- 分区容错性：指在遇到某节点或网络分区故障时，仍然能够对外提供满足一致性和可用性的服务。例如 X 节点和 Y 节点出现故障，但是依然可以很好地对外提供服务。

CAP 的取舍

- 满足 CA 舍弃 P，也就是满足一致性和可用性，舍弃分区容错性。这也就意味着你的系统不是分布式的了，因为分布式就是把功能分开部署到不同的机器上。
- 满足 CP 舍弃 A，也就是满足一致性和分区容错性，舍弃可用性。这也就意味着你的系统允许有一段时间访问失效等，不会出现数据不一致的情况。

- 满足 AP 舍弃 C，也就是满足可用性和分区容错性，舍弃一致性。这也就意味着你的系统在并发访问的时候可能会出现数据不一致的情况。

事实证明，在分布式系统中，为了避免单点故障，分区容错是不可避免的，所以对于注册中心来说只能从 CP（优先保证数据一致性）、AP（优先保证数据可用性）中根据你的业务场景选择一种。

对于服务注册与发现场景来说，针对同一个服务，即使注册中心的不同节点保存的服务提供者信息不尽相同，也不会造成灾难性的后果。对于服务的消费者来说，能消费才是最重要的，拿到可能不正确的服务实例信息可以通过重试的方法再次获取，总比因为无法获取实例信息而无法消费好。所以，对于服务发现而言，可用性比数据一致性更加重要，即 AP 胜过 CP。Spring Cloud Netflix 在设计 Eureka 时遵守的就是 AP 原则。

- Eureka：使用 AP 原则、无 Master/Slave（主/备）节点之分，一个节点挂了，自动切换到其他节点，实现了去中心化，它优先保证了服务的可用性。Eureka 使用 P2P（Pear to Pear，点对点）的对等通信原则，每一个 Peer 都是对等的。在这种架构风格中，节点通过彼此互相注册来提高可用性，每个节点需要添加一个或多个有效的 URL 指向其他节点。每个节点都可被视为其他节点的副本。
- Consul：使用 CP 原则，采用分布式一致性协议实现健康检查、链值对存储。为了维护数据的一致性，通常需要选举出一个 Leader（领导者）来进行协调，Consul 的 Raft 协议要求必须过半数的节点都写入成功才认为注册成功。在 Leader "挂掉" 之后、重新选举出 Leader 之前 Consul 服务不可用。
- ZooKeeper：使用 CP 原则，它可以保证服务的一致性。搭建集群的时候，如果某个节点失效，则会进行 Leader 选举，或者半数以上节点不可用则无法提供服务，因此可用性没法满足。ZooKeeper 使用 Paxos 算法保证数据的一致性。

服务侵入性差别

Eureka 属于应用内的注册方式，对应用的侵入性比较强，而且目前主要支持基于 Java 语言方式的接入。不过 Eureka 使用 HTTP 方式接入，降低了异构系统接入 Eureka 的难度，如果需要使用 Eureka 注册中心，可以使用 SideCar（边车）模式完成。

Consul 属于应用外注册方式，本质上把应用当成一个黑盒，通过 consul-template 和 envconsul 等工具集成需要应用程序进行的更改，避免了对语言的侵入性。

ZooKeeper 属于应用内的注册方式，对跨语言支持较弱，如果需要接入 ZooKeeper，则需要使用对应语言的 SDK 方式支持，对语言的侵入性比较大。

服务状态监听差别

Eureka 使用客户端心跳的方式实现服务状态的监控。同时 Eureka 为了在网络不稳定情况下保护服务地址，可以通过配置开启自我保护功能。使用"/health"端点服务可以获得更多本地服务健康状态数据，同时 Eureka 也支持自身监控。

Consul 提供了系统级和应用级健康检查。一种方式是服务主动向 Consul 告知健康状态，还有一种是服务被动方式，由 Consul 主动来检查服务端状态，可以查看服务状态、内存、硬盘等健康指标数据，Consul 也支持自身监控。

ZooKeeper 通过长连接和 KeepAlive 的方式检查服务进程和连接情况。同时 ZooKeeper 提供 Watch 机制监听对象变化事件，实现分布式的通知功能。当触发服务端的一些指定事件时，它就会向客户端发送通知，但是 ZooKeeper 本身不支持自身监控。

上述三服务注册中心都支持 TTL（Time To Live，生存时间）机制。也就是说如果客户端在一定时间内没有向注册中心发送心跳，则服务注册中心会将这个客户端摘除。

易用性差别

Eureka 和 Consul 都是专门设计作为注册中心使用的，所以在服务模型和 API 封装方面比较友好，同时在应用协议方面，Eureka 的定位就是注册中心，支持 HTTP 协议，第三方接入也相对容易。Consul 同时支持 HTTP 和 DNS，在协议层面 Consul 更通用，Consul 扩展了很多功能，除了注册中心，它也支持作为配置中心、键值对存储、丰富形式的健康检查、多数据中心、ACL 控制、日志快照生成等功能。

ZooKeeper 基于 TCP 上的私有协议完成服务注册与发现，ZooKeeper 的客户端使用起来比较复杂，ZooKeeper 自己的定位是分布式协调器，也扩展了很多的功能：分布式锁、Watcher 通知机制、分布式下的队列管理、键值对存储，没有服务发现模型及想用的 API 封装，所以 ZooKeeper 作为单纯的服务注册中心的易用性比较差。

编程语言实现差别

Eureka 与 ZooKeeper 都是基于 Java 实现的，定制开发需要使用 Java，与 Spring Cloud 的生态圈有先天的良好的适配性。Consul 使用 GO 开发，开发定制需要使用 GO，Spring Cloud 封装了 GO 的客户端实现。

多数据中心支持

ZooKeeper 和 Eureka 都不支持在多数据中心场景下的服务注册与发现，而 Consul 支持多数据中心。Consul 通过 WAN 的 Gossip 协议完成跨数据中心的同步，而且其他的系统需要额外的开发工作来实现。

总结，对于技术选型而言，使用者选择一款开源软件产品，最重要的是从外部特征或者主要的功能特性考虑是否满足业务场景的需求。对于服务注册中心而言，上面总结的是 ZooKeeper、Eureka、Consul 的一些根本性差别，当然，这些注册中心在编程语言技术栈、数据存储模型、使用的一致性算法、访问协议等内部原理机制方面也都存在很大的不同。

5.1.3　Spring Cloud Eureka

Eureka 来自古希腊词语，含义是"我找到了！我发现了！"相传阿基米德发现浮力原理后说出了这个词。Eureka 的官方介绍如下：

Eureka项目最早是由Netflix OSS开源的一个基于REST的服务发现组件，用来定位运行在AWS[1]中的后端服务。Eureka客户端是一个Java客户端，它可以用来简化与服务器的交互，作为轮询负载均衡器提供服务的故障切换支持。

Spring Cloud Eureka 基于 Eureka 进行二次封装，增加了更人性化的 UI，使用更方便。Eureka 包括 Eureka Server 和 Eureka Client 两个模块。一般 Eureka Server 由多个 Eureka Server 实例组成，可避免单点问题，而 Eureka Client 又分为服务的生产者和服务的消费者。Eureka Server 采用点对点对等通信实现去中心化架构，每个 Server 节点需要添加有效的 URL 注册给其他 Server 节点，实现注册信息互相备份，达到高可用的效果。

如下图所示是 Eureka 的整体高可用架构图，从 CAP 理论看，Eureka 是一个 AP 系统，优先保证可用性（A）和分区容错性（P），不保证强一致性（C），只保证最终一致性。

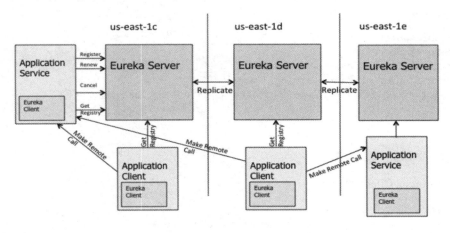

1　AWS：亚马逊提供的云服务基础设施。

Eureka Server 接入步骤

1. 添加 Eureka Server 的依赖

```xml
<dependency>
    <groupId>org.springframework.cloud</groupId>
    <artifactId>spring-cloud-starter-netflix-eureka-server</artifactId>
</dependency>
```

2. 添加配置文件

```yaml
server:
    port: 8881
spring:
    application:
        name: eureka-server
eureka:
    instance:
      preferIpAddress: true
      instance-id: ${spring.cloud.client.ipAddress}:${server.port}
    hostname: eureka-server
    client:
        registerWithEureka: true #把自身当作客户端注册到其他 Eureka 服务器
        fetchRegistry: true #在本地缓存所有实例注册信息
    serviceUrl:
        #设置与 Eureka Server 交互的地址，查询服务和注册服务都需要依赖这个地址
        defaultZone: http://${eureka.instance.hostname}:${server.port}/eureka/
```

3. 配置启动类

```java
@SpringBootApplication
@EnableEurekaServer
public class EurekaServerApplication {
    public static void main(String[] args) {
        SpringApplication.run(EurekaServerApplication.class, args);
    }
}
```

Eureka Client 的接入步骤

1. 添加 Eureka Client 的依赖

```xml
<dependency>
    <groupId>org.springframework.cloud</groupId>
    <artifactId>spring-cloud-starter-eureka</artifactId>
</dependency>
```

2. 配置 application.yml 文件

```yaml
server:
    port: 8086
spring:
    application:
        name: eureka-client
eureka:
    client:
        serviceUrl:
            #Eureka Server 的地址
            defaultZone: http://${eureka.instance.hostname}:${server.port}/eureka/
```

3. 配置 Eureka Client 启动类

```java
@SpringBootApplication
@EnableEurekaClient
public class EurekaApplication {
    public static void main(String[] args) {
        SpringApplication.run(EurekaApplication.class, args);
    }
}
```

Eureka 的主要配置参数

Eureka 配置参数众多，它的很多功能都是通过配置参数来实现的，了解这些参数的含义有助于我们更好地应用 Eureka 的各种功能。

- Eureka Instance 配置

  - instance-id：表示实例在注册中心注册的唯一 ID。
  - prefer-ip-address："true"实例以 IP 地址的形式注册，"false"实例以机器 HostName 的形式注册。
  - lease-expiration-duration-in-seconds：表示 Eureka Server 在接收到上一个心跳之后等待下一个心跳的秒数（默认为 90s）。
  - lease-renewal-interval-in-seconds：表示 Eureka Client 向 Eureka Server 发送心跳的频率（默认为 30s）。

- Eureka Server 配置

  - enable-self-preservation：表示注册中心是否开启服务的自我保护能力，默认为 true。
  - renewal-percent-threshold：表示 Eureka Server 开启自我保护的系数，默认为 0.85。
  - eviction-interval-timer-in-ms：表示 Eureka Server 清理无效节点的频率，默认为 60s。

- Eureka Client 配置
  - register-with-eureka：表示此实例是否注册到 Eureka Server 以供其他实例发现。
  - fetch-registry：表示客户端是否从 Eureka Server 获取实例注册信息。
  - serviceUrl.defaultZone：表示客户端需要注册的 Eureka Server 的地址。

5.1.4　Eureka 架构与设计原理

Eureka 的架构设计

Eureka 的架构主要包含两大部分：Eureka Server Cluster 和 Eureka Client Cluster，架构图如下。

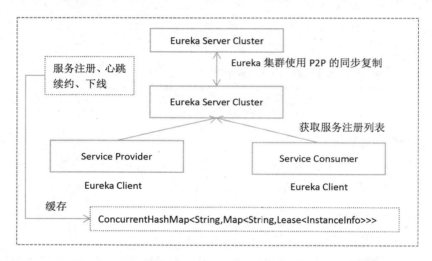

Eureka 使用 P2P（点对点）的心跳机制保证 Eureka Client 启动后向 Eureka Server 发送心跳，默认周期是 30s，如果 Eureka Server 在多个心跳周期内没有接收到心跳，将会从服务注册中心剔除相应节点。其中 LeaseManager 是 Eureka 的核心模块，代码如下。

```
public abstract interface LeaseManager<T>
{
    public abstract void register(T paramT, int paramInt, boolean paramBoolean);
    public abstract boolean cancel(String paramString1, String paramString2, boolean
        paramBoolean);
    public abstract boolean renew(String paramString1, String paramString2, boolean
        paramBoolean);
    public abstract void evict();
}
```

Eureka 心跳机制主要有以下几个操作方法。

- Register：用于实现服务注册实例信息接口。
- Cancel：用于删除服务实例信息接口。
- Renew：用于服务实例与 Eureka Sever 完成远程心跳，维持续约接口。
- Evict：是服务端的一个方法，用来剔除过期的服务实例的接口。

Eureka 的数据模型

如下图所示是 Eureka Server 保存注册实例信息的数据结构，可以看到它是一个双层 Map 结构。

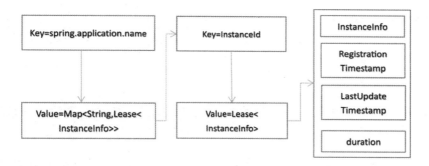

- 第一层 ConcurrentHashMap，Key 值是 spring.application.name，Value 值是一个 Map 数据结构。
- 第二层 ConcurrentHashMap，Key 值是 InstanceId，Value 值是 Lease 对象，Lease 的实现代码如下：

```
public Lease(T r, int durationInSecs)
{
    this.holder = r;
    this.registrationTimestamp = System.currentTimeMillis();
    this.lastUpdateTimestamp = this.registrationTimestamp;
    this.duration = (durationInSecs * 1000);
}
```

Eureka 工程中的包层级关系

如下图所示，eureka-core 和 eureka-client 是 Netflix 用来实现服务注册与发现功能的核心包，所有服务的注册与发现都是在包中实现的。

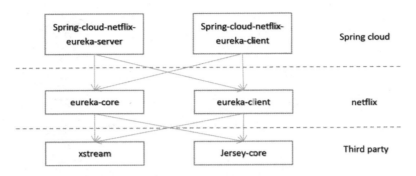

Eureka 使用 Jersey 和 XStream 第三方库组件配合 JSON 作为 Server 和 Client 之间的通信协议。spring-cloud-netflix-eureka-server 和 spring-cloud-netflix-eureka-client 是 Spring Cloud 借助自动配置管理机制,将 Eureka 资源加载到 Spring IoC 容器,实现的对 Eureka 功能的封装和管理。可见,Spring Cloud 就像一个"八爪鱼"一样,可以轻松集成其他组件。

Eureka 的心跳流程图

Eureka 使用心跳机制维持与 Server 的连接,主要包含注册、续约、退出、剔除等服务生命周期相关操作。Server 节点复制的流程图如下所示。

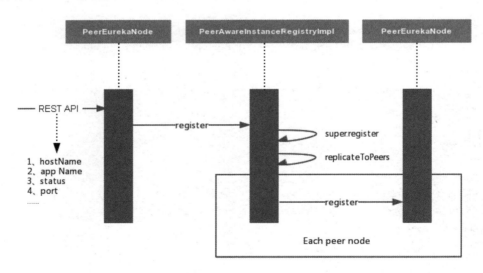

Eureka 通过 REST 接口实现对外服务暴露,所有接口在 ApplicationResource 中,ApplicationResource 会调用 PeerAwareInstanceRegistry 的接口。Eureka 注册中心的核心生命周期管理入口正是 InstanceRegistry,它继承了 LookupService、LeaseManager 接口,提供应用实例的注册

与发现服务。AbstractInstanceRegistry 是应用对象注册表的抽象实现，其中定义了注册、续约、退出、剔除等方法，贯穿于服务实例在注册中心 Server 中的整个生命周期管理，而 PeerAwareInstanceRegistry 提供 Eureka Server 集群内注册信息的同步服务接口。PeerAwareInstanceRegistryImpl 继承了抽象注册表类 AbstractInstanceRegistry，新增了 peer 相关处理和 RenewalThreshold 的更新。下面是核心代码示例：

```
public abstract class AbstractInstanceRegistry implements InstanceRegistry
{
    public void register(InstanceInfo registrant, int leaseDuration, boolean isReplication)
    {
    //省略
    }
}
@Singleton
public class PeerAwareInstanceRegistryImpl extends AbstractInstanceRegistry
    implements PeerAwareInstanceRegistry
{
    public void register(InstanceInfo info, boolean isReplication)
    {
        int leaseDuration = 90;
        if ((info.getLeaseInfo() != null) && (info.getLeaseInfo().getDurationInSecs() > 0)) {
        leaseDuration = info.getLeaseInfo().getDurationInSecs();
        }
        super.register(info, leaseDuration, isReplication);
      replicateToPeers(Action.Register, info.getAppName(), info.getId(), info, null, isReplication);
    }
    //省略
}
```

5.1.5　Eureka 缓存机制

Eureka Server 存在三个缓存变量：registry、readWriteCacheMap 和 readOnlyCacheMap，用于保存服务注册信息，默认情况下定时任务每 30s 将 readWriteCacheMap 同步至 readOnlyCacheMap 一次，每 60s 清理一次超过 90s 未续约的节点，Eureka Client 每 30s 从 readOnlyCacheMap 更新服务注册信息一次，前端则从 registry 更新服务注册信息。如下图所示是和 Eureka 缓存机制相关的服务和数据结构的关系。

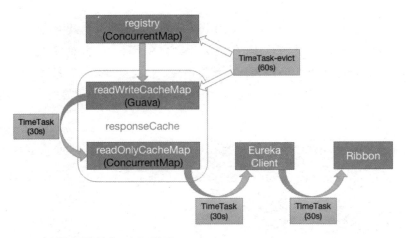

Eureka Server 三级缓存组件如下表所示。

缓存	类型	说明
registry	ConcurrentHashMap	实时更新，AbstractInstanceRegistry类的成员变量，前端请求的是这里的服务注册信息
readWriteCacheMap	Guava Cache/LoadingCache	实时更新，ResponseCacheImpl类的成员变量，缓存时间是180s
readOnlyCacheMap	ConcurrentHashMap	周期更新，ResponseCacheImpl类的成员变量，默认为30s，Eureka Client默认从这里更新服务注册信息，可以配置直接从readWriteCacheMap更新

Eureka Server 缓存相关配置如下表所示。

配置	默认	说明
eureka.server.useReadOnlyResponseCache	true	Client从readOnlyCacheMap更新数据，如果为false则跳过。readOnlyCacheMap直接从readWriteCacheMap更新
eureka.server.responsecCacheUpdateIntervalMs	30000	readWriteCacheMap更新至readOnlyCacheMap，默认为30s
eureka.server.evictionIntervalTimerInMs	60000	清理未续约节点（evict）周期，默认为60s
eureka.instance.leaseExpirationDurationInSeconds	90	清理未续约节点超时时间，默认为90s

对于 Eureka Client 来说，它有两种角色：服务生产者和服务消费者，一般会配合 Ribbon 或 Feign 使用。在启动后，Eureka Client 作为服务生产者会立即向 Server 注册，暴露服务地址供消费者使用，默认情况下每 30s 续约（renew）一次；作为服务消费者它立即向 Server 全量更新服务注册信息，默认情况下每 30s 增量更新服务注册信息一次；Ribbon 延时 1s 向 Client 获取使用的服务

注册信息，默认每 30s 更新一次使用的服务注册信息，只保存状态为 UP 的服务。

Eureka Client 二级缓存组件如下表所示。

缓存	类型	说明
localRegionApps	AtomicReference	周期更新，DiscoveryClient类的成员变量，Eureka Client保存服务注册信息，启动后立即向Server全量更新，默认每30s增量更新一次
upServerListZoneMap	ConcurrentHashMap	周期更新，LoadBalancerStats类的成员变量，Ribbon保存使用且状态为UP的服务注册信息，启动后延时1s向Client更新，默认每30s更新一次

Eureka Client 缓存相关配置如下表所示。

配置	默认	说明
eureka.instance.leaseRenewalIntervalInSeconds	30	Eureka Client续约周期，默认为30s
eureka.client.registryFetchIntervalSeconds	30	Eureka Client增量更新周期，默认为30s（正常情况下为增量更新，如果出现超时或与Server端不一致等情况则全量更新）
ribbon.ServerListRefreshInterval	30000	Ribbon更新周期，默认为30s

总结，因为 Eureka 基于 AP 原则，服务端和客户端的实例状态信息可能会有不一致的情况，我们需要了解 Eureka 的缓存机制，以便于了解服务状态同步异常问题的原因，也可以通过修改相应配置参数缓解缓存不一致问题。对于需要保证强一致性的服务场景，建议使用 ZooKeeper。

配置优化

为了避免 Eureka Server 和 Client 缓存问题，一般会配置多节点集群，这样单个节点服务上线的状态更新滞后并没有什么影响。

下面总结一些配置优化，用来改善数据一致性和状态感知滞后引起的状态不一致问题。

- 服务端：缩短 readOnlyCacheMap 更新周期，可减少滞后时间。
  `eureka.server.responsecCacheUpdateIntervalMs: 10000`
- 服务端：关闭 readOnlyCacheMap 缓存，让 Eureka Client 直接使用 readWriteCacheMap 更新服务注册信息。
  `eureka.server.useReadOnlyResponseCache: false`
- 客户端：缩短服务消费者更新周期。Eureka Client 和 Ribbon 二级缓存影响状态更新，缩短这两个定时任务的周期可减少滞后时间，例如配置定制化开发：

```
eureka.client.registryFetchIntervalSeconds: 5
ribbon.ServerListRefreshInterval: 2000
```

5.1.6 Eureka 定制化开发

Eureka Server 作为服务注册中心可能有不一样的定制化需求，这个时候需要在 Eureka Server 开源工程的基础上完成定制化开发。

在默认情况下，Eureka 会展示 Eureka Server 集群中所有的注册服务实例，没有对用户做权限控制，我们可以根据不同用户的权限在 Admin 管理端做定制化开发，展示该用户所属权限下的服务实例状态数据，示例代码如下：

```java
/**
 * @param 前端传给 Eureka 的用户组权限
 * @return 返回用户组权限的服务实例
 */
public List<Application> queryNodesByGroupName(List<String> groupNames) {
    Applications apps =
            EurekaServerContextHolder.getInstance().getServerContext().
                getRegistry().getApplications();
    List<com.netflix.discovery.shared.Application> aps = apps.getRegisteredApplications();
    if (groupNames == null) {
        LOGGER.info("groupNames is null, return none apps");
        return null;
    }
    //可以根据用户的角色信息返回对应的应用服务信息
    if (groupNames.contains(SystemConstants.ADMIN_ROLE)) {
        LOGGER.info("groupNames contains admin, return all apps");
        Collections.sort(aps, APP_COMPARATOR);
        return aps;
    }
    List<Application> applications = new ArrayList<Application>();
    for (String groupName : groupNames) {
        for (com.netflix.discovery.shared.Application ap : aps) {
            if (ap.getName().startsWith(groupName.toUpperCase())) {
                applications.add(ap);
            }
        }
    }
    Collections.sort(applications, APP_COMPARATOR);
    return applications;
}
```

另外，在具备定制化权限管理的基础上，我们可以通过覆盖 Eureka 自带的上下线操作方法，实现对服务实例的下线或者上线操作，它可以完成服务实例的灰度发布，示例代码如下：

```java
/**
 * @param appName
 * @param id
 */
public boolean setOutOfService(String appName, String id) {
    PeerAwareInstanceRegistry peerAwareInstanceRegistry =
            EurekaServerContextHolder.getInstance().getServerContext()
            .getRegistry();
    return peerAwareInstanceRegistry.statusUpdate(appName, id,
        InstanceInfo.InstanceStatus.OUT_OF_SERVICE, null, false);
}
/**
 * @param appName
 * @param id
 */
public boolean setUp(String appName, String id) {
    PeerAwareInstanceRegistry peerAwareInstanceRegistry =
        EurekaServerContextHolder.getInstance().getServerContext().getRegistry();
    return peerAwareInstanceRegistry.statusUpdate(appName, id,
        InstanceInfo.InstanceStatus.UP, null, false);
}
```

5.2 服务配置中心

服务配置中心是对微服务进行集中式配置管理的重要机制。集中配置管理可以分离应用代码与不同环境下的配置信息，实现应用"一次打包、随处运行"，通过这种外部化的配置管理还可以实现配置修改实时生效、灵活的权限及安全管理等特性。

5.2.1 服务配置中心管理

在传统的中心化单体架构中，所有的配置项都是通过本地的静态配置文件进行管理的，对于不同的环境（开发、测试、生产），我们需要手动维护和切换调整不同的配置。在分布式微服务环境下，一个系统往往又由多个微服务组成（X个），每个微服务都需要独立的配置文件（Y个），而分布式部署又会有多个机器或者容器（Z个），那么在这种情况下，如果使用静态配置管理，我们需要同时管理 $X\times Y\times Z$ 个配置文件，这样无疑是非常低效并且容易出错的。

所以我们需要将各种配置参数全部放到一个集中的地方（服务配置中心，简称配置中心）进行统一管理，并提供一套标准的接口规范。当不同服务需要获取参数时，可以从配置中心拉取和配置，当修改配置时，可以由配置中心统一下发给集群中的所有实例。配置中心可以解决传统的配置文件的如下问题：

- 服务修改不灵活。配置中心具备"实时更新"的功能，它可以用来解决传统的服务修改不灵活问题。当线上系统需要调整参数的时候，只需要在配置中心动态修改即可。
- 配置文件无法区分环境。通过"配置与应用分离"可以解决传统的配置文件无法区分环境问题，配置并不跟着环境走，当不同环境有不同需求的时候，就到配置中心获取，可降低运维成本。
- 配置文件过于分散。采用"配置集中管理"可解决传统的配置文件过于分散的问题。所有的配置都集中在配置中心管理，不需要每个项目都自带一个配置文件，降低了开发成本。
- 配置修改无法追溯。采用静态配置文件，当配置进行修改后，不容易形成记录，更无法追溯是谁修改的、什么时间修改的、修改前的内容是什么。当配置出错时，更没办法回滚。配置中心可以统一记录所有更改记录，用于后续审计管理。

配置中心的核心能力

如下图所示是配置中心的核心能力。

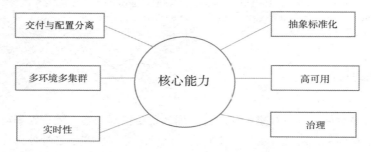

- 交付与配置分离：在打包部署时，传统应用系统会为不同环境打出不同配置包，例如为开发、测试、生产环境分别制作发布包，每个包里包含特定配置。现代微服务提倡云原生（Cloud Native）和不可变基础设施（Immutable Infrastructure）的理念，推荐采用容器镜像这种方式打包和交付微服务，应用镜像一般只打一个包，可以部署到不同环境。这就要求交付物（比如容器镜像）和配置分离，交付件只制作一份，并且是不可变的，可以部署到任意环境，而配置由配置中心集中管理，所有环境的配置都可以在配置中心集中配置，运行期应用根据自身环境到配置中心动态拉取相应的配置。
- 抽象标准化：企业应该由框架或者中间件团队提供标准化的配置中心服务，封装配置管理的细节和配置的不同格式，方便用户进行自助式的配置管理。一般用户只需要关注两个抽象和标准化的接口：
    - 配置管理界面 UI，方便应用开发人员管理和发布配置。
    - 封装好的客户端 API，方便应用集成和获取配置。

- 多环境多集群：现代微服务应用大都采用多环境部署，一般标准化的环境有开发、测试、生产等，有些应用还需要多集群部署，例如支持跨机房或者多版本部署。配置中心需要支持对多环境和多集群应用配置的集中式管理。
- 高可用：配置中心必须保证高可用，否则可能影响大量微服务的正常启动或者配置更新。在极端的情况下，如果配置中心不可用，客户端也需要有降级策略，保证应用不受影响。
- 实时性：配置更新需要尽快通知到客户端，这个周期不能太长，理想状态下应该是实时的。有些配置的实时性要求很高，例如主备切换配置或者蓝绿部署配置，需要具有秒级切换配置的能力。
- 治理：配置中心需要具有治理能力，具体包括：可进行人员登录操作记录追溯；提供配置版本控制，出现问题时能够及时回滚到上一个版本；提供配置权限控制，发布配置变更需要认证授权，不是所有人都能修改和发布配置；支持灰度发布，发布配置时可以先让少数实例生效，确保没有问题再逐步放量。

配置中心的其他优势

- 实现实时的配置读取、更新、取消。
- 权限控制，能够根据公司的 SSO 或者 LDAP 基础设施进行配置权限管理。
- 环境管理，开发、测试、生产环境下的配置可以做隔离处理。
- 配置回滚，当发现配置错误或者在该配置下程序发生异常时可以立即回滚到之前的版本。
- 灰度发布，有时候我们新上线一个功能，想先通过少部分流量测试一下，我们可以随机只修改部分应用的配置，测试正常后再将功能推送到所有的应用。

5.2.2 Spring Cloud Config

Spring Cloud Config 为分布式系统配置提供了服务端和客户端的支持，包括 Config Server 和 Config Client 两部分。Spring Cloud Config 通过配置服务（Config Server）来为所有的环境和应用提供外部配置的集中管理，它适用于各类 Spring 应用，也能对应用的开发、测试、生产环境的配置做切换、迁移。

使用 Spring Cloud Config Server，你可以在所有环境中管理应用程序的外部属性，还可以分离应用与配置文件，并且根据应用当前所处环境，动态地加载对应的配置文件，它符合"应用配置与代码隔离"的原则。

Spring Cloud Config 的主要特性

- 提供服务端和客户端支持。

- 集中式、中心化管理分布式环境下的应用配置。
- 使用 Git 管理方式，天然具备版本控制能力。
- 基于 Spring 环境，实现了与 Spring 应用的无缝集成。
- 支持动态更新配置文件。
- 语言独立，可用于任何语言开发的程序。
- 默认基于 Git 仓库实现（也支持 SVN、数据库、MongoDB），可进行配置的版本管理。

Spring Cloud Config 基本原理

Config Server 是一个可横向扩展、集中式的配置服务器，它用于集中管理应用程序各个环境下的配置，默认使用 Git 存储配置内容（也可使用 SVN、本地文件系统或 Vault 存储配置），因此可以实现对配置的版本控制与内容审计。如下图所示是 Config Server 的架构图。

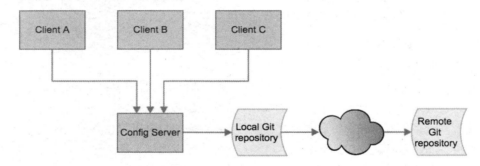

- Config Client（Client A、Client B、Client C）：提供了基于 Spring 的客户端，应用只要在代码中引入 Config Client 的 jar 包即可工作。
- Config Server：需要独立部署的一个 Web 应用，它负责把 Git 上的配置返回客户端。
- Remote Git repository：即远程 Git 仓库，我们会把配置信息存储在一个远程仓库中，通过现成的 Git 客户端来管理配置。
- Local Git repository：即 Config Server 的本地 Git 仓库，Config Server 接到来自客户端的配置获取请求后，先把远程仓库的配置克隆到本地的临时目录，然后从临时目录读取配置并返回。

Spring Cloud Config 的使用

Spring Cloud Config 基于 HTTP，通过统一的配置服务中心进行集中化的远程配置文件管理。Config Client 可以通过指定配置中心服务地址，主动从配置中心拉取服务的配置信息，完成配置获取，从而达到配置与代码分离的效果。

Spring Cloud Config 默认使用 Git 的存储和管理方式，在采用 Config 作为生产和测试环境配置中心管理配置文件时，首选的存储方案也是使用 Git。使用 Git 的主要优势如下：

- 它天然支持对配置文件的版本管理。
- Git 默认提供 Web 界面的管理方式，方便用户从 GitLab 前端查看配置和管理配置，同时可以利用 Git 的权限管理给不同用户赋予不同的查看配置文件的权限。
- Git 引擎还具备 WebHook 功能，它可以实现配置文件的动态更新等。
- 支持使用 SVN、文件服务器、JDBC 等方式获取配置文件。

Spring Cloud Config 客户端加载流程

客户端从配置管理中获取配置的执行流程如下：

（1）应用启动时根据 bootstrap.yml 中配置的应用名{application}、环境名{profile}、分支名{label}，向 Config Server 请求获取配置信息。

（2）Config Server 根据 Config Client 的请求及配置从 Git 仓库中查找并定位符合的配置文件。

（3）Config Server 通过"git clone"命令将配置下载到 Git 本地文件系统，并建立缓存。

（4）Config Server 创建 Spring 的 ApplicationContext 实例从 Git 本地仓库中加载配置文件，然后将读取的配置信息返回给 Config Client。

（5）Config Client 在获取到 Config Server 返回的配置数据后，将配置内容加载到客户端自己的 ApplicationContext 实例，该配置内容的优先级高于客户端内部的配置内容。

下面我们结合实例讲解一下基本的 Config Server 和 Config Client 的接入步骤。

Config Server 接入步骤

在启动配置 Config Server 前，如果使用 Git 仓库存储配置文件，则需要先搭建 Git 仓库，篇幅所限，Git 仓库搭建步骤省略。

1. 引入 Config Server Maven 依赖

```
<dependency>
    <groupId>org.springframework.cloud</groupId>
    <artifactId>spring-cloud-config-server</artifactId>
</dependency>
```

2. 启动配置中心服务，让客户端可以发现服务端，在启动类上加注解@EnableConfigServer

```
@SpringBootApplication
```

```
@EnableConfigServer
public class ConfigServerApplication {
    public static void main(String[] args) {
        SpringApplication.run(ConfigServerApplication.class, args);
    }
}
```

3. 添加配置中心配置文件

```
server:
  port: 6001 #服务端口
spring:
  application:
    name: spring-cloud-config-server #应用名
  cloud:
    config:
      server:
        git:
          uri: https://localhost/springcloudtest/springcloud-config-file.git
          searchPaths: test1-config-repo, test2-config-repo
          basedir: /tmp/spring-cloud-repo
          username:xxx
          password: *****
          force-pull: true
```

- spring.cloud.config.server.git.uri：配置的 Git 仓库地址。
- spring.cloud.config.server.git.searchPaths：与 URI 配合使用，定位 Git 库的子目录，指定搜索路径，如果有多个路径则使用","分隔。
- spring.cloud.config.server.git.basedir：使用 Git 作为后端配置，需要从远程库获取配置文件，存储到本地文件。默认存储在系统临时目录下，目录名的前缀为 config-repo-，如在 Linux 下可能是/tmp/config-repo-。因为/tmp 下的内容有可能被误删，为了保险，最好修改存储目录。如果要修改存储目录，可以修改 spring.cloud.config.server.git.basedir 参数。
- spring.cloud.config.server.git.force-pull：配置中心从远程 Git 仓库读取数据时，可能会出现本地的文件拷贝被污染的情况，这时配置中心无法从远程库更新本地配置。设置 force-pull=true，可强制从远程库中更新本地库。
- spring.cloud.config.server.git.username：访问 Git 仓库的用户名。
- spring.cloud.config.server.git.password：访问 Git 仓库的用户密码。

4. 引入 Security 配置

Config Server 如果希望客户端能够授权访问配置中心，需要引入 Maven 依赖：

```xml
<dependency>
    <groupId>org.springframework.boot</groupId>
    <artifactId>spring-boot-starter-security</artifactId>
</dependency>
```

加入如下配置文件：

```yaml
security:
  basic:
    enabled: true
  user:
    name: config-repo
    password: 123456
```

客户端需要增加如下配置来授权访问配置中心服务器：

```
spring.cloud.config.username=config-repo，password=123456
```

下面看一下 Config 定义好的配置文件资源与 URI 的映射规则：

```
/{application}/{profile}[/{label}]
/{application}-{profile}.yml
/{label}/{application}-{profile}.yml
/{application}-{profile}.properties
/{label}/{application}-{profile}.properties
```

需要注意的是：

- URI 中的 application 对应是 Config Client 的应用名称，如果在 Git 中是用应用名来定义目录的，这个应用也对应你在 Git 中的目录名称。
- URI 中的 profile 对应的是应用激活使用的环境名称，如果在 Maven 中指定 Profile，可以在 Maven 中指定配置中通过标签<activation>指定 Profile，也可以从配置文件中指定，一般 Profile 有 test、dev、prod 等。
- URI 中 label 指的是 Git 的分支，默认是 master 分支。

5．测试验证

上述配置设置好后，可以启动 Config Server，通过 HTTP 网络工具测试是否可以取得 Config Server 的配置信息。使用下面的地址访问配置中心：

```
http://localhost:6001 /spring-cloud-config-client/test/master
```

配置中心会返回如下响应：

```
{
    "name": "spring-cloud-config-client",
    "profiles": ["test"],
    "label": "master",
    "version": "92ed69d2975290af780852608bce35c71044234e",
    "state": null,
    "propertySources": [{
        "name":
            "springcloudtest/springcloud-config-file.git/file:/tmp/spring-cloud-repo
            /default/spring-cloud-config-client-test.yml",
        "source": {
            "spring.test.configKey": "this is git config info from test envirioment!"
        }
    }]
}
```

Config Client 接入步骤

1. 引入客户端依赖

```xml
<dependency>
    <groupId>org.springframework.cloud</groupId>
    <artifactId>spring-cloud-config-client</artifactId>
</dependency>
<dependency>
    <groupId>org.springframework.boot</groupId>
    <artifactId>spring-boot-starter-actuator</artifactId>
</dependency>
```

注意：Maven 依赖中需要加入对 Actuator 的支持，以实现 Config Client 中用一个 refresh 端点来实现配置文件的刷新功能。另外，在 Config Client 的配置文件中也需要打开相关 Actuator 端点的配置生效功能。

2. 添加 Config Client 配置文件

```yaml
server:
  port: 8008
spring:
  application:
    name: spring-cloud-config-client
  cloud:
    config:
      uri: http://localhost:6001    #配置中心地址
      profile: test                 #配置环境，对应 Config Server URL 中的{profile}
      label: master                 #配置分支
```

```
      failFast: true
    #激活定时任务，当 Git 版本发生变更时加载最新配置上下文
      watcher:
        enabled: true
    management:
      endpoints:
        Web:
          exposure:
            include:refresh,health,info
```

- 上述配置文件中的 uri 对应配置中心的 Server 地址，label 代表请求的是哪个 Git 分支，profile 对应分支下的配置文件，如 test、dev、prod。考虑到 Spring Boot 对配置文件的加载优先级，最好在 bootstrap.yml 文件里命名配置文件，因为加载远程配置文件的优先级会比加载本地配置文件高。
- spring.profile.active 可以指定 Spring Boot 运行的环境，而 spring.cloud.config.profile 是客户端指定拉取资源库的 profile，如果有多个 profile，一般最后一个起作用。
- 如果我们希望在启动一个服务时若无法连接到服务端，能够快速返回失败信息，则可以通过 failFast 来设置开启 Config Client 快速失效功能。
- management:endpoints:web:exposure:include:"*"表示打开全部请求端点，要让 Config Client 支持动态刷新和查看配置端点信息，只需要打开部分端点。

3. 启动 Config Client 类

```
@SpringBootApplication
public class Application {
    public static void main(String[] args) {
        SpringApplication.run(Application.class, args);
    }
}
```

Config Client 获取分布式配置信息主要有下面两种方式。

- 使用@Value 方式获取配置文件
  这种方式是获取配置文件的常用方式，最简单，代码如下：

```
@Copmponent
public class RemoteConfig {
    @Value("${spring.test.configKey}")
    public String configKey;
}
```

- 通过创建一个远程配置信息 Bean 的方式获取配置信息

  首先定义一个映射远程配置信息的 Bean 类 RemoteConfigProperties，该类中所有的属性名均需与配置中心的配置文件的内容相同，例如 demo-config-profile-env，字段名为 demoConfigProfileEnv，如果属性中有点，则应视点后面的部分为下级，应再定义相关的配置映射类，该类的完整代码如下：

```
@Component
@ConfigurationProperties(prefix="spring.test")//如果有前缀，则可以设置 prefix=XXX
public class RemoteConfigProperties {
    private String configKey
    public String getConfigKey() {
        return configKey
    }
    public void setConfigKey(String Key{
        this.configKey = configKey;
    }
}
```

注意：属性字段名与配置项的名称应保持一致，若有下级则定义下级的配置类，需要根据配置类采用 Java 的内部类进行映射匹配。例如，配置文件如果是 Map 或 List 接口，则需要使用 Java 的对应数据接口存储映射配置文件。

5.2.3 Config Server 配置详解

上一节我们介绍了基本的配置中心接入步骤。对于公司内使用的配置中心（Config Server），如果考虑同时支持不同部门的不同项目，需要考虑更多的 Config Server 管理 Git 的配置使用方式。

Spring Cloud Config 中的占位符

Spring Cloud Config 服务器支持一个 Git 仓库 URI，其中包含 {application}、{profile} 及 {label} 的占位符，使用 Git URI 的占位符可以轻松支持"每个应用程序一个 repo"的策略。当使用 Git 作为配置中心来存储各个微服务应用的配置文件时，URI 中的占位符的使用可以帮助我们规划和实现通用的仓库配置，代码示例如下：

```
spring:
  cloud:
    config:
      server:
        git:
          uri: https://localhost/myorg/{application}
```

说明： 这里的{application}代表了应用名称，当客户端向Config Server发起获取配置请求时，Config Server会根据客户端的spring.application.name信息来填充{application}占位符以定位配置资源的存储位置。基于一个环境一个仓库的使用原则，可以使用{profile}代替{application}。另外在{application}中使用特殊字符"(_)"可以支持多组织。

```
spring:
  cloud:
    config:
      server:
        git:
          uri: https://localhost/{application}
```

说明： 这里的{application}的格式为"organization(_)application"。

注意： {label}很特别，如果Git分支和标签包含"/"，那么{label}在HTTP的URL中应用使用"(_)"替代，以避免改变URI的含义，指向其他URI资源。例如，如果标签是foo/bar，则替换"/"将导致出现类似于foo(_)bar的标签。如果使用像curl这样的命令行客户端（例如使用引号将其从Shell中转出来），请小心URL中的方括号。

多模式匹配及多存储仓库

我们也可以使用{application}/{profile}进行模式匹配，以便获取相应的配置文件。它的格式是用一组逗号分隔的{application}/{profile}，其中的参数可以使用通配符。目前，我们加入了一个应用客户端，它的配置如下：

```
spring:
  application:
    name: customize-config-client
  cloud:
    config:
      uri: http://locahost:6001    #假设配置中心地址为本地6001端口
      profile: dev
      label: master
```

Config Client按照上述配置请求服务器仓库地址，下面我们通过模式配置规则对Config Server服务端进行HTTP请求，地址为uri: http://localhost:6001/test-config-client/dev/master。

由URI可知，我们使用了/{application}/{profile}[/{label}]的匹配模式。下面我们看一下加入了多模式匹配的配置中心（Config Server）的Config配置：

```yaml
spring:
  cloud:
    config:
      server:
        git:
          uri: https://localhost/spring-cloud-samples/config-repo
          repos:
            simple: https://localhost/simple/config-repo
            special:
              pattern: special-*/dev*
              uri: https://localhost/special/config-repo
            customize:
              pattern: customize-*
              uri: https://localhost/customize/config-repo
            local:
              pattern: local*
              uri: file:/home/configsvc/config-repo
```

上面的配置分别对应三组不同配置匹配规则，默认情况下，Git 访问的是 https://localhost/spring-cloud-samples/config-repo 仓库地址。如果你的 URI 中的{application}/{profile}没有匹配到 Git 默认的仓库地址，Config Server 将根据模式匹配规则尝试能否匹配其他仓库地址：

- "simple" 仓库匹配的是 "simple/*"（在所有环境下它仅仅匹配一个仓库 simple），目前从我们的客户端请求 URI 中发现，这项 repo 资源不匹配。
- "local" 仓库将匹配所有名字以 "local" 开头的{application}，也是在所有的环境下。"/*" 前缀会自动添加到所有没有设置{profile}的模式中。
- "customize" 和 "special" 使用模式匹配规则，pattern 为 "customize-*" 标识的应用，表示{application}是以 customize-开头的应用 repo 资源，例如，customize-config-client 的应用名称与 customize-*的模式相互匹配，所以返回该资源下的 repo 资源。

注意：
- 如果模式中需要配置多个值，那么可以使用逗号分隔。
- 如果{application}/{profile}没有匹配到任何资源，则使用配置的默认 URI：spring.cloud.config.server.git.uri。
- 当我们使用 YAML 类型的文件进行配置时，如果模式属性是一个 YAML 数组，也可以使用 YAML 数组格式来定义。这样可以设置成多个配置文件，如下代码所示：

```yaml
spring:
  cloud:
    config:
```

```
      server:
        git:
          uri: https://localhost/spring-cloud-samples/config-repo
          repos:
            development:
              pattern:
                - */development
                - */staging
              uri: https://localhost/development/config-repo
            staging:
              pattern:
                - */qa
                - */production
              uri: https://localhost/staging/config-repo
```

路径搜索占位符等配置

当我们把配置文件存放在 Git 仓库的子目录中时，可以通过设置 searchPaths 来指定该目录。同样，searchPaths 也支持上面的占位符，示例如下：

```
spring:
  cloud:
    config:
      server:
        git:
          uri: https://localhost/spring-cloud-samples/config-repo
          searchPaths: demo-config-repo, springCloud-config*
          cloneOnStart: true
```

说明：在上面的例子中，将在 demo-config-repo 和以 springCloud-config 开头的目录中搜索配置文件。cloneOnStart 设置为 True 时，服务器在启动的时候克隆仓库，而如果没有该项配置，表示服务器可以在第一次请求配置文件时克隆远程仓库。

5.2.4　Config Server 定制化开发

Config Server 配置中心默认提供 Git 的方式及 Git 文件管理 GUI 作为配置中心的前端可视化管理工具，但是默认的 Git 文件存储方式存在配置文件的配置项格式校验、不同项目的版本回滚及配置实时更新等问题，所以我们可以通过对 Config Server 进行二次开发实现定制化的功能。

Config Server 源码解析

- Config Server 自动化配置

查看@EnableConfigServer 注解，通常都是引入某种 Configuration 类来达到自动化装配某些

Bean 的目的，如下代码所示：

```
@Target(ElementType.TYPE)
@Retention(RetentionPolicy.RUNTIME)
@Documented
@Import(ConfigServerConfiguration.class)
public @interface EnableConfigServer {
}
```

- ConfigServerConfiguration 实现了一个标志类

```
@Configuration
public class ConfigServerConfiguration {
    class Marker {}
    @Bean
    public Marker enableConfigServerMarker() {
        return new Marker();
    }
}
```

ConfigServerConfiguration 类里面并没有实现太多 Bean 的装配，这里利用一种折中方式引入需要的自动配置。请看下面的类，Marker 唯一被引用的地方在类中。

```
@Configuration
@ConditionalOnBean(ConfigServerConfiguration.Marker.class)
@EnableConfigurationProperties(ConfigServerProperties.class)
@Import({ EnvironmentRepositoryConfiguration.class,
    CompositeConfiguration.class, ResourceRepositoryConfiguration.class,
    ConfigServerEncryptionConfiguration.class, ConfigServerMvcConfiguration.class })
public class ConfigServerAutoConfiguration {
}
```

说明：@ConditionalOnBean(ConfigServerConfiguration.Marker.class)表示当装配了 ConfigServerConfiguration.Marker 的实例时才会执行 ConfigServerAutoConfiguration。

从源码我们可以发现，Config 配置类中另外引入了 5 个辅助配置类，篇幅所限这里不对每个配置类进行详细说明，仅对对 Config Server 最为关键的 EnvironmentRepositoryConfiguration 加以说明。

- 查看 EnvironmentRepositoryConfiguration 类

```
@Configuration
@EnableConfigurationProperties({
    SvnKitEnvironmentProperties.class, JdbcEnvironmentProperties.class,
    NativeEnvironmentProperties.class, VaultEnvironmentProperties.class })
```

```
@Import({ CompositeRepositoryConfiguration.class,
    JdbcRepositoryConfiguration.class, VaultRepositoryConfiguration.class,
    SvnRepositoryConfiguration.class, NativeRepositoryConfiguration.class,
    GitRepositoryConfiguration.class,
    DefaultRepositoryConfiguration.class })
public class EnvironmentRepositoryConfiguration {
}
```

这里的@Import又引入了7种配置类,查看文档会发现其实刚好对应Config Server的几种实现方式,其中Git使用的配置类就是GitRepositoryConfiguration。

以GitRepositoryConfiguration为例,GitRepositoryConfiguration其实是默认的实现方式,查看DefaultRepositoryConfiguration的代码:

```
@Configuration
@ConditionalOnMissingBean(value = EnvironmentRepository.class, search =
SearchStrategy.CURRENT)
class DefaultRepositoryConfiguration {
    @Autowired
    private ConfigurableEnvironment environment;
    @Autowired
    private ConfigServerProperties server;
    @Autowired(required = false)
    private TransportConfigCallback customTransportConfigCallback;
    @Bean
    public MultipleJGitEnvironmentRepository defaultEnvironmentRepository(
            MultipleJGitEnvironmentRepositoryFactory gitEnvironmentRepositoryFactory,
            MultipleJGitEnvironmentProperties environmentProperties) throws
              Exception {
        return gitEnvironmentRepositoryFactory.build(environmentProperties);
    }
}
```

它首先装配一个MultipleJGitEnvironmentRepository的Bean对象,然而实际每种配置类的最终实现都会装配EnvironmentRepository配置类。最终通过调用EnvironmentRepository的findOne方法来查询配置。而接口EnvironmentRepository(Config Server实现定制化加载配置的关键接口)只提供了一个方法findOne,通过传入application、profile和label来获得配置项:

```
public interface EnvironmentRepository{
    Environment findOne(String application, String profile, String label);
}
```

配置中心定制化实现

在默认情况下,Config Server可以通过在配置文件中进行简单配置实现数据库访问和存储。

但是，Config Server 自带的 SQL 实现方式存在一定的缺陷，因为它的表结构的功能定义相对简单，没有版本管理和权限管理功能。下面我们基于 Config Server 开源实现，根据"读写分离"的原则实现自定义的配置中心定制化改造。

- 配置文件写入部分

  在开始实现自定义的 EnvironmentRepository 之前，我们需要进行数据库表设计，因为篇幅所限，我们仅列出几个核心表的设计。在设计时主要使用表 config_namespace 存储配置文件主表，包含所有应用及对应配置文件信息，`application_name`、`label`和`profile`三个字段是联合主键，对应一个应用配置文件。表结构如下：

```sql
DROP TABLE IF EXISTS `config_namespace`;
CREATE TABLE `config_namespace`
(
    `id`               BIGINT(8) UNSIGNED    NOT NULL AUTO_INCREMENT,
    `application_name` VARCHAR(100)          NOT NULL COMMENT '应用名',
    `label`            VARCHAR(100)          NOT NULL COMMENT 'label',
    `profile`          VARCHAR(100)          NOT NULL COMMENT 'profile',
    `format`           VARCHAR(50)           NOT NULL COMMENT '配置文件格式',
    `creator`          VARCHAR(100)          NOT NULL DEFAULT '' COMMENT '创建者',
    `modifier`         VARCHAR(100)          NOT NULL DEFAULT '' COMMENT '修改者',
    `create_time`      DATETIME              NOT NULL COMMENT '创建时间',
    `modified_time`    DATETIME              NOT NULL COMMENT '修改时间',
    PRIMARY KEY (`id`),   UNIQUE KEY (`application_name`, `label`, `profile`)
) ENGINE = InnoDB
DEFAULT CHARSET = utf8mb4 COMMENT ='配置文件 namespace 表';
```

  对于配置文件的更改历史和版本相关信息，我们使用表 config_release 表示，其中 namespace_id 对应 config_namespace 中`application_name`、`label`和`profile`联合主键的信息。下面是表的结构：

```sql
DROP TABLE IF EXISTS `config_release`;
CREATE TABLE `config_release`
(
  `id`           BIGINT(8) UNSIGNED NOT NULL AUTO_INCREMENT COMMENT '自增 id',
  `namespace_id` BIGINT(8) UNSIGNED NOT NULL COMMENT 'namespace id',
  `version`      VARCHAR(100)    NOT NULL COMMENT '版本号',
  `content`      mediumtext      NOT NULL COMMENT '配置文件内容',
  `format`       VARCHAR(50)     NOT NULL COMMENT '配置文件格式',
  `remark`       VARCHAR(200)    NOT NULL DEFAULT '' COMMENT '备注',
  `state`        TINYINT         NOT NULL DEFAULT 0 COMMENT '标示发布状态',
  `creator`      VARCHAR(100)    NOT NULL DEFAULT '' COMMENT '发布者',
  `create_time`  DATETIME    NOT NULL DEFAULT CURRENT_TIMESTAMP COMMENT '创建时',
  PRIMARY KEY (`id`),
  UNIQUE KEY (`version`)
```

```
) ENGINE = InnoDB
DEFAULT CHARSET = utf8mb4 COMMENT ='配置发布表';
```

在自定义的 Config Server 中,我们需要使用注解@EnableConfigServer 初始化并加载配置中心的环境变量以启动配置中心,代码如下:

```
@SpringBootApplication
@EnableConfigServer
public class SpringCloudDefineConfigServer {
    public static void main(String[] args) {
        SpringApplication.run(SpringCloudDefineConfigServer.class, args);
    }
}
```

根据上述数据库表结构设计,配置文件写入部分我们主要提供一个 Admin 管理端,允许前端通过 GUI 界面实现对配置文件在数据库中的插入、修改、删除,这里我们仅介绍核心表的添加配置功能,主要通过 Controller 类、Service 类与 DAO 类实现数据库插入配置项,配置服务中心的 Controller 类负责配置文件的添加,实现代码实例如下:

```
@RestController
@RequestMapping(value = "/item")
@Api(description = "item 管理")
public class ConfigItemController {
  @PostMapping(value = "/insert")
  @ApiOperation(value = "插入 item")
  public ResultBody<ConfigItem> insert(@Valid @RequestBody ConfigItem item) {
        if (!PropertiesUtil.formatCheck(item.getContent(), item.getFormat())) {
            return ResultBody.buildInValidParamResult("content check failed!");
        }
        int sqlResult = service.insert(item);
        if (sqlResult == 0) {
            return ResultBody.buildInValidParamResult("insert failed.");
        }
        return ResultBody.buildSuccessResult(item);
    }
}
```

配置服务中心的 Service 类的配置文件插入实现代码如下:

```
@Service
@Transactional(rollbackFor = Exception.class)
@Slf4j
public class ConfigItemServiceImpl {
    @Override
    public int insert(ConfigItem item) {
        //权限管理部分代码省略,这里可以根据操作用户判断是否对配置文件有操作权限
        item.setCreator(username);
```

```java
        item.setModifier(username);
        item.setIsReleased(false);
        if (item.getRemark() == null) {
            item.setRemark("");
        }
        ConfigItemModifiedRecord record = new ConfigItemModifiedRecord();
        record.setNamespaceId(item.getNamespaceId());
        record.setContent(JsonHelper.toJSONString(PropertiesUtil.compareRTL("",
            item.getContent(), item.getFormat())));
        record.setVersion("");
        record.setCreator(username);
        modifiedRecordMapper.insert(record);
        return itemMapper.insert(item);
    }
}
```

配置服务中心 DAO 类的配置文件写入使用 Spring Boot 的 @Repository 注解及 MyBatis 实现，代码如下：

```java
@Repository
public interface ConfigItemMapper {
    int insert(ConfigItem item);
}
```

对应的 MyBatis 配置如下：

```xml
<?XML version="1.0" encoding="UTF-8"?>
<mapper namespace="com.sia.config.dao.mapper.ConfigItemMapper">
<insert id="insert"
    parameterType="com.spring.config.common.model.ConfigItem" useGeneratedKeys="true"
    KeyProperty="id"
    KeyColumn="id">
    insert into config_item (namespace_id, format, remark, is_released, creator, modifier,
        content)
    values (#{namespaceId, jdbcType=BIGINT}, #{format, jdbcType=VARCHAR},
    #{remark,jdbcType=VARCHAR}, #{isReleased,jdbcType=BIT}, #{creator,jdbcType=VARCHAR},
        #{modifier, jdbcType=VARCHAR}, #{content, jdbcType=LONGVARCHAR})
</insert>
</mapper>
```

- 配置文件读取部分

    如上述分析，可以使用 EnvironmentRepository 作为我们实现自定义的配置文件存储查询的接口类，只需要覆盖实现自定义的 EnvironmentRepository 的 Bean，就可以替换读取逻辑，从默认的基于 Git 的存储读取方式转换为我们想要的基于数据库的配置读取方式。定制化 EnvironmentRepository 的主要代码如下：

```java
@Component
```

```java
public class CustomizeJdbcEnvironmentRepository implements EnvironmentRepository, Ordered
{
    private int order;
    private final JdbcTemplate jdbc;
    @Autowired
    private ConfigClientRecordMapper clientRecordMapper;
    public CustomizeJdbcEnvironmentRepository (JdbcTemplate jdbc,        说明1#
        JdbcEnvironmentProperties properties) {
        this.jdbc = jdbc;
        this.order = properties.getOrder();
    }
    @Override                                                            说明2#
    public Environment findOne(String application, String profile, String label) {
        String config = application;
        if (StringUtils.isEmpty(label)) {
            label = ConfigConstant.MASTER;
        }
        if (StringUtils.isEmpty(profile)) {
            profile = ConfigConstant.DEFAULT;
        } else if (!profile.startsWith(ConfigConstant.DEFAULT)) {
            profile = ConfigConstant.DEFAULT + ", " + profile;
        }
        String[] profiles =
            StringUtils.commaDelimitedListToStringArray(profile);
        Environment environment = new Environment(application, profiles, label, null,
                null);
        if (!config.startsWith(ConfigConstant.APPLICATION)) {
            config = ConfigConstant.APPLICATION + ", " + config;
        }
        List<String> applications = new ArrayList<>(new LinkedHashSet<>(
            Arrays.asList(StringUtils.commaDelimitedListToStringArray(config))));
        List<String> envs = new ArrayList<>(new LinkedHashSet<>(Arrays.asList(profiles)));
        Collections.reverse(applications);
        Collections.reverse(envs);
        for (String app : applications) {
            //统一转为小写,查询不区分大小写
            app = app.toLowerCase();
            for (String env : envs) {
                List<Long> namespaceIdList = jdbc.queryForList(
                    "select id from config_namespace where application_name=? and
                    profile=? and label=?",
                    new Object[]{app, env, label}, Long.class);
                if (namespaceIdList == null || namespaceIdList.isEmpty()) {
                    continue;
                }
                List<ConfigRelease> releaseList = jdbc.query(
                    "select * from config_release where namespace_id=? and state=0",
```

```java
                        new Object[]{namespaceIdList.get(0)}, new
                        BeanPropertyRowMapper<>(ConfigRelease.class));
                if (releaseList == null || releaseList.isEmpty()) {
                    continue;
                }
                ConfigRelease release = releaseList.get(0);
                Properties properties;
                if (ConfigConstant.YML.equals(release.getFormat())) {
                    properties = PropertiesUtil.ymlStringConvertToProperties
                        (release.getContent());
                } else {
                    properties = PropertiesUtil.propertiesStringConvertToProperties
                        (release.getContent());
                }
                if (properties.isEmpty()) {
                    continue;
                }
                log.info("get config success, app:{}, profile:{}, label:{}", app, env,
                        label);
                recordClientVersion(release);
                environment.add(new PropertySource(app + ConfigConstant.HYPHEN +
                    env, properties));
            }
        }
        return environment;
    }
    public void recordClientVersion(ConfigRelease release) {
        try {
            ConfigClientRecord record = new ConfigClientRecord();
            record.setNamespaceId(release.getNamespaceId());
            record.setVersion(release.getVersion());
            record.setIp(IpUtil.getIpAddr());
            clientRecordMapper.insert(record);
        } catch (Exception e) {
            log.error("record client version error!", e);
        }
    }
    @Override
    public int getOrder() {
        return order;
    }
    public void setOrder(int order) {
        this.order = order;
    }
}
```

说明 3#

- 说明 1#：使用 JDBC 的方式将初始化定制化。

○ 说明 2#：findOne 是 EnvironmentRepository 的接口，源码如下：

```
public interface EnvironmentRepository {
    Environment findOne(String var1, String var2, String var3);
}
```

该方法中最核心的机制就是通过 application、profile、label 三个参数找到对应的配置文件信息（基本单元）。在默认的 Config Server 实现方式中，它使用 Git Client 完成 Git 文件读取的方式加载对应 Git Server 中的配置文件，而在我们的定制化实现方式中，使用 JDBC 的方式获取配置文件信息。说明 2# 根据上述三个参数查找出三个联合主键对应的唯一配置文件 ID。

○ 说明 3#：这部分代码通过上一步取得的唯一 ID 信息从配置表（config_release）中取得配置文件信息，该信息对应 ConfigRelease 类模型信息。下面是 ConfigRelease 的代码实现：

```
@AllArgsConstructor
@NoArgsConstructor
@ApiModel(value = "已发布配置 bean")
@Data
public class ConfigRelease implements Serializable {
    @ApiModelProperty(value = "配置发布 ID")
    private Long id;
    @ApiModelProperty(value = "配置文件 namespace ID")
    private Long namespaceId;
    @ApiModelProperty(value = "版本号")
    private String version;
    @ApiModelProperty(value = "内容")
    private String content;
    @ApiModelProperty(value = "配置格式")
    private String format;
    @ApiModelProperty(value = "备注")
    private String remark;
    @ApiModelProperty(value = "标示当前状态是历史、当前或回滚")
    private Byte state;
    @ApiModelProperty(value = "发布人")
    private String creator;
    @ApiModelProperty(value = "发布时间")
    private Date createTime;
    private static final long serialVersionUID = 1L;
}
```

EnvironmentController 实现配置中心 Admin 前端管理及权限验证入口，Config Server 使用 HTTP 的方式作为 Config Client 配置文件的接口调用方式，所以我们通过 EnvironmentController 来暴露给客户端的配置入口，代码如下：

```java
@RequestMapping("/{name}/{profiles}/{label:.*}")
public Environment labelled(@PathVariable String name, @PathVariable String profiles,
    @PathVariable String label) {
  if (name != null && name.contains("(_)")) {
    // "(_)" is uncommon in a git repo name, but "/" cannot be matched
    // by Spring MVC
    name = name.replace("(_)", "/");
  }
  if (label != null && label.contains("(_)")) {
    // "(_)" is uncommon in a git branch name, but "/" cannot be matched
    // by Spring MVC
    label = label.replace("(_)", "/");
  }
  Environment environment = this.repository.findOne(name, profiles, label);
  if(!acceptEmpty && (environment == null ||
        environment.getPropertySources().isEmpty())){
    throw new EnvironmentNotFoundException("Profile Not found");
  }
  return environment;
}
```

可以看出，/{name}/{profiles}/{label:.*}路径参数正好与我们的请求方式相对应，因此 Config Server 是通过建立一个 RestController 来接收读取配置请求的，然后使用 EnvironmentRepository 来进行配置查询，返回 Environment 对象的 JSON 结果值，客户端接收时也应该将其反序列化为 Environment 的一个实例。

5.3 微服务网关

微服务网关在微服务架构中作为 HTTP 请求的统一调用入口，用来屏蔽和隔离内部服务实现细节，保护、增强和控制对微服务的访问，实现了服务之间调用关系的松散耦合，增强了服务的可重用性。此外还可以将安全、灰度、熔断等公共组件和切面功能放置到网关节点，实现系统的关注点分离。

5.3.1 微服务网关模式

在微服务架构中，一个大应用被拆分为多个小的服务系统，这些小的系统根据领域划分独立完成某项功能，也就是说这些小系统可以拥有自己的数据库、框架甚至语言等。这些小系统通常通过 REST API 风格的接口供浏览器、H5、Android、iOS 及第三方应用程序调用。

例如，我们把商品应用拆分为四个独立的子服务：商品目录服务、订单服务、付款服务、库存服务。商品目录服务使用 gRPC 方式对外暴露接口，订单和付款服务采用 REST 方式，而库存服务使用 Dubbo 方式，客户进入商品页面后需要同时使用多个微服务查询当前订单的详情。

客户端直连服务端模式

下图是客户端直连服务端模式。如果客户端想查看商品目录、订单、付款、库存这些服务，需要分别向这些服务的 URL 地址发送请求，然后客户端需要根据各服务端返回的响应完成聚合。

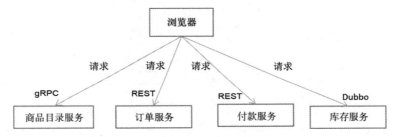

这种模式的缺点是明显的：

- 效率低下。客户端如果需要一个一键下单的功能，可能会涉及与多个微服务的接口交互，需要先查看商品库存、然后完成订单、最后付款。当客户端 API 接口粒度与后端 API 接口粒度不匹配时，浏览器需要来回多次访问请求，才能完成操作。而浏览器与后端的微服务是通过 WAN 公网通信的，这样带来的一个问题就是带宽的浪费。
- 协议适配问题。在这个实例中我们发现，商品目录服务采用了 gRPC 通信协议，订单、付款服务采用了 REST 方式的 HTTP。库存服务可能是一个遗留系统，采用了 Dubbo 框架，对外暴露的是 Dubbo 的 RPC 接口。在这种情况下，客户端如果想实现对不同接口的访问和对接，需要分别适配不同的技术栈，这本身也给前端工作带来了复杂性和非 Web 协议的不友好性。应用对外暴露的接口最好使用对 Web 友好、对防火墙友好的 HTTP 或者 SOAP。应用内部之间的调用可以采用 RPC 这样的远程方法。
- 耦合性强。这种模式的另一个重大缺陷就是客户端与服务端存在接口层面的依赖，服务端的技术栈和接口变化都会对调用方产生极大的影响。随着时间的推移，这种依赖将束缚服务的调用方与提供方的迭代和演进，这给微服务架构下的服务划分及重构都带来了难度。
- 可替代性下降。例如，当前端调用方需要从浏览器迁移到移动端时，在浏览器上使用的对接技术（JavaScript 对接 gRPC、JavaScript 对接 Dubbo）将无法迁移到移动端。

正因为客户端直连服务端模式存在如此多的问题，所以在微服务架构中我们很少直接通过客户端与服务端通信。我们知道，在软件开发领域有一句名言：任何软件工程遇到的复杂问题都可以通过增加一个中间层来解决。下面我们看看微服务网关是如何解决这个问题的。

API 网关模式

API 网关模式通过在客户端和服务端之间增加一个中间层，使得客户端可以在一次请求中向多个服务获取数据，请求数的减少也会直接改善用户体验。如下图所示是 API 网关的使用图示。

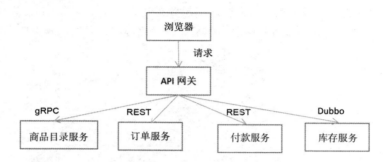

首先，在使用 API 网关模式后，API 网关对外屏蔽了服务的内部细节，通过一个粗粒度的 URL 可以实现一键下单服务，如/product/order:xxx。客户端对于网关的请求没有来回多轮请求，你只需要对网关下发一个请求，网关对外屏蔽调用多个内部微服务请求的操作细节。当完成所有服务请求后，网关将各个响应进行聚合再返回给客户端，减少了外网请求和响应的交互次数，提高了交互的效率。由于能够对返回数据进行灵活处理，API 网关减少了请求往返次数，从而简化了客户端的调用，也提高了访问服务的性能。

其次，假设每个系统使用的协议不同，那么系统之间的调用或者数据传输就存在协议转换，API 网关可以通过内置的协议转换引擎实现多种协议的适配和转换，将对外的请求统一在 HTTP-REST 的协议规范下。常用的处理机制通过泛化调用的方式实现协议之间的转化。实际上就是将不同的协议转换成通用协议，然后将通用协议转化成本地系统能够识别的协议。这一转化工作通常由 API 网关完成。

第三，API 网关实现客户端和服务端调用关系和部署环境的解耦，它向客户端隐藏了应用划分的微服务的部署版本。尽管微服务架构支持客户端直接与微服务交互，但当需要交互的微服务数量较多时，解耦就成为单体迈向微服务的必要工作。对于演进式架构，一个服务可能同时存在多个版本，对于 A/B 测试的场景，通过在 URL 中增加版本号（例如/path/version1/xxxx），或者在 HTTP-Head 中增加版本参数的方式，网关可以根据负载策略进行请求流量调节。客户端可以灵活地选择在不同场景使用不同版本的后端服务。

在微服务架构的网络拓扑中，微服务网关是一个处于应用程序和服务（提供 REST API 接口服务）之间的中间件系统，它可以用来完成管理授权、访问控制和流量限制等。REST API 接口服务对调用者透明，隐藏在 API 网关后面的业务系统可以专注于创建和构建业务逻辑，服务调用者和服务提供者通过网关实现了解耦。

当然，API 网关作为一个高可用组件，也增加了系统的复杂性和瓶颈点。我们很容易将微服务架构的 API 网关与 SOA 分布式架构的 ESB 系统联系起来。ESB 作为服务总线也可以实现协议转换、解耦服务提供方和服务调用方，ESB 还有重量级的服务编排等和业务逻辑关联比较强的特性，所以我们有必要说明一下 API 网关和 ESB 的区别。

API 网关和 ESB 的比较

ESB 是在应用服务化的早期、伴随着 EAI（Enterprise Application Integration，企业应用集成）和 SOA 的理念而产生的。它产生之初，是一个解决服务集成问题的服务中间件。同时，ESB 所处理的服务是企业级的服务，服务粒度比较粗，它践行的是"共享"的架构模式。它的主要功能包括服务的调解和路由、消息增强、消息转换和协议转换，这是它必须具备的也是具有强大优势的地方，消息队列的处理、大数据的传输更是它的强项。总之，ESB 是一种集中式的服务总线方式，可以以最小的代价把竖井式架构的应用改造成面向服务的架构。但由于通过 ESB 暴露出来的服务以紧耦合的方式固化在竖井应用中，其服务的柔性比较差，服务更改的代价比较大，导致 ESB 暴露的服务可能无法快速适应需求的变化。

API 网关是伴随着微服务的广泛使用而产生和发展的，API 网关是为了协调单体应用拆分后的众多微服务而产生的。

API 网关主要完成微服务集成、服务路由、灰度发布、流量控制等非业务属性公共功能，对于业务属性比较强的服务调配编排、消息增强转换、业务规则管理等功能就不是微服务网关要考虑的事情，而是由微服务自行处理。而微服务应用下各个微服务之间的异步数据传输依旧需要单独的消息处理软件用发布订阅机制来进行处理，比如使用 Kafka、RabbitMQ 等消息中间件。

微服务的最初目的不是功能的重用，而是适合小团队自主开发，达到敏捷开发、敏捷发布的目的，以缩短软件上市周期，所以它强调独立。而 API 网关作为单一入口，通过请求适配整合后台微服务体系，面向各种客户端提供统一服务请求。

API 网关的一个问题就是中心化的架构问题，我们需要考虑不同的前端、不同的业务团队，可能对网关存在隔离性的需求，在发布、部署、可用性方面，如何设计一个去中心化的网关系统也是实施微服务架构需要考虑的。

BFF 网关模式

BFF 全称是 Backends For Frontends（服务于前端的后端）。BFF 是指在设计 API 时为不同的设备提供不同的 API 接口，虽然它们可能实现相同的功能，但因为不同设备的特殊性，需要区别处理。如下图所示是 BFF 网关模式的示例。

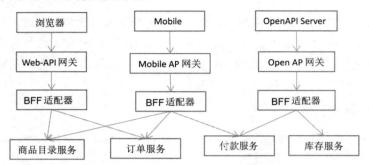

客户端都不直接访问服务端的公共接口，而是调用 BFF 层提供的接口，BFF 层再调用基层的公共服务。不同的客户端拥有不同的 BFF 层，它们为客户端提供定制化的 API 接口。我们可以认为 BFF 是一种适配服务，将后端的微服务进行适配（主要包括聚合裁剪和格式适配等），向无线设备暴露友好和统一的 API，方便无线设备访问后端服务。

采用 BFF 网关模式能够满足因不同客户端特殊的交互引起的对新接口的要求，所以一开始就会针对相应的设备设计好对应的接口。从职责分配上来说，BFF 网关模式每一层的功能更加清晰，网关（一般由独立框架团队负责运维）专注跨横切面（Cross-Cutting Concerns）的功能，使用相同的技术栈和公共类库；而 BFF 层主要是适配层，BFF 层的开发人员可以更加专注于业务逻辑。

通过客户端→网关层→BFF 层→微服务层的划分，整个微服务架构层次清晰、职责分明，它是一种灵活的能够支持业务不断创新的演进式架构。

微网关模式

虽然 BFF 网关模式在某种程度上实现了不同组件功能之间的解耦，但是它主要是前端类别的去中心化和适配。BFF 网关模式适用于对不同客户端（前端技术类别）类型的解耦。然而，对于不同业务类型或者不同团队网关服务提供者来说，BFF 网关模式还是存在相互影响、相互耦合的情况。

微网关（MicroGateway）模式可以理解为去中心化的网关模式，微服务架构的一个重要特性就是去中心化。我们可以从业务的维度进一步划分网关系统，在软件设计层面增加一个"网关组"的抽象概念，一个网关组对应一个独立的业务领域。网关组的概念也契合了微服务架构中的一些理念：业务系统依赖微服务网关提供清晰明确的服务边界，业务系统通过微服务网关对外暴露业务的标准服务接口。

在部署方式上，充分利用并结合了容器自动化的技术，在解决最后一公里的问题上，将网关以云端容器资源的方式交付给不同的业务方，通过共享网关 SDK 部署包的方式将网关的服务下沉到容器中实现和执行，从而在时间和空间上做到了弹性和灵活交付。使用网关的具有不同权限的用户可以同时维护各自所属网关组下的网关节点。下图展示的是去中心化的微网关模式。

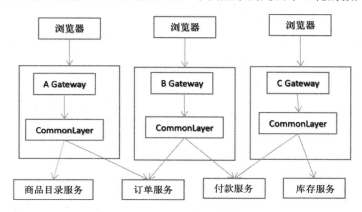

目前 Service Mesh 使用的也是去中心化的网关模式，将数据平面和控制平面解耦，是区别于应用层和通信层的一种云原生上下文。边车模式（SideCar Pattern）本质上也是一种去中心化的微服务的管理方式。在本书的进阶篇中，我们会更详尽地介绍微网关、边车模式、Service Mesh 的演进过程和微服务的发展趋势。

5.3.2 网关的主要功能

微服务网关作为微服务后端服务的统一入口（Entry Point），它可以统筹管理后端服务，主要分为数据平面（Data Plane）和控制平面（Control Plane）。

- 数据平面的主要功能是接入用户的 HTTP 请求和微服务被拆分后的聚合。使用微服务网关统一对外暴露后端服务的 API 和契约，路由和过滤功能正是网关的核心能力模块。另外，微服务网关可以实现拦截机制和专注跨横切面（Cross-Cutting Concerns）的功能，包括协议转换、安全认证、熔断限流、灰度发布、日志管理、流量监控等。
- 控制平面的主要功能是对后端服务做统一的管理和配置管理。例如，可以控制网关的弹性伸缩；可以统一下发配置；可以对网关服务添加标签；可以在微服务网关上通过配置 Swagger 功能统一将后端服务的 API 契约暴露给使用方，完成文档服务，提高工作效率和降低沟通成本。

路由功能

路由是微服务网关的核心能力。通过路由功能微服务网关可以将请求转发到目标微服务。在微服务架构中，网关可以结合注册中心的动态服务发现，实现对后端服务的发现，调用方只需要知道网关对外暴露的服务 API 就可以透明地访问后端微服务。

负载均衡

API 网关结合负载均衡技术，利用 Eureka 或者 Consul 等服务发现工具，通过轮询、指定权重、IP 地址哈希等机制实现下游服务的负载均衡。

协议转换

API 网关的一大作用在于构建异构系统，API 网关作为单一入口，通过协议转换整合后台基于 REST、AMQP、Dubbo 等不同风格和实现技术的微服务，面向 Web Mobile、开放平台等特定客户端提供统一服务。

安全认证

一般而言，无论对内网还是外网的接口都需要做用户身份认证，而用户认证在一些规模较大的系统中都会采用统一的单点登录（Single Sign On）系统，如果每个微服务都要对接单点登录系统，那么显然比较浪费资源且开发效率低。API 网关是统一管理安全性的绝佳场所，可以将认证的部分抽取到网关层，微服务系统无须关注认证的逻辑，只关注自身业务即可。常见的安全性技术（如密钥交换、客户端认证与报文加解密等）都可以在 API 网关中实现。

黑白名单

微服务网关可以使用系统黑名单，过滤 HTTP 请求特征，拦截异常客户端的请求，例如 DDoS 攻击等侵蚀带宽或资源迫使服务中断等行为，可以在网关层面进行拦截过滤。比较常见的拦截策略是根据 IP 地址增加黑名单。在存在鉴权管理的路由服务中可以通过设置白名单跳过鉴权管理而直接访问后端服务资源。

灰度发布

微服务网关可以根据 HTTP 请求中的特殊标记和后端服务列表元数据标识进行流量控制，实现在用户无感知的情况下完成灰度发布。

流量染色

和灰度发布的原理相似，网关可以根据 HTTP 请求的 Host、Head、Agent 等标识对请求进行染色，有了网关的流量染色功能，我们可以对服务后续的调用链路进行跟踪，对服务延迟及服务运行状况进行进一步的链路分析。

限流熔断

在某些场景下需要控制客户端的访问次数和访问频率，一些高并发系统有时还会有限流的需求。在网关上可以配置一个阈值，当请求数超过阈值时就直接返回错误而不继续访问后台服务。当出现流量洪峰或者后端服务出现延迟或故障时，网关能够主动进行熔断，保护后端服务，并保持前端用户体验良好。

服务管控

网关可以统计后端服务的请求次数，并且可以实时地更新当前的流量健康状态，可以对 URL 粒度的服务进行延迟统计，也可以使用 Hystrix Dashboard 查看后端服务的流量状态及是否有熔断发生。

文档中心

网关结合 Swagger，可以将后端的微服务暴露给网关，网关作为统一的入口给接口的使用方提供查看后端服务的 API 规范，不需要知道每一个后端微服务的 Swagger 地址，这样网关起到了对后端 API 聚合的效果。

日志审计

微服务网关可以作为统一的日志记录和收集器，对服务 URL 粒度的日志请求信息和响应信息进行拦截。

5.3.3　网关的技术选型

- Nginx + Lua
  Nginx 是一个高性能的 HTTP 和反向代理服务器。Nginx 一方面可以做反向代理，另外一方面可以做静态资源服务器，接口使用 Lua 动态语言可以完成灵活的定制功能。
- Kong
  Kong 是一款 API 管理软件，它本身是基于 Nginx+Lua 的，但比 Nginx 提供了更简单的配置方式，数据采用 Apache Cassandra 或 PostgreSQL 存储。Kong 的一个非常诱人的地方就是提供了大量的插件来扩展应用，通过不同的插件可以为服务提供各种增强功能。
- Spring Cloud Zuul
  Zuul 是 Netflix 公司开源的一个 API 网关组件。目前，结合 Spring Cloud 提供的服务治理体系，可以完成请求转发、路由规则配置、负载均衡，以及集成 Hystrix 实现熔断功能。
- Spring Cloud Gateway
  Spring Cloud Gateway 是基于 Spring 5.0 和 Spring Boot 2.0 构建的，提供路由等功能。

5.3.4 Spring Cloud Zuul 网关

Spring Cloud Zuul 是 Spring Cloud 在 Netflix 开源的 Zuul 网关的基础上，经过整合与增强实现的生产级别的微服务网关系统。Netflix 架构总监 Adrian Cockcroft 曾表示：在 Netflix 的开源项目中，Zuul 网关是一个容易被忽略但是最强大的基础服务之一。

Zuul 网关主要用于支持智能路由、安全认证、区域和内容感知，将多个底层服务聚合成统一对外暴露的 API。Zuul 网关的一大亮点是动态可编程，配置可以秒级生效。Netflix 对 Zuul 的官方介绍：Zuul 是从设备和网站到后端应用程序所有请求的门面（Facade），它为内部服务提供可配置的对外 URL 到服务的映射，及基于 JVM 的后端路由器。它具备以下功能。

- 动态路由：Zuul 可以无缝对接 Eureka 服务发现中心，通过配置路由匹配规则，将符合匹配条件的请求转发到对应的后端服务上。
- 负载分配：为每一种负载类型分配对应的容量，并弃用超出限定值的请求。默认情况下，Zuul 的负载均衡使用的是 Ribbon 的 ZoneAwareLoadBalancer。该类的算法就是对服务发现中可用实例的轮询，成功追踪到响应的可用区域。
- 压力测试：逐渐增加指向集群的负载流量，从而计算性能水平。
- 静态响应处理：在边缘位置直接建立部分响应，从而避免其流入内部集群。
- 多区域弹性：跨越 AWS（亚马逊云服务）区域进行请求路由，旨在实现负载均衡使用多样化并保证边缘位置与使用者尽可能接近。
- 验证与安全保障：识别面向各类资源的验证要求并拒绝那些与要求不符的请求。
- 审查与监控：在边缘位置追踪数据及统计结果，从而为我们提供准确的生产状态。

Zuul1 的功能相对比较简单，它本质上是基于 Spring MVC 框架开发的一个 Web Servlet 应用。Zuul1 的核心模块是一系列 Filter 过滤器，使用阻塞式的 I/O，通过线程池技术实现请求的并发处理。每个请求都对应独立的线程，处理后端的业务逻辑。如下图所示是 Zuul1 的主要编程模型。

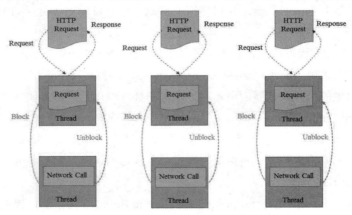

Zuul1 的线程模型决定了 Zuul1 在高并发场景下存在性能瓶颈，所以 Netflix 为了解决网关的 I/O 瓶颈，开发了基于 NIO（非阻塞 I/O）模式的 Zuul2。下图是 Zuul2 基于 Reactor 模式的架构实现。

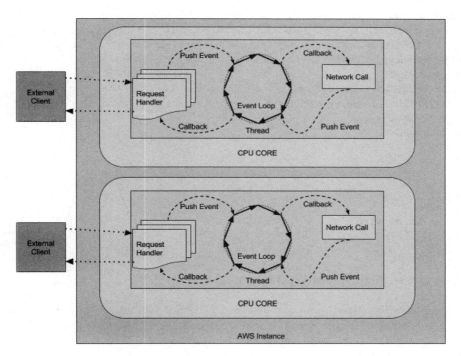

Zuul2 的设计相对复杂，采用了 Netty 框架实现异步非阻塞的编程模型，Zuul2 虽然在性能上比 Zuul1 有明显的优势，然而 Zuul2 的问题是在编程模型和代码调试、排查问题上复杂性比较高。另外 Zuul2 的线程异步特性也给以本地线程方式进行请求跟踪和监控工作带来了麻烦。

在生态上，Spring Cloud Finchley 继续沿用了 Zuul1，没有采用 Zuul2，一方面是因为 Zuul2 的改动比较大，从生态稳定性和兼容性上来讲，Zuul1 有明显的优势，另一方面是因为 Spring Cloud 已经基于 Spring Boot 2.0 和 Reactor 实现了 Spring Cloud Gateway 异步网关。

Zuul1 目前与 Eureka、Ribbon、Hystrix 都实现了无缝的对接融合，具备更多额外能力，Zuul1 已经部署在很多在生产环境中，经过大规模验证，同时 Zuul1 可以使用 Servlet 3.0 规范支持的 AsyncServlet 进行优化，可以实现前端异步，支持更多的连接数，达到和 Zuul2 一样的效果，但是不用引入太多异步复杂性。

Spring Cloud Zuul1 的接入与配置

1. 添加 Maven 依赖

```xml
<dependencies>
    <dependency>
        <groupId>org.springframework.cloud</groupId>
        <artifactId>spring-cloud-starter-Zuul</artifactId>
    </dependency>
    <dependency>
        <groupId>org.springframework.cloud</groupId>
        <artifactId>spring-cloud-starter-eureka</artifactId>
    </dependency>
</dependencies>
```

2. 配置文件

```yaml
spring:
  application:
    name: Zuul-service
eureka:
  client:
    service-url:
      defaultZone: http://localhost:8761/eureka
  instance:
    instance-id:
        ${spring.application.name}:${spring.cloud.client.ipAddress}:
        ${spring.application.instance_id:${server.port}}
    prefer-ip-address: true
server:
  port: 8080
```

3. 定义 Zuul 网关启动类

```java
import org.springframework.boot.SpringApplication;
import org.springframework.boot.autoconfigure.SpringBootApplication;
import org.springframework.cloud.netflix.Zuul.EnableZuulProxy;
//使用@EnableZuulProxy 注解开启 Zuul 的 API 网关服务
@SpringBootApplication
@EnableZuulProxy
public class ZuulApplication {
    public static void main(String[] args) {
        SpringApplication.run(ZuulApplication.class, args);
    }
}
```

Zuul 的路由配置方式

默认情况下，在 application.yml 中配置 Zuul 的路由，主要有三种主要的路由配置方式。

- 单实例 serviceId 映射

配置文件如下：

```
Zuul:
  routes:
    user-service:
      path: /users/**
      serviceId: user-service
```

上面的路由配置是一个从 /users/** 到 user-service 服务的映射规则，我们可以把它简化为一个较简单的配置，映射规则与 serviceId 都不用写，可以通过 http://localhost:8080/user-service/user/test?id=1 来调用。Zuul 会给 user-service 添加一个默认的映射规则 /user-service/**，相当于：

```
Zuul:
  routes:
    client-a:
      path: /user-service/**
      serviceId: user-service
```

- 单实例 URL 映射

除了路由到服务，Zuul 还能路由到物理地址，将 serviceId 替换成 URL 即可：

```
Zuul:
  routes:
    client-a:
      path: /users/**
      url: http://localhost:8080/users 的地址
```

- 多实例路由

默认情况下，Zuul 会使用 Eureka 中集成的基本负载均衡功能，如果想使用 Ribbon 的负载均衡功能，就需要指定一个 serviceId，此操作需要禁止 Ribbon 使用 Eureka，在 E 版之后新增了负载均衡的配置。

```
Zuul:
  routes:
    client-a:
      path: /client/**
      serviceId: client-aribbon:
  eureka:
    enabled: false #禁止 Ribbon 使用 Eurekaclient-a:
```

```yaml
ribbon:
    NIWSServerListClassName: com.netflix.loadbalancer.ConfigurationBasedServerList
    NFLoadBalancerRuleClassName: com.netflix.loadbalancer.RandomRule
    listOfServers: 10.1.12.5:8080,10.1.25.6:8081
```

- forward 本地跳转

Zuul 支持在网关内部跳转，即本地跳转，在网关中写好一个接口，例如：

```java
@RestController
public class TestController {
    @RequestMapping(value = "/testMethod", method = RequestMethod.GET)
    public String forwardMethod(Integer a){
        return "本地跳转:"+a;
    }
}
```

配置以下信息即可实现本地跳转：

```yaml
zuul:
  routes:
    client-a:
      path: /test/**
      url: forward:/forwardMethod
```

5.3.5 Zuul 的主要工作原理

Zuul 对 HTTP 请求的处理核心就是 ZuulServlet 类，而 ZuulServlet 本质上是符合 Java EE 规范的 Servlet 实现类。Zuul 的核心处理逻辑由一系列 Filter 组成，而这些 Filter 全部封装在 ZuulServlet 类的 Runner 中，Runner 在接收到 HTTP 请求后会依次调用 ZuulFilter，而 ZuulFilter 则是 Zuul 在初始化时加载到 FilterProcessor 的 Filter 实例。

ZuulFilter 机制

Zuul 最主要的工作机制是基于 ZuulFilter 的链式调用请求机制，ZuulFilter 之间没有直接的通信，它们之间通过一个 RequestContext 静态类来进行数据传递。RequestContext 类中通过 ThreadLocal 变量来记录每个 Request 所需要传递的数据。ZuulFilter 可以使用 Java 或者 Groovy 动态代码实现，同时使用 Filter Loader 的动态文件夹轮询扫描功能，可以将 ZuulFilter 动态加载到 FilterProcessor 中，实现动态 Filter 功能。下图是 Zuul 的一个整体架构图。

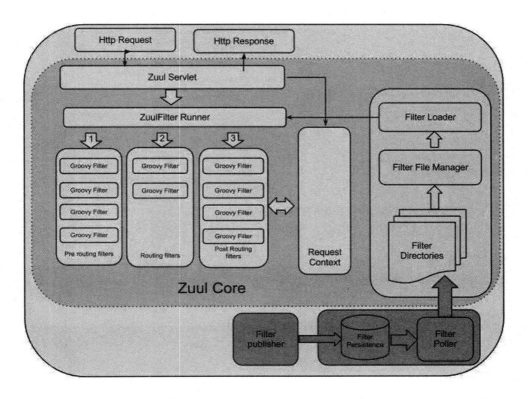

ZuulServlet 是处理 HTTP 请求的核心类,它被嵌入 Spring Dispatch 机制中,从请求调用栈中可以发现它由 Spring DispatchServlet 处理,代码如下:

```
public class ZuulServlet extends HttpServlet {
    private ZuulRunner ZuulRunner;
    public void service(javax.servlet.ServletRequest servletRequest,
        javax.servlet.ServletResponse servletResponse) throws ServletException,
            IOException {
        try {
            init((HttpServletRequest) servletRequest, (HttpServletResponse) servletResponse);
            RequestContext context = RequestContext.getCurrentContext();
            context.setZuulEngineRan();
            try {
                preRoute();
            } catch (ZuulException e) {
                error(e);
                postRoute();
```

```
            return;
        }
        try {
            route();
        } catch (ZuulException e) {
            error(e);
            postRoute();
            return;
        }
        try {
            postRoute();
        } catch (ZuulException e) {
            error(e);
            return;
        }
    } catch (Throwable e) {
        error(new ZuulException(e, 500, "EXCEPTION_" + e.getClass().getName()));
    } finally {
        RequestContext.getCurrentContext().unset();
    }
}
```

Zuul 路由机制

Zuul 的核心工作原理主要有两部分：一部分就是上面讲的根据 Zuul 的 Filter 链式调用机制完成 HTTP 请求的 Pre、Route、Post 阶段的请求拦截和处理；另一部分是 Zuul 提供的路由机制，它可以实现根据 HTTP 请求到 ZuulServlet 的路由匹配映射，而路由匹配映射的工作主要是通过 ZuulHandlerMapping 模块完成的，在构造 ZuulHandlerMapping 时传入的 RouteLocator 是 CompositeRouteLocator。ZuulHandlerMapping 代码如下：

```
public class ZuulHandlerMapping extends AbstractUrlHandlerMapping {
    public ZuulHandlerMapping(RouteLocator routeLocator, ZuulController zuul) {
        this.routeLocator = routeLocator;
        this.zuul = zuul;
        setOrder(-200);
    }
    @Override
    protected Object lookupHandler(String urlPath, HttpServletRequest request)
        throws Exception {
        if (this.errorController != null && urlPath.equals(this.errorController.getErrorPath())) {
```

```java
            return null;
        }
        if (isIgnoredPath(urlPath, this.routeLocator.getIgnoredPaths()))
            return null;
        RequestContext ctx = RequestContext.getCurrentContext();
        if (ctx.containsKey("forward.to")) {
            return null;
        }
        if (this.dirty) {
            synchronized (this) {
                if (this.dirty) {
                    registerHandlers();
                    this.dirty = false;
                }
            }
        }
        return super.lookupHandler(urlPath, request);
    }
    private void registerHandlers() {
        Collection<Route> routes = this.routeLocator.getRoutes();
        if (routes.isEmpty()) {
            this.logger.warn("No routes found from RouteLocator");
        }
        else {
            for (Route route : routes) {
                registerHandler(route.getFullPath(), this.zuul);
            }
        }
    }
}
```

从代码中我们可以看到，ZuulHandlerMapping 继承了 AbstractUrlHandlerMapping，Zuul 的路由匹配使用了 Spring MVC 的映射功能。ZuulHandlerMapping 复写了父类的 lookupHandler 方法。它的目的是将 HTTP URL 请求映射到对应的 Controller，并将这个映射关系注册到 Spring MVC 中。如下图所示是 ZuulHandlerMapping 的类结构。

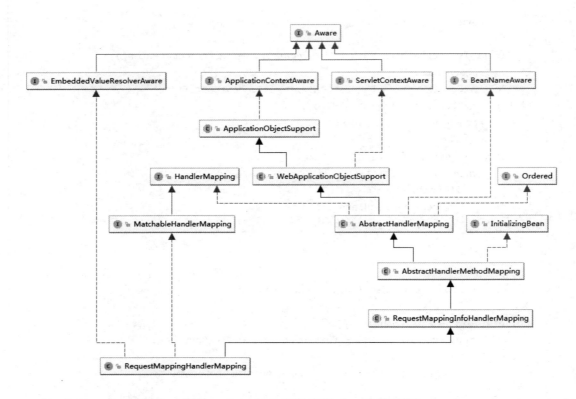

在 ZuulHandlerMapping 类的 registerHandlers 方法中,它将调用 routeLocator.getRoutes 方法注册所有路由对象。其中 routeLocator 的实现有三种,分别是 SimpleRouteLocator、DiscoveryClientRouteLocator、DiscoveryClientRouteLocator。这三种 RouteLocator 最终都会由 CompositeRouteLocator 聚合统一管理,同时这些 Route 的处理类会设置为 ZuulController。下面看一下 ZuulController 的源码实现。

```java
public class ZuulController extends ServletWrappingController {
    public ZuulController() {
        setServletClass(ZuulServlet.class);
        setServletName("zuul");
        setSupportedMethods((String[]) null);
    }
    @Override
    public ModelAndView handleRequest(HttpServletRequest request,
        HttpServletResponse response) throws Exception {
        try {
            return super.handleRequestInternal(request, response);
        }
```

```
        finally {
        RequestContext.getCurrentContext().unset();
        }
    }
}
```

查看 ZuulController 的父类 ServletWrappingController 的源码，它将请求都交给 ZuulServlet 来处理。由此可知，Zuul 是如何将 Route 信息中配置的路由信息映射到 ZuulController，而后由 ZuulController 委托给 ZuulServlet 来处理的。

最后，让我们梳理一下 Zuul 对 HTTP 请求的核心路由逻辑和 Filter 处理步骤：

（1）DispatcherServlet 的 doDispatch 是 HTTP 请求的入口，通过 AbstractHandlerMapping 的 getHandlerInternal 方法找到对应的处理类，然后 getHandlerInternal 会调用 lookupHandler 方法。

（2）ZuulHandlerMapping 覆写了抽象类 AbstractHandlerMapping 的 lookupHandler 方法，而 registerHandlers 方法遍历 CompositeRouteLocator 完成 URL 与对应的 ZuulRoute 映射规则的加载。

（3）在 lookupHandler 方法中首先判断 urlPath 是否被忽略，如果被忽略则返回 null。

（4）判断路由规则有没有加载过或者更新过，如果没有加载或者更新，则重新加载。

（5）ZuulHandlerMapping 注册处理器的时候使用的是 ZuulController，也就说 Zuul 的所有请求对应的路由规则公共处理器都是 ZuulController。最终这个处理器会将请求委托给 ZuulServlet 来处理，然后经过 Zuul 定义的和自定义的拦截器执行具体请求处理逻辑。

5.3.6　Zuul 的插件机制及定制化开发

Zuul 的另外一个重要机制就是 Filter 动态加载机制。Zuul 支持的动态 Filter 由 Groovy 代码编写，动态管理 Groovy 的 File 目录变更并动态编译和加载。

- Filter 类文件动态管理

Zuul 通过 FilterFileManager 组件监控存放 Filter 文件的目录，定期扫描这些目录，如果发现有新 Filter 源码文件或者 Filter 源码文件有改动，则对文件进行编译和加载。FilterFileManager 管理目录轮询的变化和新的 Groovy 过滤器。轮询间隔和目录在类的初始化中指定，并且轮询器将进行检查、更改和添加操作。下面的代码开启轮询线程。

```
poller = new Thread("GroovyFilterFileManagerPoller") {
    public void run() {
        while (bRunning) {
            try {
```

```
                //定时休眠 sleep(pollingIntervalSeconds * 1000);
                //扫描目录，监听目录变化
                manageFiles();
            } catch (Exception e) {
                e.printStackTrace();
            }
        }
    }
};
poller.setDaemon(true);
poller.start(); //开启轮询线程
}
```

startPoller 开启轮询线程以定时调用 manageFiles 方法扫描目录，监听目录变化的 startPoller 方法在 FilterFileManager 初始化时调用一次下面的代码完成目录扫描及检测。

```
void manageFiles() throws Exception, IllegalAccessException, InstantiationException {
    //1. 通过 getFiles 方法获取目录中的所有 Filter 文件
    List<File> aFiles = getFiles();
    //2. 通过 processGroovyFiles 方法处理所有 Filter 文件
    processGroovyFiles(aFiles);
}
List<File> getFiles() {
    List<File> list = new ArrayList<File>();
    //遍历配置的动态 Filter 文件存放目录，加载目录文件
    for (String sDirectory : aDirectories) {
        if (sDirectory != null) {
            File directory = getDirectory(sDirectory);
            File[] aFiles = directory.listFiles(FILENAME_FILTER);
            if (aFiles != null) {
                list.addAll(Arrays.asList(aFiles));
            }
        }
    }
    return list;
}
//处理所有动态 Filter 文件
void processGroovyFiles(List<File> aFiles) throws Exception,
    InstantiationException, IllegalAccessExcepticn {
    for (File file : aFiles) {
        FilterLoader.getInstance().putFilter(file);
    }
}
```

- Filter 类文件动态编译

Zuul 动态加载 Filter 文件，并通过编译器将文件编译成 Class，目前 Zuul 通过定义 DynamicCodeCompiler 接口及 Groovy 编译的实现类 GroovyCompiler 来完成 Groovy 编写的 Filter 的动态编译。DynamicCodeCompiler 接口定义如下：

```java
public interface DynamicCodeCompiler {
    /**
     * 通过源码字符串及 Filter 名称编译 Class
     */
    Class compile(String sCode, String sName) throws Exception;
    /**
     * 通过源码文件编译 Class
     */
    Class compile(File file) throws Exception;
}
```

GroovyCompiler 类型加载的源码如下：

```java
public class GroovyCompiler implements DynamicCodeCompiler {
    private static final Logger LOG = LoggerFactory.getLogger(GroovyCompiler.class);
    @Override
    public Class compile(String sCode, String sName) {
        GroovyClassLoader loader = getGroovyClassLoader();
        LOG.warn("Compiling filter: " + sName);
        Class groovyClass = loader.parseClass(sCode, sName);
        return groovyClass;
    }
    GroovyClassLoader getGroovyClassLoader() {
        return new GroovyClassLoader();
    }
    @Override
    public Class compile(File file) throws IOException {
        GroovyClassLoader loader = getGroovyClassLoader();
        Class groovyClass = loader.parseClass(file);
        return groovyClass;
    }
}
```

- Java 类型动态 Zuul Filter 加载

基于 Zuul 的字节码加载机制和 File 文件扫描与类文件动态加载机制，也支持基于 Java 语言的动态 Zuul Filter 加载（因为篇幅所限，代码部分省略），具体实现代码已经在 GitHub 上开源，读者可以通过查找开源项目 Sia-Gateway 获取。

5.3.7 Zuul 的动态路由

启动时 Zuul 会读取静态配置文件加载路由信息，将 URL Path 与路由映射关系建立好，提前加载到内存。在很多场景下，我们需要在不停止 Zuul 进程的前提下，完成路由映射规则的重新建立，这时候我们就需要动态路由（Dynamic Routing）功能，有两种实现动态路由的方式。

方式一：通过 Spring Boot Acturator 开启 Zuul 的 Endpoint 功能，它支持 Refresh 动态刷新配置文件，这种方式的好处是 Zuul 无须做任何修改，也不需要维护路由映射规则，缺点是没有可视化界面，维护起来比较烦琐。

方式二：覆写 RouteLocator 的 List<Route> getRoutes()方法，通过事件刷新机制，从数据库中读取路由配置规则。这是常用的 Zuul 动态路由解决方案，它可以轻松地实现可视化管理，减少引入新的 Spring Cloud 组件的依赖绑定。Sia-Gateway（GitHub 已开源项目）使用了基于 MySQL DB 的动态路由机制。如下图所示是 Zuul 动态路由架构图。

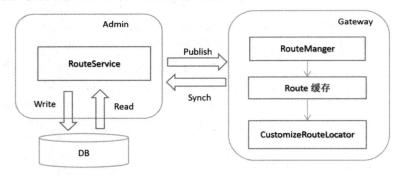

Zuul 的动态路由思路及解决方案如下。

首先，Admin 作为前端管理界面将用户对路由的添加、修改、删除等操作通过 RouteService 存储到 DB 中。DB 中的存储结构如下图所示。

id	path	serviceid	url	retryable	enabled	stripPrefix	apiName	zuulGroupName	routeStatus	strategy
qantryow-book-test2	/book2/**		http://10.143.131.12:8091	1	1	1	qantryow-book-...	API-GATEWAY-CORE	ONLINE	SERVICEURL
heibai-test	/oooo/**		111	0	1	0	heibai-test	API-GATEWAY-CORE	EDIT	SERVICEURL
qianhuano-test1	/qianhuano1/**	qantryow-book-test		1	1	1	qianhuano-test1	API-GATEWAY-CORE	DOWNLINE	SERVICEID
qianhuano-test2	/qianhuano2/**		http://10.143.131.12:8091	1	1	1	qianhuano-test2	API-GATEWAY-CORE	ONLINE	SERVICEURL
oii	/o/**	aaa	NULL	1	1	1	oii	API-GATEWAY-CORE	DOWNLINE	SERVICEID
test	/test/**	test		1	1	1	testAoolication	API-GATEWAY-CORE	ONLINE	SERVICEID
test0910	/test/*	test44		0	1	1	测试0910	API-GATEWAY-CORE	DOWNLINE	SERVICEID
toumi-aooservice-c...	/chinaRa/**	toumi-aooservice-chinara	NULL	1	1	1	服务	API-GATEWAY-CORE	DOWNLINE	SERVICEID
vttest	/aoi/**	vtt-book-test		0	1	0		API-GATEWAY-CORE	ONLINE	SERVICEID
vttest4	/book9/**	vtt-book-test		1	1	1		API-GATEWAY-CORE	ONLINE	SERVICEID
vttest5	/aoi/*	vtt-book-test		0	1	1		API-GATEWAY-CORE	DOWNLINE	SERVICEID
sidkasdiasd	/b/**	downstream	NULL	NULL	1	1	APP-GATEWAY-...	APP-GATEWAY-CORE	ONLINE	SERVICEID
hello-book-dev	/test2/**	downstream	NULL	1	1	1	NULL	APPLICATION-GATEWAY-C...	ONLINE	SERVICEID
ceshi	/ceshi/?	d	d	0	1	1	ceshi	ceshi	EDIT	LISTOFSER...

字段映射关系如下。

- id：标识路由的唯一 ID，唯一主键，可以根据路由 ID 查找路由。
- ZuulGroupName：网关集群组名，标识这个新建的路由归属在哪个网关集群下面。
- apName：应用名称，标识路由的别名。
- path：匹配路径，新建路由的路径匹配 Patten（例如/foo/**），所有发到 /foo/**路径下的请求都会转发到这个路由下面。
- strategy：后端服务策略，后端路由有以下三种策略（只能选其中一种策略）。
  - SERVICEID 策略：针对连接到 Eureka 上的应用，根据配置的 ServiceID，网关会动态匹配一个后端服务。
  - SERVICEURL 策略：针对非 Eureka 上的应用根据配置的 URL 映射到匹配的 URL 后端服务上。
  - LISTOFSERVICE 策略：针对非 Eureka 上的应用，可以选择多个 IP:PORT（通过逗号分隔）实现路由负载，默认使用 RoundRobin 方式实现负载均衡。例如"192.168.1.3:8070，192.168.1.2:8090"。
- SERVICEID：匹配一个新建路由的后端服务唯一标识。
- url：后端服务 URL，匹配一个新建路由的后端服务 URL 物理地址。
- stripPrefix：前缀是否生效，标识这个路由在转发时是否需要删除前缀设置。
  - 当 stripPrefix=true 时，主要的路由映射关系如下：
    http://127.0.0.1:8181/api/user/list -> http://192.168.1.100:8080/ user/list
  - 当 stripPrefix=false 时，主要的路由映射关系如下：
    http://127.0.0.1:8181/api/user/list -> http://192.168.1.100:8080/ api/user/list）。

其次，Admin 对 Route 的状态管理类似状态机，网关节点的路由状态变更通过事件触发机制实现，以达到路由状态的一致性。如下图所示是路由（Route）状态在 Admin 上的状态流转图。

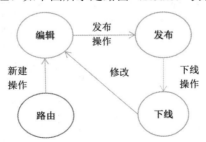

当 Admin 在修改 Route 状态时，它需要首先进行 Route 下线，当 Route 处于发布上线状态时，执行发布路由操作会调用 publishRoute 操作，publishRoute 会调用 Gateway 的对外刷新接口，

Gateway 会从 Admin 同步最新的路由信息，并将 Route 设置为发布状态。

网关节点的路由管理机制主要由两部分组成，一部分通过自定义 RouteLocator 从 Admin 同步最新的路由状态，Admin 会访问数据库，并返回给网关节点最新的路由状态信息，另一部分就是路由缓存状态管理，即同步更新。下面是代码实现。

```java
public class CustomizeRouteLocator extends SimpleRouteLocator implements
    RefreshableRouteLocator {
    private ZuulProperties properties;
    @Autowired
    RouteOptService ropt;
    private StringBuffer routeBuffer;
    public StringBuffer getRouteBuffer() {         //说明 1#
        return routeBuffer;
    }
    private AtomicBoolean refreshCalled = new AtomicBoolean(false);
    private AtomicBoolean initDone = new AtomicBoolean(false);
    public SagRouteLocator(String servletPath, ZuulProperties properties) {
        super(servletPath, properties);
        this.properties = properties;
    }
    @Override
    public void refresh() {                         //说明 2#
        doRefresh();
    }
    @SuppressWarnings("unchecked")
    @Override
    public Map<String, ZuulRoute> locateRoutes() {
        try {                                       //说明 3#
            LinkedHashMap<String, ZuulRoute> routesMap;
            /**
             * Step1: 从 Cache 加载 Load 路由信息*/
            LinkedHashMap<String, ZuulRoute> routesMapfromCache =
                (LinkedHashMap<String, ZuulRoute>) LocalCacheManager.cacheMgr
                    .get(GatewayConstant.routeL1CacheKey);
            if ((routesMapfromCache != null) && (refreshCalled.get() == false)) {
                logger.debug("> Load RouteMap from local cache..");
                routesMap.putAll(routesMapfromCache);    //说明 4#
            }
            else {
                //首先：将 refreshCalled 标志位重置为 flase
                if (refreshCalled.get()) {
                    refreshCalled.compareAndSet(true, false);
                }
                Map<String, ZuulRoute> routeMapFromDB =
```

```
                ropt.locateRoutesFromDB();
                //激活 Cache
                routeCacheEnabled();
                //将 DB-Route 信息同步到 Cache 中
                LocalCacheManager.cacheMgr.put(GatewayConstant.routeL1CacheKey,
                    routeMapFromDB);
                routesMap.putAll(routeMapFromDB);
            }
            return values;
        }
        catch (Exception e) {
            new GatewayException(ExceptionType.CoreException, e);
        }
        return null;
    }
    public void routeCacheEnabled() {
        if (!LocalCacheManager.cacheMgr.exists(GatewayConstant.routeL1CacheKey)) {
            LocalCacheManager.cacheMgr
                .enableL1Cache(GatewayConstant.routeL1CacheKey);
        }
        else {
            LocalCacheManager.cacheMgr.del(GatewayConstant.routeL1CacheKey);
        }
    }
    public AtomicBoolean getRefreshCalled() {
        return refreshCalled;
    }
    public void setRefreshCalled(AtomicBoolean refreshCalled) {
        this.refreshCalled = refreshCalled;
    }
}
```

- 说明 1#：CustomizeRouteLocator 是自定义路由加载的核心处理类，该类继承了 SimpleRouteLocator，并实现了 RefreshableRouteLocator 接口。该类的主要功能是覆盖简单路由定位器的具体实现类，完成具体路由的加载策略及 Zuul 的内部事件刷新机制。
- 说明 2#：refresh 方法是 RefreshableRouteLocator 刷新事件的回调方法，该回调方法在 ZuulHandlerMapping 执行 setDirty 方法时被触发。ZuulHandlerMapping 的代码如下：

```
public class ZuulHandlerMapping extends AbstractUrlHandlerMapping {
    public void setDirty(boolean dirty) {
        this.dirty = dirty;
        if (this.routeLocator instanceof RefreshableRouteLocator) {
          ((RefreshableRouteLocator) this.routeLocator).refresh();
        }
    }
}
```

ZuulRefreshListener 在@ZuulServerAutoConfiguration 自动化配置类中被初始化，setDirty（true）将触发配置信息的重新加载并触发 refresh 方法，代码如下：

```java
private static class ZuulRefreshListener implements ApplicationListener<ApplicationEvent> {
    @Autowired
    private ZuulHandlerMapping ZuulHandlerMapping;
    private HeartbeatMonitor heartbeatMonitor = new HeartbeatMonitor();
    @Override
    public void onApplicationEvent(ApplicationEvent event) {
        if (event instanceof ContextRefreshedEvent
            || event instanceof RefreshScopeRefreshedEvent
            || event instanceof RoutesRefreshedEvent) {
            this.ZuulHandlerMapping.setDirty(true);
        }
        else if (event instanceof HeartbeatEvent) {
            if (this.heartbeatMonitor.update(((HeartbeatEvent)event).getValue())) {
                this.zuulHandlerMapping.setDirty(true);
            }
        }
    }
}
```

- 说明 3#：locateRoutes 方法是 SimpleRouteLocator 的回调方法，下面是 SimpleRouteLocator 的具体实现，可以看到 SimpleRouteLocator 在 doRefresh 事件中回调了 locateRoutes 方法。

```java
protected void doRefresh() {
    this.routes.set(locateRoutes());
}
protected Map<String, ZuulRoute> locateRoutes() {
    LinkedHashMap<String, ZuulRoute> routesMap = new LinkedHashMap<String,
        ZuulRoute>();
    for (ZuulRoute route : this.properties.getRoutes().values()) {
        routesMap.put(route.getPath(), route);
    }
    return routesMap;
}
```

- 说明 4#：这部分代码是自定义路由加载的核心策略，我们设置了一个布尔型的原子变量：refreshCalled，当这个变量设置为 true 时，表示需要自定义 Locator，强制从数据库中加载最新路由信息。当从数据库同步路由信息并将其存储到本地缓存中时，将 refreshCalled 设置为 false，这样下次加载路由信息时，从缓存中加载就可以了，不需要从远端数据库中加载。这样做的好处是，可以明显提升维护本地路由信息的效率。RouteLocatorUpdater 的作用就是当 Admin 调用 refreshRoute 方法时，将 refreshCalled 原子变量设置为 true，强制从数据库同步加载路由信息。

```java
public class RouteLocatorUpdater {
    private static final Logger LOGGER = LoggerFactory.getLogger(RouteLocatorUpdater.class);
    @Autowired
    ApplicationEventPublisher publisher;
    @Autowired
    RouteLocator routeLocator;
    @Autowired
    SagRouteLocator routlocator;
    public void refreshRoute() {
        LOGGER.info("> RouteLocatorUpdater 路由刷新调用...");
        /**
         * Step1:将 refreshCalled 设置为 ture，强制 locateRoutes 从数据库获取路由信息
         */
        routlocator.getRefreshCalled().compareAndSet(false, true);
        /**
         * Step2: 发送通知事件，数据库同步路由信息，取得最新的路由表
         */
        RoutesRefreshedEvent routesRefreshedEvent = new
            RoutesRefreshedEvent(routeLocator);
        publisher.publishEvent(routesRefreshedEvent);
    }
}
```

最后一步，就是 Admin 从数据库获取路由数据信息，即从数据库中加载网关的路由信息，并返回给网关节点，作为最新的路由信息。

```java
public List<RouteObj> locateRoutesFromDB() {
    LOGGER.info(">>> 从数据库加载路由信息到网关...");
    List<RouteObj> results = null;
    try {
        results = gatewayJdbcTemplate.query(SELECTROUTE,
            new BeanPropertyRowMapper<>(RouteObj.class));
    }
    catch (DataAccessException e1) {
        LOGGER.error("> locateRoutesFromDB exception:{}", e1);
    }
    catch (Exception e1) {
        LOGGER.error("> locateRoutesFromDB exception:{}", e1);
    }
    return results;
}
```

注意：在网关获取动态路由信息的过程中，使用 REST 方式通过 Admin 代理获取路由信息，没有使用网关节点直接去数据库查询路由信息，主要有两个原因：

- 网关如果直接连接数据库，就会产生网关与数据库的强耦合关系，对于所有网关服务来说，都需要引入对 MySQL 数据库的依赖。
- 网关节点服务如果使用连接数据库的方式，那么就需要数据库的相关配置（用户名、密码）等信息，从数据安全的角度考虑，网关作为云原生的服务资源，应该尽量少暴露给后端用户，我们应该通过网关 Admin 服务统一管理数据库资源。

5.3.8　Zuul Filter 扩展功能实现

在 Zuul 的工作原理中，我们已经看到 Zuul 主要采用基于 Filter 链的工作调用模式，通过自定义 Filter 机制可以动态扩展网关服务功能。网关的一个重要作用就是提供公共服务组件，而这些组件的功能也大都与 Filter 的拦截机制有关。下面我们以网关中经常会使用的灰度发布、服务限流为例，来说明如何通过 Filter 机制结合 Ribbon 和其他模块来实现。

实现灰度发布

目前常见的发布策略有蓝绿发布和灰度发布（金丝雀发布）。服务发布策略本质上是一种流量切换和流量导流策略。

- 蓝绿发布：在发布的过程中用户对服务的重启无感知，通常情况下通过新旧版本并存的方式实现，也就是说在发布的流程中，新的版本和旧的版本是相互热备的，通过切换路由权重的方式（非 0 即 100）实现不同应用的上线或者下线。
- 灰度发布：在线上运行的服务中加入少量的新版本服务，然后从这少量的新版本服务中快速获得反馈，根据反馈决定服务最后的交付形态。

灰度发布要做的就是修改 Ribbon 的负载策略，基本的思路是，根据 Eureka 的 Metadata 配置设置自定义元数据（服务版本信息）与网关中设置的路由负载策略（Ribbon 的 Rule 规则）进行匹配，选择符合路由条件的后端服务进行导流操作。

具体而言，因为 Zuul 使用的是基于同步线程的请求处理模式，所以我们可以通过 ThreadLocal 变量记录当前 HTTP 请求的特征数据，将特征数据与 Ribbon 中维护的后端服务实例的元数据进行模式匹配，再根据当前路由设置的负载策略就可以将 HTTP 请求映射到对应的后端服务实例。下面是主要的实现过程。

在实现灰度发布策略前，需要保证后端服务实例注册在 Eureka 中，并设定元数据的服务实例的版本信息。

```
spring.application.name = provide-test
server.port = 7770
```

```
eureka.client.service-url.defaultZone = http://localhost:1111/eureka/
#启动后直接将该元数据信息注册到 Eureka
#eureka.instance.metadata-map.version = v1
```

Zuul 主要依靠 Filter 实现 HTTP 拦截，执行灰度发布过滤功能，其中 ribbonHolder 存储的是后端路由 ID 对应的路由策略信息。ribbonHolder 在初始化时加载 Admin 配置的路由策略，篇幅所限，此处省略加载过程。routeribbonholder 通过设置的路由策略可以动态执行蓝绿发布策略或者灰度发布策略，代码实现如下：

```
@Component
public class RibbonBRRouteFilter extends ZuulFilter{
    public Map<String, RouteRibbonHolder> ribbonHolder = new HashMap<>();
    //省略
    @Override
    public void run() {
        RequestContext ctx = RequestContext.getCurrentContext();
        routeid = (String) ctx.get(PROXY_KEY);
        RouteRibbonHolder routeribbonholder;
        synchronized (mutex) {
            routeid = routeid.toUpperCase();
            routeribbonholder = ribbonHolder.get(routeid);
        }
        String strategy = routeribbonholder.getStrategy();
            switch (strategy) {
            /***
             * 蓝绿发布                                    说明#
             */
            case "Greenblue":
                String crrentVersion = routeribbonholder.getCurrentVersion();
                LOGGER.info("> RouteRibbonServiceImpl
                    routeid:[{}], crrentVersion:[{}]", routeid, crrentVersion);
                if (crrentVersion != null && !StringHelper.isEmpty(crrentVersion)) {
                    RibbonFilterContextHolder.getCurrentContext().add("version",
                        crrentVersion);
                }
                break;
            /***
             * 灰度发布
             */
            case "Canary":
                HttpServletRequest request = ctx.getRequest();
                String versionValue = null;
                /**
                 * step1:取 HTTP 头信息参数
                 */
                if (StringHelper.isEmpty(versionValue)) {
```

```java
            String context = routeribbonholder.getContext();
            versionValue = request.getHeader(context);
        }
        /**
         * step2:取 HTTP 头信息参数
         */
        if (StringHelper.isEmpty(versionValue)) {
            versionValue = request.getHeader(VERSION);
        }
        if (!StringHelper.isEmpty(versionValue)) {
            LOGGER.info("runRibbon, Version Value is " + versionValue);
            if (!StringHelper.isEmpty(versionValue)) {
                RibbonFilterContextHolder.getCurrentContext()
                    .add("version", crrentVersion);
            }
        }
    }
}
```

说明#：灰度发布 Filter 中的核心方法就是给 RibbonFilterContextHolder 设置当前线程上下文的后端服务版本信息。RibbonFilterContextHolder 主要利用 ThreadLocal 变量来解决如何将灰度发布的信息传递给本地线程变量，然后当 HTTP 请求经过灰度发布 Filter 时，它可以通过 Ribbon 的元数据路由规则匹配对应的服务 ID。下面是 RibbonFilterContextHolder 的实现代码：

```java
public class RibbonFilterContextHolder {
    private static final ThreadLocal<RibbonFilterContext> CONTEXTHOLDER = new 
        InheritableThreadLocal<RibbonFilterContext>() {
        @Override
        protected RibbonFilterContext initialValue() {
            return new DefaultRibbonFilterContext();
        }
    };
    public static RibbonFilterContext getCurrentContext() {
        return CONTEXTHOLDER.get();
    }
    /**
     * Clears the current context.
     */
    public static void clearCurrentContext() {
        CONTEXTHOLDER.remove();
    }
}
```

根据 Ribbon 的路由规则设置，Zuul 基于 Spring Boot 的自动化配置机制，加载 spring.factories

实现自定义的路由规则配置加载,主要步骤如下。

- 第一步,在/META-INF/spring.factories 下加载自动配置:

```
org.springframework.boot.autoconfigure.EnableAutoConfiguration=\
com.XXX.gateway.ribbon.RibbonDiscoveryRuleAutoConfiguration
```

- 第二步,实现自动配置类:

```java
@Configuration
@ConditionalOnClass(DiscoveryEnabledNIWSServerList.class)
@AutoConfigureBefore(RibbonClientConfiguration.class)
@ConditionalOnProperty(value = "ribbon.filter.metadata.enabled", matchIfMissing = true)
public class RibbonDiscoveryRuleAutoConfiguration {
    @Bean
    @ConditionalOnMissingBean
    @Scope(ConfigurableBeanFactory.SCOPE_PROTOTYPE)
    public BaseDiscoveryEnabledRule metadataAwareRule() {
        return new MetadataMatchRule();
    }
}
```

然后将元数据与后端服务(Original Server)建立映射匹配规则:

```java
public class MetadataMatchRule extends BaseDiscoveryEnabledRule {
    public MetadataMatchRule() {
        this(new MetadataMatchPredicate());
    }
    public MetadataMatchRule(BaseDiscoveryEnabledPredicate predicate) {
        super(predicate);
    }
}
```

- 第三步,根据元数据匹配后端服务(Original Server)规则:

```java
public class MetadataMatchRule extends BaseDiscoveryEnabledRule {
    public MetadataMatchRule() {
        this(new MetadataMatchPredicate());
    }
    public MetadataMatchRule(BaseDiscoveryEnabledPredicate predicate) {
        super(predicate);
    }
}
```

- 第四步,基于元数据匹配的断言:

```java
public class MetadataMatchPredicate extends BaseDiscoveryEnabledPredicate {
    @Override
    protected boolean apply(DiscoveryEnabledServer server) {    // 说明#
        final RibbonFilterContext context = RibbonFilterContextHolder.getCurrentContext();
```

```
        final Set<Map.Entry<String, String>> attributes = Collections
                .unmodifiableSet(context.getAttributes().entrySet());
        final Map<String, String> metadata = server.getInstanceInfo().getMetadata();
        return metadata.entrySet().containsAll(attributes);
    }
}
```

说明#：上述代码是元数据匹配的断言逻辑，可以看到它从 Filter 中设置的线程上下文中获得对应的后端服务版本信息，然后与 HTTP 请求中后端服务版本信息进行比对，当 HTTP 请求经过这个 Filter 时就会根据 apply 中设计的断言逻辑来选择符合条件的后端 server，实现灰度发布功能。

实现服务限流

服务限流是微服务网关对 API 流量进行保护的一种常用手段，可以防止网络攻击，限制客户端的请求速度，在一定程度上可以保证后端服务不因为流量过载而宕机。后面的容错和隔离相关章节也会进一步说明限流的策略有哪些，下面说明如何通过 Zuul+Guava RateLimiter 实现服务限流功能。RateLimiter 是 Google 开源的实现了令牌桶算法的限流工具。

首先引入 spring-cloud-zuul-ratelimit 组件的 Maven 依赖：

```xml
<dependency>
    <groupId>com.marcosbarbero.cloud</groupId>
    <artifactId>spring-cloud-zuul-ratelimit</artifactId>
    <version>2.0.4.RELEASE</version>
</dependency>
```

然后自定义实现 Filter 类：

```java
@Component
public class RateLimitFilter extends ZuulFilter{
    //省略
    @Override
    public void run() {
        RequestContext ctx = RequestContext.getCurrentContext();
        routeid = (String) ctx.get(PROXY_KEY);
        if (routeid == null) {
            URL routeHost = ctx.getRouteHost();
            if (routeHost != null) {
                String url = routeHost.toString();
                routlimitMap.putIfAbsent(url, RateLimiter.create(1000));
            }
        }
        RateLimiter rateLimiter = routlimitMap.get(routeid);
        LOGGER.info("routeid:" + routeid + " rate:" + rateLimiter.getRate());
        if (!rateLimiter.tryAcquire()) {
```

```
                HttpStatus httpStatus = HttpStatus.TOO_MANY_REQUESTS;
                try {
                    ctx.getResponse().setContentType(MediaType.TEXT_PLAIN_VALUE);
                    ctx.getResponse().setStatus(httpStatus.value());
                    ctx.getResponse().getWriter().append(httpStatus.getReasonPhrase());
                    ctx.setSendzuulResponse(false);
                }
                catch (IOException e) {
                    LOGGER.error("> RateLimitServiceImpl runRateLimit 报错:", e);
                }
            }
        }
    }
```

RateLimiter 基于 Guava 提供的令牌桶算法的实现类，可以依据系统的实际情况来调整生成 token 的速度。RateLimiter.create(1000)可以理解为：每秒往桶里放入 1000 个令牌。RATE_LIMITER.tryAcquire 方法尝试获取令牌桶里的令牌，如果有令牌表示目前流量未达上限，则返回 true，同时总的令牌数减 1。如果没有令牌，说明令牌桶已达到阈值，则返回 false，并设置 HTTP 状态码返回的信息。

5.3.9　Zuul 源码解析

从源码分层的角度，Spring Cloud Zuul 可以分为两个部分：Zuul-Core 模块（ZuulServlet、FilterProcessor、ZuulFilter 等）提供 Zuul 核心工作运行机制及对应的 HTTP 处理逻辑；spring-cloud-netflix-core（ZuulHandlerMapping、ZuulController 等）是 Spring 部分的处理模块，负责把 Zuul 接入 Spring Cloud 体系。

Zuul 的源码分析

Zuul 应用开始于 @EnableZuulProxy 或 @EnableZuulServer 注解，所以一个不可缺少的步骤就是在启动程序中加入@EnableZuulProxy，代码如下：

```
@EnableCircuitBreaker
@Target(ElementType.TYPE)
@Retention(RetentionPolicy.RUNTIME)
@Import(ZuulProxyMarkerConfiguration.class)
public @interface EnableZuulProxy {
}
```

其中，Zuul 的自动化加载配置主要自动化加载如下两个配置类：

```
org.springframework.boot.autoconfigure.EnableAutoConfiguration=\
org.springframework.cloud.netflix.zuul.ZuulServerAutoConfiguration, \
```

org.springframework.cloud.netflix.zuul.ZuulProxyAutoConfiguration

ZuulProxyMarkerConfiguration 是一个标签类，通过自动配置类条件判断@ConditionalOnBean(ZuulServerMarkerConfiguration.Marker.class)使 Zuul 的自动化配置加载类生效，代码如下：

```
@Configuration
@EnableConfigurationProperties({ ZuulProperties.class })
@ConditionalOnClass(ZuulServlet.class)
@ConditionalOnBean(ZuulServerMarkerConfiguration.Marker.class)
@Import(ServerPropertiesAutoConfiguration.class)
public class ZuulServerAutoConfiguration {
//省略
}
```

ZuulProxyAutoConfiguration 类完成 Zuul 自动装配功能，代码如下：

```
@Configuration
@Import({ RibbonCommandFactoryConfiguration.RestClientRibbonConfiguration.class,
    RibbonCommandFactoryConfiguration.OkHttpRibbonConfiguration.class,
    RibbonCommandFactoryConfiguration.HttpClientRibbonConfiguration.class,
    HttpClientConfiguration.class })
@ConditionalOnBean(ZuulProxyMarkerConfiguration.Marker.class)
public class ZuulProxyAutoConfiguration extends ZuulServerAutoConfiguration {
  //省略
}
```

- Zuul 中属性相关源码

```
ZuulProperties ZuulProperties;  //YAML 里的配置，Zuul 开头相关配置在这注入
ServerProperties server;  //YAML 里的配置，Zuul 开头相关配置在这注入
ErrorController errorController;  //处理错误的 Controller，自定义实现
```

- 重要 Bean 说明

  - ZuulController：接管所有的 HTTP 请求，将所有请求转交给 ZuulServlet 去处理。
  - ZuulRefreshListener：通过监听 Spring Context 发布机制事件，监听心跳消息。
  - CompositeRouteLocator：复合路由定位器，主要集成所有的路由定位器（如配置文件路由定位器、服务发现定位器、自定义路由定位器等）来定位路由。
  - SimpleRouteLocator：主要加载配置文件的路由规则。
  - RefreshableRouteLocator：路由刷新接口，实现此接口的路由定位器才能被刷新。
  - ZuulHandlerMapping：它将路由规则绑定到 ZuulController 上面。

- Zuul 中默认 Filter 实现加载类

- ServletDetectionFilter：它的作用是判断请求的来源，可以判断请求来自 dispatcherServlet 还是 zuulServlet，并将判断结果存放到 RequestContext 中。
- Servlet30WrapperFilter：它将原始请求进行包装，将原始的 HttpServletRequest 请求包装成 Servlet30RequestWrapper 类型。
- FormBodyWrapperFilter：作用同 Servlet30WrapperFilter 一样，也是对请求的一个包装。
- DebugFilter：用于动态开启 Debug 日志。
- PreDecorationFilter：为当前请求做一些预处理，比如，进行路由规则的匹配、在请求上下文中设置该请求的基本信息及路由匹配结果的一些设置信息等，这些信息将是后续过滤器进行处理的重要依据。
- RibbonRoutingFilter：通过 Ribbon 和 Hystrix 来向服务实例发起请求。
- SimpleHostRoutingFilter：主要用来转发 ServiceId（即非 Eureka 后端服务）为空的路由消息，它直接使用 HttpClient 来转发请求。

- RoutesEndpoint
在引入 Spring Boot Actuator 时会新增一个 routes 端点，可以通过/routes 查询具体的路由信息。
- 底层 Web 容器替换
spring-boot-starter-web 模块默认使用 Tomcat 作为内嵌容器，如果我们想要切换为 Jetty 或者 UnderTow，只需要添加相应容器的依赖即可。我们以 Jetty 举例，添加如下 Maven 依赖：

```xml
<dependency>
    <groupId>org.springframework.boot</groupId>
    <artifactId>spring-boot-starter-jetty</artifactId>
</dependency>
```

内嵌容器由 EmbeddedServletContainerAutoConfiguration 配置类决定：当类路径下有 Jetty 等类时，它将会注入 JettyEmbeddedServletContainerFactory。内嵌容器的自动配置源码如下：

```
@AutoConfigureOrder(Ordered.HIGHEST_PRECEDENCE)
@Configuration
@ConditionalOnWebApplication
@Import(BeanPostProcessorsRegistrar.class)
public class EmbeddedServletContainerAutoConfiguration {
    /**
     * Nested configuration if Tomcat is being used.
     */
    @Configuration
    @ConditionalOnClass({ Servlet.class, Tomcat.class })
    @ConditionalOnMissingBean(value = EmbeddedServletContainerFactory.class,
```

```
        search = SearchStrategy.CURRENT)
public static class EmbeddedTomcat {
    @Bean
    public TomcatEmbeddedServletContainerFactory
        tomcatEmbeddedServletContainerFactory() {
            return new TomcatEmbeddedServletContainerFactory();
    }
}
@Configuration
@ConditionalOnClass({ Servlet.class, Server.class, Loader.class, WebAppContext.class })
@ConditionalOnMissingBean(value = EmbeddedServletContainerFactory.class,
        search = SearchStrategy.CURRENT)
public static class EmbeddedJetty {
  @Bean
  public JettyEmbeddedServletContainerFactory jettyEmbeddedServletContainerFactory()
  {
    return new JettyEmbeddedServletContainerFactory();
  }
 }
}
```

5.4 负载均衡

负载均衡（Load Balance）是分布式网络环境中的重要机制，在微服务架构中，通过负载均衡可以实现系统高可用性、集群扩容等。负载均衡机制也决定着整个系统的性能和稳定性。

5.4.1 负载均衡机制

负载均衡可以说是高可用网络基础架构的关键组件，也是一种集群技术。它通过将网络流量分担到不同的网络服务器实现了业务容量的水平横向扩展，负载均衡不仅可以提升集群中不同服务器实例的负载性能，还可以保证集群整体的稳定性，也可以根据一定的负载策略实现灰度发布、蓝绿部署、A/B 测试等。

通过硬件或者软件的方式负载均衡会维护一个服务列表清单，当用户发送请求时，它会将请求发给负载均衡器，后者根据（轮训、随机、加权）算法从可用服务列表中取出一台服务器的地址，进行请求转发，完成负载功能。

负载均衡技术优势

- 高性能：负载均衡技术将业务请求均衡地分配到多台设备或多条链路上，提高了整个系统的性能。

- 可扩展性：负载均衡技术可以方便地增加集群中设备或链路的数量，在不降低业务质量的前提下满足不断增长的业务需求。
- 高可靠性：单个甚至多个设备或链路发生故障不会导致业务中断，提高了整个系统的可靠性。
- 可管理性：大量的管理工作都集中在应用负载均衡技术的设备上，设备群或链路只需要通常的配置和维护即可。
- 透明性：对用户而言，集群等同于可靠性高、性能好的设备或链路，用户感知不到也不必关心具体的网络结构，增加和减少设备或链路均不会影响正常的业务。

负载均衡有很多不同的分类方法，比如硬件负载均衡和软件负载均衡。F5 就是比较常见的硬件负载均衡产品。F5 以性能稳定著称，很多功能是软件负载均衡不具备的（应用交换、会话交换、状态监控、智能网络地址转换、通用持续性等）。然而缺点也比较明显，除了设备价格昂贵、配置冗余，更重要的是没有软件负载均衡灵活和不能满足定制化的需求。

软件负载均衡中，基于 DNS 的负载均衡是常用的解决方案。此外，Nginx 可以说是 Web 应用服务领域使用最为广泛的前置软件负载系统，Nginx 可以根据系统与应用的状况来分配负载，对于复杂的应用来说，有很好的性价比。LVS（Linux Virtual Server）是一个虚拟服务器集群系统，采用 IP 地址均衡技术和内容请求分发技术实现负载均衡。

负载均衡的另外一种分类方式是根据负载服务器清单列表存放的位置划分为服务端负载均衡和客户端负载均衡。

服务端负载均衡

类似于 Nginx 或者 F5，它们都可以归类为服务端负载均衡，所有后端服务器地址清单通过注册中心或者集中配置的方式存储在服务器中。负载均衡器也可以通过心跳的方式动态调整服务列表清单的内容，从而使客户端总能访问到一个在线、可用的后端服务。服务端负载均衡如下图所示。

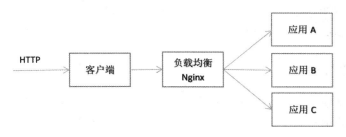

客户端负载

在客户端负载均衡中，客户端自己维护一份服务器地址清单。Ribbon 就是客户端负载均衡工具，Ribbon 缓存维护服务列表，如果服务实例注销或宕机，Ribbon 能够自行将其剔除。Ribbon 利用从 Eureka Server 中读取的服务信息列表（存储在本地即客户端中），在调用服务实例时合理地进行负载，直接请求到具体的微服务。Ribbon 客户端负载均衡如下图所示。

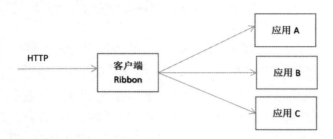

另外，需要说明的是，我们也可以把 Ribbon 作为服务端负载均衡使用，当我们把 Ribbon 放入 Zuul 网关时，对于请求客户端而言，Zuul 网关+Ribbon 的组合就可以完成服务端的负载均衡。

5.4.2 四层与七层负载均衡

服务端负载均衡分为四层负载均衡和七层负载均衡。

四层负载均衡

四层负载均衡支持 IPv4 协议和 IPv6 协议，是基于流的服务端负载均衡，对报文进行逐流分发，将同一条流的报文分发给同一个服务器。四层负载均衡对基于 HTTP 的七层业务无法做到按内容进行分发，限制了负载均衡的适用范围。四层负载均衡有 NAT（Network Address Translation，网络地址转换）和直接路由（Direct Routing，以下简称 DR）两种应用方式。

七层负载均衡

七层负载均衡只支持 IPv4 协议，是基于内容的服务端负载均衡，对报文的承载内容进行深度解析，包括 HTTP、RTSP 等，根据其中的内容进行逐包分发，按既定策略将连接导向指定的服务器，实现了使用范围更广泛的负载均衡。七层负载均衡仅支持 NAT 方式。

5.4.3 负载均衡算法

负载均衡算法决定了后端的哪些健康服务器会被选中。使用算法的前提条件是定义一个服务器列表，每个负载均衡的算法会从中挑出一个服务器作为算法的结果。常用的算法如下。

- 轮循均衡（Round Robin）：每一次来自网络的请求轮流分配给内部的服务器。该算法适合于服务器组中的所有服务器都有相同的软硬件配置并且平均服务请求相对均衡的情况。

- 权重轮循均衡（Weighted Round Robin）：根据服务器的不同处理能力，给每个服务器分配不同的权值，使其能够接受相应权值数的服务请求。例如，服务器 A 的权值被设计成 1，服务器 B 的权值是 3，服务器 C 的权值是 6，则服务器 A、B、C 将分别接收到 10%、30%、60% 的服务请求。该算法能确保高性能的服务器的使用率更高，避免低性能的服务器负载过重。
- 随机均衡（Random）：把来自网络的请求随机分配给内部的多个服务器。
- 权重随机均衡（Weighted Random）：类似于权重轮循均衡算法，只是在处理请求时是一个随机选择的过程。
- 响应速度均衡（Response Time）：负载均衡设备对内部各服务器发出一个探测请求（例如 Ping），然后根据内部各服务器对探测请求的最快响应时间来决定让哪个服务器来响应客户端的服务请求。该算法能较好地反映服务器的当前运行状态，但这里的最快响应时间仅仅指的是负载均衡设备与服务器间的最快响应时间，而不是客户端与服务器间的最快响应时间。
- 最少连接数均衡（Least Connection）：客户端的每一次请求服务在服务器停留的时间可能会有较大的差异。随着工作时间的增加，如果采用简单的轮循或随机均衡算法，每个服务器上的连接进程可能会有极大的不同，并没有达到真正的负载均衡。最少连接数均衡算法对内部的每个服务器都有一个数据记录，记录当前该服务器正在处理的连接数量，当有新的服务连接请求时，将把当前请求分配给连接数最少的服务器，使负载更加符合实际情况，更加均衡。
- 处理能力均衡：该算法将把服务请求分配给内部处理负荷（根据服务器 CPU 型号、CPU 数量、内存大小及当前连接数等换算而成）最轻的服务器，由于考虑到了内部服务器的处理能力及当前网络运行状况，所以该算法相对来说更加精确，尤其适合运用到第七层（应用层）负载均衡中。
- DNS 响应均衡：在 Internet 上，无论是 HTTP、FTP 还是其他的服务请求，客户端一般都是通过域名解析来找到服务器确切的 IP 地址的。在此均衡算法下，分处在不同地理位置的负载均衡设备收到同一个客户端的域名解析请求，在同一时间内把此域名解析成各自相对应服务器的 IP 地址（即与此负载均衡设备在同一位地理位置的服务器的 IP 地址）并返回给客户端，客户端将以最先收到的域名解析 IP 地址来继续请求服务，而忽略其他的 IP 地址响应。这种均衡策略适合应用在全局负载均衡下，对本地负载均衡是没有意义的。

5.4.4 Spring Cloud Ribbon

Ribbon 的中文名称是"丝带"或者"蝴蝶结"，寓意 Ribbon 可以向丝带一样和其他组件配套使用。Ribbon 可以和 Eureka 对接实现 Eureka Client 的客户端软件负载均衡，Eureka 在发现后端服务数据后，Ribbon 可以根据后端服务的元数据信息进行灵活的动态路由和负载均衡；也可以直接使用 Ribbon 提供的注解实现客户端软件负载均衡；当 Ribbon 应用在微服务网关 Zuul 中时，可以实现服务端的定制化路由转发和负载均衡。

Ribbon 虽然不像服务注册中心、服务配置中心、微服务网关一样是微服务架构的运行时服务单元，但是 Ribbon 作为一个工具类框架，几乎出现在 Spring Cloud 微服务体系的每一个微服务和基础设施中，实现基于 HTTP、TCP 的客户端负载均衡。

Ribbon 的接入与配置

1. 添加 Maven 依赖

```xml
<dependency>
    <groupId>org.springframework.cloud</groupId>
    <artifactId>spring-cloud-starter-ribbon</artifactId>
</dependency>
```

spring-cloud-starter-ribbon 是对 spring-cloud-starter-netflix-ribbon 包的封装，其包含的组件有：

- ribbon
- ribbon-httpclient
- spring-cloud-strater
- spring-cloud-starter-netflix-archaius
- spring-cloud-netflix-core

2. 定义配置类

```java
@Configuration
public class RibbonConfig {
    @LoadBalanced
    @Bean
    public RestTemplate RestTemplate() {
        return new RestTemplate();
    }
}
```

在该配置类中创建 RestTemplate，并且使用@LoadBalanced 注解。该注解使得 RestTemplate 具有了客户端负载均衡的能力。

3. 实现 Ribbon 服务端服务

在 pom.xml 文件中需要加入 Eureka-Client 的依赖：

```xml
<dependency>
    <groupId>org.springframework.cloud</groupId>
    <artifactId>spring-cloud-starter-eureka</artifactId>
</dependency>
```

在 application.yml 文件中配置端口号和应用名称等信息：

```yaml
spring.application.name: ribbon-provider
server.port: 2222
eureka.client.service-url.defaultZone: http://localhost:19002/eureka/
```

提供一个 Ribbon 服务端 Controller 接口，示例如下：

```java
@RestController
public class DemoController {
    @GetMapping("/hello")
    public String hello(String name){
        System.out.println("invoke my service");
        return "hello, " + name;
    }
}
```

启动两个服务提供者实例，端口号分别为 2222 和 2223。

4. 定义 Ribbon 客户端消费服务

场景一：Ribbon 与 Eureka 联合使用，Ribbon 的服务端列表从 Eureka 注册中心动态发现获得，首先在 pom.xml 文件中引入如下主要依赖。

```xml
<dependency>
    <groupId>org.springframework.cloud</groupId>
    <artifactId>spring-cloud-starter-eureka</artifactId>
</dependency>
<dependency>
    <groupId>org.springframework.cloud</groupId>
    <artifactId>spring-cloud-starter-ribbon</artifactId>
</dependency>
```

在 application.yml 文件中配置端口号和应用名称等信息：

```yaml
spring.application.name: ribbon-consumer
server.port: 3333
eureka.client.service-url.defaultZone: http://localhost:19002/eureka/
```

Ribbon 消费服务使用的接口示例如下：

```java
/**
 * 开启客户端负载均衡
 */
@LoadBalanced
@Bean
RestTemplate RestTemplate() {
    return new RestTemplate();
}
@Autowired
RestTemplate RestTemplate;
@GetMapping("/test")
public String test() {
    System.out.println("enter test");
    String username = "zhangsan";
    String result =
    //ribbon-provider 为 Eureka 中注册节点名称
RestTemplate.getForEntity("http://ribbon-provider/hello?name=" + username,
    String.class).getBody();
    return result;
}
```

启动上述配置的各环境实例，访问消费服务接口，我们会发现在两个服务提供者的实例控制台轮流输出"invoke my service"信息。因为 Ribbon 默认的负载均衡策略为轮询，所以会交替访问两个实例。

场景二：在禁用 Eureka 的情况下，Ribbon 的服务端列表需要在配置文件中指定。修改客户端的 application.yml 配置文件，添加配置 Ribbon 客户端的信息：

```yaml
server:
  port: 8888
spring:
  application:
    name: my-client
  my-server:
  ribbon:
    eureka:
      enabled: false
listOfServers: localhost:8090, localhost:9092, localhost:9999
ServerListRefreshInterval: 15000
```

在上面的配置中，我们设置了 eureka.enabled、listOfServers 和 ServerListRefreshInterval 三个属性。Ribbon 中的负载均衡器默认通过 Eureka 来发现服务端列表，在我们的例子中，因为没有使用

Eureka，所以将 ribbon.eureka.enabled 属性设置为 false。取而代之，我们通过 listOfServers 为 Ribbon 提供了静态的服务端列表。ServerListRefreshInterval 属性表示服务端列表的刷新时间间隔，单位为毫秒。

然后，在 ClientApplication 类中，我们将 RestTemplate 切换到使用 Ribbon 客户端来获取服务端地址。

```
@SpringBootApplication
@RestController
@RibbonClient(name = "my-server", configuration = ServerConfiguration.class)
    public class ClientApplication {
    @LoadBalanced
    @Bean
    RestTemplate RestTemplate(){
        return new RestTemplate();
    }
    @Autowired
    RestTemplate RestTemplate;
    @RequestMapping("/hi")
    public String hi(@RequestParam(value="name", defaultValue="Artaban") String name) {
     String greeting = this.RestTemplate.getForObject("http://my-server/greeting", String.class);
        return String.format("%s, %s!", greeting, name);
    }
    public static void main(String[] args) {
        SpringApplication.run(ClientApplication.class);
    }
}
```

在 RestTemplate Bean 上加上@LoadBalanced 注解，就能让 RestTemplate 在请求时具备负载均衡的能力。同时，对这个类添加@RibbonClient 注解，并指明客户端的名字和额外的配置类。额外的配置类可以设置负载均衡规则等。

```
public class ServerConfiguration {
    @Autowired
    IClientConfig ribbonClientConfig;
    @Bean
    public IPing ribbonPing(IClientConfig config) {
        return new PingUrl();
    }
    @Bean
    public IRule ribbonRule(IClientConfig config) {
```

```
            return new AvailabilityFilteringRule();
    }
}
```

我们可以通过创建具有相同名称的 Bean 来覆盖 Spring Cloud Netflix 的任何与 Ribbon 相关的 Bean。这里我们覆盖了默认负载均衡使用的 IPing 和 IRule。默认的 IPing 是一个 NoOpPing（并没有真正 Ping 服务端实例），默认的 IRule 是一个 ZoneAvoidanceRule。

IPing 会发送 Ping 命令给一个 URL 来检测服务端是否正常，所以我们的服务端中有一个匹配路径的方法，提供对 Ping 命令的检查功能。

IRule 使用的是 AvailabilityFilteringRule 实现，将会使用 Ribbon 内置的断路由功能来过滤掉"断开"的服务器。如果 Ping 一个服务器连接失败或者读取失败，Ribbon 会认为这个服务器已经失效，直到它能够正常返回才会对其进行负载均衡访问。

Ribbon 测试流程

（1）分别使用以下命令启动三个服务端实例。

```
$ mvn spring-boot:run
$ SERVER_PORT=9092 mvn spring-boot:run
$ SERVER_PORT=9999 mvn spring-boot:run
```

（2）启动客户端实例 $ mvn spring-boot:run。

（3）访问 http://localhost:8888/hi，然后观察服务端实例，你会发现三个服务端实例都收到了 Ribbon 的 Ping 信息。

```
2017-05-03 16:49:05.290  INFO 6126 --- [nio-9092-exec-4]
com.rason.server.ServerApplication: Access /
2017-05-03 16:49:28.963  INFO 6126 --- [io-9092-exec-10]
com.rason.server.ServerApplication : Access /
```

（4）刷新浏览器，多次访问 http://localhost:8888/hi，你会发现请求将会轮流被三个服务端实例的中一个处理。

```
2017-05-03 16:51:32.572  INFO 5998 --- [nio-8090-exec-6]
com.rason.server.ServerApplication         : Access /greeting
```

（5）关闭其中一个服务端实例，一旦 Ribbon 已经 Ping 到它没有响应，你会发现请求将在剩下的实例中进行负载均衡处理。

5.4.5 Ribbon 的核心工作原理

下面我们从 Ribbon 的负载均衡核心组件、负载均衡策略、Ribbon 的工作流程等方面讲解 Ribbon 的核心工作原理。

Ribbon 的负载均衡核心组件

- Rule：用于从服务列表中选取服务的逻辑组件。
- Ping：在后台运行的确保服务可用性的组件。
- ServerList：服务列表，它可以是静态的也可以是动态的，如果是动态的（DynamicServer-ListLoadBalancer），将会启动一个后台线程定期刷新和过滤服务列表。

这些组件可以使用程序进行配置，也可以使用客户端配置属性进行配置，以下是配置文件中相关的属性名（注意带上前缀<clientName>.<nameSpace>.）：

- NFLoadBalancerClassName：配置 ILoadBalancer 的实现类。
- NFLoadBalancerPingClassName：配置 IPing 的实现类。
- NFLoadBalancerRuleClassName：配置 IRule 的实现类。
- NIWSServerListClassName：配置 ServerList 的实现类。
- NIWSServerListFilterClassName：配置 ServerListFilter 的实现类。

例如，将 backend-service 后端服务配置使用自带的 RetryRule 进行路由转发，下面是配置详情：

```
backend-service:
    ribbon:
        NFLoadBalancerRuleClassName: com.netflix.loadbalancer.RetryRule
```

在我们的应用程序中 Netflix 为每个 Ribbon 客户端名称创建一个 ApplicationContext，用于客户端自定义一些组件实现，包括：

- IClientConfig：为客户端或者负载均衡器保存客户端配置信息。
- ILoadBalancer：代表一个软件的负载均衡接口。
- ServerList：定义了如何获取可供选择的服务列表。
- IRule：描述负载均衡策略。
- IPing：说明如何执行服务器的周期性 Ping。

Ribbon 的负载均衡策略

Ribbon 客户端组件提供一系列完善的配置选项，比如连接超时、重试、重试算法等。Ribbon 内置可插拔、可定制的负载均衡组件，下面是用到的一些负载均衡策略。

- 简单轮询负载均衡（RoundRobinRule）：这是最简单的通过循环法选择服务的负载均衡策略。它通常用作默认策略或更高级策略的后备策略。
- 可用服务过滤负载均衡（AvailabilityFilteringRule）：这个策略会跳过断路中的服务，或者高并发连接数的服务。默认情况下，如果 RestClient 最近三次连接均失败，则认为该服务实例断路，该实例会保持断路状态 30s 后进入回路关闭状态，如果此时仍然连接失败，那么等待进入关闭状态的时间会随失败次数的增加指数级增长。
- 加权响应时间负载均衡（WeightedResponseTimeRule）：这个策略会为每一个服务按响应时长分配权重，响应时间越长权重越低，权重代表了该服务会被选中的概率。
- 区域感知负载均衡：这个策略基于区域同源关系（Zone Affinity，也就是更倾向于选择发出调用的服务所在的托管区域内的服务，这样可以降低延迟，节省成本）选择目标服务实例。Ribbon 使用 ZoneAvoidancePredicate 和 AvailabilityPredicate 来判断是否选择某个后端服务，前者使用一个区域为单位考察可用性，不可用的区域会被丢弃，从剩下的区域中选择可用的服务，AvailabilityPredicate 用于过滤掉连接数过多的服务。
- 重试负载均衡（RetryRule）：当请求分发到集群中的一个服务后，请求连接失败或者响应超时，会重新请求以获取可用服务，可以选择重试当前服务节点，也可以改换其他节点。
- 随机负载均衡（RandomRule）：在现有服务之间随机分配流量的一种负载均衡策略。

Ribbon 的工作流程

下图是 Ribbon 的工作流程简图，我们在源码分析中会进一步分析，了解 Ribbon 是如何拦截 HTTP 请求进行负载均衡的。

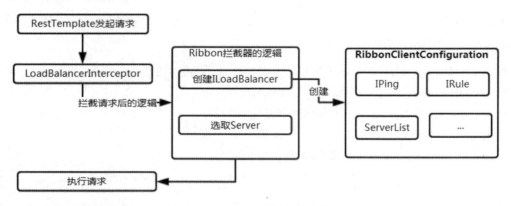

Ribbon 首先会拦截所有标注@LoadBalance 注解的 RestTemplate，然后将 Ribbon 默认的拦截器 LoadBalancerInterceptor 添加到 RestTemplate 的执行逻辑中，这样每次执行 RestTemplate 时都会

拦截 HTTP 请求。当有请求发生时，Ribbon 默认会创建一个 IloadBalancer 实例。ILoadBalance 在 RibbonClientConfiguration 中完成自动配置，它可以实现定制化的 IRule、IPing、ServerList。当发生 HTTP 请求时，IloadBalancer 在服务集群中选择一个服务，然后发送请求到后端服务。

5.4.6 Ribbon 源码解析

Ribbon 的源码解析我们从@LoadBalanced 开始讲起，添加@LoadBalanced 注解后 AsyncRestTemplate 就具备了负载均衡的能力，代码如下：

```
@Bean(name = "loadbalanceAsyncRestTemplate")
@LoadBalanced
@ConditionalOnMissingBean(name = "loadbalanceAsyncRestTemplate")
public AsyncRestTemplate loadbalanceAsyncRestTemplate() {
    return new AsyncRestTemplate();
}
```

在初始化 HTTP 客户端时会加载 Ribbon 的拦截代码，同时根据配置文件中设置的负载均衡策略或者代码实现定制好的负载均衡策略，实现 HTTP 请求过程中的后端服务分发。所以源码解读可以分为两个部分。

- 初始化构造过程：获取@LoadBalanced 注解标记 RestTemplate 或者 AsyncRestTemplate，然后添加拦截器。
- 负载均衡服务选择过程：在 Ribbon 设定的负载均衡策略下，从服务集群中根据预定的负载均衡策略实现后端服务的选取及请求转发。

如下图所示是一个简要的 Ribbon 初始化及调用拦截 HTTP 请求实现负载均衡的流程。

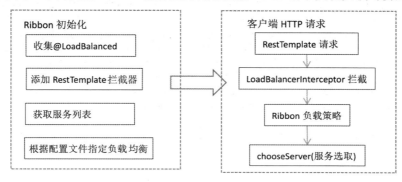

Ribbon 的初始化过程

@LoadBalanced 注解对 RestTemplate 做了标记，使用 Ribbon 的自动化配置加载类实现对负载均衡客户端的加载,在生成的 RestTemplate 的 Bean 上添加注解后,它会配置 LoadBalancerClient。首先我们看一下 LoadBalancerClient 的源码实现:

```
public interface LoadBalancerClient {
  ServiceInstance choose(String serviceId);
  <T> T execute(String serviceId, LoadBalancerRequest<T> request) throws IOException;
  URI reconstructURI(ServiceInstance instance, URI original);
}
```

说明:LoadBalancerClient 是一个接口,里面有三个方法。

- ServiceInstance choose(String serviceId)方法,根据传入的 serviceId(服务名),从负载均衡器中选择一个服务实例,服务实例通过 ServiceInstance 类来表示。
- execute 方法,使用从负载均衡器中选择的服务实例来执行请求内容。
- URI reconstructURI(ServiceInstance instance, URI original)方法:用来重新构建 URI。我们通过 RestTemplate 请求后端服务时会使用 serviceId(服务名),这个方法会把请求的 URI 进行转换,返回 host+port,再通过 host+port 的形式去请求服务。

从 META-INF/spring.factories 文件来看 Ribbon 的自动化加载机制,主要是 Spring Common 的 LoadBalancerClient 的初始化和加载过程:

```
# AutoConfiguration
org.springframework.boot.autoconfigure.EnableAutoConfiguration=\
org.springframework.cloud.client.CommonsClientAutoConfiguration, \
org.springframework.cloud.client.discovery.noop.NoopDiscoveryClientAutoConfiguration, \
org.springframework.cloud.client.hypermedia.CloudHypermediaAutoConfiguration, \
org.springframework.cloud.client.loadbalancer.AsyncLoadBalancerAutoConfiguration, \
org.springframework.cloud.client.loadbalancer.LoadBalancerAutoConfiguration, \
org.springframework.cloud.client.serviceregistry.ServiceRegistryAutoConfiguration, \
org.springframework.cloud.commons.util.UtilAutoConfiguration, \
org.springframework.cloud.client.discovery.simple.SimpleDiscoveryClientAutoConfiguration
# Environment Post Processors
org.springframework.boot.env.EnvironmentPostProcessor=\
org.springframework.cloud.client.HostInfoEnvironmentPostProcessor
```

Ribbon 的自动配置实现

下面是 Ribbon 的自动化配置实现:

```
@Configuration
@ConditionalOnClass(RestTemplate.class)
@ConditionalOnBean(LoadBalancerClient.class)
```

```java
@EnableConfigurationProperties(LoadBalancerRetryProperties.class)
public class LoadBalancerAutoConfiguration {
    @LoadBalanced
    @Autowired(required = false)                           // 说明1#
    private List<RestTemplate> RestTemplates = Collections.emptyList();
    @Bean
    public SmartInitializingSingleton loadBalancedRestTemplateInitializer(
            final List<RestTemplateCustomizer> customizers) {
        return new SmartInitializingSingleton() {
            @Override
            public void afterSingletonsInstantiated() {     // 说明2#
                for (RestTemplate RestTemplate :
                    LoadBalancerAutoConfiguration.this.RestTemplates) {
                        for (RestTemplateCustomizer customizer : customizers) {
                            customizer.customize(RestTemplate);
                        }
                }
            }
        };
    }
    @Autowired(required = false)
    private List<LoadBalancerRequestTransformer> transformers = Collections.emptyList();
    @Bean
    @ConditionalOnMissingBean
    public LoadBalancerRequestFactory loadBalancerRequestFactory(
        LoadBalancerClient loadBalancerClient) {
            return new LoadBalancerRequestFactory(loadBalancerClient, transformers);
    }
    @Configuration
    @ConditionalOnMissingClass("org.springframework.retry.support.RetryTemplate")
        static class LoadBalancerInterceptorConfig {
        @Bean
        public LoadBalancerInterceptor ribbonInterceptor(
            LoadBalancerClient loadBalancerClient,
            LoadBalancerRequestFactory requestFactory) {    // 说明3#
                return new LoadBalancerInterceptor(loadBalancerClient, requestFactory);
        }
        @Bean
        @ConditionalOnMissingBean
        public RestTemplateCustomizer RestTemplateCustomizer(   // 说明4#
            final LoadBalancerInterceptor loadBalancerInterceptor) {
            return new RestTemplateCustomizer() {
                @Override
                public void customize(RestTemplate RestTemplate) {
                    List<ClientHttpRequestInterceptor> list = new ArrayList<>(
                        RestTemplate.getInterceptors());
                    list.add(loadBalancerInterceptor);
```

```
            RestTemplate.setInterceptors(list);
        }};
    }
  }
}
```

- 说明 1#：Ribbon 将所有标记 @LoadBalanced 注解的 RestTemplate 保存到一个 List 集合中。
- 说明 2#：Ribbon 借助了 Spring IoC 容器的 SmartInitializingSingleton 机制。实现该接口后，当所有单例 Bean 都被初始化完成后，容器会调用 afterSingletonsInstantiated 实现 RestTemplateCustomizer 的 customize 定制化方法。
- 说明 3#：获取 RestTemplate 的 interceptors，在构造 LoadBalancerInterceptor 时需要传入 LoadBalanceClient 实例参数，LoadBalanceClient 是一个接口，具体实现类将实现 choose（服务实例选择）和 execute（请求转发执行）方法，这一步完成 Ribbon 负载均衡策略 Bean 的构造。
- 说明 4：将说明 3# 中构造的 loadBalancerInterceptor Bean 实例注入 RestTemplate 的定制化 Bean 中，这一步骤也会在说明 2# 的 afterSingletonsInstantiated 方法中被调用，完成 RestTemplate 的定制化及与 LoadBalancerInterceptor 实例关联。

Ribbon 的重试策略

对于 Ribbon 的重试策略，可以参考 RetryTemplate 类的实现，它可以实现 Ribbon 的重试策略对 RestTemplate 的拦截控制，代码如下：

```
@Configuration
@ConditionalOnClass(RetryTemplate.class)
public static class RetryInterceptorAutoConfiguration {
    @Bean
    @ConditionalOnMissingBean
    public RetryLoadBalancerInterceptor ribbonInterceptor(
        LoadBalancerClient loadBalancerClient, LoadBalancerRetryProperties properties,
        LoadBalancedRetryPolicyFactory lbRetryPolicyFactory,
        LoadBalancerRequestFactory requestFactory) {
        return new RetryLoadBalancerInterceptor(loadBalancerClient, properties,
            lbRetryPolicyFactory, requestFactory);
    }
    @Bean
    @ConditionalOnMissingBean
    public RestTemplateCustomizer RestTemplateCustomizer(
        final RetryLoadBalancerInterceptor loadBalancerInterceptor) {
        return new RestTemplateCustomizer() {
            @Override
            public void customize(RestTemplate RestTemplate) {
```

```
                List<ClientHttpRequestInterceptor> list = new ArrayList<>(
                    RestTemplate.getInterceptors());
                list.add(loadBalancerInterceptor);
                RestTemplate.setInterceptors(list);
            }
        };
    }
}
```

Ribbon 的负载均衡行为逻辑

Ribbon 主要在 Spring Cloud Netflix 中完成负载均衡行为的初始化过程，这部分初始化主要依赖 spring-cloud-netflix-core 模块。

下面我们看一下 Ribbon 在 Spring Cloud 中是如何实现初始化的，首先看 Ribbon 的自动加载机制 META-INF/spring.factories：

```
org.springframework.boot.autoconfigure.EnableAutoConfiguration=\
org.springframework.cloud.netflix.archaius.ArchaiusAutoConfiguration, \
org.springframework.cloud.netflix.feign.ribbon.FeignRibbonClientAutoConfiguration, \
org.springframework.cloud.netflix.feign.FeignAutoConfiguration, \
org.springframework.cloud.netflix.feign.encoding.FeignAcceptGzipEncodingAutoConfiguration, \
org.springframework.cloud.netflix.feign.encoding.FeignContentGzipEncodingAutoConfiguration, \
org.springframework.cloud.netflix.hystrix.HystrixAutoConfiguration, \
org.springframework.cloud.netflix.hystrix.security.HystrixSecurityAutoConfiguration, \
org.springframework.cloud.netflix.ribbon.RibbonAutoConfiguration, \
org.springframework.cloud.netflix.rx.RxJavaAutoConfiguration, \
org.springframework.cloud.netflix.metrics.servo.ServoMetricsAutoConfiguration, \
org.springframework.cloud.netflix.Zuul.ZuulServerAutoConfiguration, \
org.springframework.cloud.netflix.Zuul.ZuulProxyAutoConfiguration
org.springframework.cloud.client.circuitbreaker.EnableCircuitBreaker=\
org.springframework.cloud.netflix.hystrix.HystrixCircuitBreakerConfiguration
org.springframework.boot.env.EnvironmentPostProcessor=\
org.springframework.cloud.netflix.metrics.ServoEnvironmentPostProcessor
```

下面是 RibbonAutoConfiguration 的实现，从源码中可以看到它会构造 SpringClientFactory，LoadBalancerClient 初始化构造需要 SpringClientFactory 作为参数。

```
@Configuration
@ConditionalOnClass({ IClient.class, RestTemplate.class, AsyncRestTemplate.class,
Ribbon.class})
@RibbonClients
@AutoConfigureAfter(name =
"org.springframework.cloud.netflix.eureka.EurekaClientAutoConfiguration")
@AutoConfigureBefore({LoadBalancerAutoConfiguration.class,
```

```
AsyncLoadBalancerAutoConfiguration.class})
@EnableConfigurationProperties(RibbonEagerLoadProperties.class)
public class RibbonAutoConfiguration {
    //省略
    @Bean
    public SpringClientFactory springClientFactory() {
        SpringClientFactory factory = new SpringClientFactory();
        factory.setConfigurations(this.configurations);
        return factory;
    }
    @Bean
    @ConditionalOnMissingBean(LoadBalancerClient.class)
    public LoadBalancerClient loadBalancerClient() {
        return new RibbonLoadBalancerClient(springClientFactory());
    }
}
```

在 Ribbon 的自动化配置类中会通过 RibbonClientConfiguration 配置类获取 YAML 配置中的负载均衡配置,构造 SpringClientFactory 并生成 LoadBalancer,代码如下:

```
@SuppressWarnings("deprecation")
@Configuration
@EnableConfigurationProperties
@Import({HttpClientConfiguration.class,
OkHttpRibbonConfiguration.class,
RestClientRibbonConfiguration.class,
HttpClientRibbonConfiguration.class})
public class RibbonClientConfiguration {
    @Bean
    @ConditionalOnMissingBean
    public ILoadBalancer ribbonLoadBalancer(IClientConfig config,
        ServerList<Server> serverList, ServerListFilter<Server> serverListFilter,
        IRule rule, IPing ping, ServerListUpdater serverListUpdater) {
            if (this.propertiesFactory.isSet(ILoadBalancer.class, name)) {
                return this.propertiesFactory.get(ILoadBalancer.class, config, name);
            }
            return new ZoneAwareLoadBalancer<>(config, rule, ping, serverList,
                serverListFilter, serverListUpdater);
    }
}
```

可以看到,在 RestTemplate 执行 HTTP 请求时是如何通过 Ribbon 设置的拦截机制构造 HTTP 客户端请求的。RestTemplate 继承了 InterceptingHttpAccessor,而父类 InterceptingHttpAccessor 提供了获取及添加拦截器的方法,代码如下:

```
public class RestTemplate extends InterceptingHttpAccessor implements RestOperations {
```

```
    //省略
}
```

InterceptingHttpAccessor 抽象类的作用正是为我们添加自定义的拦截器：

```
public abstract class InterceptingHttpAccessor extends HttpAccessor {
    private List<ClientHttpRequestInterceptor> interceptors =
        new ArrayList<ClientHttpRequestInterceptor>();
    public void setInterceptors(List<ClientHttpRequestInterceptor> interceptors) {
      this.interceptors = interceptors;
    }
    public List<ClientHttpRequestInterceptor> getInterceptors() {
      return interceptors;
    }
    //省略
}
```

这段代码的实际拦截器的实例注入（依赖注入）过程其实来自上面的 Ribbon 自动化配置类 LoadBalancerAutoConfiguration，在配置类中它已经完成了拦截器的注册。

下面我们看一下当拦截 HTTP 请求后，RestTemplate 将会执行哪些操作。首先，RestTemplate 执行 HTTP 请求，从 RestTemplate 的实现源码中，不难发现请求最终都会执行到 doExecute 方法中。查看 doExecute 的调用链路，我们发现它都会执行到 LoadBalancerInterceptor 的 intercept 拦截方法中，代码如下：

```
public class LoadBalancerInterceptor implements ClientHttpRequestInterceptor {
    private LoadBalancerClient loadBalancer;
    private LoadBalancerRequestFactory requestFactory;
     //省略代码
    @Override
    public ClientHttpResponse intercept(final HttpRequest request, final byte[] body,
          final ClientHttpRequestExecution execution) throws IOException {
      final URI originalUri = request.getURI();
      String serviceName = originalUri.getHost();
      /**
       *拦截请求，并调用 loadBalancer.execute 方法
       *在该方法内部完成 Server 的选取。向选取的 Server
       *发起请求，并获得返回结果。
       */
      return this.loadBalancer.execute(serviceName,
          requestFactory.createRequest(request, body, execution));
    }
}
```

我们跟进到 Ribbon 的执行拦截逻辑，LoadBalancerClient.execute 方法的具体代码如下：

```java
public class RibbonLoadBalancerClient implements LoadBalancerClient {
    //省略
    @Override
    public <T> T execute(String serviceId, LoadBalancerRequest<T> request) throws
        IOException {
        ILoadBalancer loadBalancer = getLoadBalancer(serviceId);
        Server server = getServer(loadBalancer);
        if (server == null) {
            throw new IllegalStateException("No instances available for " + serviceId);
        }
        RibbonServer ribbonServer = new RibbonServer(serviceId, server,
            isSecure(server, serviceId),
            serverIntrospector(serviceId).getMetadata(server));
        return execute(serviceId, ribbonServer, request);
    }
    protected Server getServer(ILoadBalancer loadBalancer) {
        if (loadBalancer == null) {
            return null;
        }
        return loadBalancer.chooseServer("default");
    }
}
```

从上述代码可知，Ribbon 首先根据服务的 serviceId 调用 getLoadBalancer 方法得到 ILoadBalancer。创建 loadBalancer 的过程可以理解为组装选取服务的规则、服务集群的列表、检验服务是否存活等特性的过程（加载 RibbonClientConfiguration 配置类）。这里的核心是 getServer 方法，根据 ILoadBalancer 来选取一个具体的 Server，选取的过程会按照服务的负载均衡策略、服务列表、服务存活情况进行筛选判断，对我们自定义的负载均衡策略将执行 chooseServer 操作，最终根据这些约束选择一个后端的服务实例。

5.5 容错与隔离

微服务需要具备应对分布式环境的可容错性。在构建软件的开始阶段，就应该认识到网络和信息传递的不可靠性。我们需要对可能发生的故障设计出相应的软件隔离机制和措施，制定相应的容错策略，这个基本原则就是"Design for Failure"：为失败而设计。微服务架构可以在发生故障时通过合理的行为快速做出错误隔离和恢复机制，提供高可用性的服务。

5.5.1 隔离机制

在构建可容错软件系统的过程中要解决的本质问题就是故障隔离。在传统的单体架构下一旦应用出现故障，整个服务的可用性都会受到影响，因为所有模块都耦合在一个大的单体进程中，所以发生故障的位置很难确定，应用也很难从故障中恢复过来，这也是单体架构广遭诟病的一大原因。所以，我们需要将单体应用拆分成功能独立、相互隔离的微服务应用。

对于微服务架构而言，最关键的一个原则就是将系统划分成一个个相互隔离、自治的微服务，这些微服务通过定义良好的协议进行通信。我们希望存在隐患或者缺陷的服务不会对正常运行的模块或者服务产生不利的影响。

造船行业有一个专业术语叫作"舱壁隔离"，利用舱壁将不同的船舱隔离开来，如果某一个船舱进了水，那么就可以立即封闭舱门，形成舱壁隔离，其他船舱不受影响，船还可以正常航行。Docker 通过"舱壁隔离"实现了进程的隔离，使得容器与容器之间不会互相影响。Spring Cloud Hystrix 则实现了进程内部线程池的隔离，通过给每个依赖服务分配独立的线程池进行资源隔离，从而避免服务雪崩。

进程隔离机制

进程是传统操作系统中的重要隔离机制，每一个进程拥有独立的地址空间，提供操作系统级别的保护区。一个进程出现问题不会影响其他进程的正常运行，一个应用出错也不会对其他应用产生副作用。

随着微服务和容器技术的发展，我们说微服务的最佳载体正是容器。容器的本质就是一个进程，Docker 鼓励一个容器只运行一个进程。这种方式非常适合以进程为粒度的微服务架构。也有人利用 Docker 容器作为轻量级的虚拟化方案，在单个容器中同时运行多个进程，这种使用方式往往会给应用带来隔离性问题和运行隐患。

进程与进程之间的互相隔离实现了容器之间互不影响的特性。在启动一个容器时，本质上就是启动了一个进程，Linux 通过 Namespace 技术实现容器之间的隔离，通过 Cgroups 来实现容器的资源控制。用户的应用进程实际上就是容器里 PID=1 的进程，也是其他后续创建的所有进程的父进程，这意味着没有办法同时运行两个不同的应用，除非你能事先找到一个公共的 PID=1 的程序来充当两个不同应用的父进程。

容器作为一种沙箱技术，提供了类似集装箱的功能，把应用封装起来，这样被装进集装箱的应用就可以方便地被复制和移动。容器具备了天然的"不共享任何资源"的特性，所以可以认为容器是独立的服务主体。容器在与其他容器交互时，需要使用基于网络的消息通信机制，摆脱了模块之间的强依赖耦合。我们在本书后面的内容中会进一步介绍容器隔离机制的细节。

线程隔离机制

进程虽然具有较好的隔离性，但是进程之间交互需要跨进程边界，进程在数据共享方面存在数据传输的开销。而多线程并发编程模式可以最大限度地提高程序的并行度，线程作为操作系统最小的调度单元可以更好地利用多处理器的优势，恰当地使用线程可以降低开发和维护的开销，并且可以提高复杂应用的性能，当前在软件系统中大量使用了多线程编程模型。

线程隔离主要指线程池的隔离，在应用系统内部，将不同请求分类发送给不同的线程池，当某个服务出现故障时，可以根据预先设定的熔断策略阻断线程的继续执行。来看如下图所示的案例。

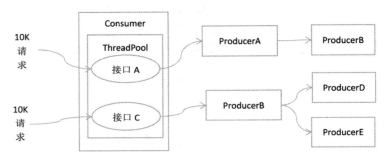

在 Consumer 模块中，接口 A 和接口 C 共用相同的线程池，当接口 A 的访问量激增时，接口 A 因为与接口 C 共用相同的线程池，所以势必影响接口 C 的效率，进而可能产生雪崩效应。如果我们使用线程隔离机制，那么可以将接口 A 和接口 C 做一个很好的隔离，如下图所示。

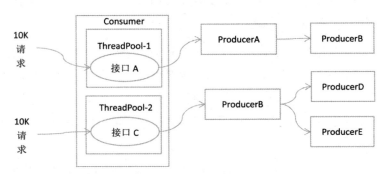

使用线程隔离机制将使线程池内可能出现问题的线程和其他线程隔离运行在一个独立的线程池中，一旦此线程出现问题，不会影响其他线程的运行，防止雪崩效应的产生。

信号量隔离机制

信号量 semaphore 是一个并发工具类，用来控制可同时并发的线程数。其内部维护了一组虚拟许可，通过构造器指定许可的数量，每次线程执行操作时先通过 acquire 方法获得许可，执行完毕再通过 release 方法释放许可。如果无可用许可，那么 acquire 方法将一直阻塞，直到其他线程释放许可。

在信号量隔离机制下，接收请求和执行下游依赖在同一个线程内完成，不存在线程上下文切换所带来的性能开销。

信号量的资源隔离只是起到开关的作用，比如，服务 A 的信号量大小为 10，那么就是说它同时只允许有 10 个 Tomcat 线程来访问服务 A，其他请求都会被拒绝，从而达到资源隔离和限流保护的作用。

5.5.2 微服务的风险

在微服务架构下，传统的单体应用被拆分为多个服务后，服务的数量变多了，同时之前单体架构下进程内部的方法调用转变为分布式网络环境下的远程调用，因此构建分布式微服务系统带来了额外的开销。

- 性能：分布式系统是跨进程、跨网络的调用，受网络延迟和带宽的影响。
- 可靠性：由于高度依赖于网络状况，任何一次的远程调用都有可能失败，随着服务的增多还会出现更多的潜在故障点。因此，如何提高系统的可靠性、降低因网络导致的故障率是系统构建的一大挑战。
- 异步：异步通信大大增加了功能实现的复杂度，并且有定位难、调试难等问题。
- 数据一致性：要保证分布式系统的数据强一致性成本是非常高的，需要在 C（一致性）、A（可用性）、P（分区容错性）三者之间做出权衡。

下面是微服务场景下我们会面临的常见风险。

分布式固有的复杂性

分布式系统的 CAP 理论告诉我们分区容错（Partition Tolerance）是不可避免的。如下图所示，G1 和 G2 是两台分布式跨网络的服务器，G1 向 G2 发送一条信息，G2 可能无法收到。所以，对于分布式系统，只要具有大于零的概率，根据墨菲定律你就不能避免它发生。

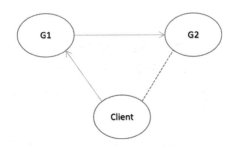

分布式系统中多个计算机在进行通信过程中，由于网络的不可靠性，每次网络通信都会伴随网络不可用的风险。即便网络通信正常，服务的延迟也会远远大于单机下的调用延迟。所以消息丢失或者延迟是非常普遍的情况。

基于上述分析，我们在进行微服务系统架构设计的时候，就必须考虑当网络分区出现时，分布式系统就会出现局部服务失效问题，我们需要做出相应的服务容错处理。

服务的依赖性

在微服务架构场景下，除了微服务自身缺陷造成的服务不可用，对基础设施的依赖、对上下游微服务的依赖都可能造成依赖错误的发生。相比服务自身失败而言，服务对外部平台的依赖往往更加难以发现和处理，服务依赖失败也是在设计微服务时需要重点考虑的失败因素。同时，细粒度的服务也增加了不同服务之间的依赖和级联影响，因为服务依赖失败而造成的失败扩散，或者核心服务对非核心业务的依赖，都会造成依赖风险。

雪崩效应

我们常把"基础服务故障"导致"级联故障"的现象称为雪崩效应。雪崩效应描述的是服务生产者不可用导致消费者不可用，并将不可用逐渐放大的过程。

软件系统会发生各种错误，如硬件设施的损坏、软件系统内存溢出和资源的 OOM 等问题，在微服务架构下，我们可能还会遇到的问题就是雪崩效应。微服务架构的应用系统通常包含多个服务层。微服务之间通过网络进行通信，从而支撑起整个应用系统，因此微服务之间难免存在依赖关系。在公司内部的网络拓扑中，我们会发现一个 HTTP 服务的请求往往会经历很多个服务节点，例如，一个电商平台的下单场景往往会经过如下链路：App 客户端→API 网关→账单服务→支付服务→库存服务。但是，在错综复杂的网络中各式各样的问题（硬件原因、软件原因）都会造成系统异常，难免有些请求会失败，雪崩效应就此产生。

- 硬件故障：比如宕机、机房断电、光纤被挖断等。
- 流量激增：比如异常流量或者用户重试导致的系统负载升高。
- 程序 Bug：比如代码循环调用的逻辑问题、资源未释放引起的内存泄漏问题等。

- 线程同步等待：系统间经常采用同步服务调用模式，核心服务和非核心服务共用一个线程池和消息队列，如果一个核心业务线程调用非核心线程，这个非核心线程交由第三方系统完成，当第三方系统本身出现问题时，导致核心线程阻塞，一直处于等待状态，而进程间的调用是有超时限制的，最终这条线程将断掉，引发雪崩效应。

总之，面对微服务架构场景下的风险，我们需要一定的应对措施和容错策略，下面是我们总结的容错管理的主要原则：

- 按照进程或者线程进行软件的划分和隔离。
- 将错误限制在可以快速失败（fail-fast）的软件模块中，避免错误模块对整体系统造成影响。
- 使用备份机制或者集群方式应对硬件或者软件的故障。

5.5.3 降级保护

服务降级通常是针对非核心业务在业务流量激增情况下一种服务策略，通过服务降级可以保证核心业务的顺利进行。如果是主动降级，通常会返回一个默认值，被动降级是指当发现异常时，为了控制异常的影响范围而触发的自动服务降级。

降级分类

- 超时降级：配置好超时时间和超时重试次数，并使用异步机制探测恢复情况。
- 失败次数降级：主要针对一些不稳定的 API，当失败调用次数达到一定阈值时自动降级，同样要使用异步机制探测恢复情况。
- 故障降级：比如要调用的远程服务"挂"了（网络故障、DNS 故障、HTTP 服务返回错误的状态码、RPC 服务抛出异常），系统可以直接降级。降级后的处理方案有：采用默认值（比如库存服务"挂"了，返回默认现货）、兜底数据（比如广告服务"挂"了，返回提前准备好的一些静态页面）、缓存（使用之前暂存的一些数据）。
- 限流降级：在高并发或者秒杀场景中，系统可能会因为访问量太大而导致崩溃，此时开发者会使用限流机制来限制访问量，当达到限流阈值后，后续请求会被降级。

降级与熔断的区别

降级和熔断这两个概念很容易被等同，它们最终达到的效果都是保护系统，都是为防止系统整体崩溃采用的技术手段。从用户体验的角度看，二者也有相似之处，都是某些功能暂时丧失可用性。但是，二者之间还是存在明显的差别的，具体如下：

- 触发条件的差别。熔断通常是自动触发的，而降级除了异常情况下的熔断，也可以根据程序中预先设置的代码逻辑进行手动降级。

- 分级的差别。熔断通常依赖一个系统中的整体的框架处理逻辑，每个微服务都需要无差别地具备熔断的特性，而降级则需要针对业务的优先级和重要性进行分级。对于核心业务，一般设置的级别较高；而对于核心系统下游的非核心业务，如果是弱依赖关系，那么级别可以相对降低，但是如果它们具有强依赖关系，那么非核心业务此时也会升级为核心业务。在下图中，网关系统处于调用链路的入口，优先级高；数据分析、服务监控都是旁路系统，属于辅助性功能，相对优先级较低。

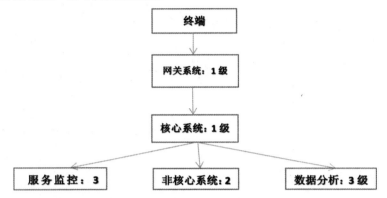

下面总结一下 Spring Cloud 中两种简单的实现服务降级的方法。

- 在 FeignClient 中实现服务降级：

```
@FeignClient(value = "order", configuration = OrderClientConfiguration.class, fallback
= OrderClientFallback.class)
public interface OrderClient {
    //查询购物订单扣费状态(内)
    @RequestMapping(value = "/order/queryOrderCost", method = RequestMethod.GET)
    QeuryOrderCostResVo queryOrderCost(@RequestParam(value = "orderId") String
        orderId) throws InternalApiException;
}
```

- 在 Hystrix 中一般使用 fallbackMethod 实现服务降级：

```
//@HystrixCommand 表示当调用服务失败时，会调用 fallbackMethod 方法
@Servicepublic class ItemService {
    @Autowired
    private RestTemplate RestTemplate;
    @HystrixCommand(fallbackMethod = "fallbackMethod")
    public List<Item> getItemList(){
        return RestTemplate.getForObject("http://feign-provider/item/list", List.class);
    }
    public List<Item> fallbackMethod(){
        List<Item> list = new ArrayList<>();
```

```
        list.add(new Item(1, "test"));
        return list;
    }
}
```

5.5.4 限流保护

限流的目的是保护系统不被大量请求冲垮，通过限制请求的速度来保护系统。在电商的秒杀活动中，限流是必不可少的一个环节。

计数器

比较简单的限流做法是维护一个单位时间内的计数器，每次允许请求计数器都加 1，当单位时间内计数器累加到设定的阈值后，之后的请求都被拒绝，直到超过单位时间，再将计数器重置为零。此方式有一个弊端：如果在单位时间 1s 内允许 100 个请求，10ms 已经通过了 100 个请求，那后面的 990ms 只能拒绝请求，我们把这种现象称为"突刺现象"。常用的更平滑的限流算法有两种：漏桶算法和令牌桶算法。

漏桶算法

漏桶算法的思路很简单，水（请求）先进入漏桶里，漏桶以一定的速度出水（接口有响应速度），当水流入的速度过大时（访问频率超过接口响应速度）会直接溢出，然后就拒绝请求。如下图所示，可以看出漏桶算法能强行限制数据的传输速度。因为漏桶的漏出速度是固定的，所以，即使网络中不存在资源冲突（没有发生拥塞），漏桶算法也不能增大流量。因此，漏桶算法对于存在突发特性的流量来说缺乏效率。

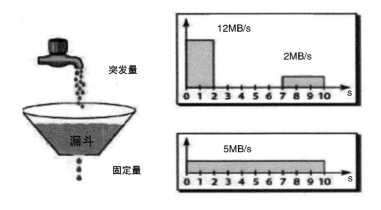

令牌桶算法

令牌桶算法和漏桶算法效果相似，令牌桶算法更加容易理解。随着时间的流逝，系统会按恒定的 1/QPS 时间间隔（如果 QPS=100，则间隔是 10ms）往桶里加入令牌（就像有个水龙头在不断地加水），如果桶已经满了就不再加了。新请求来临时，会拿走一个令牌，如果没有令牌可拿了，就阻塞或者拒绝请求，如下图所示。

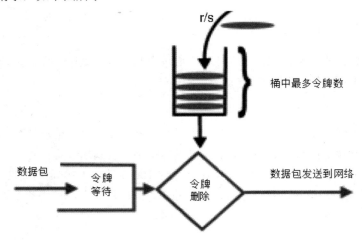

令牌桶算法的另外一个好处是可以方便地改变速度。一旦需要提高速度，则按需提高放入桶中的令牌的速度即可。一般会定时（比如 100ms）往桶中增加一定数量的令牌，有些变种算法则实时地计算应该增加的令牌的数量。

限流实现

Guava 限流器 RateLimiter 是基于令牌桶算法实现的一个多线程限流器，它可以均匀地处理请求，当然它并不是一个分布式限流器，只是对单机进行限流。它可以定时拉取接口数据，下面是一个简单的限流功能的实例。

首选引入 Maven 依赖：

```xml
<!-- guava -->
<dependency>
    <groupId>com.google.guava</groupId>
    <artifactId>guava</artifactId>
    <version>18.0</version>
</dependency>
```

然后使用 Guava 限流，Java 代码实现如下：

```
/**
 * 以 1r/s 往桶中放入令牌
```

```java
 */
private RateLimiter limiter = RateLimiter.create(1.0);
private SimpleDateFormat sdf = new SimpleDateFormat("yyyy-MM-dd HH:mm:ss");
@GetMapping("/indexLimiter")
public String indexLimiter() {
    //如果用户在500ms内没有获取到令牌,就直接放弃获取并进行服务降级处理
    boolean tryAcquire = limiter.tryAcquire(500, TimeUnit.MILLISECONDS);
    if (!tryAcquire) {
        log.info("Error ---时间:{}, 获取令牌失败.", sdf.format(new Date()));
        return "系统繁忙, 请稍后再试.";
    }
    log.info("Success ---时间:{}, 获取令牌成功.", sdf.format(new Date()));
    return "success";
}
```

5.5.5 熔断保护

断路器(Circuit Breaker)就像保险丝,在电路系统中,一般在所有的家电系统连接外部供电的线路中间都会加一个保险丝,当外部电压过高,达到保险丝的熔点时,保险丝就会被熔断,从而可以切断家电系统与外部电路的联通,进而保障家电系统不会因为电压过高而损坏。

Hystrix 提供的熔断器就有类似功能,在一定时间内调用的服务次数达到设定的阈值,并且出错的次数也达到设置的出错阈值时,就会进行服务熔断,让服务调用方执行本地设置的降级策略。但是 Hystrix 提供的熔断器具有自我反馈、自我恢复的功能,Hystrix 会根据调用接口的情况,让熔断器在关闭(closed)、打开(open)、半打开(half-open)三种状态之间自动切换。

- closed→open:正常情况下熔断器为 closed 状态,当访问同一个接口的次数超过设定阈值并且错误比例超过设置的错误阈值时,就会打开熔断机制,这时候熔断器的状态从 closed 变为 open。

- open→half-open:当服务接口对应的熔断器状态为 open 时,所有服务调用方调用该服务接口时都执行本地降级方法,Hystrix 提供了一种测试策略,也就是设置了一个时间窗口,从熔断器的状态变为 open 开始的一个时间窗口内,调用该服务接口时都委托服务降级方法执行。如果时间超过了时间窗口,则熔断器的状态从 open 变为 half-open,这个时候熔断器允许定量服务请求。

- half-open→closed:当熔断器的状态为 half-open 时,如果调用成功达到一定比例,则关闭熔断器,否则熔断器的状态再次变为 closed。

5.5.6 超时与重试

在服务容错模式中，超时模式是最常见的容错模式。在实际开发中，有太多的故障是没有设置超时时间导致的服务"Hang 住"或者 OOM 异常，或者是超时时间设置不合理导致的资源无法回收问题，最终导致系统崩溃。这些故障都是因为没有意识到超时设置的重要性而造成的。

超时场景

- 代理层超时与重试：Haproxy、Nginx、Twemproxy 组件可实现代理功能，如 Haproxy 和 Nginx 可以实现请求的负载均衡，Twemproxy 可以实现 Redis 的分片代理。我们需要设置代理与后端真实服务器之间的网络连接和读写超时时间。
- Web 容器超时：Tomcat、Jetty 等提供 HTTP 服务运行环境，我们需要设置客户端与容器之间的网络连接和读写超时时间，以及在此容器中默认的 Socket 网络连接和读写超时时间。
- 中间件客户端超时与重试：如消息中间件、CXF、Httpclient 等，我们需要设置客户的网络连接和读写超时时间，以及失败重试机制。
- 数据库客户端超时：如 MySQL、Oracle，需要分别设置 JDBC Connection、Statement 的网络连接和读写超时时间、事务超时时间、获取连接池连接等待时间。
- 业务超时：如超时订单取消任务、超时活动关闭，以及通过 Future#get(timeout，unit)限制某个接口的超时时间。
- 前端 Ajax 超时：浏览器通过 Ajax 访问网络时的网络连接和读写超时时间。

重试机制

重试是伴随着超时的，常见于因网络不稳定导致的服务调用超时场景。重试策略的参数设定一般需要与超时时间设置结合，要考虑接口的响应时间。立刻重试可能不是太好的策略，因为这样会导致在网络抖动的情况下对依赖服务的大量重试请求风暴；太长时间后再重试，会占用资源，失去重试机制的容错价值。在集群下，需要考虑对下游服务集群的同一个服务实例的重试次数与切换其他服务实例进行重试次数的比例，通常建议原有机器负载过高而响应延迟时，可以切换到集群中的其他服务实例，这样更快返回响应的概率会更大一点。

幂等

所谓幂等就是多次执行操作所产生的影响与一次执行的影响相同。在允许重试的场景中，我们需要保证服务提供方能够实现业务逻辑的幂等，因为重试机制可能导致服务提供方被多次调用。幂等设计需要解决的是"写重试"的问题。

5.5.7　Spring Cloud Hystrix 容错框架

Hystrix 中文名称为"豪猪",平时性情温顺,在感受到危险时,用浑身长满的刺来保护自己。Hystrix 的整体设计原则是防止单个服务的故障(网络、资源耗尽)等原因产生的分布式下的级联失败,通过快速失败代替队列实现优雅的服务降级,当依赖服务恢复正常后,可快速恢复服务正常运行状态,同时 Hystrix 提供实时的监控、报警及 DashBoard 等功能。

Hystrix 同样是 Netflix 开源的一个分布式系统容错框架。在分布式网络环境下,不可避免地出现服务之间因为网络超时、代码异常等原因产生各种各样的调用失效问题,Hystrix 通过延迟容忍和错误容忍逻辑可以控制分布式系统之间的交互,在失败调用超过预先设置的阈值时,会自动隔离服务访问、抑制级联错误、支持 fallback 降级处理等,保证系统的可用性和弹性。

Spring Cloud 将 Hystrix 的容错组件进行了自动化配置,在 Spring Cloud 微服务架构中可以通过注解机制实现 Hystrix 与不同组件模块的联合使用,实现请求调用的容错处理。

Hystrix 的主要特性

- 断路器机制:Hystrix 的断路器工作机制非常简单。当 Hystrix Command 请求后端服务失败数量超过一定比例时(默认为 50%),断路器会切换到开路状态(Open),这时所有请求会直接失败而不会发送到后端服务,同时断路器有自我检测并恢复的功能。
- 资源隔离:在 Hystrix 中,主要通过线程池来实现资源隔离。通常在使用的时候,我们会根据调用的远程服务划分出多个线程池。如果对性能有严格要求而且确信自己调用服务的客户端代码不会出问题,可以使用 Hystrix 的信号模式(Semaphores)来隔离资源。
- 优雅降级:fallback 相当于降级操作。对于查询操作,我们可以实现一个 fallback 方法,当请求后端服务出现异常时,可以使用 fallback 方法提供返回值。fallback 方法的返回值一般是默认值或者来自缓存的值。
- 请求缓存:对于无差异的后端服务请求,我们通常会把第一次请求缓存,对于后面的请求,我们会直接返回第一次请求的缓存作为响应。

Hystrix 通常的使用方法

1. 使用 Hystrix-core 的 HystrixCommand 源码方式

首先,增加 Maven 配置依赖:

```
<dependencies>
    <dependency>
        <groupId>com.netflix.hystrix</groupId>
        <artifactId>hystrix-core</artifactId>
```

```xml
        <version>1.5.13</version>
    </dependency>
</dependencies>
```

其次,编写业务 Command 逻辑实现(返回"success"),它继承了 HystrixCommand:

```java
public class HelloCommand extends HystrixCommand<String> {
    protected HelloCommand() {
        super(HystrixCommandGroupKey.Factory.asKey("test"));
    }
    @Override
    protected String run() throws Exception {
        //模拟请求外部接口需要的时间
        Thread.sleep(500);
        return "success";
    }
    @Override
    protected String getFallback() {
        //当外部请求超时后,会执行 fallback 方法中的逻辑
        System.out.println("执行了回退方法");
        return "error";
    }
}
```

最后,调用 Hystrix 命令类:

```java
package com.ivan.client.hystrix;
public class App {
    public static void main(String[] args) {
        HelloCommand command = new HelloCommand();
        String result = command.execute();
        System.out.println(result);
    }
}
```

2. 使用注解@HystrixCommand 方式实现熔断及降级管理

首先,加入 Maven 依赖:

```xml
<dependency>
    <groupId>org.springframework.cloud</groupId>
    <artifactId>spring-cloud-starter-netflix-hystrix</artifactId>
</dependency>
```

其次,开启 Hystrix 断路器,使用@EnableHystrix 开启 Spring Boot 对 Hystrix 的支持:

```java
@SpringBootApplication
@EnableEurekaClient
@EnableDiscoveryClient
```

```
@EnableHystrix
public class CloudServiceRibbonApplication {
    public static void main(String[] args) {
        SpringApplication.run(CloudServiceRibbonApplication.class, args);
    }
    @Bean
    @LoadBalanced
    RestTemplate RestTemplate() {
        return new RestTemplate();
    }
}
```

然后，增加@HystrixCommand 注解和 fallback 方法降级实现。该注解对该方法创建了熔断器的功能，并指定了 fallbackMethod 熔断方法，熔断方法直接返回一个字符串，字符串为"hi, "+name+", sorry, error!"。

```
@Service
public class TestService {
    @Autowired
    RestTemplate RestTemplate;
    @HystrixCommand(fallbackMethod = "hiError")
    public String hiService(String name) {
        return RestTemplate.getForObject("http://CLOUD-EUREKA-CLIENT/
            hi?name="+name, String.class);
    }
    public String hiError(String name) {
        return "hi, "+name+", sorry, error!";
    }
}
```

3. 在 Feign 中整合 Hystrix

首先，开启 Hystrix 配置：

```
eureka:
  client:
    serviceUrl:
      defaultZone: http://localhost:8761/eureka/server:
  port: 8765spring:
  application:
    name: cloud-service-feign
    feign.hystrix.enabled: true
```

其次，使用@EnableFeignClients 启动并加载应用：

```
@SpringBootApplication
```

```
@EnableEurekaClient
@EnableDiscoveryClient
@EnableFeignClients
public class CloudServiceFeginApplication {
    public static void main(String[] args) {
        SpringApplication.run(CloudServiceFeginApplication.class, args);
    }
}
```

然后，通过在 FeignClient 中增加 fallback 属性，配置连接失败错误的处理类：

```
@FeignClient(value = "cloud-eureka-client", fallback = TestServiceHystric.class)
public interface TestService {
    @RequestMapping(value = "/hi", method = RequestMethod.GET)
    String sayHiFromClientOne(@RequestParam(value = "name") String name);
}
```

最后，创建 fallback 方法，当访问接口有问题或发生错误时，直接调用此接口：

```
@Component
public class TestServiceHystric implements TestService{
    @Override
    public String sayHiFromClientOne(String name) {
        return "sorry "+name;
    }
}
```

4. 在 Zuul 网关中使用 fallback 功能实现熔断降级

Zuul 默认提供了对 Hystrix 的支持，在@EnableZuulProxy 注解中，实现代码如下：

```
@EnableCircuitBreaker
@EnableDiscoveryClient
@Target(ElementType.TYPE)
@Retention(RetentionPolicy.RUNTIME)
@Import(ZuulProxyMarkerConfiguration.class)
public @interface EnableZuulProxy {
}
```

在 Zuul 的 HTTP 请求源码中，Zuul 请求转发会被 Hystrix 包装成一个 Command 发送给后端服务，Zuul 默认提供了如下请求转发方式：

```
@Configuration
@ConditionalOnRibbonHttpClient
protected static class HttpClientRibbonConfiguration {
    @Autowired(required = false)
    private Set<ZuulFallbackProvider> ZuulFallbackProviders = Collections.emptySet();
```

```
@Bean
@ConditionalOnMissingBean
public RibbonCommandFactory<?> ribbonCommandFactory(
    SpringClientFactory clientFactory, ZuulProperties ZuulProperties)
{
    return new HttpClientRibbonCommandFactory(
        clientFactory, ZuulProperties, ZuulFallbackProviders
    );
}
```

通过源码可以知道，Zuul 将 FallbackProvider 实例保存在一个 Set 集合中，并作为 HttpClientRibbonCommandFactory 构造器的参数。Zuul 在转发请求时最终会利用 AbstractRibbonCommand 进行处理。AbstractRibbonCommand 继承了 HystrixCommand，而转发请求的业务逻辑在重写的 HystrixCommand 类的 run 方法中，源码如下：

```
@Override
protected ClientHttpResponse run() throws Exception {
    final RequestContext context = RequestContext.getCurrentContext();
    RQ request = createRequest();
    RS response = this.client.executeWithLoadBalancer(request, config);
    context.set("ribbonResponse", response);
    if (this.isResponseTimedOut()) {
        if (response != null) {
            response.close();
        }
    }
    return new RibbonHttpResponse(response);
}
```

我们知道 HystrixCommand 提供了 getFallback 方法，这个方法的作用是当 run 方法出现异常时自动调用 getFallback 方法，从而完成降级。由于 AbstractRibbonCommand 继承了 HystrixCommand，它不仅重写了 run 方法，而且重写了 getFallback 方法，源码如下：

```
@Override
protected ClientHttpResponse getFallback() {
    if(ZuulFallbackProvider != null) {
        return ZuulFallbackProvider.fallbackResponse();
    }
    return super.getFallback();
}
```

下面是自定义的 ZuulFallbackProvider 实现，如果有相应的实现，那么它会直接回调自定义实现类的 fallbackResponse 方法。

```java
@Component
public class CustomizeFallbackProvider implements FallbackProvider {
    private static Logger logger = LoggerFactory.getLogger(CustomizeFallbackProvider .class);
    private String defultRout = "*";
    @Override
    public String getRoute() {
        return defultRout;//所有路由
    }
    @Override
    public ClientHttpResponse fallbackResponse(Throwable cause) {
        StackTraceElement[] elm = cause.getStackTrace();
        StringBuffer stackTrace = new StringBuffer();
        for (StackTraceElement e : elm) {
            stackTrace.append(e.toString());
            stackTrace.append("\n");
        }
        return null;
    }
    @Override
    public ClientHttpResponse fallbackResponse() {
        return null;
    }
}
```

Zuul 配置 Hystrix 时需要注意以下配置信息：

```yaml
hystrix:
  threadpool:
    default:
      ##并发执行的最大线程数，默认为10
      coreSize: 100
      ##BlockingQueue 的最大队列数
      maxQueueSize: 150
      queueSizeRejectionThreshold: 150
  command:
    default:
      execution:
        timeout:
          enabled: true
        isolation:
          strategy: THREAD
          semaphore:
            maxConcurrentRequests: 3000
          thread:
            timeoutInMilliseconds: 130000
      fallback.isolation.semaphore.maxConcurrentRequests: 300
```

```
#enabled: false
#forceOpen: false
```

使用 Zuul 集成 Hystrix 需要注意：

- Zuul 的超时时间要大于等于 Hystrix 的超时时间，避免 Hystrix 设置无法生效。
- 在无重试场景下，通过 Feign+Ribbon 方式进行服务调用时，Hystrix 的超时时间要小于 Ribbon 的超时时间，否则在 Ribbon 调用其他服务时就已经超时了，Hystrix 无法进行熔断及降级。
- 在有重试场景下，如果有组件跟 Hystrix 配合使用，一般来讲，建议 Hystrix 的超时时间大于其他组件的超时时间，否则将可能导致重试失效。例如，如果 Ribbon 的超时时间为 1s，重试 3 次，Hystrix 的超时时间应略大于 3s。

Hystrix 的服务降级模式

Hystrix 通过注解@HystrixCommand 可以降低代码的侵入性，下面我们把 Hystrix 中 Command 与 fallback 的常用模式总结一下。

1. 同步 Command，同步 fallback

```
@HystrixCommand(fallbackMethod = "getDefaultValue")
@PostMapping("/toCart/{productId}")
public ResponseEntity addCart(@PathVariable("productId") Long productId) throws
    InterruptedException {
    Long aLong = cartFeignClient.addCart(productId);
    System.out.println(aLong);
    return ResponseEntity.ok(productId);
}
private ResponseEntity getDefaultValue(Long productId) {
    return ResponseEntity.ok(0);
}
```

2. 异步 Command，同步 fallback

```
@HystrixCommand(fallbackMethod = "getDefaultAsyncAddCart")
public Future<ResponseEntity<Long>> asyncAddCart(@PathVariable("productId") Long
    productId) throws InterruptedException {
    log.info("异步 command: run。。。");
    Thread.sleep(5000);     //触发降级逻辑
    return new AsyncResult<ResponseEntity<Long>>() {
        @Override
        public ResponseEntity<Long> invoke() {
            return ResponseEntity.ok(cartFeignClient.addCart(productId));
        }
```

```
    };
}
private ResponseEntity<Long> getDefaultAsyncAddCart(Long productId, Throwable throwable) {
    log.info("异步 command, 同步 fallback: run。。。");
    return ResponseEntity.ok(0L);
}
```

3. 异步 Command，异步 fallback

```
@HystrixCommand(fallbackMethod = "getDefaultAsyncAddCart2")
public Future<ResponseEntity<Long>> asyncAddCart2(@PathVariable("productId") Long
    productId) throws InterruptedException {
    log.info("异步 command: run。。。");
    Thread.sleep(5000);
    return new AsyncResult<ResponseEntity<Long>>() {
        @Override
        public ResponseEntity<Long> invoke() {
            return ResponseEntity.ok(cartFeignClient.addCart(productId));
        }
    };
}
```

注意：异步 fallbackMethod 这里必须加@HystrixCommand 注解，否则运行时会报错：

```
@HystrixCommand
private Future<ResponseEntity<Long>> getDefaultAsyncAddCart2(Long productId,
    Throwable throwable) {
    log.info("异步 command, 同步 fallback: run。。。");
    log.warn("", throwable);
    return new AsyncResult<ResponseEntity<Long>>() {
        @Override
        public ResponseEntity<Long> invoke() {
            return ResponseEntity.ok(0L);
        }
    };
}
```

5.5.8　Hystrix 的核心工作原理

Hystrix 的本质作用是当系统资源过载（Over Load Control）时提供服务状态保护机制，包括下面四个方面。

- 熔断：当失败率达到阈值时自动触发降级（如因网络故障或超时造成的失败率高），熔断器触发的快速失败会进行快速恢复。

- 隔离（线程池隔离和信号量隔离）：限制调用分布式服务的资源使用，某一个调用的服务出现问题不会影响其他调用。
- 降级：超时降级、资源不足时（线程或信号量）降级，降级后可以配合降级接口返回托底数据，做到优雅降级。
- 缓存：提供了请求缓存、请求合并的实现方法。

Hystrix——熔断

熔断器的原理很简单，可以实现快速失败，如果它在一段时间内侦测到许多类似的错误，会强迫其以后的多个调用快速失败，不再访问远程服务器，从而防止应用程序不断地尝试执行可能会失败的操作，使得应用程序继续执行而不用等待修正错误，或者浪费 CPU 时间去等到长时间的超时产生。熔断器也可以使应用程序诊断错误是否已经修正，如果已经修正，应用程序会再次尝试调用操作。

熔断器就像是那些容易导致错误的操作的一种代理。这种代理能够记录最近调用发生错误的次数，然后决定允许操作继续或者立即返回错误。熔断器开关相互转换的逻辑如下图所示。

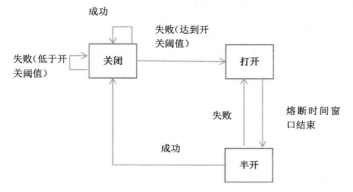

Hystrix 中的熔断器（Circuit Breaker）也起到这样的作用，Hystrix 在运行过程中会向每个 CommandKey 对应的熔断器报告成功、失败、超时和拒绝的状态，熔断器维护并计算统计的数据，根据这些统计信息来确定是否打开。如果打开，后续的请求都会被截断（不再执行 run 方法里的内容，直接执行 fallback 方法里的内容）。然后隔一段时间（默认是 5s），尝试半开，放一部分请求进来，相当于对依赖服务进行一次健康检查，如果服务没问题，熔断器关闭，随后完全恢复调用。

Hystrix——隔离

对于微服务系统来说，一个从客户端发来的 HTTP 请求往往途径众多微服务，在处于高流量状态下，如果其中一个服务器资源出现饱和状态，就会影响上游系统。如下图所示，Hystrix 可以将服务调用包裹在 HystrixCommand 中，每一个 HystrixCommand 都维护着一个线程池，从而隔离服务，当一个服务产生延迟时，其"吞噬"的资源也只会限定在该 HystrixCommand 内（比如至多只会占用 N 个线程资源），而不会对全局造成影响。

Hystrix 的隔离主要是为每个依赖组件提供一个隔离的线程环境，有两种隔离模式。

- 线程池隔离模式：使用一个线程池来存储当前的请求。线程池对请求做处理，设置任务返回处理超时时间，堆积的请求堆积入线程池队列。这种方式需要为每个依赖的服务申请线程池，有一定的资源消耗，好处是可以应对突发流量（流量洪峰来临时，处理不完可将数据存储到线程池里慢慢处理）。
- 信号量隔离模式：使用一个原子计数器（或信号量）来记录当前有多少个线程在运行，请求到来时先判断计数器的数值，若超过设置的最大线程个数，则丢弃该类型的新请求，若不超过，则执行计数操作，请求到来计数器+1，请求返回计数器-1。这种方式是严格的控制线程且立即返回模式，无法应对突发流量（流量洪峰来临时，处理的线程超过数量，其他的请求会直接返回，不继续去请求依赖的服务）。

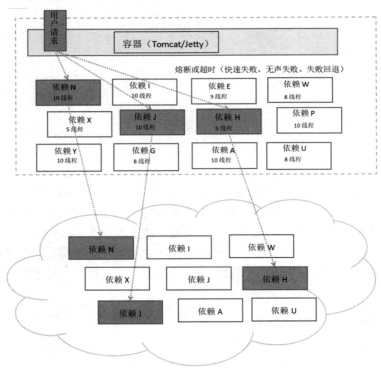

两种隔离模式的主要区别如下表所示。

比较项	线程池隔离模式	信号量隔离模式
线程	与调用线程不相同的线程	与调用线程相同
开销	排队、调度、上下文开销等	无线程切换，开销低
异步	支持	不支持
并发支持	支持（最大线程池大小）	支持（最大信号量上限）

Hystrix 隔离策略相关的参数如下。

- execution.isolation.strategy= THREAD|SEMAPHORE：设置线程或信号量隔离模式。
- hystrix.command.default.execution.isolation.thread.timeoutInMilliseconds：设置隔离模式的超时时间，默认值是 1000ms。
- execution.isolation.semaphore.maxConcurrentRequests：设置在使用时允许到 HystrixCommand.run 方法的最大请求数，默认值是 10。
- execution.timeout.enabled：设置 HystrixCommand.run 方法执行时是否开启超时设置，默认开启。
- execution.isolation.thread.interruptOnTimeout：发生超时时是否中断 HystrixCommand.run 方法，默认是 true。
- execution.isolation.thread.interruptOnCancel：取消时是否中断 HystrixCommand.run 方法，默认是 false。

Hystrix——降级

所谓降级，就是指在 Hystrix 执行非核心链路功能失败的情况下，我们如何处理，比如我们返回默认值等。如果我们要回退或者降级处理，代码上需要实现 HystrixCommand.getFallback 方法或者 HystrixObservableCommand 方法。

Netflix 的 Hystrix 对微服务降级处理实现提供两种方式：

- 通过添加注解@HystrixCommand 方式来实现。
- 通过继承 HystrixCommand 类来实现。

1. 使用@HystrixCommand 注解实现服务降级

使用注解可以最小限度地侵入代码，可以快速让原来的功能支持服务降级，使用时仅需在要进行服务降级处理的方法上增加@HystrixCommand 注解即可，并通过 fallbackMethod 属性设置在降级处理时所使用的方法，然后在降级方法中实现服务降级处理。需要注意：通过 fallbackMethod 属性所指定的方法要与原方法具有相同的方法签名，否则降级会失败。下面是@HystrixCommand

的参数说明。

- groupKey：设置 HystrixCommand 分组的名称。
- commandKey：设置 HystrixCommand 的名称。
- threadPollKey：设置 HystrixCommand 执行线程池的名称。
- fallbackMethod：设置 HystrixCommand 服务降级所使用的方法名称，注意该方法需要与原方法定义在同一个类中，并且方法签名也要一致。
- commandProperties：设置 HystrixCommand 属性，例如断路器失败百分比、断路器时间容器大小等。
- ignoreException：设置 HystrixCommand 执行服务降级处理时需要忽略的异常，当出现异常时不会执行服务降级处理。
- observableExecutionMode：设置 HystrixCommand 执行的方式。
- defaultFallback：设置 HystrixCommand 默认的服务降级处理方法，如果同时设定 fallbackMethod 属性，会优先使用 fallbackMethod 属性所指定的方法。该属性所指定的方法没有参数，需要注意返回值与原方法返回值的兼容性。

2. 继承 HystrixCommand 类实现服务降级

除使用注解方式来完成服务降级实现外，Hystrix 还提供了两个对象来支持服务降级实现处理：HystrixCommand 和 HystrixObserableCommand。如果继承 HystrixCommand 则需要实现 getFallback 方法，代码如下：

```java
import com.netflix.hystrix.HystrixCommand;
import com.netflix.hystrix.HystrixCommandGroupKey;
public class HystrixFallback extends HystrixCommand<String> {
    private String name;
    public HystrixFallback() {
        super(Setter.withGroupKey(HystrixCommandGroupKey.Factory.asKey("test")));
    }
    public HystrixFallback(String name) {
        super(Setter.withGroupKey(HystrixCommandGroupKey.Factory.asKey("test")));
        this.name = name;
    }
    @Override
    protected String run() throws Exception {
        //实现具体的业务处理逻辑
        return null;
    }
    @Override
    protected String getFallback() {
```

```
        //实现服务降级处理逻辑
        return super.getFallback();
    }
}
```

HystrixObserableCommand 用于所依赖服务返回多个操作结果的时候,在实现服务降级时,如果是继承 HystrixObserableCommand,则需要实现 resumeWithFallback 方法,代码如下。

```
import com.netflix.hystrix.HystrixCommandGroupKey;
import com.netflix.hystrix.HystrixObservableCommand;
import rx.Observable;
public class HystrixObervableFallback extends HystrixObservableCommand<String> {
    private String name;
    public HystrixObervableFallback() {
        super(Setter.withGroupKey(HystrixCommandGroupKey.Factory.asKey("test")));
    }
    public HystrixObervableFallback(String name) {
        super(Setter.withGroupKey(HystrixCommandGroupKey.Factory.asKey("test")));
        this.name = name;
    }
    @Override
    protected Observable<String> construct() {
        //实现具体的业务处理逻辑
        return null;
    }
    @Override
    protected Observable<String> resumeWithFallback() {
        //实现服务降级处理逻辑
        return super.resumeWithFallback();
    }
}
```

Hystrix——缓存

Hystrix 有两种方式来应对高并发场景,分别是请求缓存与请求合并缓存。请求缓存是在同一请求多次访问中保证只调用一次这个服务提供者的接口,同一请求第一次的结果会被缓存,保证同一请求多次访问返回结果相同。

Hystrix 的缓存实现方式主要有两种:继承方式和注解方式,用得比较多的方式是注解方式,因为注解方式开发快而且相对简单,如下表所示。

注解	描述	属性
@CacheResult	该注解用来标记请求命令返回的结果应该被缓存,它必须与@HystrixCommand注解结合使用	cacheKeyMethod

续表

注解	描述	属性
@CacheRemove	该注解用来让请求命令的缓存失效，失效的缓存根据commandKey进行查找	commandKey，cacheKeyMethod
@CacheKey	该注解用来在请求命令的参数上做标记，使其作为cacheKey，如果没有使用此注解，则会使用所有参数列表中的参数作为cacheKey	value

1. 使用@CacheResult开启请求缓存功能

```
@Service
public class CacheResultDemo {
    @Autowired
    private RestTemplate RestTemplate;
    @CacheResult(cacheKeyMethod = "getUserId")
    @HystrixCommand(fallbackMethod = "hiConsumerFallBack")
    public User hiConsumer(String id) {
        //SERVICE_HI 是服务端的，hi 为服务端提供的接口
        return RestTemplate.getForEntity("http://SERVICE_HI/hi", ser.class).getBody();
    }
    public String hiConsumerFallBack(String id, Throwable e) {
        return "This is a error";
    }
    public String getUserId(String id) {
        return id;
    }
}
```

2. 使用 CacheKey 开启缓存

```
@Service
public class CacheKeyDemo {
    @Autowired
    private RestTemplate RestTemplate;
    @HystrixCommand(fallbackMethod = "hiConsumerFallBack")
    public User hiConsumer(@CacheKey("id") String id)
        return RestTemplate.getForEntity("http://SERVICE_HI/hi", User.class).getBody();
    }
    public String hiConsumerFallBack(String id, Throwable e) {
        return "This is a error";
    }
}
```

3. 通过@CacheRemove 注解来实现失效缓存清理功能

```
@Service
public class CacheRemoveDemo {
    @Autowired
    private RestTemplate RestTemplate;
    @CacheRemove(commandKey = "getUserId")
    @HystrixCommand(fallbackMethod = "hiConsumerFallBack")
    public void update(@CacheKey("id") User user) {
        RestTemplate.postForObject("http://SERVICE_HI/hi", user, User.class);
    return;
    }
    public String hiConsumerFallBack(String id, Throwable e) {
        return "This is a error";
    }
    public String getUserId(String id) {
        return id;
    }
}
```

Hystrix 的工作流程

Hystrix 使用 RxJava 作为响应式的编程框架。这里我们简单介绍一下 Hystrix 的工作流程，一个简化版本的 Hystrix 执行流程如下图所示。

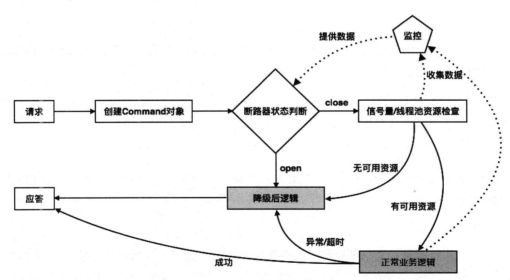

首先，构造一个 HystrixCommand 或 HystrixObservableCommand 对象。

- 如果期望依赖项返回单个响应，则构造一个 HystrixCommand 对象，代码如下：

```
HystrixCommand command =new HystrixCommand(arg1, arg2);
```

- 如果期望依赖项返回发出响应的可观察对象，则构造一个 HystrixObservableComman 对象，代码如下：

```
HystrixObservableCommand command = new HystrixObservableCommand(arg1, arg2);
```

有 4 种方法可以执行 Hystrix 命令（前两种方法只适用于简单的 HystrixCommand 对象，不适用于 HystrixObservableCommand 对象）。

- execute：该方法与 queue 方法以相同的方式获取一个 Future 对象，然后在这个 Future 上调用 get 方法来获取可观察对象发出的单个值。
- queue：该方法将可观察对象转换为 BlockingObservable 对象，以便将其转换为 Future 对象，然后返回此 Future 对象。
- observe：该方法可以立即订阅可观察对象，并开始执行命令的流。返回一个可观察对象，当订阅该对象时，它将重新产生结果并通知订阅者。
- toObservable：该方法返回的可观察值不变，需要订阅后才能真正开始执行命令流程。

下面是 Hystrix 的具体执行逻辑。

1. 构造 Hystrix 命令

构造一个 HystrixCommand 或 HystrixObservableCommand 对象，用于封装请求并在构造方法中配置请求被执行需要的参数。

2. 执行 Hystrix 命令

根据上文中提供的 4 种方式执行命令。

3. 判断是否缓存了响应

如果你为命令启用了请求缓存，并且在缓存中命中了可用请求的响应，则缓存的响应将立即以可观察到的形式返回。

4. 判断熔断电路是否打开

当执行命令时，Hystrix 将与断路器一起检查熔断电路是否打开。如果熔断电路打开，那么 Hystrix 将不执行命令并回退。如果熔断电路关闭，则继续执行，检查是否有可用的容量来运行命令。

5. 线程池、队列、信号量是否已满

如果与命令关联的线程池和队列（或信号量，如果不在线程中运行）已满，那么 Hystrix 将不执行命令，执行逻辑跳转到第 7 步。

6. 计算电路健康状态

执行 HystrixObservableCommand.construct 或 HystrixCommand.run 方法，Hystrix 向断路器报告成功、失败、拒绝或超时，如果执行逻辑失败或者超，则执行逻辑跳转第 7 步；否则执行逻辑跳转到第 8 步；

7. 回退

Hystrix 试图恢复你的回滚命令，并执行回退逻辑或者 fallback 备用逻辑。

8. 返回成功的响应

如果 Hystrix 命令成功，它将以可观察到的形式返回响应给调用者。

5.5.9 Hystrix 源码解析

@HystrixCommand 注解是由名为 javanica 的 Hystrix contrib 库提供的。javanica 是一个 Hystrix 的子项目，用于简化 Hystrix 的使用。我们还需要添加一个依赖：

```xml
<dependency>
    <groupId>com.netflix.hystrix</groupId>
    <artifactId>hystrix-javanica</artifactId>
    <version>RELEASE</version>
</dependency>
```

查看 hystrix-javanica 的 readme 及注解@HystrixCommand 的引用可以发现，HystrixCommandAspect 实现了对@HystrixCommand 注解的拦截和处理。下面是 Aspect 拦截部分的实现源码：

```java
@Aspect
public class HystrixCommandAspect {
    private static final Map<HystrixPointcutType, MetaHolderFactory>
        META_HOLDER_FACTORY_MAP;
    static {
        META_HOLDER_FACTORY_MAP = ImmutableMap.<HystrixPointcutType,
        MetaHolderFactory>builder().put(HystrixPointcutType.COMMAND,
        new CommandMetaHolderFactory())
                .put(HystrixPointcutType.COLLAPSER,
        new CollapserMetaHolderFactory()) .build();
    }
    @Pointcut("@annotation(com.netflix.hystrix.contrib.javanica.annotation.HystrixCommand)")
    public void hystrixCommandAnnotationPointcut() {
    }
    @Pointcut("@annotation(com.netflix.hystrix.contrib.javanica.annotation.HystrixCollapser)")
    public void hystrixCollapserAnnotationPointcut() {
```

```
    }
    @Around("hystrixCommandAnnotationPointcut() || hystrixCollapserAnnotationPointcut()")
    public Object methodsAnnotatedWithHystrixCommand(
        final ProceedingJoinPoint joinPoint) throws Throwable {
//省略
    }
```

HystrixCommand 继承了 AbstractCommand 类，它提供了更多的构造函数和构造参数建造者，最终调用 run 方法实现用户业务逻辑，而 AbstractCommand 类就要实现隔离、熔断等核心功能。如果查看 AbstractCommand 类的代码，你会发现这个类主要使用了 RxJava 响应式框架。下面我们对 AbstractCommand 类的熔断过程加以讲解。

AbstractCommand 类的 initCircuitBreaker 方法是熔断器的构造方法入口，它判断是否打开了熔断器，只有在打开了熔断器后才会通过 HystrixCircuitBreaker.Factory 工厂新建一个熔断器，源码如下：

```
private static HystrixCircuitBreaker initCircuitBreaker(boolean enabled, HystrixCircuitBreaker
    fromConstructor, HystrixCommandGroupKey groupKey,
    HystrixCommandKey commandKey, HystrixCommandProperties properties,
    HystrixCommandMetrics metrics) {
    if (enabled) {
        if (fromConstructor == null) {
            return HystrixCircuitBreaker.Factory.getInstance(commandKey, groupKey,
                properties, metrics);
        } else {
            return fromConstructor;
        }
    } else {
        return new NoOpCircuitBreaker();
    }
}
```

HystrixCircuitBreaker.Factory 类根据 CommandKey 对熔断器进行了缓存，如果缓存里存在 Key，则直接取缓存里的 Key，如果不存在，则新建 HystrixCircuitBreakerImpl 对象，用于熔断操作，源码如下：

```
class Factory {
//circuitBreakersByCommand 是一个 ConcurrentHashMap，这里缓存了系统的所有熔断器
    private static ConcurrentHashMap<String, HystrixCircuitBreaker>
    circuitBreakersByCommand = new ConcurrentHashMap<String, HystrixCircuitBreaker>();
    public static HystrixCircuitBreaker getInstance(
            HystrixCommandKey Key,
            HystrixCommandGroupKey group,
            HystrixCommandProperties properties,
```

```
            HystrixCommandMetrics metrics) {
        HystrixCircuitBreaker previouslyCached = circuitBreakersByCommand.get(Key.name());
        if (previouslyCached != null) {
            return previouslyCached;
        }
        HystrixCircuitBreaker cbForCommand =
            circuitBreakersByCommand.putIfAbsent(Key.name(),
            new HystrixCircuitBreakerImpl(Key, group, properties, metrics));
        if (cbForCommand == null) {
            return circuitBreakersByCommand.get(Key.name());
        } else {
            return cbForCommand;
        }
    }
    public static HystrixCircuitBreaker getInstance(HystrixCommandKey Key) {
        return circuitBreakersByCommand.get(Key.name());
    }
    /**
     * Clears all circuit breakers. If new requests come in instances will be recreated.
     */
    /* package */static void reset() {
        circuitBreakersByCommand.clear();
    }
}
```

HystrixCircuitBreakerImpl 类里定义了一个状态变量,分别为关闭、打开、半开状态。我们重点关注 allowRequest 方法,在 allowRequest 方法里首先判断 forceOpen 属性是否打开,如果打开则不允许有请求进入。然后判断 forceClosed 属性,如果这个属性为 true,刚对所有的请求放行,相当于熔断器不起作用。isAfterSleepWindow 方法用于放行超过了指定时间后的流量。下面是主要的代码实现:

```
class HystrixCircuitBreakerImpl implements HystrixCircuitBreaker {
    private final HystrixCommandProperties properties;
    private final HystrixCommandMetrics metrics;
    enum Status {
        CLOSED, OPEN, HALF_OPEN;//三种状态通过枚举来定义
    }//默认是关闭的状态
    private final AtomicReference<Status> status = new
        AtomicReference<Status>(Status.CLOSED);
    private final AtomicLong circuitOpened = new AtomicLong(-1);
    private final AtomicReference<Subscription> activeSubscription = new
        AtomicReference<Subscription>(null);
    protected HystrixCircuitBreakerImpl(HystrixCommandKey Key,
        HystrixCommandGroupKey commandGroup,
        final HystrixCommandProperties properties,
```

```
                HystrixCommandMetrics metrics) {
            this.properties = properties;
            this.metrics = metrics;
            Subscription s = subscribeToStream();
            activeSubscription.set(s);
        }
        //用于判断熔断器是否打开
        @Override
        public boolean isOpen() {
            if (properties.circuitBreakerForceOpen().get()) {
                return true;
            }
            if (properties.circuitBreakerForceClosed().get()) {
                return false;
            }
            return circuitOpened.get() >= 0;
        }
        @Override
        public boolean allowRequest() {//用于判断是否放行流量
            if (properties.circuitBreakerForceOpen().get()) {
                return false;
            }
            if (properties.circuitBreakerForceClosed().get()) {
                return true;
            }//第一次请求肯定就放行了
            if (circuitOpened.get() == -1) {
                return true;
            } else {//半开状态将不放行
                if (status.get().equals(Status.HALF_OPEN)) {
                    return false;
                } else {
                    return isAfterSleepWindow();
                }
            }
        }
    }
```

5.6 小结

微服务架构的关键技术是为微服务提供高可用、可扩展性、可容错性的平台基础设施。Spring Cloud 作为微服务的治理平台为我们提供了相关的技术和服务组件，而开源的解决方案往往无法做到满足个性需求，我们需要根据实际场景和业务特性做定制化开发。定制化开发的前提是我们能够充分理解这些关键技术的底层运行原理和工作机制。

第 6 章
系统集成

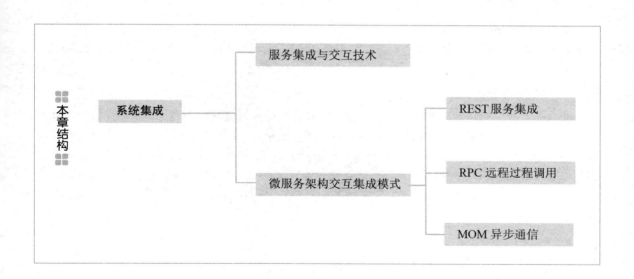

系统集成是相对拆分而言的，当巨石型应用拆分为细粒度的微服务后，错综复杂的代码可以分解为独立的模块加以治理。然而，传统应用内部原本基于方法的调用方式可能会转变为跨进程的分布式网络调用方式，网络的不可靠性给服务模块之间的交互带来了复杂性。所以，微服务系统的集成对微服务架构能否成功落地至关重要。

微服务架构强调基于 HTTP 的轻量级的服务交互模式，这一章我们将这种基于请求/响应模式的交互模式与 RESTful 架构结合，介绍微服务"声明式 API"和契约优先的开发原则。同时我们会深入讲解主流 RPC 架构的实现原理和 RPC 通信方式的优势和缺点。

微服务架构的另外一种集成模式基于消息中间件的异步交互方式。这种交互模式无疑带给了微服务更多的灵活性和自治性，但也带来了复杂性，我们需要在使用场景中做出权衡，选择适合自己的消息中间件。

6.1 服务集成交互技术

我们知道软件系统的集成主要分为服务接口集成和数据集成。数据集成一般通过 ETL（全称为 Extract-Transform-Load，用来描述将数据从来源端经过抽取、转换、加载至目的端的过程）方式实现数据的传递、聚合等操作。ETL、实时数据流处理是数据领域与数据处理相关的技术话题，这里不赘述，本章我们只关心应用之间的交互技术和服务之间通过接口集成的技术。

微服务通常使用分布式跨网络的交互调用。我们通过网络协议、Linux I/O 模式、序列化方式三个关键要素来讲解服务集成交互技术，它们是决定服务交互效果、影响交互效率最关键的因素。

6.1.1 网络协议

分布式系统采用跨网络的协议进行通信。网络协议是计算机网络中为进行数据交换而建立的规则、标准或约定的集合。无论是前端与后端之间，还是后端微服务之间，交互都会涉及网络协议。为了使不同计算机厂家生产的计算机能够相互通信，以便在更大的范围内建立计算机网络，国际标准化组织（ISO）提出了"开放系统互联参考模型"，即著名的 OSI/RM 模型（Open System Interconnection / Reference Model），它将计算机网络体系结构的通信协议划分为七层，自下而上依次为：

- 物理层（Physics Layer）
- 数据链路层（Data Link Layer）
- 网络层（Network Layer）
- 传输层（Transport Layer）
- 会话层（Session Layer）
- 表示层（Presentation Layer）
- 应用层（Application Layer）

TCP/IP 无疑是当今互联网使用最广泛的网络互联协议。TCP/IP 与 OSI 体系一样也采用了分层结构，它们之间的分层架构映射如下表所示。

OSI七层网络模型	TCP/IP四层网络模型	对应网络协议
应用层	应用层	HTTP、FTP、SMTP
表示层		Telnet、SNMP、Rlogin
会话层		DNS、SMTP
传输层	传输层	TCP、DUP
网络层	网络层	IP、ICMP、ARP
数据链路层	数据链路层	Ethernet、Arpanet
物理层		IEEE 802.1A、IEEE 802.2～IEEE 802.11

TCP（Transmission Control Protocol，传输控制协议）是一种面向连接的、可靠的、基于字节流的传输层通信协议，由 IETF（The Internet Engineering Task Force，国际互联网工程任务组）的 RFC 793 定义。TCP 旨在适应支持多网络应用的分层协议层次结构。连接到不同但互联的计算机通信网络的主计算机中的成对进程之间依靠 TCP 提供可靠的通信服务。

TCP 主要包括两大事务：连接管理（建立、关闭连接），以及面向字节流的数据传输及控制。

建立连接

TCP 是互联网中的传输层协议，使用三次握手协议建立连接。当主动方发出 SYN 连接请求后，等待对方回答 SYN-ACK，并最终对对方的 SYN 执行 ACK 确认。TCP 三次握手如下图所示。

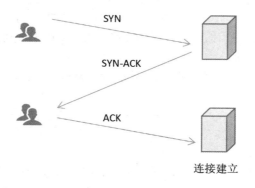

终止连接

建立一个连接需要三次握手，而终止一个连接要经过四次握手，这是由 TCP 的半关闭（Half-Close）造成的。具体 TCP 连接终止过程如下图所示。

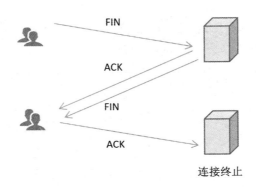

连接终止

长短连接

短连接是指当客户端与服务端建立连接后,双方完成一次读写过程,然后关闭连接,双方不需要额外的控制手段维持连接。优点是管理简单,缺点是延时高、效率低,每次传输数据需要重新建立连接。

长连接是指当客户端与服务端建立连接后,它们之间的连接不会主动关闭,后续的读写操作都会继续使用这个连接,优点是可以连续发送多个数据包,减少资源消耗、降低延时。

数据传输

下面是 TCP 在数据传输过程中的一些主要功能特性:

- TCP 把数据流分割成适当长度的报文段,最大传输段大小(MSS)通常受该计算机连接的网络的数据链路层的最大传送单元(MTU)限制。
- 在可靠性上,TCP 为了保证报文传输的可靠性,给每个包一个序号,序号也保证了传送到接收端实体的包按序接收。然后接收端实体对已成功收到的字节发回一个相应的确认(ACK)。如果发送端实体在合理的往返时延(RTT)内未收到确认,那么对应的数据(假设丢失了)将会被重传。
- 在正确性上,TCP 用一个校验和函数来检验数据是否有错误,在发送和接收时都要计算校验和来保证数据的正确性与合法性。
- 在流量控制上,采用滑动窗口协议,协议中规定对于窗口内未经确认的分组需要重传机制。

微服务常用的应用协议

- HTTP(Hyper Text Transfer Protocol,超文本传输协议):HTTP 可以说是目前互联网上使用的公共语言,Web 浏览器、服务器和相关的 Web 应用程序都是通过 HTTP 完成通信的。HTTP 基于 TCP,属于应用层的面向资源存取和修改的协议,由于具有简捷、快速的特性,适用于分布式超媒体信息系统。HTTP 对 API 技术无关性的支持是其最大的优点,浏览器的支持及不需要中间代理都简化了协议的架构。同时 HTTP 对 RESTful 架构的天然友好的支持，使其成为开发接口和系统集成的标准。
- gRPC：由 Google 开发，是一款语言中立、平台中立、开源的远程过程调用协议。基于 HTTP2 标准设计，具有诸如双向流、流控、头部压缩、单 TCP 连接上的多复用请求等特性。这些特性使得其在移动设备上表现更好，更省电和节省空间。gRPC 客户端应用可以像调用本地对象一样直接调用另一台机器上服务端应用的方法，使得我们能够更容易地创建分布式应用和服务。与许多 RPC 系统类似，gRPC 也基于以下理念：定义一个服务，指定其能够被远程调用的方法（包含参数和返回类型）；在服务端实现这个方法，并运行一个 gRPC 服务器来处理客户端调用；在客户端拥有一个像服务端一样的方法。gRPC 最大的优势就是语言无关性，对于微服务架构技术栈多样性的特性有非常好的支持，也是很多公司采用 gRPC 作为自己后端系统集成的协议标准的原因。
- AMQP：全称 Advanced Message Queuing Protocol，是一个进程间传递异步消息的协议。AMQP 使用长连接，是一个使用 TCP 提供可靠投递的应用层协议。RabbitMQ 就是遵从 AMQP 协议开发的一个 RPC 远程调用框架。RabbitMQ 中的交换器、交换器类型、队列、绑定、路由键等都遵循 AMQP 中相应的概念。可以将 AMQP 看作一系列结构化命令的集合，这里的命令代表一种操作，类似 HTTP 中的方法（GET、POST、PUT、DELETE 等）。
- RSocket：是一种用于反应式应用程序的新网络协议，是第七层语言无关的应用网络协议，是一种基于 Reactive Streams 背压的双向、多路复用、消息的二进制协议。除了 TCP，同时支持的通信协议还有 UDP、WebSocket 等。RSocket 与 HTTP 的不同之处在于它定义了四种交互模型。
    - fire-and-forget：异步触发，不需要响应。
    - request/response：请求/响应，发出一个请求，获取一个响应，就像 HTTP 一样。
    - request/stream：请求/流式响应，一个请求对应多个或无数个流式响应。
    - channel：双向异步通信，也就是支持 Channel。

选择适合你的协议

上述应用层协议是我们精心选择的微服务可能会使用的网络协议，不同的网络协议适合不同的应用场景。
- 如果你的微服务之间是"点对点"的请求/响应交互方式，可以采用基于 HTTP 的 REST 方式或者 RPC 方式的调用。一般来说，HTTP 具备更好的通用性，RPC（如 gPRC）交互的性能优势更加明显，使用何种方式作为你的微服务集成标准你需要做利弊权衡。至于使用同步 I/O 还是异步 I/O，这个基础性的选择会不可避免地影响后续的代码实现和技术架构，下一节我们会详细讲解 I/O 中的同步和异步、阻塞和非阻塞的相关技术和其对服务集成的影响。

- 如果你的微服务系统属于"异步执行"，或者属于一对多的发布/订阅场景，那么可以考虑使用消息中间件作为交互平台。服务生产者与服务消费者可以使用一个第三方消息代理平台通过事件驱动机制完成服务集成。
- 对于 Reactive 风格的应用，通常需要非阻塞并且与异步行为匹配。很多场景是服务端从客户端请求数据，支持单个连接上的多路复用，允许任意交互模式的双向消息流。这个时候 HTTP 可能已经无法满足你的需求，RSocket 网络协议给微服务提供了很好的端到端的网络体验，我们将会在本书的进阶篇中进一步讲解。

6.1.2 Linux I/O 模式

下图是根据同步、异步、阻塞、非阻塞四个指标总结的 Linux 下四个象限的 I/O 通信模式。

	阻塞	非阻塞
同步	Read/Write	Read/Write nonblock
异步	I/O Multiplexing Select/poll	AIO

一般将网络消息是否有返回结果作为同步与异步的区分标准。

- 同步：应用程序要直接参与 I/O 读写操作，并等待消息响应结果。
- 异步：所有 I/O 读写交给操作系统去处理，不等待消息响应结果，程序只需要等待通知。

阻塞与非阻塞是指应用 I/O 读写操作是否阻塞。

- 阻塞：往往需要等待缓冲区中的数据准备好后才处理其他的事情，否则一直等待。
- 非阻塞：当进程访问数据缓冲区时，如果数据没有准备好则直接返回，不会等待。如果数据已经准备好，也直接返回。

同步阻塞流程图如下。

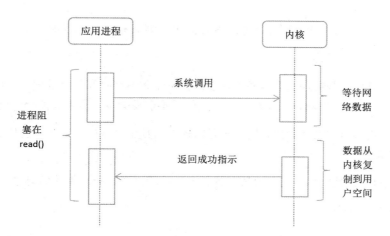

同步阻塞对应的 Linux API 为 recvfrom（Linux 下的 Socket 接收数据函数）。下面我们以读操作为例看一下同步阻塞模式工作流程：

（1）进程发起读操作，进行 recvfrom 系统调用。

（2）内核开始进入准备数据（从磁盘复制到缓冲区）阶段，准备数据是要消耗一定时间的。

（3）与此同时，应用用户态进程阻塞，进入等待数据状态。

（4）数据从内核复制到用户空间，内核返回结果，进程解除阻塞。也就是说，内核准备数据和数据从内核复制到进程这两个过程都是阻塞的。

同步非阻塞流程图如下。

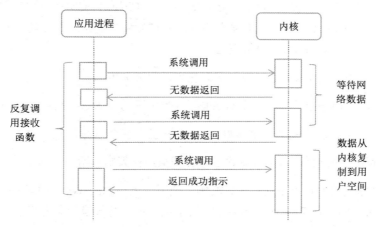

同步非阻塞对应的 Linux API 为 recvfrom-noblocking。你可以通过设置 Socket 的初始化参数使

其变为非阻塞状态。当对一个非阻塞状态的 Socket 执行读操作时，流程如下：

（1）用户进程发出读操作。

（2）如果内核中的数据还没有准备好，那么读操作并不会阻塞用户进程，而是立刻返回一个错误。从用户进程的角度来看，它发起一个读操作后不需要等待，马上就能得到返回结果。

（3）当用户进程再次发起读操作时，一旦内核中的数据准备好了，那么它马上就将数据复制到用户空间，然后返回。

非阻塞 I/O 的特点是用户进程在内核准备数据的阶段需要不断地主动询问数据好了没有。

异步阻塞流程图如下。

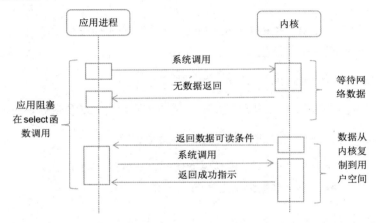

异步阻塞对应的 Linux API 为 select、poll、epoll。异步阻塞其实就是我们经常提的 I/O 多路复用模式。epoll 监听不同网络事件，当有事件通知时就通知用户进程。好处是单个进程可以处理多个 Socket。现在看一下 I/O 多路复用的流程：

（1）当用户进程调用了 select 函数，那么整个进程会被阻塞。

（2）与此同时，内核会"监视"所有 select 函数负责的 Socket（网络文件句柄）。

（3）任何一个 Socket 中的数据准备好了，select 函数就会返回。

（4）这个时候用户进程再调用读操作，将数据从内核复制到用户空间。

所以，I/O 多路复用的特点是通过一种机制，使用一个单独的线程同时等待多个文件描述符，而这些文件描述符其中的任意一个 Socket（套接字描述符）进入读/写就绪状态，select 函数就可以返回。

异步非阻塞流程图如下。

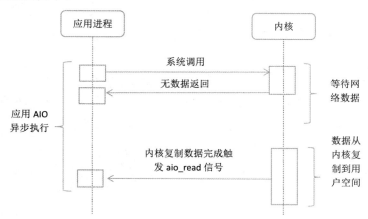

异步非阻塞对应的 Linux API 为 aio_read/aio_write，流程如下。

（1）用户进程发起读操作之后，立刻开始去做其他事情。

（2）从内核的角度看，当它收到一个异步读操作之后，首先它会立刻返回，不会对用户进程产生任何阻塞。

（3）内核会等待数据准备完成，然后将数据复制到用户空间，当这一切都完成之后，内核会给用户进程发送一个信号，通知用户读操作已完成。

总结一下，上述四种 I/O 模式都可以分为两个阶段：一个是数据准备阶段，另一个是内核与用户空间的数据复制阶段，如下图所示。

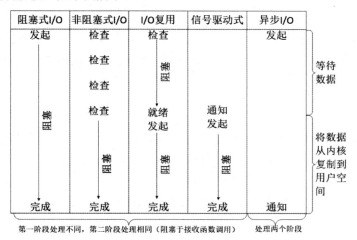

四种 I/O 模式的主要区别就是第一阶段，因为第二阶段都需要阻塞等待数据从内核复制到用户空间。只有"异步非阻塞"的第二阶段与其他三种 I/O 模式都不相同，它在这两个阶段都是通过操作系统的事件回调通知完成的。

6.1.3 序列化方式

序列化是进程间在网络上进行数据交互所使用的消息格式。为了更好地理解序列化的概念，我们先从网络通信讲起。我们知道现在的网络通信技术大部分都是基于 TCP/IP 来实现的，下图展示的是网络上两台机器（发送端、接收端）之间通信的过程。

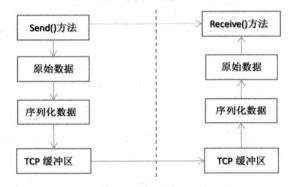

可以看出，序列化就是将对象转换为二进制形式（字节数组），一般也将序列化称为编码（Encode），主要用于网络传输、数据持久化等；而反序列化过程正好相反，它将从网络、磁盘等读取的字节数组还原为对象，一般也将反序列化称为解码（Decode），主要用于网络传输对象，以便完成远程调用。

网络传输对象的消息格式的技术选型对微服务架构非常重要，API 的可扩展性、适应性、对内部技术的抽象封装性都与消息格式有关。可以说消息格式会给微服务的集成和通信效率带来极大的影响。

基于文本的方式

JSON（JavaScript Object Notation）是一种轻量级的数据交换格式。它的优点是易于阅读和编写，也易于机器解析和生成，它是 ECMAScript 的一个子集。JSON 采用完全独立于语言的文本格式，但是也使用了类似于 C 语言家族的习惯（包括 C、C++、C#、Java、JavaScript、Perl、Python 等）。简洁和清晰的层次结构使得 JSON 成为理想的数据交换格式，所以它不仅易于机器解析和生成，同时可以有效地提升网络传输效率。

XML 同 HTML 一样，这种可扩展标记语言是标准通用标记语言的一个子集，它是描述网络上的数据内容和结构的标准。尽管如此，XML 不像 HTML，HTML 仅仅提供了在页面上显示信息的通用方法（没有上下文相关功能和动态功能），XML 则为数据赋予上下文相关功能，它继承了标准通用标记语言的大部分功能，却使用了不太复杂的技术。

JSON 与 XML 的对比如下。

- 可读性：JSON 和 XML 的可读性可谓不相上下，一边是简易的语法，另一边是规范的标记形式，两者各具优势。
- 可扩展性：XML 天生有很好的扩展性，JSON 的可扩展性也很强，不过 JSON 在 JavaScript 主场作战，可以存储 JavaScript 复合对象，有着 XML 不可比拟的优势。
- 编码难度：XML 有丰富的编码工具，比如 Dom4j、Dom、SAX 等，JSON 也提供相关编码工具。
- 与浏览器的兼容性：JSON 作为 JavaScript 引擎能识别的数据格式，可以解决浏览器不兼容问题，而 XML 无法满足 Ajax 对浏览器的兼容性要求。

基于二进制的方式

在 Java 类中启用可序列化特性主要通过 java.io.Serializable 接口实现。它是一个标记接口，这意味着它不包含任何方法或字段，仅用于标识可序列化的语义。这个对象的所有属性（包括 private 属性、其引用的对象）都可以被序列化和反序列化来保存、传递。不需要序列化的字段可以使用 transient 修饰。由于 Serializable 对象完全以它存储的二进制位为基础来构造，它主要采用 JDK 自带的 Java 序列化实现，缺点是性能不理想。

Protobuf 是一种和语言平台无关的数据交换格式，由一系列键值对组成。消息的二进制版本仅使用字段当作 Key，不同字段的属性和类型只能通过"消息类型的定义"（即.proto 文件）在解码端确定。Protobuf 的优点就是传输效率高，序列化后体积相比 JSON 和 XML 很小，支持跨平台多语言，消息格式升级和兼容性还不错，序列化和反序列化速度很快。

上述两种二进制编码方式的主要区别是 Protobuf 有更好的平台中立性和编程语言无关性，Protobuf 可以进行 API 版本升级，优于 Java 序列化方式。

6.2 REST 服务集成

微服务架构倾向于使用轻量级的通信机制（通常是 HTTP 提供的 API 调用方式）实现服务之

间的交互，基于 API 优先的服务契约管理成为微服务架构的重要原则之一。REST 在 HTTP 的基础上提供了一系列架构约束和原则，帮助微服务更好地实现通信和集成。

6.2.1　REST API

REST 的全称为 Representational State Transfer，中文翻译为"表述性状态转移"或"表现层状态变化"。如果一个架构符合 REST 原则，则称它为 RESTful 架构。

REST 与 HTTP

首先要说明的是，虽然 HTTP（1.0 版本和 1.1 版本）的主要设计者和 REST 概念的提出者是同一个人，但是 REST 和 HTTP 有着本质的区别。HTTP 本身是万维网的支撑协议，也是一项通用协议规范，而 REST 描述的则是客户端与服务端的一种交互形式。下面介绍 HTTP 和 REST 的主要区别。

- HTTP 的详细内容可以参考 RFC2616。HTTP 采用了请求/响应模式。客户端向服务端发送一个请求，请求头包含请求的方法、URI、协议版本，以及请求修饰符、客户信息和内容的类似于 MIME 的消息结构。服务端以一个状态行作为响应，相应的内容包括消息协议的版本、成功或者错误编码加上服务端信息、实体元信息及可能的实体内容。
- REST 本身并没有创造新的技术、组件、服务，隐藏在 REST 背后的理念是使用 Web 标准的现有特征和能力，强调 Web 组件交互的可扩展性、接口的独立性、减少交互延迟中间件。它的目标是更好地利用现有 Web 标准中的准则和规范，关注的是系统之间的通信行为细节，以及如何改进通信机制的表现。

REST 与 JSON

在服务集成交互技术中，我们已经介绍了两种主要的基于文本的序列化方式：JSON 和 XML。二进制格式的交互更多应用于 RPC 方式的交互集成，例如 Google 的 Protocol Buffer 和 Facebook 的 Thrift。

在 REST 的序列化方式上，从灵活性的角度说，JSON 无论从数据格式还是使用方式上都更加简单。JSON 相比 XML，无论在结构的紧凑性还是对浏览器的兼容性上，JSON 都有得天独厚的优势。

从序列化的性能方面来说，JSON 没有过多的标签，JSON 主要基于键值对的形式表示数据，所以传输和处理速度都有巨大的优势。

从对象的表述和数据结构与宿主语言的对应方面来看，JSON 有更明显的优势，例如哈希表

（Hashtable）、键值对（Key/Value）、向量（Vector）、列表（List）及对象组成的数据结构。XML 在表达数据结构和对象的转换上都没有 JSON 方便。

当然 XML 也有 JSON 所不具备的优势，像通过标签可以添加属性来存储元数据（Metadata），可以使用连接进行超媒体控制等，当然我个人还是比较倾向于使用 JSON。

REST 中的重要概念

REST 从语义层面将响应结果定义为资源，并使用 HTTP 的标准动词映射作为对资源的操作，形成了一种以资源为核心、以 HTTP 为操作方式的，与语言无关、平台无关的服务间的通信机制，如下图所示是 REST 的重要概念。

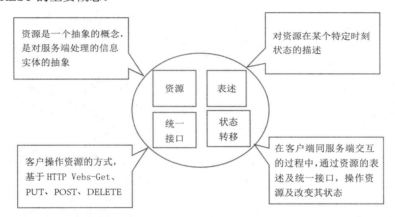

"资源"是 REST 中的重要概念，REST 中的表现层状态转移的主语就是"资源"。"资源"就是网络中的一个实体，或者说是网络上的一个具体的信息，你可以使用 URI（统一资源定位符）指向它，资源总是需要某种格式的载体，可以使用 HTML、XML 或者 JSON 表述资源内容。

"表述"就是资源在某个特殊时刻具体呈现出来的形式和描述。一种资源可能有多种表述形式，而 URI 应该只代表资源的位置，它的具体表述形式应该在 HTTP 请求的头信息中用 Accept 和 Content-Type 字段指定，这两个字段才是对"表现层"的描述。

"状态转移"是指在客户端与服务端互动的过程中，通过某种手段实现对数据状态的变更。在 HTTP 中，GET 用来获取资源、POST 用来创建资源或者更新资源、PUT 用来更新资源、DELETE 用来删除资源。

"统一接口"包含一组受限的预定义操作，不论什么样的资源，都可以通过相同的接口进行资源的访问。接口应该使用标准的 HTTP 方法，如 GET、PUT 和 POST，并遵循这些方法的语义。

REST 成熟度模型

Leonard Richardson 发明的 REST 成熟度模型可以帮助我们更好地使用 REST，如下图所示。

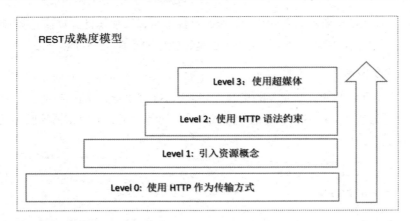

Level 0：本层级是 REST 的最低级别，仅把 HTTP 作为传输协议来传输数据，还可以把 SOAP、JSON-RPC 都看成此类，仅仅使用请求/响应模式的通信风格来传递"Plain Old XML"。HTTP 可降级为类似 TCP 的传输层协议。HTTP 中的方法不包含业务逻辑语义。

Level 1：本层引入了资源概念，每个资源对应后端的 URI 资源标识符，HTTP 向服务资源端点（Service End-Point）发送 POST 请求，并向方法中添加参数。

Level 2：使用的 API 严格根据 HTTP 的 Web 语法执行对资源的处理和约束，例如 GET 用于读取资源、POST 用于创建资源、PUT 用于更新资源、DELETE 用于删除资源。

Level 3：API 基于 HATEOAS 原则设计，简单地说就是响应消息中包含后续操作的 URI 资源，Level 3 拥有协议自描述功能。HATEOAS 也是 REST 的高级形态，一个显而易见的好处是，客户端通过返回结果中的 Link 资源，可以更好地理解业务、适应变化。同时，这些链接对客户端和服务端也进行了解耦，你不再需要调整客户端来适应服务端的修改，通过双向的语义关联就可以更好地实现前后端分离。

RESTful 架构

RESTful 架构是一种典型的 Client-Server 架构，但是强调瘦服务端，服务端只应该处理跟数据有关的操作，所有 RESTful 架构显示相关的工作都应该放在客户端。REST 的约束因素有 Client-Server、Stateless、Cache、Uniform Interface、Layered System、Code-on-Demand。下图是我们总结的 RESTful 架构的特征和核心原则。

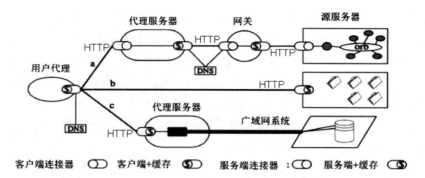

- 服务器是无状态的，服务端不会保存客户端的会话状态数据，所有状态信息都在双方沟通的消息中。
- 服务器是幂等的，对于相同请求，服务端返回的数据应该相同，所以服务端可以缓存结果，结果可以存储在服务端，也可以存储在客户端。
- 所有操作都基于统一接口（Uniform Interface）的方式进行，每个资源应该都是唯一的。
- 通过客户端来处理资源，也就是说客户端不能直接操作服务端的资源，只能通过响应表达式操作，并发送响应请求，最后由服务端处理资源并返回。
- 客户端和服务端传送的任何一个消息都是自描述的，处理消息需要的上下文都应该被包含在这个消息中。
- 在 REST 分层结构中，在 Client-Server 之前也可以加入 Proxy 层和 Gateway 层，这些中间层可以加入业务逻辑处理，例如安全控制、负载均衡。
- Code-On-Demand，客户端可以访问服务端的资源，但是并不知道处理服务器返回的结果，而这个处理过程的代码应该是从服务端发送过来的，然后在客户端执行，也就是说客户端的功能是根据需求动态从服务端获得的，这个特性在 REST 中是可选的。

REST API 的接入

在传统的电信领域，我们使用 CORBA（Common ObjectRequest Broker Architecture，公共对象请求代理体系结构）进行跨平台的交互，通过分布式对象调用来实现分布式架构，CORBA 规范规定了 ORB（Object Request Broker，对象请求代理）的标准体系。

虽然 CORBA 有非常严格的 API 契约机制和规范，然而 CORBA 的缺陷也是非常明显的，它是制约跨平台的技术发展的重要因素。

- CORBA 是面向对象的分布式架构体系，将分布式机制完全绑定为以对象为中心的互操作模式，给分布式系统带来了极大的耦合性，给对象属性的变更带来了复杂性，也带来了不确定性，这个缺陷一直延续到了 EJB 时代。
- CORBA 使用专有的二进制协议，通过 IDL（Interface Description Language，接口描述语言）绑定和允许应用程序之间的互操作协议。通过编译 IDL 文件可以生成桩代码和框架。协议的复杂性和庞杂的语义规范都增加了开发和运维的难度。SOAP 也有 CORBA 类似的复杂信息交换协议机制，使用 XML 数据格式，它定义了一整套复杂的标签，WSDL（Web Services Description Language，Web 服务描述语言）用来描述服务器地址和接口规范，XML 传输效率问题也是 SOAP 的另一个问题。

REST 本身使用 HTTP，充分利用了 HTTP 的平台中立性和网络透传等优势。另外，最重要的是 REST 基于 HTTP 抽象资源的分布式调用，将分布式调用绑定在资源的操作上面，而在 REST 中，资源是一个抽象的概念，资源本身使用 URI 表示，与具体实现无关，这样就给 REST 带来了更好的解耦性。下面总结一下使用 REST 的好处：

- REST 非常简单，基于 HTTP，没有过多的模式限制。
- REST 对浏览器友好，有众多工具和生态支持 HTTP Client，例如可以使用 curl、postman 等工具和插件来测试 HTTP-API。
- 支持请求/响应的通信方式。
- HTTP 对防火墙友好。
- 通信不需要带中间件，简化了系统架构。

可以说，REST 已然成为 API 开发集成的事实标准。当然，REST 没有强制的 IDL 来定义 API，不过目前在社区中也有很多流行的 REST IDL 规范，使用比较广泛的就是 Swagger，它可以作为开发和记录 REST API 的工具，我们后续章节会加以介绍。下面我们来看一个虚拟的项目：在线商品服务介绍 REST API 规范接入手册。

REST API 请求示例

【协议描述】

请求 URL 结构：https://domain/api/server/class?params，其中各字段含义如下：

- domain，请求地址的 HOST && PORT，假设域名为 test.cn。
- api/server，固定值，服务所在的相对路径。
- class，具体调用方法的 URL，参考下文的接口列表。
- params，公共请求参数，参考下文的请求参数。

【请求方式】

- 公共请求头参数有 Timestamp 时间戳，请将其置于 HTTP API 的请求头中。Timestamp 为本请求的 UNIX 时间戳，用于确认请求的有效期，以秒为单位。
- URL 内参数中包含可变字段，如 /orders/orderid，orderid 为 URL 内参数，需要对应填值，具体参考下文的接口列表。
- 对于 POST 请求参数，传递的参数必须使用 JSON 格式，公共请求参数仍置于 URL 中，具体方式可参考下文的代码示例。

【返回结果】

API 接口使用标准 HTTP 返回码，只有 2XX 才是正确返回，下面是可能的返回码汇总：

- 200，请求成功，具体请求结果参考响应内容 JSON 值。
- 400，多数情况下是指请求参数错误或请求不合法。
- 401，sign 值计算错误，或 App 已被删除。
- 404，设备或对应的 App 信息不存在，将返回 NotFound 错误。
- 50X，服务器错误，服务器内部数据或逻辑有误。

【REST API 示例】

1. 订单列表

- 描述：获取所有订单 ID 列表
- 路径：/orders
- 方法：GET
- 参数：page，count

  curl -X GET https://test.cn/api/server/orders -H "Timestamp: 1529051966"

2. 订单详细信息查询

- 描述：获取指定设备详细信息
- 路径：/orders/orderid
- 方法：GET
- 参数：无

  curl -X GET https://test.cn/api/server/orders/1234562342 -H "Timestamp: 1529051966"

3. 更新订单信息

- 描述：为设备更名，或禁用/恢复设备

- 路径：/orders/orderid
- 方法：PUT
- 参数：无

curl -X GET https://test.cn/api/server/orders/1234562342_-H "Timestamp: 1529051966"

6.2.2 Swagger 接口文档规范

上一节中我们使用 REST 标准描述了一个使用订单服务的 API 文档。然而 API 文档的维护，给技术人员带来了额外的工作量。另外，技术文档人员对 API 的理解的偏差，也给 API 文档的可操作性带来了问题。对于后端人员，Swagger 为我们提供了一个在线的 REST API 文档，可以提供给不同团队，加速开发过程，也提供了更加便携的基于标准文档的交互方式。

Swagger API 标准

Swagger 是一个规范和完整的框架，用于生成、描述、调用和可视化 RESTful 风格的 Web 服务。Swagger 的目标是定义标准的、和语言无关的接口，让人和计算机无须访问源码、文档或进行网络流量监测就可以发现和理解服务的能力。

Swagger 规范定义了一组描述一个 API 所需的文件格式，类似于描述 Web 服务的 WSDL。通过 Swagger 进行 REST API 的正确定义，用户可以理解远程服务并使用最少实现逻辑与远程服务进行交互。与底层编程所实现的接口类似，Swagger 消除了调用服务时产生的理解差异。

集成 Swagger 的步骤

1. 导入 Maven 依赖

```
<dependency>
  <groupId>io.springfox</groupId>
  <artifactId>springfox-swagger2</artifactId>
  <version>2.9.2</version>
</dependency>
<dependency>
  <groupId>io.springfox</groupId>
  <artifactId>springfox-swagger-ui</artifactId>
  <version>2.9.2</version>
</dependency>
```

2. 实现 Swagger 配置类

```
@EnableSwagger2    //Swagger2 启动注解
@ComponentScan(basePackages = {"cn.demo.controller"})//扫描 Controller 类
@Configuration
```

```
public class SwaggerConfig extends WebMvcConfigurationSupport
{
    @Bean
    public Docket createRestApi() {
        return new Docket(DocumentationType.SWAGGER_2)
            .apiInfo(apiInfo())
            .select()
            .apis(RequestHandlerSelectors.any())
            .paths(PathSelectors.any())
            .build();
    }
    private ApiInfo apiInfo() {
        return new ApiInfoBuilder()
            .title("《SwaggerDemo》")
            .description("description:摘要")
            .contact(new Contact("Devil",  ))
            .version("6.6.6")
            .build();
}
```

注解说明：

- @EnableSwagger2：Swagger2 启动注解。
- @Configuration：声明这是一个配置类。

3. 配置接口的 API 参数描述

```
@Controller
@Api(value="aaaaaaa", description="User 的相关信息接口")
public class UserController {
    @Autowired
    private UserService userService;
    @RequestMapping("/getAll")
    @ResponseBody
    @ApiOperation(value="获取所有user", notes="获取所有user", httpMethod = "POST")
    public String getAll(){
        //查出的所有部门信息
        List<User> list = userService.selectAll();
        return list.toString();
    }
}
```

网关集成 Swagger

Swagger 是一个 API 文档生成工具，在微服务架构中，API 网关可以起到聚合后端众多微服务的作用，同时可以利用微服务网关集成 Swagger 生成所有微服务的接口文档。下面是基于网关 Zuul 集成 Swagger 的文档示例。

```java
@Configuration
@EnableSwagger2
@Primary
//实现 SwaggerResourcesProvider，配置 Swagger 接口文档的数据源
public class SwaggerConfig  implements SwaggerResourcesProvider {
    //RouteLocator 可以根据 Zuul 配置的路由列表获取服务
    private final RouteLocator routeLocator;
    public SwaggerConfig(RouteLocator routeLocator) {
        this.routeLocator = routeLocator;
    }
    //这个方法用来添加 Swagger 的数据源
    @Override
    public List<SwaggerResource> get() {
        List resources = new ArrayList();
        List<Route> routes = routeLocator.getRoutes();
        //通过 RouteLocator 获取路由配置，遍历所配置服务的接口文档，实现动态获取
        for (Route route: routes) {
            resources.add(swaggerResource(route.getId(),
                route.getFullPath().replace("**",  "v2/api-docs"), "2.0"));
        }
        return resources;
    }
    private SwaggerResource swaggerResource(String name,  String location,  String version) {
        SwaggerResource swaggerResource = new SwaggerResource();
        swaggerResource.setName(name);
        swaggerResource.setLocation(location);
        swaggerResource.setSwaggerVersion(version);
        return swaggerResource;
    }
}
```

6.2.3　JAX-RS 提供 REST 服务

如果你更喜欢 JAX-RS 为 REST 端点提供的编程模型，你可以使用相应的实现代替 Spring MVC 框架。Spring Boot 支持 Jersey1.x 和 Jersey2.x，我们这里只介绍 Spring Boot 对 Jersey2.x 的支持。

首先，引入 Spring Boot 针对 Jersey 的 starter 包：

```xml
<dependency>
  <groupId>org.springframework.boot</groupId>
  <artifactId>spring-boot-starter-jersey</artifactId>
</dependency>
```

创建一个 ResourceConfig 类型的@Bean 组件，用于注册所有的端点（Endpoint），可以注册任意数量的，然后实现 ResourceConfigCustomizer 的 Bean 来进一步自定义端点功能。

```
@Component
public class JerseyConfig extends ResourceConfig {
    public JerseyConfig() {
     register(Endpoint.class);
    }
}
```

注册的所有端点都需要注解@Components 和 HTTP 资源 Annotations（比如@GET）：

```
@Component
@Path("/hello")
public class Endpoint {
    @GET
    public String message() {
        return "Hello";
    }
}
```

Endpoint 是一个 Spring 组件（@Component），它的生命周期受 Spring 容器管理，你可以使用@Autowired 添加依赖，也可以使用@Value 注入外部配置。Jersey 的 Servlet 会被注册，并默认映射到/*，你可以将@ApplicationPath 添加到 ResourceConfig 来改变该映射。默认情况下，Jersey 将以 Servlet 的形式注册为一个 ServletRegistrationBean 类型的@Bean。通过创建相同 Name 的 Bean 组件，可以禁用或覆盖框架默认产生的 Bean。设置 spring.jersey.type=filter 可以使用 Filter 的形式代替 Servlet，相应的@Bean 类型变为 jerseyFilterRegistration，该 Filter 有一个@Order 属性，你可以通过 spring.jersey.filter.order 设置。注册 Servlet 和 Filter 时都可以使用 spring.jersey.init.*定义一个属性集合并传递给 init 参数。

6.2.4 Feign 实现 REST 调用

Feign 是一个声明式的 Web Service 客户端，它使得编写 Web Service 客户端更为容易。Feign 受到 Retrofit、JAXRS2.0、WebSocket 的影响，采用声明式的 API 调用模式。

Feign 的特征

- Feign 基于声明式的 REST 调用方式，相比 Rest-Template、HTTPClient 等命令性 HTTP 客户端，Feign 通过代理模式屏蔽了调用方与底层 HTTPClient 技术耦合的调用细节。Feign 的调用就像使用本地方法调用完成服务的请求。
- Feign 简化了请求的编写，可以动态地选择使用 HTTP 客户端实现，可以结合 Eureka、Ribbon、Hystrix 等组件实现服务发现、负载均衡、熔断等。
- Spring Cloud 对 Feign 进行了封装，它支持可插拔的注解，所以支持 Spring MVC 标准注解和使用 HttpMessageConverters 模块做消息转换。
- Feign 可以对请求进行拦截，提供 HTTP 模板，使用简单的注解和配置实现定义 HTTP 请求的参数、格式、地址等信息。它支持可插拔的 HTTP 编码器和解码器等。

Feign 的使用方法

首先，需要在 pom.xml 文件中引入对 Feign 的依赖：

```xml
<dependency>
    <groupId>org.springframework.cloud</groupId>
    <artifactId>spring-cloud-starter-feign</artifactId>
</dependency>
```

其次，创建应用主类 Application，并通过@EnableFeignClients 注解开启 Spring Cloud Feign 的支持功能：

```java
@EnableEurekaClient
@SpringBootApplication
@EnableFeignClients(basePackages = { "com.demo" })
public class Application {
    public static void main(String[] args) {
        SpringApplication.run(Application.class, args);
    }
}
```

然后，定义 DemoServiceFeign 接口，接口中使用@FeignClient 注解指定服务名来绑定服务，之后使用 Spring MVC 的注解来绑定具体该服务提供的 REST 接口功能：

```java
@FeignClient(value = "demo-service-provider")
public interface DemoServiceFeign {
    @RequestMapping(value = "/demo/getHost", method = RequestMethod.GET)
    public String getHost(String name);
    @RequestMapping(value = "/demo/postPerson", method = RequestMethod.POST,
      produces = "application/json; charset=UTF-8")
    public Person postPerson(String name);
}
```

最后，创建一个 RestClientServcie 服务来实现对 Feign 客户端的调用，使用@Autowired 直接注入上面定义的 HelloServiceFeign 实例：

```java
@Service
public class RestClientService {
    @Autowired
    private DemoServiceFeign client;
    public Person gethost(String name) {
```

```
        return client.getHost(name);
    }
}
```

Feign 的源码解析

Feign 是一个伪 Java HTTP 客户端，Feign 本身不做任何请求处理。Feign 借鉴 AOP 设计思想，通过注解生成 HTTP Request 模板，从而简化 HTTP API 的开发。我们可以使用注解的方式定制 Request API 模板，分离 HTTP 请求使用者与具体实现。

下面从注解@EnableFeignClients 开始讲解，深入理解 Feign 声明式的 HTTP 客户端的调用过程。

@EnableFeignClients 的主要注解声明如下：

```
@Retention(RetentionPolicy.RUNTIME)
@Target(ElementType.TYPE)
@Documented
@Import(FeignClientsRegistrar.class)
public @interface EnableFeignClients {
    String[] value() default {};
    String[] basePackages() default {};
    Class<?>[] basePackageClasses() default {};
    Class<?>[] defaultConfiguration() default {};
    Class<?>[] clients() default {};
}
```

注解@EnableFeignClients 告诉 Spring Boot 容器扫描所有使用注解@FeignClient 定义的 Feign 客户端。通过注解@Import 导入 FeignClientsRegistrar 类。

FeignClientsRegistrar 类实现了接口 ImportBeanDefinitionRegistrar，这个接口的设计目的就是被某个实现类实现，配合@Configuration 注解的使用者配置类使用，在配置类被处理时，用于额外注册一部分 Bean 定义，代码如下：

```
@Override
public void registerBeanDefinitions(AnnotationMetadata metadata,
        BeanDefinitionRegistry registry) {
    registerDefaultConfiguration(metadata, registry);//客户端的默认配置的注册
    registerFeignClients(metadata, registry);//
}
```

@EnableFeignClients 注解被处理时的调用栈如下：

```
AbstractApplicationContext#invokeBeanFactoryPostProcessors
  PostProcessorRegistrationDelegate#invokeBeanFactoryPostProcessors
```

```
foreach BeanDefinitionRegistryPostProcessor : #postProcessBeanDefinitionRegistry
    ConfigurationClassPostProcessor#postProcessBeanDefinitionRegistry
      processConfigBeanDefinitions
        ConfigurationClassBeanDefinitionReader#loadBeanDefinitions
          foreach ConfigurationClass : #loadBeanDefinitionsForConfigurationClass
            loadBeanDefinitionsFromRegistrars
              foreach ImportBeanDefinitionRegistrar : #registerBeanDefinitions
                FeignClientsRegistrar#registerBeanDefinitions
```

在程序启动后，程序会通过包扫描将由@FeignClient 注解修饰的接口连同接口名和注解信息一起取出，赋值给 BeanDefinitionBuilder，再根据 BeanDefinitionBuilder 得到 BeanDefinition，最后将 BeanDefinition 注入 Spring IoC 容器中，源码如下：

```java
public void registerFeignClients(AnnotationMetadata metadata,
    BeanDefinitionRegistry registry) {
    ClassPathScanningCandidateComponentProvider scanner = getScanner();
    scanner.setResourceLoader(this.resourceLoader);
    Set<String> basePackages;
    Map<String, Object> attrs = metadata
    //省略
    Map<String, Object> attributes = annotationMetadata.getAnnotationAttributes(
        FeignClient.class.getCanonicalName());
    String name = getClientName(attributes);
    registerClientConfiguration(registry, name, attributes.get("configuration"));
    registerFeignClient(registry, annotationMetadata, attributes);
    }
}
private void registerFeignClient(BeanDefinitionRegistry registry,
    AnnotationMetadataannotationMetadata,
    Map<String, Object> attributes) {
    String className = annotationMetadata.getClassName();
    //声明代理类名称
    BeanDefinitionBuilder definition = BeanDefinitionBuilder
        .genericBeanDefinition(FeignClientFactoryBean.class);
    //省略
    BeanDefinitionHolder holder = new BeanDefinitionHolder(beanDefinition,
        className, new String[] { alias });
    //将 BeanDefinition 注入 Spring IoC 容器
    BeanDefinitionReaderUtils.registerBeanDefinition(holder, registry);
}
```

在注入 BeanDefinition 之后，通过 JDK 动态代理机制生成 FeignClient 代理对象，使用 FeignClient 接口里面的方法时，方法会被拦截，源码在 ReflectiveFeign 类中，如下所示：

```java
public <T> T newInstance(Target<T> target) {
    //target.type 接口类上的方法和注解解析成 MethodMetadata，并转换成内部的 MethodHandler
```

```
        Map<String, MethodHandler> nameToHandler = targetToHandlersByName.apply(target);
        Map<Method, MethodHandler> methodToHandler =
                new LinkedHashMap<Method, MethodHandler>();
        List<DefaultMethodHandler> defaultMethodHandlers =
                new LinkedList<DefaultMethodHandler>();
        //省略
        for (Method method : target.type().getMethods()) {
            if (method.getDeclaringClass() == Object.class) {
                continue;
        } else if(Util.isDefault(method)) {
            DefaultMethodHandler handler = new DefaultMethodHandler(method);
            defaultMethodHandlers.add(handler);
            methodToHandler.put(method, handler);
        } else {
            methodToHandler.put(method, nameToHandler.get(Feign.configKey(target.type(),
                method)));
        }
    }
    InvocationHandler handler = factory.create(target, methodToHandler);
    T proxy = (T) Proxy.newProxyInstance(target.type().getClassLoader(),
            new Class<?>[]{target.type()}, handler);
    for(DefaultMethodHandler defaultMethodHandler : defaultMethodHandlers) {
        defaultMethodHandler.bindTo(proxy);
    }
    return proxy;
}
```

从 factory.create(target, methodToHandler)可以看出，InvocationHandler 实际委托给了 methodToHandler，而 methodToHandler 默认是 SynchronousMethodHandler.Factory 工厂类创建的，newInstance 方法最终生成 Feign 的动态代理。

在调用过程中，Feign 首先会通过代理对象调用 FeignInvocationHandler 的 invoke 方法，代码如下：

```
private final Map<Method, MethodHandler> dispatch;
public Object invoke(Object proxy, Method method, Object[] args) throws Throwable
{
    //Method 方法对应一个 MethodHandler
    return dispatch.get(method).invoke(args);
}
```

最终，在 methodToHandler 匹配成功后，调用 SynchronousMethodHandler 类的 invoke 方法进行 HTTP 拦截。它会根据参数生成 RequestTemplate 对象，该对象是 HTTP 请求模板，其中的 executeAndDecode 方法会执行 HTTP 请求，并获取 Response 响应，代码如下：

```
@Override
public Object invoke(Object[] argv) throws Throwable {
    RequestTemplate template = buildTemplateFromArgs.create(argv);
    Retryer retryer = this.retryer.clone();
    while (true) {
      try {
        return executeAndDecode(template);
      } catch (RetryableException e) {
        retryer.continueOrPropagate(e);
        if (logLevel != Logger.Level.NONE) {
          logger.logRetry(metadata.configKey(), logLevel);
        }
        continue;
      }
    }
}
```

6.3 RPC 远程过程调用

在微服务架构中，使用 RPC（Remote Procedure Call）进行服务之间的交互是我们通常采用的一种集成方式，与 REST 方式的请求调用模式相比，RPC 具有更强的契约规范（Schema），同时相比 REST 方式也有更好的性能优势。

6.3.1 RPC 框架概述

RPC 是一种进程间通信方式，可以像调用本地服务一样调用远程服务。RPC 的核心并不在于使用什么协议，RPC 的主要目标是让远程服务调用更简单、透明，让远程方法调用如本地调用一样方便，我们并不需要知道这个调用的方法所部署的网络位置。

RPC 通信过程

RPC 主要用到了动态代理模式。RPC 框架负责屏蔽底层的传输方式（TCP 或者 UDP）、序列化方式（XML、JSON、二进制）和通信细节。开发人员在使用的时候只需要了解谁在什么位置提供了什么样的远程服务接口即可，并不需要关心底层通信细节和调用过程，如下图所示。

- 远程提供者需要以某种形式提供服务调用相关的信息，包括但不限于服务接口定义、数据结构、中间态的服务定义文件。例如 Facebook 的 Thrift 的 IDL 文件，Web Service 的 WSDL 文件，服务的调用者需要通过一定的途径获取远程服务调用相关的信息。
- 远程代理对象：远程代理对象是为一个对象在不同地址空间提供的局部代表，它可以将一个对象隐藏于不同地址空间。

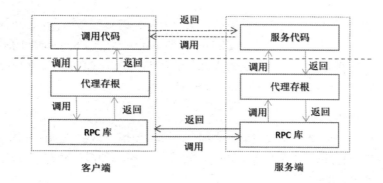

- 通信：RPC 框架与具体的协议无关。
- 序列化：毕竟是远程通信，需要将对象转化成二进制流进行传输。不同的 RPC 框架应用的场景不同，在序列化上也会采用不同的技术。

RPC 和 REST 对比

RPC 和 REST 在请求模式上都属于点对点的请求/响应模式。REST 是一种设计风格，它的很多思维方式与 RPC 是相互冲突的。RPC 的思想是把本地函数映射到 API，也就是说一个 API 对应的是一个函数方法（Function）。例如本地有一个 getAllUsers 方法，能通过某种约定的协议来远程调用这个 getAllUsers 方法，至于这个协议是 Socket、HTTP 还是其他协议并不重要，RPC 中的主体是动作，强调互操作性。而 REST 则不然，它的 URL 链接主体是资源，REST 强调远端的资源访问，而且 REST 大多数基于 HTTP 完成，规定了使用 HTTP Method 表达本次要做的动作，类型一般也不超过四五种。这些动作表达了对资源仅有的几种转化方式。

RPC 最大的劣势是"紧耦合"，RPC 客户端以多种方式与服务实现紧密耦合，它很难在不中断客户端的情况下更改服务实现。所以 RPC 的集成交互方式更偏向内部调用，而 REST 更偏向外部调用。Web 服务应该算 RPC 的一个子集，理论上 RPC 能实现的功能用 Web 服务也能实现，甚至很多 RPC 框架选用 HTTP 作为传输层。

我们讨论 RPC 和 Web 的区别，主要关注两个因素：序列化协议和传输协议。序列化协议比如常见的 XML，以及 JSON 和比较现代的 Protocol Buffers、Thrift。传输协议比如 TCP、UDP，以及更高层的 HTTP 1.1、HTTP 2.0。

一般我们用 RPC 而不是 HTTP 构建自己的服务，通常考虑下面的因素：

- 接口是否需要 Schema 约束。
- 是否需要更高效的传输协议（TCP、HTTP 2.0）。
- 是否对性能、数据包的大小非常敏感。

HTTP 是基于文本的协议，头部需要提供多冗余（对于 RPC 服务而言）的协议头信息。HTTP 中我们用得最多就是 RESTful 框架，而 RESTful 框架本质上基于弱 Schema 约束协议。对于 RPC 方式的调用来说，Thrift 这种序列化协议的优势在于有非常严格的 IDL（交互规范约束 Schema）的存在，可以保证服务端接收的参数和 Schema 保持一致。

RPC 与 Web Service 对比

Web Service 是在 RPC 的基础上发展而来的。它可以使用开放的 XML 来描述、发布、发现、协调和配置这些应用程序，它可以用于开发分布式交互操作的应用程序。而 RPC 使用 C/S 方式发送请求到服务器，等待服务器返回结果。

Web Service 提供的服务是基于 Web 容器的，底层使用 HTTP，类似于一个远程的服务提供者。比如天气预报服务，对各地客户端提供天气预报，是一种请求应答机制，是跨系统、跨平台的。

RPC 与 RMI 的对比

RMI 只用于 Java 中以客户端的存根对象（Stub）作为远程接口进行远程方法的调用。每个远程方法都具有方法签名。如果一个方法在服务器上执行，但是没有匹配的签名被添加到这个远程接口（Stub）上，那么这个新添加的方法就不能被 RMI 客户端所调用。

RPC 是网络服务协议，与操作系统和语言无关，RPC 通过网络服务协议向远程主机发送请求，请求包含一个参数集和一个文本值，通常形成 "classname.methodname（参数集）"的形式。RPC 远程主机会去搜索与之相匹配的类和方法，找到后就执行方法并把结果编码，再通过网络协议发回。

6.3.2　主流 RPC 通信框架

目前流行的开源 RPC 框架还是比较多的，使用比较多的有阿里巴巴的 Dubbo、Facebook 的 Thrift、Google 的 gRPC 等。

- Dubbo：阿里巴巴开源的一个 RPC 框架，在很多互联网公司和企业应用中广泛使用。协议和序列化框架都具备可插拔等特性，应用可通过高性能的 RPC 实现服务的输出和输入功能，它可以和 Spring 框架无缝集成。
- gRPC：Google 开发的高性能、通用的开源 RPC 框架。gRPC 由 Google 面向移动应用开发，并基于 HTTP2 协议标准设计。它基于 ProtoBuf（Protocol Buffers）序列化协议开发，且支持众多开发语言。

- Thrift：Facebook 开源的 RPC 框架，它是一个跨语言的服务开发框架。应用对于底层的 RPC 通信是透明的。不过对于用户来说需要学习特定领域语言，还是有一定成本的。
- Motan：新浪微博开源的一个 Java 框架。Motan 在微博平台中已经广泛应用，每天为数百个服务完成近千亿次的调用。与 Dubbo 相比，Motan 在功能方面并没有那么全面，也没有实现特别多的扩展，对跨语言调用支持较差，主要支持 Java。
- Hessian：Hessian 是一个 Web Service 框架，支持 RPC 调用，功能简单，使用起来也方便。它采用二进制 RPC 协议，基于 HTTP 进行传输，通过 Servlet 提供远程服务，可以通过 Hessain 提供的 API 来发起请求和接收请求。
- Spring Cloud：Pivotal 公司在 2014 年对外开源的 RPC 框架，它仅支持 Java，最近几年生态发展得比较好，是 Java 领域目前事实上的微服务框架标准。

RPC 框架的功能比较如下表所示。

功能	Hessian	Montan	gRPC	Thrift	Dubbo	Spring Cloud
开发语言	跨语言	Java	跨语言	跨语言	Java	Java
服务治理	×	√	×	×	√	√
多序列化框架支持	Hessian	√（支持Hessian2、JSON，可扩展）	×（只支持ProtoBuf）	×（Thrift格式）	√	√
多种注册中心	×	√	×	×	√	√
管理中心	×	√	×	×	√	√
跨编程语言	√	×（支持PHP和C）	√	√	×	×
支持REST	×	×	×	×	×	√
关注度	低	中	中	中	中	中
上手难度	低	低	中	中	低	中
运维成本	低	中	中	低	中	中
开源机构	Caucho	Weibo	Google	Apache	阿里巴巴	Apache

通过上面不同功能的对比，我们可以看到，不同的 RPC 框架有不同的适用场景。如果你更加关注服务治理，这类框架能够提供包括服务注册、管理中心在内的整套的微服务技术架构支持，典型代表有 Spring Cloud、Dubbo、Montan。如果你更关注跨语言服务调用，典型代表有 Hessian、gRPC、Thrift。

6.3.3　Dubbo 架构进阶

Dubbo 架构主要包含四个角色：消费者、提供者、注册中心和监控系统，如下图所示。

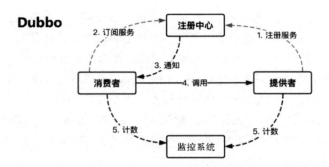

具体的交互流程是：消费者（Consumer）通过注册中心获取提供者（Provider）节点后，通过 Dubbo 的客户端 SDK 与 Provider 建立连接，并发起调用。Provider 通过 Dubbo 的服务端 SDK 接收 Consumer 的请求，处理后再把结果返回给 Consumer。

对于采用 Dubbo 进行 RPC 调用的解决方案，消费者和提供者都需要引入 Dubbo 的 SDK 来完成远程调用。因为 Dubbo 本身是采用 Java 实现的，所以要求服务消费者和服务提供者也都必须采用 Java 实现。不过开源社区已经开始使用对核心扩展点进行 TCK（Technology Compatibility Kit）提升框架的兼容性。它为用户增加一种扩展实现，只需通过 TCK，即可确保与框架的其他部分兼容运行，可以有效提高健壮性，也方便第三方接入。下面是 Dubbo 的官方详细架构。

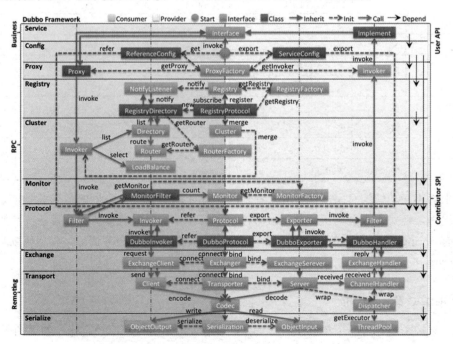

- 左边部分是服务消费者使用的接口，右边部分是服务提供者使用的接口，位于中轴线上的为双方都用到的接口。
- 从下至上分为十层，各层均为单向依赖，右边的黑色箭头代表层之间的依赖关系，每一层都可以剥离上层被复用，其中 Service 和 Config 层为 API，其他各层均为 SPI（Service Provider Interface）。
- 浅色小块为扩展接口，深色小块为实现类，图中只显示用于关联各层的实现类。
- 深色虚线为初始化过程，即启动时组装链，红色实线为方法调用过程，即运行时调时链，紫色三角箭头为继承（读者可到官网查看彩色图片），可以把子类看作父类的同一个节点，线上的文字为调用的方法。

Dubbo 服务调用过程

Dubbo 服务调用过程比较复杂，包含众多步骤，比如发送请求、编解码、服务降级、过滤器链处理、序列化、线程派发及响应请求等。下面我们重点分析请求的发送与接收、编解码、线程派发及响应的发送与接收等过程。Dubbo 的服务调用过程如下图所示。

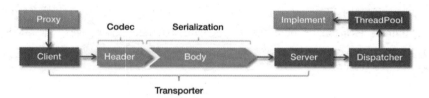

首先服务消费者通过代理对象 Proxy 发起远程调用，接着通过网络客户端 Client 将编码后的请求发送给服务提供者的网络层，也就是 Server。Server 在收到请求后，首先要做的事情是对数据包进行解码。然后将解码后的请求发送至分发器 Dispatcher，再由分发器将请求派发到指定的线程池上，最后由线程池调用具体的服务。这就是一个远程调用请求的发送与接收过程。

服务消费者发送请求

Dubbo 支持同步和异步两种调用方式，其中异步调用还可细分为"有返回值"的异步调用和"无返回值"的异步调用。所谓"无返回值"的异步调用是指服务消费者只管调用，但不关心调用结果，此时 Dubbo 会直接返回一个空的 RpcResult。若要使用异步特性，需要服务消费者手动进行配置。默认情况下，Dubbo 使用同步调用方式。服务调用的线程栈快照如下图所示。

```
proxy0#sayHello(String)
  -> InvokerInvocationHandler#invoke(Object, Method, Object[])
    -> MockClusterInvoker#invoke(Invocation)
      -> AbstractClusterInvoker#invoke(Invocation)
        -> FailoverClusterInvoker#doInvoke(Invocation, List<Invoker<T>>, LoadBalance)
          -> Filter#invoke(Invoker, Invocation)   // 包含多个 Filter 调用
            -> ListenerInvokerWrapper#invoke(Invocation)
              -> AbstractInvoker#invoke(Invocation)
                -> DubboInvoker#doInvoke(Invocation)
                  -> ReferenceCountExchangeClient#request(Object, int)
                    -> HeaderExchangeClient#request(Object, int)
                      -> HeaderExchangeChannel#request(Object, int)
                        -> AbstractPeer#send(Object)
                          -> AbstractClient#send(Object, boolean)
                            -> NettyChannel#send(Object, boolean)
                              -> NioClientSocketChannel#write(Object)
```

服务提供者接收请求

默认情况下，Dubbo 使用 Netty 作为底层的通信框架。Netty 首先会通过解码器对数据进行解码，并将解码后的数据传递给下一个处理器的指定方法。

解码器将数据包解析成 Request 对象后，NettyHandler 的 messageReceived 方法紧接着会收到这个对象，并将这个对象继续向下传递。其间该对象会被依次传递给 NettyServer、MultiMessageHandler、HeartbeatHandler 以及 AllChannelHandler 处理。最后由 AllChannelHandler 将该对象封装到 Runnable 实现类对象中，并将 Runnable 放入线程池中执行后续的调用逻辑，调用栈如下图所示。

```
NettyHandler#messageReceived(ChannelHandlerContext, MessageEvent)
  -> AbstractPeer#received(Channel, Object)
    -> MultiMessageHandler#received(Channel, Object)
      -> HeartbeatHandler#received(Channel, Object)
        -> AllChannelHandler#received(Channel, Object)
          -> ExecutorService#execute(Runnable)     // 由线程池执行后续的调用逻辑
```

Dispatcher 就是线程派发器。需要说明的是，Dispatcher 真实的职责是创建具有线程派发能力的 ChannelHandler，比如 AllChannelHandler、MessageOnlyChannelHandler 和 ExecutionChannelHandler 等，其本身并不具备线程派发能力。Dubbo 的 5 种不同的线程派发策略如下表所示。

策略	用途
all	所有消息都派发到线程池，包括请求、响应、连接事件、断开事件等
direct	所有消息都不派发到线程池，全部在I/O线程上直接执行
message	只有请求和响应消息派发到线程池，其他消息均在I/O线程上执行
execution	只有请求消息派发到线程池，不含响应，其他消息均在I/O线程上执行
connection	在I/O线程上，将连接断开事件放入队列，有序地逐个执行，其他消息派发到线程池

默认配置下，Dubbo 使用 all 派发策略，即将所有的消息都派发到线程池。请求对象会被封装在 ChannelEventRunnable 中，ChannelEventRunnable 将会是服务调用过程的新起点。所以接下来我们看一下以 ChannelEventRunnable 为起点的服务提供者的线程调用栈，如下图所示。

```
ChannelEventRunnable#run()
  -> DecodeHandler#received(Channel, Object)
    -> HeaderExchangeHandler#received(Channel, Object)
      -> HeaderExchangeHandler#handleRequest(ExchangeChannel, Request)
        -> DubboProtocol.requestHandler#reply(ExchangeChannel, Object)
          -> Filter#invoke(Invoker, Invocation)
            -> AbstractProxyInvoker#invoke(Invocation)
              -> Wrapper0#invokeMethod(Object, String, Class[], Object[])
                -> DemoServiceImpl#sayHello(String)
```

向用户线程传递调用结果

响应数据解码完成后，Dubbo 会将响应对象派发到线程池。要注意的是，线程池中的线程并非用户的调用线程，所以要想办法将响应对象从线程池传递到用户线程上。

用户线程在发送完请求后，调用 DefaultFuture 的 get 方法等待响应对象的到来。当响应对象到来后，用户线程会被唤醒，并通过调用编号获取属于自己的响应对象。

Dubbo 设计原理

Dubbo 在架构上通过 SPI 机制（SPI 的全称为 Service Provider Interface，SPI 机制是一种服务发现机制）的设计，使得整体架构具备了极高的可扩展性。下面是 Dubbo 的核心设计原理：

- 采用 Microkernel + Plugin 模式，Microkernel 负责组装 Plugin，Dubbo 自身的功能也是通过扩展点实现的，也就是 Dubbo 的所有功能点都可被用户自定义扩展所替换。
- 采用 URL 作为配置信息的统一格式，所有扩展点都通过传递 URL 携带配置信息。

SPI 机制的本质是将接口实现类的全限定名配置在文件中，并由服务加载器读取配置文件，加载实现类，这样它可以在运行时动态为接口替换实现类。正因为此特性，我们可以通过 SPI 机制为程序提供拓展功能，这样可以在运行时动态为接口替换实现类。Dubbo 就是通过 SPI 机制加载所有组件的，不过 Dubbo 并未使用 Java 原生的 SPI 机制，而是对其进行了增强，使其能够更好地满足需求。

Dubbo SPI 示例

首先，我们定义一个接口，名称为 Hello：

```
@SPI
public interface Hello{
```

```java
    void sayHello();
}
//接下来定义两个实现类，分别为 TestA 和 TestB
public class TestA implements Hello{
    @Override
    public void sayHello() {
        System.out.println("Hello, I am TestA .");
    }
}
public class TestB implements Hello{
    @Override
    public void sayHello() {
        System.out.println("Hello, I am TestB .");
    }
}
```

Dubbo SPI 的相关逻辑被封装在了 ExtensionLoader 类中，通过 ExtensionLoader 类我们可以加载指定的实现类。Dubbo SPI 所需的配置文件需放置在 META-INF/dubbo 路径下，配置内容如下：

```
testA= com.spi.TestA
testB= com.spi.TestB
```

与 Java SPI 实现类配置不同，Dubbo SPI 通过键值对的方式进行配置，我们可以按需加载指定的实现类。另外，在测试 Dubbo SPI 时，需要在 Robot 接口上标注@SPI 注解。

```java
public class DubboSPITest
{
    @Test
    public void sayHello() throws Exception
    {
        ExtensionLoader<Hello> extensionLoader =
            ExtensionLoader.getExtensionLoader(Hello.class);
        Hello testa= extensionLoader.getExtension("testA");
        testa.sayHello();
        Hello testb= extensionLoader.getExtension("testB");
        testb.sayHello();
    }
}
```

上述代码的输出结果如下：

```
Hello, I am TestA
Hello, I am TestB
```

SPI 机制

下面我们结合源码来理解 Dubbo 的 SPI 机制和整体架构特性，需要明确几个核心概念，如下图所示。

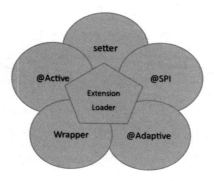

- ExtensionLoader

ExtensionLoader 作为整个 SPI 机制的核心起着无可替代的作用，扩展点并不会强制所有用户都使用 Dubbo 提供的某些架构。例如 Dubbo 提供了 ZooKeeper 注册中心，但是如果我们更倾向于其他的注册中心，我们可以替换掉 Dubbo 提供的注册中心。我们称这种可被替换的技术实现点为扩展点，类似的扩展点有很多，例如 Protocol、Filter、Loadbalance 等。

鉴于 ExtensionLoader 的用法比较多，下面我们以 ExtensionLoader 类作为入口进行讲解。首先，我们通过 ExtensionLoader 的 getExtensionLoader 方法获取一个单例实例，然后通过 ExtensionLoader 的 getExtension 方法获取拓展类对象。其中，getExtensionLoader 方法用于从缓存中获取与拓展类对应的 ExtensionLoader 实例，若缓存未命中，则创建一个新的实例。下面我们以 ExtensionLoader 的 getExtension 方法作为入口，代码如下：

```
public T getExtension(String name) {
    if (name == null || name.length() == 0)
        throw new IllegalArgumentException("Extension name == null");
    if ("true".equals(name)) {
        //获取默认的拓展实现类
        return getDefaultExtension();
    }
    //Holder，顾名思义，用于持有目标对象
    Holder<Object> holder = cachedInstances.get(name);
    if (holder == null) {
        cachedInstances.putIfAbsent(name, new Holder<Object>());
        holder = cachedInstances.get(name);
    }
    Object instance = holder.get();
```

```
    //双重检查
    if (instance == null) {
        synchronized (holder) {
            instance = holder.get();
            if (instance == null) {
                //创建拓展实例
                instance = createExtension(name);
                //将实例设置到 holder 中
                holder.set(instance);
            }
        }
    }
    return (T) instance;
}
```

上面代码的逻辑比较简单，首先检查缓存，缓存未命中则创建拓展对象。下面我们来看一下创建实例化对象的代码实现：

```
private T createExtension(String name) {
    Class<?> clazz = getExtensionClasses().get(name);
    if (clazz == null) {
        throw findException(name);                    代码 1#
    }
    try {
        T instance = (T) EXTENSION_INSTANCES.get(clazz);
        if (instance == null) {
            EXTENSION_INSTANCES.putIfAbsent(clazz, (T) clazz.newInstance());
            instance = (T) EXTENSION_INSTANCES.get(clazz);
        }
        injectExtension(instance);
        Set<Class<?>> wrapperClasses = cachedWrapperClasses;
        if (wrapperClasses != null && wrapperClasses.size() > 0) {
            for (Class<?> wrapperClass : wrapperClasses) {
                instance = injectExtension((T)
                wrapperClass.getConstructor(type).newInstance(instance));
            }
        }
        return instance;
    } catch (Throwable t) {
        throw new IllegalStateException("Extension instance(
            name: " + name + ", class: " +type + ")
            could not be instantiated: " + t.getMessage(), t);
    }
}
```

createExtension 模块中包含了如下步骤：

（1）通过 getExtensionClasses 获取所有的拓展类。

（2）通过反射创建拓展对象。

（3）向拓展对象中注入依赖。

（4）将拓展对象包裹在相应的 Wrapper 对象中。

我们在通过名称获取拓展类之前，需要根据配置文件解析出拓展项名称到拓展类的映射关系表（Map<名称，拓展类>），之后再根据拓展项名称从映射关系表中取出相应的拓展类即可。相关过程的代码如下：

```java
private Map<String, Class<?>> getExtensionClasses() {
    Map<String, Class<?>> classes = cachedClasses.get();
    if (classes == null) {
        synchronized (cachedClasses) {
            classes = cachedClasses.get();
            if (classes == null) {
                classes = loadExtensionClasses();
                cachedClasses.set(classes);
            }
        }
    }
    return classes;
}
```

这里也是先检查缓存，若缓存未命中则通过 synchronized 加锁，加锁后再次检查缓存，并判空。此时如果 classes 仍空，则通过 loadExtensionClasses 加载拓展类。

下面分析 loadExtensionClasses 方法的逻辑：

```java
//从配置文件中加载扩展点
private Map<String, Class<?>> loadExtensionClasses() {       // 代码 2#
    final SPI defaultAnnotation = type.getAnnotation(SPI.class);
    if(defaultAnnotation != null) {
        String value = defaultAnnotation.value();
        if(value != null && (value = value.trim()).length() > 0) {
            String[] names = NAME_SEPARATOR.split(value);
            if(names.length > 1) {
                throw new IllegalStateException("more than 1 default extension
                    name on extension " + type.getName()
                        + ": " + Arrays.toString(names));
            }
            if(names.length == 1) cachedDefaultName = names[0];
        }
```

```
    }
    Map<String, Class<?>> extensionClasses = new HashMap<String, Class<?>>();
    loadFile(extensionClasses, DUBBO_INTERNAL_DIRECTORY);
    loadFile(extensionClasses, DUBBO_DIRECTORY);
    loadFile(extensionClasses, SERVICES_DIRECTORY);
    return extensionClasses;
}
```

loadExtensionClasses 方法总共做了两件事情，一是对 SPI 注解进行解析，二是调用 loadDirectory 方法加载指定目录中的配置文件。

SPI 注解解析过程比较简单，loadDirectory 方法先通过类加载器获取所有资源链接，然后通过 loadResource 方法加载资源。loadResource 方法用于读取和解析配置文件，并通过反射加载类，最后调用 loadClass 方法进行其他操作。Dubbo 会从以下三个路径读取并加载扩展点配置文件：

```
META-INF/services/
META-INF/dubbo/
META-INF/dubbo/internal/
```

- Wrapper

在实例化扩展点的代码中可以看到，在加载某个接口的扩展类时，如果某个实现中有一个拷贝类构造函数，那么该接口实现就是该接口的包装类，此时 Dubbo 会在真正的实现类上层包装上 Wrapper。即这个时候从 ExtensionLoader 中返回的实际扩展类是被 Wrapper 包装的接口实现类。在上文代码的 createExtension（String name）实例化扩展点中（代码 1#）可以看到相关代码实现：将反射创建的 instance 实例作为参数传给 Wrapper 的构造方法，并通过反射创建 Wrapper 实例，而后在 Wapper 实例中注入依赖，最后将 Wapper 实例赋值给 instance 实例。

- Setter

Dubbo IoC 通过 setter 方法注入依赖。Dubbo 首先会通过反射获取实例的所有方法，然后遍历方法列表，检测方法名是否具有 setter 方法特征。若有这个特征则通过 ObjectFactory 获取依赖对象，最后通过反射调用 setter 方法将依赖设置到目标对象中。整个过程对应的注入扩展点代码如下：

```
private T injectExtension(T instance) {
    try {
        if (objectFactory != null) {
            for (Method method : instance.getClass().getMethods()) {
                if (method.getName().startsWith("set")
                    && method.getParameterTypes().length == 1
                    && Modifier.isPublic(method.getModifiers())) {
                    Class<?> pt = method.getParameterTypes()[0];
```

```
            try {
                String property = method.getName().length() > 3 ?
                    method.getName().substring(3, 4).toLowerCase()
                        + method.getName().substring(4) : "";
                        Object object = objectFactory.getExtension(pt, property);
                        if (object != null) {
                            method.invoke(instance, object);
                        }
                } catch (Exception e) {
                //省略
            }}}}
    }
    return instance;
}
```

扩展点实现类的成员如果为其他扩展点类型，ExtensionLoader 会自动注入依赖的扩展点。ExtensionLoader 通过扫描扩展点实现类的所有 set 方法来判定其成员。

- @SPI

在 SPI 代码实例中，Dubbo 只有接口类使用了@SPI 注解才会去加载扩展点实现，Dubbo 本身重新实现了一套 SPI 机制，支持 AOP 与依赖注入，并且可以利用缓存提升加载实现类的性能，也支持实现类的灵活获取。下面是@SPI 的定义：

```
@Documented
@Retention(RetentionPolicy.RUNTIME)
@Target({ElementType.TYPE})
public @interface SPI {
    /**
     * default extension name
     * 设置默认扩展类
     */
    String value() default "";
}
```

在上文的 loadExtensionClasses 中（代码 2#）中，我们可以看到 getExtensionLoader 会对传入的接口进行校验，其中就会检验接口是否被@SPI 注解，通过获取并缓存接口的@SPI 注解上的默认实现类 cacheDefaultExtensionName，再调用 loadDirectory 方法记载指定目录中的配置文件。源码实现如下：

```
private void cacheDefaultExtensionName() {
    final SPI defaultAnnotation = type.getAnnotation(SPI.class);
    if (defaultAnnotation == null) {
        return;
    }
```

```
        String value = defaultAnnotation.value();
        if ((value = value.trim()).length() > 0) {
        //检测@SPI注解内容是否合法，如果不合法则抛出异常
            String[] names = NAME_SEPARATOR.split(value);
            if (names.length > 1) {
                throw new IllegalStateException("...");
            }
        //设置默认扩展类名称
            if (names.length == 1) {
                cachedDefaultName = names[0];
            }
        }
    }
}
```

- @Adaptive

在 Dubbo 中，很多扩展都是通过 SPI 机制进行加载的，比如 Protocol、Cluster、LoadBalance 等。然而有些扩展并不想在框架启动阶段被加载，而是希望在扩展方法被调用时根据运行时参数进行加载。

在对自适应扩展生成过程进行深入分析之前，我们来看一下与自适应扩展息息相关的一个注解，即@Adaptive 注解，该注解的定义如下：

```
@Documented
@Retention(RetentionPolicy.RUNTIME)
@Target({ElementType.TYPE, ElementType.METHOD})
public @interface Adaptive {
    String[] value() default {};
}
```

@Adaptive 可注解在类或方法上。当@Adaptive 注解在类上时，Dubbo 不会为该类生成代理类。当@Adaptive 注解在方法（接口方法）上时，Dubbo 则会为该方法生成代理逻辑。@Adaptive 注解在类上的情况很少，在 Dubbo 中仅有两个类被@Adaptive 注解了，分别是 AdaptiveCompiler 和 AdaptiveExtensionFactory。

getAdaptiveExtension 方法是获取自适应扩展的入口方法，相关代码如下：

```
public T getAdaptiveExtension() {
    //从缓存中获取自适应扩展
    Object instance = cachedAdaptiveInstance.get();
    if (instance == null) {
        if (createAdaptiveInstanceError == null) {
            synchronized (cachedAdaptiveInstance) {
                instance = cachedAdaptiveInstance.get();
                if (instance == null) {
```

```
            try {
                //创建自适应扩展
                instance = createAdaptiveExtension();
                //将自适应扩展设置到缓存中
                cachedAdaptiveInstance.set(instance);
            } catch (Throwable t) {
                createAdaptiveInstanceError = t;
                throw new IllegalStateException("fail to create
                    adaptive instance: ...");
            }
        }
    }
} else {
    throw new IllegalStateException("fail to create adaptive instance: ...");
    }
}
return (T) instance;
}
```

getAdaptiveExtension 方法首先会检查缓存，如果缓存未命中，则调用方法创建自适应扩展。下面我们看一下 createAdaptiveExtension 方法的代码：

```
private T createAdaptiveExtension() {
    try {
        //获取自适应扩展类，并通过反射实例化
        return injectExtension((T) getAdaptiveExtensionClass().newInstance());
    } catch (Exception e) {
        throw new IllegalStateException("
            Can not create adaptive extension ...");
    }
}
```

createAdaptiveExtension 方法的代码包含了三个逻辑，分别如下：

- 调用 getAdaptiveExtensionClass 方法获取自适应扩展 Class 对象。
- 通过反射进行实例化。
- 调用 injectExtension 方法向扩展实例中注入依赖。

- @Activate

@Activate 注解表示一个扩展是否被激活，可以放在类定义和方法上，Dubbo 将它用在 SPI 扩展类定义上，表示这个扩展实现的激活条件和时机。下面是代码示例：

```
@Activate(group = Constants.PROVIDER)
public class RpcServerInterceptor implements Filter{
    private final ServerRequestInterceptor serverRequestInterceptor;
```

```
    private final ServerResponseInterceptor serverResponseInterceptor;
    public RpcServerInterceptor () {
        //省略
    }
}
```

上述示例表示只有当 group 参数作为提供者时才会使 RpcServerInterceptor 拦截逻辑生效，这个注解的作用和 Spring Boot 中的@Condition 注解类似。

6.3.4 Spring Cloud 集成 Dubbo

目前 Dubbo 在国内还是有较多公司在使用的，一方面是因为 Dubbo 作为阿里巴巴开源的一个 SOA 服务治理解决方案，在国内发展较早，有比较好的先发优势；另一方面是因为在国内很多工程师对 Dubbo 框架都比较熟悉，有比较完善的文档介绍和实例；还有，Dubbo 框架的性能优势和基于 SPI 的扩展机制也是 Dubbo 的优势所在。

然而，现在很多人也拿 Dubbo 与 Spring Cloud 做比较，其实 Dubbo 本质上是一个 RPC 框架，实现了 SOA 架构下的微服务治理，而 Spring Cloud 下有众多子项目，分别覆盖了微服务开发的各个方面，所以在一定程度上讲，Dubbo 可以算是 Spring Cloud 的子集。

在 Spring Cloud 构建的微服务系统中，大多数开发者都使用官方提供的 Feign 组件来进行内部服务通信，这种声明式的 HTTP 客户端使用起来非常简洁、方便、优雅。但是在使用 Feign 消费服务的时候，相比 Dubbo 这种 RPC 框架而言，性能较低。所以基于 Dubbo RPC 方式的服务集成的交互方式也是 Spring Cloud 体系的一个重要补充。

提供 Dubbo 服务

下面通过一个简单的示例演示如何将 Dubbo 接入 Spring Cloud。我们假设存在一个 Dubbo RPC API，由服务提供者为服务消费者暴露接口：

```
public interface DemoService {
  String sayHello(String name);
}
```

首先，添加依赖：

```xml
<dependency>
    <groupId>com.alibaba.spring.boot</groupId>
    <artifactId>dubbo-spring-boot-starter</artifactId>
    <version>2.0.0</version>
</dependency>
```

然后，在 application.yml 中添加 Dubbo 的相关配置信息，示例配置如下：

```
spring.application.name: dubbo-spring-boot-starter
spring.dubbo.server: true
spring.dubbo.registry: N/A
```

接下来，在 Spring Boot 应用上添加@EnableDubboConfiguration，表示要开启 Dubbo 功能（Dubbo Provider 服务可以使用或者不使用 Web 容器）。

```
@SpringBootApplication
@EnableDubboConfiguration
public class DubboProviderLauncher {
    //省略
}
```

编写你的 Dubbo 服务，只需要在要发布的服务上添加@Service（import com.alibaba.dubbo.config.annotation.Service）注解，其中 interfaceClass 属性表示要发布服务的接口声明。

```
@Service(interfaceClass = IHelloService.class)
Component
public class HelloServiceImpl implements IHelloService {
    //省略
}
```

启动你的 Spring Boot 应用，观察控制台，你可以看到 Dubbo 启动的相关信息。

消费 Dubbo 服务

首先，添加依赖：

```xml
<dependency>
    <groupId>com.alibaba.spring.boot</groupId>
    <artifactId>dubbo-spring-boot-starter</artifactId>
    <version>2.0.0</version>
</dependency>
```

其次，在 application.properties 中添加 Dubbo 的相关配置信息，示例如下：

```
spring.application.name: dubbo-spring-boot-starter
```

然后，开启@EnableDubboConfiguration：

```
@SpringBootApplication
@EnableDubboConfiguration
    public class DubboConsumerLauncher {
  //省略
}
```

最后，通过 @Reference 注入需要使用的 interface：

```
@Componentpublic class HelloConsumer {
  @Reference(url = "dubbo://127.0.0.1:20880")
  private IHelloService iHelloService;
}
```

Spring Boot 与 Dubbo 集成

上面的示例适用于新建项目，可以很方便地将 Dubbo 集成到 Spring Boot 应用，相比传统的 Dubbo 基于 XML 的配置方式，Spring Boot 遵循"约定优于配置"理念，只需要加入几行注解就可以完成工作，而对于已经使用传统方式而非 Spring Boot 方式接入 Dubbo 框架实现的系统，如何通过增加一些代码就可以将 Dubbo 服务纳入 Spring Cloud 的体系是另外一个重要的课题。

- 思路一：将 Dubbo 服务的对外接口暴露为 REST API

对于 Dubbo 服务提供者来说，可以通过 @RestController 封装服务端代码，对外暴露 REST API。使用时，我们只需要在调用端的 Service 中注入 InvokeRemoteService 就可以像调用本地方法一样进行远程调用：

```
@RestController
public class TestRemoteCall {
  @Autowired
  private InvokeRemoteService invokeRemoteService;
  public GroupVO findById(Integer id) {
     return invokeRemoteService.findByGroupId(id);
  }
}
```

对于 Dubbo 服务的消费者，你可以借助 Spring Cloud 中的 Feign 作为 HTTP REST 的调用接口，对于 Dubbo 服务，你可以向原来对外提供的 Service interface 类加入 @FeignClient 注解，支持外部调用，将对外暴露接口加上 @RequestMapping 或者 @RestController 注解，并且把接口改成 REST 风格的，代码如下：

```
@FeignClient(name = "test")
public interface InvokeRemoteService {
    @RequestMapping(value = "/group/{groupId}")
    GroupVO findByGroupId(@PathVariable("groupId") Integer adGroupId);
}
```

上面的代码中我们声明了一个 HTTP "模板"，这个"模板"有一个方法声明 findByGroupId，可以通过注解定义这个方法需要发起的 HTTP 请求信息（注解与 Spring MVC 完全相同）。

- 思路二：将 Spring Cloud 服务 Dubbo 化

这一改造的思路是替换 Spring Cloud 的 Feign 的底层调用协议，将原本使用 HTTP Client 的处理请求转交给 Dubbo RPC 来处理，同时将原本对外提供的 REST API 转换为 Dubbo 的服务，可以参考 GitHub 上的 Dubbo 开源项目（dubbo-spring-boot-project）。

首先，加入下面的 Maven 依赖：

```xml
<properties>
    <spring-boot.version>2.2.6.RELEASE</spring-boot.version>
    <dubbo.version>2.7.6</dubbo.version>
</properties>
<dependencyManagement>
    <dependencies>
        <!-- Spring Boot -->
        <dependency>
            <groupId>org.springframework.boot</groupId>
            <artifactId>spring-boot-dependencies</artifactId>
            <version>${spring-boot.version}</version>
            <type>pom</type>
            <scope>import</scope>
        </dependency>
        <!-- Apache Dubbo  -->
        <dependency>
            <groupId>org.apache.dubbo</groupId>
            <artifactId>dubbo-dependencies-bom</artifactId>
            <version>${dubbo.version}</version>
            <type>pom</type>
                <scope>import</scope>
        </dependency>
    </dependencies>
</dependencyManagement>
<dependencies>
    <!-- Dubbo Spring Boot Starter -->
    <dependency>
        <groupId>org.apache.dubbo</groupId>
        <artifactId>dubbo-spring-boot-starter</artifactId>
        <version>2.7.6</version>
    </dependency>
</dependencies>
```

然后，实现 RPC 接口定义：

```
public interface UserService {
    String selectByPrimaryKey( Long id);
}
```

服务端可以支持多协议发布服务：

```
@RestController
@Service(version = "1.0.0", protocol = {"dubbo", "feign"}, timeout = 10000)
@RequestMapping(value = "/user/")
public class UserServiceImpl implements UserService {
    public User selectByPrimaryKey(@PathVariable("id") Long id) {
        return userDao.selectByPrimaryKey(id);
    }
}
```

接着，我们完成对消费端的实现：

```
@FeignClient(path = "/user")
@DubboClient(protocol = "feign", value = @Reference(timeout = 10000, version =
   "1.0.0"))
public interface UserService
{
    @RequestMapping(value = "/{id}", method = RequestMethod.GET)
    User selectByPrimaryKey(@PathVariable("id") Long id);
}
```

在 application.properties 中添加 Dubbo 的版本信息和客户端超时信息，向启动类添加@Enable-DubboConfiguration 注解，这里我们配置的这些参数会在项目启动时被加载到 DubboProperties 类中。

```
spring:
  application:
    name: dubbo-demo-consumer
  dubbo:
    application:
      name: ${spring.application.name}
    protocol:
      name: feign
    registry:
      protocol: zookeeper
      address: localhost:2181
    scan: com.example
```

最后，实现 Dubbo 自动化配置：

```
@ConditionalOnProperty(prefix = "dubbo", name = "enabled", matchIfMissing = true)
@Configuration
```

```
@AutoConfigureAfter(DubboRelaxedBindingAutoConfiguration.class)
@EnableConfigurationProperties(DubboConfigurationProperties.class)
public class DubboAutoConfiguration {
    @ConditionalOnProperty(prefix = DUBBO_SCAN_PREFIX, name =
    BASE_PACKAGES_PROPERTY_NAME)
    @ConditionalOnBean(name = BASE_PACKAGES_PROPERTY_RESOLVER_BEAN_NAME)
    @Bean
    public ServiceAnnotationBeanPostProcessor serviceAnnotationBeanPostProcessor(
            @Qualifier(BASE_PACKAGES_PROPERTY_RESOLVER_BEAN_NAME)
             PropertyResolver propertyResolver) {
                Set<String> packagesToScan =
                    propertyResolver.getProperty(BASE_PACKAGES_PROPERTY_NAME,
                    Set.class, emptySet());
            return new ServiceAnnotationBeanPostProcessor(packagesToScan);
    }
}
```

上面我们实现了提供 Dubbo 的@Service 注解服务。在 DubboAutoConfiguration 配置类中启动 Bean，当配置文件中的前缀以 "dubbo" 开始时，会注入相关配置并完成初始化，然后获取所有加了@Service 注解的类，使用反射生成代理类。当我们使用 HTTP 请求这些由@Service 注解的类的方法时，它会将 HTTP 请求转换成 Dubbo 请求，调用这个代理类将调用结果返回。

6.3.5　Spring Cloud 集成 gRPC

gRPC 本身的跨平台特性及性能上的优势都促使很多大公司采用 gRPC 的 RPC 解决方案作为微服务交互的标准交互集成方式。

到目前为止，Spring Cloud 官方并没有支持 gRPC，但是在 GitHub 上有非常多的第三方开源项目支持 gRPC 与 Spring Cloud 的集成，start 数目最多的开源项目是 grpc-spring-boot-starter。该项目也是 Spring Cloud 社区推荐的 gRPC 项目。下面是这个项目的主要特性：

- 在 Spring Boot 应用中，通过@GrpcService 自动配置并运行一个嵌入式的 gRPC 服务。
- 使用@GrpcClient 自动创建和管理 gRPC 通道（Channels）和桩代码（Stub）。
- 支持 Spring Sleuth 作为分布式链路跟踪解决方案。
- 支持全局和自定义的 gRPC 服务端/客户端拦截器。
- 支持 Spring Security。
- 支持 Metric（基于 micrometer/actuator）。
- 适用于（non-shaded）grpc-netty。

Spring Boot 中 gRPC 的接入

gRPC 接入 Spring Cloud 主要分为三个工程模块，即服务定义模块、服务提供模块和服务消费模块。下面是接入 gRPC 的主要步骤。

1. 服务定义

和其他 RPC 框架类似，gRPC 需要做接口定义规范，默认情况下，会使用 Protocal Buffers 作为接口定义语言（IDL）。

首先，引入 Maven 依赖：

```xml
<dependency>
    <groupId>io.grpc</groupId>
    <artifactId>io.grpc:grpc-netty-shaded</artifactId>
    <version>${grpc.Version}</version>
</dependency>
<dependency>
    <groupId>io.grpc</groupId>
    <artifactId>io.grpc:grpc-protobuf</artifactId>
    <version>${grpc.Version}</version>
</dependency>
<dependency>
    <groupId>io.grpc</groupId>
    <artifactId>io.grpc:grpc-Stub</artifactId>
    <version>${grpc.Version}</version>
</dependency>
```

然后，编写一个.proto 文件，定义好服务端的请求数据和响应数据，执行 mvn clean install 命令，protobuf-maven-plugin 插件会根据.proto 文件生成对应的 Java 代码，Maven 的 install 命令会将接口工程打包上传到代码中央仓库，服务端和客户端可以通过 Maven 将远程中央仓库加载到本地并打包到各自的工程中。下面是 IDL 的定义（demo.proto）：

```
syntax = "proto3";
option java_multiple_files = true;
option java_package = "com.demo.grpc.helloworld";
option java_outer_classname = "HelloWorldProto";
service Greeter {
    rpc SayHello (HelloRequest) returns (HelloResponse) {}
}
message HelloRequest {
    string jsonData= 1;
}
message HelloResponse {
    string jsonData= 1;
}
```

2. gRPC Server 实现

首先，引入 Maven 依赖：

```xml
<dependency>
    <groupId>com.grpcDemo</groupId>
    <artifactId>grpc.lib.idl</artifactId>
    <version>1.0</version>
</dependency>
<dependency>
    <groupId>net.devh</groupId>
    <artifactId>grpc-spring-boot-starter</artifactId>
    <version>2.7.0.RELEASE</version>
</dependency>
```

其次，使用注解@GrpcService 实现服务暴露：

```java
@GrpcService
public class GrpcServerService extends SimpleGrpc.SimpleImplBase {
    @Override
    public void sayHello(HelloRequest req, StreamObserver<HelloReply> responseObserver)
    {
        HelloReply reply = HelloReply
        .newBuilder().setMessage("Hello ==> " + req.getName()).build();
        responseObserver.onNext(reply);
        responseObserver.onCompleted();
    }
}
```

然后，启动 gRPC Server。默认情况下，gRPC Server 会监听 9090 端口，也可以使用 grpc.server. 前缀自定义配置。

```java
@EnableEurekaClient
@EnableDiscoveryClient
@SpringBootApplication
public class CloudGrpcServerApplication {
    public static void main(String[] args) {
        SpringApplication.run(CloudGrpcServerApplication.class, args);
    }
}
```

3. gRPC Client 实现

首先，引入 Maven 依赖：

```xml
<dependency>
    <groupId>com.grpcDemo</groupId>
```

```xml
    <artifactId>grpc.lib.idl</artifactId>
    <version>1.0</version>
</dependency>
<dependency>
    <groupId>net.devh</groupId>
    <artifactId>grpc-client-spring-boot-starter</artifactId>
    <version>2.7.0.RELEASE</version>
</dependency>
```

其次，使用注解@GrpcClient(serverName)作为 gRPC 的桩代码（Stub）：

```java
@Service
public class GrpcClientService {
    @GrpcClient("security-grpc-server")
    private SimpleBlockingStub simpleStub;
    public String sendMessage(final String name) {
        try {
            final HelloReply response =
            this.simpleStub.sayHello(HelloRequest
            .newBuilder().setName(name).build());
            return response.getMessage();
        } catch (final StatusRuntimeException e) {
            return "FAILED with " + e.getStatus().getCode().name();
        }
    }
}
```

然后，实现 gRPC Client 的 RestController 远程调用：

```java
@RestController
public class GrpcClientController {
    @Value("${auth.username}")
    private String username;
    @Autowired
    private GrpcClientService grpcClientService;
    @RequestMapping(path = "/", produces = MediaType.TEXT_PLAIN_VALUE)
    public String printMessage(@RequestParam(defaultValue = "test") final String name) {
        final StringBuilder sb = new StringBuilder();
        sb.append("Input:\n")
            .append("- name: " + name + " (Changeable via URL param ?name=X)\n")
            .append("Request-Context:\n")
            .append("- auth user: " + this.username
            + " (Configure via application.yml)\n")
            .append("Response:\n")
            .append(this.grpcClientService.sendMessage(name));
        return sb.toString();
    }
}
```

gRPC 的工作原理

gRPC 的工作原理是先通过 IDL 文件定义服务接口的参数和返回值类型，然后通过代码生成程序生成服务端和客户端的具体实现代码。

gRPC 的主要特性包括三个方面。

（1）通信协议采用了 HTTP 2，因为 HTTP 2 提供了连接复用、双向流、服务器推送、请求优先级、首部压缩等机制，所以在通信过程中可以节省带宽、降低 TCP 连接次数、节省 CPU 资源，尤其对于移动端应用来说，可以延长电池寿命。

（2）IDL 使用了 ProtoBuf，ProtoBuf 是由 Google 开发的一种数据序列化协议，它的压缩和传输效率极高，语法也简单，所以被广泛应用在数据存储和通信协议上。

（3）多语言支持，能够基于多种语言自动生成对应语言的客户端和服务端代码。

gRPC 的核心概念

- 基于服务定义：ProtoBuffer IDL

  基于服务定义的思想，默认情况下 gRPC 使用 ProtoBuffer 作为 IDL（接口定义语言）进行服务和消息的定义，示例代码如下：

```
Service HelloService{
    Rpc SayHello(HelloRequest) return(HelloResponse);
}
message HelloRequest{
    string greeting = 1;
}
Message HelloResponse{
    String reply = 1;
}
```

gRPC 可以定义四种类型的服务方法。

- Unary RPC：客户端向服务端发送请求，并得到响应，类似于方法调用。

  ```
  rpc SayHello(HelloRequest) returns (HelloResponse);
  ```

- Server streaming RPC：客户端可以向服务端发送请求，获取服务端返回的流响应，客户端可从流中读取一组消息，客户端可以持续读取消息直至消息全部读取完成，gRPC 保证消息顺序的正确性。

  ```
  rpc LotsOfReplies(HelloRequest) returns (stream HelloResponse);
  ```

- Client streaming RPC：客户端会写入一组消息，然后基于流的方式发送给服务端。当客户端写完全部消息后，就等待服务端进行消息的读取并等待服务端响应，gRPC 保证消息顺序的正确性。
  ```
  rpc LotsOfGreetings(stream HelloRequest) returns (HelloResponse);
  ```
- Bidirectional streaming RPC：服务端和客户端都可以使用读写流发送一组消息。服务端的流和客户端的流是相互独立的，所以服务端和客户端可以按照自己的方式进行流的写入和读取。例如，服务端可以决定在全部接收完客户端发送的消息后再进行响应，或者它可以读取一条消息，就写入一条消息。同样，在流中的消息的顺序是可以保证的。
  ```
  rpc BidiHello(stream HelloRequest) returns (stream HelloResponse);
  ```

- HTTP 2

  HTTP 2 通过 Stream 支持了连接的多路复用，提高了连接的利用率。Stream 的重要特性如下：

  - 一个连接可以包含多个 Stream，多个 Stream 发送的数据互相不影响。
  - Stream 可以被客户端和服务端单方面或者共享使用。
  - Stream 可以被任意一端关闭。
  - Stream 会确定好发送 Frame 的顺序，另一端会按照接收到的顺序来处理。
  - Stream 用一个唯一 ID 来标识。

  虽然看上去协议的格式和 HTTP 1 完全不同，实际上 HTTP 2 并没有改变 HTTP 1 的语义，只是把原来 HTTP 1 的 Header 和 Body 部分用 Frame 重新封装了一层而已，如下图所示。

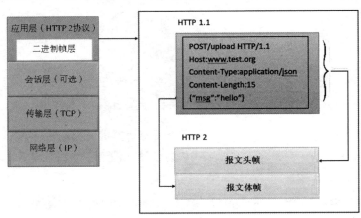

HTTP 2 的优势如下。

- 连接共享：HTTP 2 要解决的一大难题就是多路复用（MultiPlexing），即连接共享。
- Header 压缩：HTTP 2 使用 encoder 来减少需要传输的 Header 大小，通信双方各自缓存（Cache）一份 Header Fields 表，既避免了重复 Header 的传输，又减小了需要传输 Header 的大小。高效的压缩算法可以大幅度压缩 Header 的大小，减少发送包的数量从而降低延迟。
- 重置连接表现更好：HTTP 2 引入 RST_STREAM 类型的 Frame，可以在不断开连接的前提下取消某个请求的 Stream，表现更好。
- 流量控制：每个 HTTP 2 流都拥有自己的公示的流量窗口，它可以限制另一端发送数据。对于每个 Stream 来说，两端都必须告诉对方自己还有足够的空间来处理新的数据，而在该窗口被扩大前，另一端只被允许发送那么多数据。

- 支持普通/流式 RPC
  - 普通 RPC 调用：指客户端发送一个请求并获取一个响应。当客户端调用本地的桩方法时，服务端会得到一个 RPC 被调用的通知，通知中包含了关于此次调用的元数据信息（方法名、指定的合适的超时时间）。服务端可以立即返回一些它自己的初始化元数据，或者等待客户端的请求信息，当然这两种方式是和具体的应用相关的。当服务端接收到客户端的请求信息后，它会执行具体的逻辑以便产生一个响应。响应会和一个描述状态的详细信息及一个可选的附属元数据一起被发送给客户端。如果响应的状态是 OK，则客户端就得到了响应，完成了一次 RPC 调用。
  - 服务端 Streaming 模式：指客户端发起 1 个请求，服务端返回 N 个响应，每个响应可以单独返回，它的原理如下图所示。

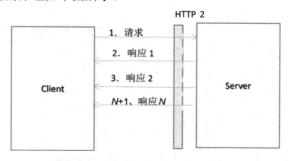

  - 双向流式 RPC：客户端发送 N 个请求，服务端返回 N 个或者 M 个响应，利用该特性，可以充分利用 HTTP 2 的多路复用功能。在某个时刻，HTTP 2 链路上可以既有请求也有响应，实现了全双工通信，示例如下图所示。

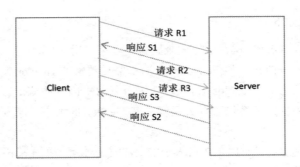

gRPC 服务调用解析过程

gRPC 的线程模型在 Java 实现中主要基于 Netty 底层网络通信框架，它遵循一个基本原则：除了传输过程中的监听及解包相关流程，其他的逻辑处理都会放在业务线程池中。比如序列化与反序列化、拦截器逻辑、本地方法调用。这个设计符合 Netty 的线程模型实践规范，最大化地保障传输框架的性能，提高服务资源的利用率。gRPC 框架向业务层暴露了两个入口，一个是拦截器，在进入本地方法调用前拦截请求，用于处理一些前置逻辑；另一个就是本地服务。为了更清晰地表达业务线程池和 Netty I/O 线程池的分工，我们用下面的流程图来示意。

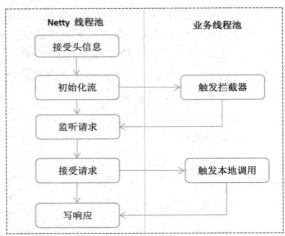

（1）NettyServer 实例创建：gRPC 服务端创建，首先需要初始化 NettyServer，它是 gRPC 基于 Netty 4.1 和 HTTP 2 协议栈之上封装的 HTTP 2 服务端。

（2）NettyServerBuilder 的 buildTransportServer 方法构建：NettyServer 构建完成之后，监听指定的 Socket 地址。

（3）绑定 IDL 定义的服务接口实现类：gRPC 与其他一些 RPC 框架的差异在于服务接口实现

类的调用不是通过动态代理和反射机制，而是通过 proto 工具生成代码。在服务端启动时，将服务接口实现类实例注册到 gRPC 内部的服务注册中心上。请求消息接入之后，可以根据服务名和方法名，直接调用启动时注册的服务实例，性能更优。

（4）gRPC 服务实例（ServerImpl）构建：ServerImpl 负责整个 gRPC 服务端消息的调度和处理，在创建 ServerImpl 实例的过程中，会对服务端依赖的对象进行初始化。例如 Netty 的线程池资源、gRPC 的线程池、内部的服务注册类（InternalHandlerRegistry）等。ServerImpl 初始化完成之后，就可以调用 NettyServer 的 start 方法启动 HTTP 2 服务端，接收 gRPC 客户端的服务调用请求。

grpc-spring-boot-starter 源码解析

grpc-spring-boot-stater 的框架设计同样遵循脚手架一章中自定义 Starter 的方式，以便融合到 Spring Boot 和 Spring Cloud 体系。自定义 Starter 步骤如下。

1. 自定义配置

```
# AutoConfiguration
org.springframework.boot.autoconfigure.EnableAutoConfiguration=\
net.devh.boot.grpc.server.autoconfigure.GrpcMetadataConsulConfiguration, \
net.devh.boot.grpc.server.autoconfigure.GrpcMetadataEurekaConfiguration, \
net.devh.boot.grpc.server.autoconfigure.GrpcMetadataNacosConfiguration, \
net.devh.boot.grpc.server.autoconfigure.GrpcServerAutoConfiguration, \
net.devh.boot.grpc.server.autoconfigure.GrpcServerFactoryAutoConfiguration, \
net.devh.boot.grpc.server.autoconfigure.GrpcServerSecurityAutoConfiguration, \
net.devh.boot.grpc.server.autoconfigure.GrpcServerMetricAutoConfiguration, \
net.devh.boot.grpc.server.autoconfigure.GrpcServerTraceAutoConfiguration
```

2. 在配置文件中加载 Bean 并初始化

```
@Target(ElementType.TYPE)
@Retention(RetentionPolicy.RUNTIME)
@Documented
@Service
public @interface GrpcService {
    Class<? extends ServerInterceptor>[] interceptors() default {};
    String[] interceptorNames() default {};
    boolean sortInterceptors() default false;
}
```

3. 配置 Bean，初始化 GrpcService 服务

```
@Override
public Collection<GrpcServiceDefinition> findGrpcServices() {
```

```java
        Collection<String> beanNames = Arrays.asList(this.applicationContext
            .getBeanNamesForAnnotation(GrpcService.class));
        List<GrpcServiceDefinition> definitions =
            Lists.newArrayListWithCapacity(beanNames.size());
        GlobalServerInterceptorRegistry globalServerInterceptorRegistry =
                applicationContext.getBean(GlobalServerInterceptorRegistry.class);
        for (String beanName : beanNames) {
            BindableService bindableService =
            this.applicationContext.getBean(beanName, BindableService.class);
            ServerServiceDefinition serviceDefinition = bindableService.bindService();
            GrpcService grpcServiceAnnotation =
                applicationContext.findAnnotationOnBean(beanName, GrpcService.class);
            serviceDefinition =
                    bindInterceptors(serviceDefinition, grpcServiceAnnotation,
            globalServerInterceptorRegistry);
            definitions.add(new GrpcServiceDefinition(beanName,
                bindableService.getClass(), serviceDefinition));
            log.debug("Found gRPC service: " +
                serviceDefinition.getServiceDescriptor().getName() + ",
                bean: "+ beanName + ", class: " +
                bindableService.getClass().getName());
        }
        return definitions;
}
```

4. 配置 GrpcServerLifecycle 服务

```java
@Configuration
@EnableConfigurationProperties
@ConditionalOnClass(Server.class)
@AutoConfigureAfter(GrpcCommonCodecAutoConfiguration.class)
public class GrpcServerAutoConfiguration {
    @ConditionalOnMissingBean
    @ConditionalOnBean(GrpcServerFactory.class)
    @Bean
    public GrpcServerLifecycle grpcServerLifecycle(final GrpcServerFactory factory)
    {
        return new GrpcServerLifecycle(factory);
    }
}
```

5. 启动 gRPC 服务

```java
@Slf4j
public class GrpcServerLifecycle implements SmartLifecycle {
```

```
@Override
public void start() {
    try {
        createAndStartGrpcServer();
    } catch (final IOException e) {
        throw new IllegalStateException("Failed to start the grpc server", e);
    }
}
```

6.4 MOM 异步通信

在微服务架构中，使用 REST 和 RPC 的方式最大的问题就是请求/响应模式的通信模式可能导致服务之间调用的可用性降低，客户端与服务端需要同时在线，双方都需要知道对方的 URL 地址，或者服务消费者需要通过某种发现机制来定位服务实例的地址。

MOM（Message Oriented Middleware）是面向消息的中间件，使用消息提供者来协调消息传送操作。这种松耦合的通信机制有助于降低客户端和远程服务之间的依赖性。

6.4.1 消息中间件概述

消息中间件通常也被称为消息队列，是系统内部通信的核心机制。它具有低耦合、可靠投递、广播、流量控制、最终一致性等一系列优势。

消息中间件的常用概念

- Broker：消息服务器，作为 Server 提供消息核心服务。
- Producer：消息生产者，业务的发起方，负责生产消息并传输给 Broker。
- Consumer：消息消费者，业务的处理方，负责从 Broker 获取消息并进行业务逻辑处理。
- Topic：主题，它是发布订阅模式下的消息统一汇集地。不同生产者向 Topic 发送消息，由 MQ 服务器分发到不同的订阅者，实现消息的广播。
- Queue：队列，在点对点模式下，特定生产者向特定 Queue 发送消息，消费者订阅特定的 Queue 完成指定消息的接收。
- Message：消息体，根据不同通信协议定义的固定格式进行编码的数据包，可以用它来封装业务数据，实现消息的传输。

消息中间件模式

- 点对点模式：使用 Queue 作为通信载体，消息生产者生产消息后发送到 Queue 中，然后消息消费者从 Queue 中取出并且消费消息。
- 发布订阅（广播）模式：使用 Topic 作为通信载体。消息生产者（发布者）将消息发布到 Topic 中，同时有多个消息消费者（订阅者）消费该消息。和点对点方式不同，发布到 Topic 的消息会被所有订阅者消费。

消息中间件流派

当前，市面上流行的消息中间件有 RabbitMQ、RocketMQ、ActiveMQ、Kafka、ZeroMQ 等。它们有各自擅长的领域，分属不同的流派。下面我们通过不同消息队列的流派来了解不同消息中间件的世界观。

- 基于标准规范的消息队列

JMS（Java Message Service）是一套 JMS API 标准规范。JMS 是由 Sun 公司提出的早期的消息标准，旨在为 Java 应用提供统一的消息操作，使用 Java 的世界观通过定制标准来达到统一规范的效果。JMS 已经成为 Java Enterprise Edition 的一部分。从使用的角度看，JMS 和 JDBC 扮演着差不多的角色，用户都可以根据相应的接口与实现了 JMS 的服务进行通信。

ActiveMQ 是 Apache 的开源项目，是基于 JMS 规范开发的一个典型的消息队列，完全支持 JMS1.1 和 J2EE1.4 规范的 JMS Provider 实现。在中小型项目中用于解耦和异步操作时，可考虑 ActiveMQ，简单易用，对队列数较多的情况支持不好。

- 基于标准协议的消息队列

RabbitMQ 是这一流派的典型代表，它是使用 Erlang 编写的开源的消息队列，本身支持很多协议：AMQP、XMPP、SMTP、STOMP，也正因如此，使得它变得非常重量级，更适合于企业级的开发。它同时实现了 Broker 架构，核心思想是生产者不会将消息直接发送给队列，消息在发送给客户端时先在中心队列排队。对路由、负载均衡、数据持久化都有很好的支持。

AMQP 的全称为 Advanced Message Queuing Protocol，它是一个提供统一消息服务的应用层标准高级消息队列协议，是应用层协议的一个开放标准，为面向消息的中间件设计。基于此协议的客户端与消息中间件可传递消息，并不受客户端和中间件不同产品、不同开发语言等条件的限制。这种模式的消息中间件的主要优点是标准、可靠、通用。

在 AMQP 中，消息路由和 JMS 存在一些差别，在 AMQP 中增加了 Exchange（交换机）和 Binding（绑定）的角色。生产者将消息发送给 Exchange，Binding 决定 Exchange 的消息应该发送到哪个队列，而消费者直接从队列中消费消息。队列和 Exchange 的绑定关系由消费者来决定。AMQP 逐渐成为消息队列的一个标准协议。

- 基于 TCP 的私有二进制的消息队列

这个流派最典型的代表就是 Kafka 了，Kafka 遵循了一般消息队列的结构。它简化了消息队列功能模型，仅仅提供了一些最基础的消息队列相关功能，但是大幅度优化和提升了吞吐量。这个流派有一个 Broker（消息代理）角色，也就是说，Kafka 需要部署一套服务器集群，每台机器上都有一个 Kafka Broker 进程，这个进程负责接收请求、存储数据、发送数据。Kafka 的生产消费采用简单的数据流模型。相比 RabbitMQ，Kafka 强调的不是提升性能和吞吐量，它关注的还是提供非常强大、复杂而且完善的消息路由功能。

RocketMQ 也可以归为这个流派，RocketMQ 是阿里巴巴参照 Kafka 设计思想使用 Java 实现的一套消息队列。

6.4.2 消息中间件的使用场景

在微服务架构中，基于消息中间件的交互方式可以解决同步请求/响应模式中服务高度耦合、服务交互灵活性脆弱、交互失败导致服务不可用等问题。

假设我们现在有两个微服务：权限管理服务和人力资源管理服务。下面使用不同集成方式将人力资源服务的数据库变动同步到权限管理服务中。

- 基于请求/响应模式的方案，权限管理服务提供 REST 方式调用人力资源管理服务提供的 API。这种方式的问题是它需要二者必须同时在线，如果一方因为异常宕机，很容易导致数据丢失。另外，当人力资源数据信息很少变化时，权限管理服务每次同步数据都需要全量从人力资源服务中获得数据，效率比较低。所以，请求/响应模式对于服务之间的增量数据同步的场景并不友好，虽然也可以实现，但是这种做法增加了代码的逻辑复杂性。
- 基于共享存储的方案，人力资源管理服务可以将所有人力信息缓存到共享存储（如 Redis）中，这样权限管理服务可以不用访问人力资源管理服务，而是访问 Redis 获得同步信息。这种模式的问题是，两个独立自治的服务会产生系统的紧耦合问题，人力资源管理服务对 Redis 的结构修改会对权限管理服务产生级联影响。另外从微服务数据自治的角度看，共享存储是不独立的，也是不易于扩展的。
- 另外一种方式就是采用消息传递的机制，在人力资源管理服务和权限管理服务之间建立一个消息队列，人力信息的变化通过事件的方式发送出去，人力资源管理服务只需要监听队列的变化，当监听到有新的事件后，就会"消费"这一事件，更新权限管理服务自己的缓存。这一模式可以带来诸多好处，概括为下面几点。

- 系统解耦

  降低工程间的强依赖程度，针对异构系统进行适配。在项目启动之初预测项目将来会碰到什么需求是极其困难的，通过消息系统在处理过程中间插入了一个隐含的、基于数据的接口层，两边的处理过程都要实现这一接口，当应用发生变化时，可以独立地扩展或修改两边的处理过程，只要确保它们遵守同样的接口约束，提供服务的可用性，如下图所示。

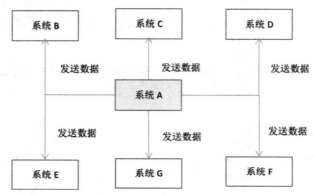

我们可以想象一下，假设有上百个系统都需要系统 A 的核心数据，一旦有系统加入，系统 A 就需要修改代码，将数据发送到新加入的系统。反之，如果有系统不再需要系统 A 发送数据，那么系统 A 又得修改代码不再向其发送数据。这样的架构设计耦合度太高了，我们可以引入消息中间件来实现系统之间的解耦。即核心系统 A 生产核心数据，然后将核心数据发送到消息中间件，下游消费系统根据自身的需求从消息中间件里获取消息进行消费，当不再需要数据时不获取消息即可，这样系统之间耦合度就大大降低了。改变后的系统架构如下图所示。

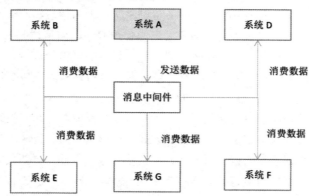

- 异步调用

  有些业务不需要立即处理消息。消息队列提供了异步处理机制，允许用户把一个消息放入队列，但并不立即处理它。可以将消息队列作为缓存，然后在需要的时候再去处理它们，这样就增加了系统交互的灵活性。

  假设有一个系统调用为：系统 A 调用系统 B 耗时 20ms，系统 B 调用系统 C 耗时 20ms，而系统 C 调用系统 D 需要 2s，这样下来整个调用链路需要耗时 2040ms。但实际上系统 A 调用系统 B、系统 B 调用系统 C 只需要 40ms，而系统 D 的引入直接导致系统性能下降。此时我们应该考虑将系统 D 的调用抽离出来，做一个异步调用，如下图所示。

  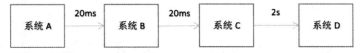

  如果使用消息队列进行优化，系统 A 到系统 B 再到系统 C 就直接结束了，然后系统 C 再将消息发送到消息中间件，系统 D 从消息中间件里获取消息进行消费，这样系统的性能就提高了接近 50 倍，如下图所示。

  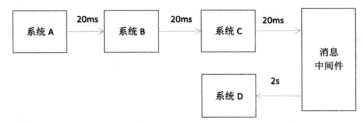

- 削峰填谷

  假设有一个系统，正常时间每秒也就有几百个请求，部署在一个 8 核 16GB 的机器上，运行起来非常轻松。然而突然由于一个大促活动，高峰期请求数达到了几千，出现了瞬时流量高峰，此时最容易想到的是加机器，部署超过 10 台机器，也能扛住此时的高并发，如下图所示。

  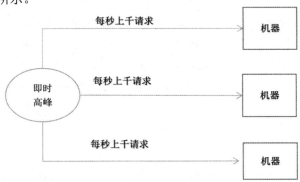

另外一种方式就是我们可以考虑引入消息中间件，进行流量削峰。一旦流量高峰到来，大量消息会堆积在消息队列里，机器只需要按照自己的最大负荷从消息队列里消费，等流量高峰过了，慢慢地队列里的消息也消费完毕了，这样就达到了削峰填谷的目的，如下图所示。

- 持久化、冗余

  有些情况下，处理数据的过程会失败。除非数据被持久化，否则将丢失。消息队列可以把数据进行持久化，直到它们已经被完全处理，通过这一方式规避了数据丢失风险。许多消息队列所采用的"插入-获取-删除"范式中，在把一个消息从队列中删除之前，需要处理系统明确地指出该消息已经被处理完毕，从而确保数据被安全地保存，直到使用完毕。

6.4.3　常用消息中间件

早期使用 ActiveMQ 作为消息中间件的项目比较多，作为 Apache 的一个子项目，ActiveMQ 支持常用的多种语言：C++、Java、.Net、Python、PHP、Ruby 等。

RabbitMQ 是一个使用 Erlang 编写的 AMQP（高级消息队列协议）的服务实现。简单来说，它就是一个功能强大的消息队列服务。

Kafka 是最早使用 Scala 实现的一个高性能分布式 Publish/Subscribe 消息队列系统，具有快速持久化、高吞吐、离线堆积等特性，在实时计算、日志采集等场景和大数据领域已经成为业内的标准。

RocketMQ 作为一款纯 Java、分布式、队列模型的开源消息中间件，参考了优秀的开源消息中间件 Kafka，支持事务消息、顺序消息、批量消息、定时消息、消息回溯等。目前，在金融公司和以消息可靠性、低延迟为主要诉求的场景下 RabbitMQ 使用得比较多；而 Kafka 则在日志、数据流转、大数据传输、高吞吐量等方面更有保障，后面我们还会对这两种典型的消息中间件做进一步介绍。

6.4.4　RabbitMQ 消息中间件

RabbitMQ 本身支持很多协议：AMQP、XMPP、SMTP、STOMP，也正因如此，它才变得非常重量级，更适合企业级的开发。它的核心思想是生产者不会将消息直接发送给队列，在发送给客户端时消息先在中心队列排队。它对路由、负载均衡、数据持久化都有很好的支持。

RabbitMQ 核心组件

RabbitMQ 最核心的组件是 Exchange 和 Queue。Exchange 和 Queue 部署在 RabbitMQ Broker，而 Producer 和 Consumer 部署在应用端。

Virtual Host

Virtual Host（虚拟主机）类似权限控制组，一个 Virtual Host 里可以有多个 Exchange 和 Queue，权限控制的最小粒度是 Virtual Host。

Producer：即数据的发送方（生产者）

一般一个 Message 有两个部分：payload（有效载荷）和 label（标签），payload 顾名思义就是传输的数据，label 是 exchange 的名字或者说是一个 tag，它描述 payload，而且 RabbitMQ 也通过 label 来决定把 Message 发给哪个 Consumer。

Consumer：即数据的接收方（消费者）

如果有多个 Consumer 同时订阅同一个 Queue 中的消息，Queue 中的消息会被分发给多个 Consumer。

Connection 与 Channel

两者都是 RabbitMQ 对外提供的 API 中最基本的对象。Connection 是一个 TCP 的连接，Producer 和 Consumer 都是通过 TCP 连接到 RabbitMQ Server 的。

一个 TCP 建立后，客户端会建立一个 Channel（通信信道），每个 Channel 都被指派成唯一的 ID。Channel 是我们与 RabbitMQ 打交道的最重要的接口，我们的大部分业务操作是在 Channel 这个接口中完成的，包括定义 Queue、定义 Exchange、绑定 Queue 与 Exchange、发布消息等。

Queue

Queue（队列）是 RabbitMQ 的内部对象，用来存储信息。应用程序在权限范围内可以自由地创建、共享、使用和消费 Queue。Queue 提供有限制的先进先出保证，服务器会将某一个 Producer 发出的同等优先级消息按照它们进入队列的顺序传递给某一个 Consumer，Queue 可以是持久的、临时的或者自动删除的。Queue 可以保存在内存、硬盘或者两种介质的组合中，在 Virtual Host 范围之内，Queue 保存消息，并将消息分发给一个或者多个订阅客户端。

绑定

所谓绑定就是将一个特定的 Exchange 与一个特定的 Queue 绑定起来，绑定的关键字是 BindingKey。Exchange 和 Queue 的绑定可以是多对多的关系，每个发送给 Exchange 的消息都有一个叫作 RoutingKey 的关键字，Exchange 要将该消息转发给特定队列，该队列与交换器的 BindingKey 必须与消息的 RoutingKey 相匹配。

Exchange（交换器）

Exchange 用于转发消息，但是它不会做存储，如果没有 Queue 绑定到 Exchange，它会直接丢弃 Producer 发送过来的消息。这里有一个比较重要的概念：路由键（RoutingKey）。当消息发送到 Exchange 的时候，Exchange 会将其转发到对应的队列中，至于转发到哪个队列取决于路由键。

Exchange 的功能是接收消息并且转发到绑定的队列，Exchange 不存储消息，在启用 ACK 模式后，Exchange 找不到队列会返回错误。Exchange 有四种类型：Direct、Fanout、Topic 和 Headers。

- Direct（默认）：直接交换器

这种方式类似于单播，Exchange 会将消息发送给完全匹配 RoutingKey 的 Queue。下图是直接交换器的工作方式：当某个消息到达交换器 X 时，如果它的 RoutingKey 是 orange，它将直接被交给 Queue1，如果是 green，直接被交给 Queue2。

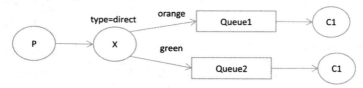

- Fanout：广播式交换器

不管消息的 RoutingKey 是什么，交换器都会将消息转发给所有绑定的 Queue。广播式交换器的工作方式如下图所示：发送到交换器 X 的所有消息都被无条件地发到所有绑定的 Queue 上。

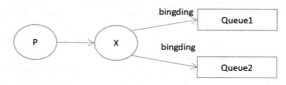

- Topic：主题交换器

这种方式类似于组播，交换器会将消息转发给和 RoutingKey 匹配模式相同的所有队列，比如 RoutingKey 为 orange 的 Message 会转发给绑定匹配模式为*.orange*和#.orange.#的队列（*表示是匹配一个任意词组，#表示匹配 0 个或多个词组），如下图所示。

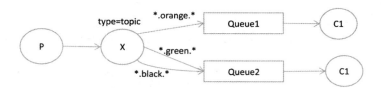

- Headers：消息体的 Header 匹配（ignore）

与 Routing 不同的地方是，Header 模式取消了 RoutingKey，使用 Header 中的 Key/value（键/值对）进行匹配。

订阅模式与检索模式

RabbitMQ 支持两种消息处理模式，一种是订阅模式（Push 模式），由 Broker 主动将消息推送给订阅队列的 Consumer；另一种是检索模式（Pull 模式），需要 Consumer 调用 channel.basicGet 方法主动从队列中拉取消息。

- 订阅模式（Push）

实现一个 Consumer，最容易的方式是继承 DefaultConsumer 类实现订阅模式，重写其中的方法即可，具体使用示例如下：

```
boolean autoAck = false;
channel.basicConsume(queueName, autoAck, "myConsumerTag",
new DefaultConsumer(channel) {
    public void (String consumerTag,
            Envelope envelope,
            AMQP.BasicProperties properties,
            byte[] body)
        throws IOException
    {
        String routingKey = envelope.getRoutingKey();
        String contentType = properties.getContentType();
        long deliveryTag = envelope.getDeliveryTag();
        // (process the message components here ...)
        // channel.basicAck(deliveryTag, multiple);
        channel.basicAck(deliveryTag, false); //消费端确认成功
    }
});
```

这里因为关闭了消息自动确认机制，所以我们必须手动在 handleDelivery 方法中确认消息已经消费处理成功。

- 检索模式（Pull）

使用 Channel.basicGet 拉取消息，返回的数据类型是 GetResponse 实例。

```
boolean autoAck = false;
GetResponse response = channel.basicGet(queueName, autoAck);
if (response == null) {
} else {
    AMQP.BasicProperties props = response.getProps();
    byte[] body = response.getBody();
    long deliveryTag = response.getEnvelope().getDeliveryTag();
    //省略
    channel.basicAck(method.deliveryTag, false);
}
```

同样，由于这里设置了"autoAck = false；"，我们必须手动确认已经成功接收到了消息。

6.4.5 Kafka 消息中间件

Kafka 简介

Kafka 是一种分布式的基于发布/订阅的消息系统。

- 以时间复杂度为 $O(1)$ 的方式提供消息持久化能力，并保证即使是 TB 级以上数据也能保证常数时间的访问性能。
- 高吞吐率，即使在非常廉价的商用机器上也能做到单机支持每秒 10 万条消息的传输。
- 支持 Kafka Server 间的消息分区及分布式消息消费，同时保证每个分区内的消息顺序传输。
- 支持离线数据处理和实时数据处理。

Kafka 中的关键概念和术语

- Broker（代理）
  Kafka 集群包含一个或多个服务器，这种服务器被称为 Broker。
- Topic（主题）
  每条发布到 Kafka 集群的消息都有一个类别，这个类别被称为 Topic。（物理上不同 Topic 的消息分开存储，逻辑上一个 Topic 的消息虽然保存于一个或多个 Broker 上，但用户只需指定消息的 Topic 即可生产或消费数据而不必关心数据存储于何处）。
- Partition（分区）
  Partition 是物理上的概念，每个 Topic 包含一个或多个 Partition，创建 Topic 时可指定 Partition 的数量。每个 Partition 对应一个文件夹，该文件夹下存储该 Partition 的数据和索引文件。

- Producer（生产者）

  负责发布消息到 Kafka Broker。

- Consumer（消费者）

  从 Kafka Broker 上消费消息。

一个典型的 Kafka 集群中包含若干 Producer（Web 前端产生的数据、服务器日志、系统 CPU、Memory 指标数据等），若干 Broker（Kafka 支持水平扩展，一般 Broker 数量越多，集群吞吐率越高），若干 ConsumerGroup（消费者集群），以及一个 ZooKeeper 集群。Kafka 通过 ZooKeeper 管理集群配置，选举 Leader，以及在 ConsumerGroup 发生变化时进行平衡。Producer 使用 Push 模式将消息发布到 Broker，Consumer 使用 Pull 模式从 Broker 检索并消费消息，如下图所示。

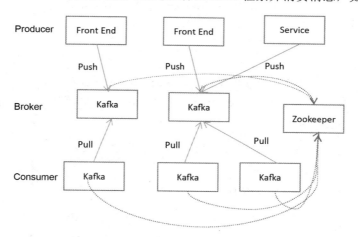

Kafka 高性能设计

Kafka 通常的使用场景是高并发和高吞吐场景，当我们需要每秒处理几十万、上百万条消息时，相对其他消息队列实现，Kafka 处理得更快。同时当具有百万或千万消费者时，在同等配置的机器下，Kafka 所拥有的 Producer 和 Consumer 会更多，读者可参考相关资料自学 Kafka 的高性能设计。

6.4.6 Spring Cloud Stream 概述

Spring Cloud 对 Spring Cloud Stream（简称 SCS）的定位是用于构建高度可扩展的基于事件驱动的微服务，其目的是简化消息在 Spring Cloud 应用程序中的开发。同时 SCS 能够提供一套灵活可扩展的编程模型，在 Spring 的基础上，支持发布/订阅模型、消费者分组、数据分片等。使用 SCS 能使微服务基于消息驱动的开发模式更加简单透明。

SCS 的架构

SCS 可以简单地理解为是对第三方消息中间件的一个概念封装，开发人员可以将关注点从消息中间件的特性配置转移到对消息的配置。下面是一个简单的架构图。

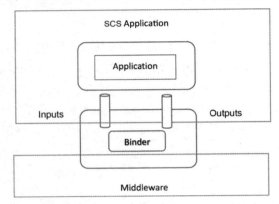

- Middleware：消息中间件，如 RabbitMQ、Kafka、RocketMQ 等。
- Binder：可以认为是适配器，用来将 Stream 与中间件连接起来，不同的 Binder 对应不同的中间件，需要我们配置。
- Application：由 Stream 封装的消息机制，很少自定义开发。
- Inputs：输入，可以自定义开发。
- Outputs：输出，可以自定义开发。

如果将 SCS 架构从消息层面做进一步细化，则可以分为三个模块，如下图所示。

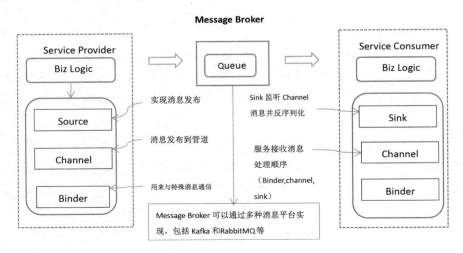

SCS 的核心模块

- Source

当服务发布消息前的前置业务完成后会通过 Source 将消息发布出去。Source 是一个 Spring 注解接口，它可以将代表消息主体的 POJO 对象发布到 Channel 中，发布之前会把该消息对象序列化（默认使用 JSON）。

- Channel

Channel（消息通道）是消息队列的进一步抽象，它会保存 Producer 发布的或者 Consumer 接收的消息。Channel 名称一般与目标队列名称相关联。然而，消息队列的名称不会直接在代码中暴露，相反 Channel 名称会被用在代码中，所以只能在配置文件中配置，为 Channel 选取正确的消息队列进行读和写，而不是在代码中体现。

- Binder

Binder 是 SCS 框架的一部分，它由 SCS 实现，用来与特殊的消息平台交互。我们可以在不暴露特殊消息平台的类库和 API 的情况下实现对消息的发布和消费。通过后面的源码介绍，你将会看到它的强大之处。

- Sink

在 SCS 中，当从消息队列接收到一条消息后，需要 Sink。Sink 能监听进入 Channel 中的消息并将消息反序列化成一个 POJO 对象。之后，消息就能给业务逻辑使用了。

SCS 的接入

我们以 RabbitMQ 为例（消息队列的环境搭建这里不做过多的介绍，本章以 Stream 为主），新建两个 Maven 工程，分别作为消息消费者（Server-Receiver）和消息生产者（Server-Sender），在两个项目中引入 Stream 依赖和 Stream 对 RabbitMQ 的依赖，再为生产者单独添加 Web 依赖，以便能够通过 HTTP 调用发送信息。

1. 接入 Maven 依赖

```
<dependency>
    <groupId>org.springframework.cloud</groupId>
    <artifactId>spring-cloud-starter-stream-rabbit</artifactId>
</dependency>
<dependency>
    <groupId>org.springframework.cloud</groupId>
    <artifactId>spring-cloud-stream</artifactId>
</dependency>
```

2. 消费者启动主类 Server-Receiver

```java
/**
 * @EnableBinding 表示告诉当前应用,增加消息通道的监听功能
 * 监听 Sink 类中名为 input 的输入通道
 */
@SpringBootApplication
@EnableBinding(Sink.class)
public class ReceiverApplication {
    public static void main(String[] args) {
        SpringApplication.run(ReceiverApplication.class, args);
    }
    /**
     *监听 RabbitMQ 的消息,具体什么队列、什么 Topic,
     *通过配置信息 application 获取
     * @param msg
     */
    @StreamListener(Sink.INPUT)
    public void reader(String msg) {
        Log.info("receiver: {}", msg);
    }
}
```

注意:也可以自定义 Sink 接口,使用@EnableBinding(SinkDemo.class)的形式。下面是实现代码,自定义信道的名称为 SinkDemo,Stream 框架会创建出名为 SinkDemo 的 Channel:

```java
public interface SinkDemo{
    String INPUT = "custom";
    @Input(SinkDemo.INPUT)
    SubscribableChannel input();
}
```

3. 添加消费者配置文件 application.yml

```yaml
spring:
  cloud:
    stream:
      bindings:
        input:
          destination: demotopic
          binder: defaultRabbit
      binders:
        defaultRabbit:
          type: rabbit
          environment:
            spring:
```

```
                rabbitmq:
                    host: localhost
                    port: 5672
server:
  port: 8081
```

具体配置详解说明如下（spring.cloud.stream 为前缀）：

- bindings 配置

  - input：表示 channelName，它是启动类中@EnableBinding(Sink.class)注解中配置的 Sink 接口，该接口中默认定义了 channelName，当然我们也可以自己写 Sink 接口。
  - destination：消息中间件的 Topic。
  - binder：当前 bindings 绑定的对应的适配器，该实例表示适配 RabbitMQ，名称默认为 defaultRabbit，可以自定义，接着需要配置该名称对应的类型、环境信息等。

- binders 配置

  - defaultRabbit：binder 适配器名称，和 spring.cloud.stream.bindings.input.binder 值一样。
  - environment：表示当前 binder 对应的配置信息。

4. 生产者 Server-Sender 实现

为 SenderApplication 启动类添加@EnableBinding 注解，实现代码如下：

```
/**
 * @EnableBinding(SenderSource.class) 表示监听 Stream 通道功能
 * SenderSource 为自定义的通道接口
 *
 */
@SpringBootApplication
@EnableBinding(SenderSource.class)
public class SenderApplication {
    public static void main(String[] args) {
        SpringApplication.run(SenderApplication.class, args);
    }
}
```

自定义 SenderSource 接口，以 org.springframework.cloud.stream.messaging.Source 源码为参考将 Channel 的名称改成和消费者的 Sink 的 Channel 名称一样。

```
public interface SenderSource {
    /**
     * Name of the output channel.
     */
    String OUTPUT = "input";
```

```java
/**
 * @return output channel
 */
@Output(SenderSource.OUTPUT)
MessageChannel output();
}
```

5. 编写控制器，通过 HTTP 发送消息

```java
@RestController
public class SenderController {
    @Autowired
    SenderSource source;
    @RequestMapping("/send")
    public String sender(String msg) {
        source.output().send(MessageBuilder.withPayload(msg).build());
        return "ok";
    }
}
```

6. 添加生产者 application.yml 配置，配置方式和消费者的配置方式一样

```yaml
spring:
  cloud:
    stream:
      bindings:
        input:
          destination: demotopic
          binder: defaultRabbit
      binders:
        defaultRabbit:
          type: rabbit
          environment:
            spring:
              rabbitmq:
                host: localhost
                port: 5672
server:
  port: 8081
```

7. 启动消费者和生产者

首先启动消费者，通过查看日志我们看到程序中声明了一个名称为 demotopic.anonymous.88A97a5vQ9Ox07GnNBlKYQ 的队列（SCS 为我们建的临时队列名称），并且绑定了 mytopic 主题，创建了一个连上消息队列的连接，下面是部分关键日志输出：

```
Registering MessageChannel input
Registering MessageChannel nullChannel
Registering MessageChannel errorChannel
Registering MessageHandler errorLogger
```

```
declaring queue for inbound: demotopic.anonymous.E7egCa5vQ9Ox07, bound to: demotopic
Attempting to connect to: [localhost:5672]
```

然后启动生产者 Server-Sender，在启动日志中我们也看到应用创建了到对应的消息队列的连接。接下来我们通过 HTTP 发送信息：

```
http://localhost:8081/send/?msg=微服务架构进阶
```

在服务消费者的日志中，监听到了对应的消息：

```
receiver {微服务架构进阶}:
```

6.4.7　Stream 源码解析

Spring Cloud Stream（简称 SCS）提供了一系列预先定义的注解来声明输入型和输出型 Channel，业务系统基于这些 Channel 与消息中间件进行通信，而不是直接与具体的消息中间件进行通信。跟踪 SCS 的源码就会发现，Stream 有很多外部依赖，最主要的就是 Messaging 和 Integration 两个项目，所以在讲解 SCS 源码前，有必要先介绍一下 Messaging 和 Integration 与 SCS 体系的关系。

SCS 的目标是建立一套统一的基于注解的消息发送机制，屏蔽开发人员直接与底层消息系统进行细节交互，而 Messaging 模块正是 Spring 框架中用来做统一消息编程模型的，在 Messaging 中最关键的数据结构是 Message，代码如下：

```java
public interface Message<T> {
    T getPayload();
    MessageHeaders getHeaders();
}
```

在 Messaging 模块中消息通道 MessageChannel 是一个接口类，用于发送 Message 消息，可以理解为 Messaging 模块中的标准接口，类似于 J2EE 中的 Servlet 接口，具体实现类可以实现具体消息通道。下面是 MessageChannel 的代码：

```java
public interface MessageChannel {
    /**
    * Constant for sending a message without a prescribed timeout.
    */
    long INDEFINITE_TIMEOUT = -1;
     boolean send(Message<?> message);
     boolean send(Message<?> message, long timeout);
}
```

在 Messaging 模块中,消息通道的子接口 SubscribableChannel 继承了 MessageHandler 消息处理器:

```
pblic interface SubscribableChannel extends MessageChannel{
    boolean subscribe(MessageHandler handler);
    boolean unsubscribe(MessageHandler handler);
}
```

由 MessageHandler 真正地消费/处理消息:

```
@FunctionalInterface
public interface MessageHandler {
    void handleMessage(Message<?> message) throws MessagingException;
}
```

Integration 基于 Spring 框架可以实现轻量级的消息传递,也是对 Messaging 的扩展实现,支持通过声明适配器与 SCS 集成。它实现了消息过滤、消息转换、消息聚合和消息分割等功能,提供了对 MessageChannel 和 MessageHandler 的实现,包括 DirectChannel、ExecutorChannel、PublishSubscribeChannel,以及 MessageFilter、ServiceActivatingHandler、MethodInvokingSplitter 等。下面介绍 Integration 中的两种消息分发器:DirectChannel 和 PublishSubscribeChannel。

```
public class DirectChannel extends AbstractSubscribableChannel {
    private final UnicastingDispatcher dispatcher = new UnicastingDispatcher();
    //省略
}
public class PublishSubscribeChannel extends AbstractExecutorChannel {
    public PublishSubscribeChannel(Executor executor) {
        super(executor);
        this.dispatcher = new BroadcastingDispatcher(executor);
    }
    //省略
}
```

从代码可知,DirectChannel 内部的 UnicastingDispatcher 类型分发器会发到对应消息通道的 MessageChannel 中,从名字也可以看出来,UnicastingDispatcher 是一个单播的分发器,只能选择一个消息通道。而 PublishSubscribeChannel 使用 BroadcastingDispatcher 作为广播消息分发器,会把消息分发给所有的 MessageHandler。

SCS 在 Integration 的集成上进行了封装,通过注解的方式和统一的 API 进行消息的发送和消费,底层消息中间件的实现细节由各个消息中间件的 Binder 完成,同时,通过与 Spring Boot 的 Externalized Configuration 整合,SCS 提供了 BindingProperties 等外部化配置类,这些具体的配置信息将绑定到具体的消息中间件的配置类中。

SCS 的架构流程图

下面是 SCS 的架构流程图，我们会从几个层次分别讲解其中相关联的源码和它们之间的交互关系。

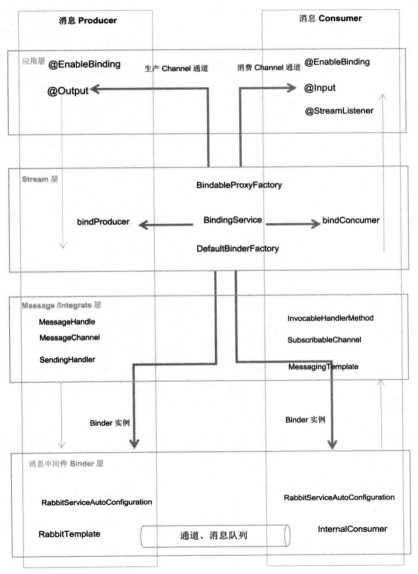

应用层

SCS 为用户提供了三个绑定消息通道的默认实现。

- Sink：通过指定消费消息的目标来标识消息消费者。
- Source：与 Sink 相反，用于标识消息生产者。
- Processor：集成了 Sink 和 Source 的功能，用于标识消息生产者和消费者。

```java
public interface Source {
    String OUTPUT = "output";
    @Output(Source.OUTPUT)
    MessageChannel output();
}
public interface Sink {
    String INPUT = "input";
    @Input(Sink.INPUT)
    SubscribableChannel input();
}
public interface Processor extends Source, Sink {
}
```

对应用而言，想要启动 SCS 的功能，需要先启动注解。@EnableBinding 注解是 Stream 框架运转的起点，通过这个注解可以实现动态注册 BeanDefinition，它会将消息通道绑定到自己修饰的目标实例上，从而让这些实例具备与消息队列进行交互的能力。下面我们看源码：

```java
@Target({ ElementType.TYPE, ElementType.ANNOTATION_TYPE })
@Retention(RetentionPolicy.RUNTIME)
@Documented
@Inherited
@Configuration
@Import({BindingServiceConfiguration.class, BindingBeansRegistrar.class,
    BinderFactoryConfiguration.class, SpelExpressionConverterConfiguration.class })
@EnableIntegration
public @interface EnableBinding {
    /**
     * A list of interfaces having methods annotated with {@link Input} and/or
     * {@link Output} to indicate binding targets.
     */
    Class<?>[] value() default {};
}
```

- BindingServiceConfiguration 的作用是完成 BindingService、InputBindingLifecycle、OutputBindingLifecycle 等重要 Bean 的初始化及相关配置文件加载。
- BindingBeansRegistrar 的作用是注册声明通道的接口类的 BeanDefinition，从而获取这些接口类的实例，并使用这些实例进行消息的发送和接收，具体代码实现如下：

```java
public class BindingBeansRegistrar implements ImportBeanDefinitionRegistrar {
    @Override
    public void registerBeanDefinitions(AnnotationMetadata metadata,
        BeanDefinitionRegistry registry) {
        AnnotationAttributes attrs =
            AnnotatedElementUtils.getMergedAnnotationAttributes(
            ClassUtils.resolveClassName(metadata.getClassName(), null),
            EnableBinding.class);
        for (Class<?> type : collectClasses(attrs, metadata.getClassName())) {
            if (!registry.containsBeanDefinition(type.getName())) {
                BindingBeanDefinitionRegistryUtils.
                    registerBindingTargetBeanDefinitions(type, type.getName(), registry);
                BindingBeanDefinitionRegistryUtils.
                    registerBindingTargetsQualifiedBeanDefinitions(
                ClassUtils.resolveClassName
                    (metadata.getClassName(), null), type, registry);
            }
        }
    }
    private Class<?>[] collectClasses(AnnotationAttributes attrs, String className) {
        EnableBinding enableBinding = AnnotationUtils.synthesizeAnnotation(attrs,
        EnableBinding.class, ClassUtils.resolveClassName(className, null));
            return enableBinding.value();
    }
}
```

registerBindingTargetBeanDefinitions 方法会调用 ReflectionUtils 类完成扫描所有被注解@Input 和@Output 标注了的方法，然后注册 BeanDefinition。下面是代码示例：

```java
public static void registerBindingTargetBeanDefinitions(Class<?> type,
        final String bindingTargetInterfaceBeanName,
            final BeanDefinitionRegistry registry) {
    ReflectionUtils.doWithMethods(type, new MethodCallback() {
    @Override
    public void doWith(Method method) throws IllegalArgumentException,
            IllegalAccessException {
        Input input = AnnotationUtils.findAnnotation(method, Input.class);
        if (input != null) {
                String name = getBindingTargetName(input, method);
                registerInputBindingTargetBeanDefinition(input.value(),
                    name, bindingTargetInterfaceBeanName,
                    method.getName(), registry);
        }
```

```
            Output output = AnnotationUtils.findAnnotation(method, Output.class);
            if (output != null) {
                String name = getBindingTargetName(output, method);
                registerOutputBindingTargetBeanDefinition(output.value(),
                    name, bindingTargetInterfaceBeanName,
                    method.getName(), registry);
            }
        }
    });
}
```

registerBindingTargetsQualifiedBeanDefinitions 是在注册 registerBindingTargetBeanDefinitions 时使用的工厂类 BeanDefinition，这个工厂类用来生成 registerBindingTargetBeanDefinition 注册的 Bean 实例，如下所示：

```
public static void registerBindingTargetsQualifiedBeanDefinitions(Class<?>
    parent, Class<?> type, final BeanDefinitionRegistry registry)
{
    if (type.isInterface()) {
        ootBeanDefinition rootBeanDefinition = new
            RootBeanDefinition(BindableProxyFactory.class);
        rootBeanDefinition.addQualifier(new
            AutowireCandidateQualifier(Bindings.class, parent));
        rootBeanDefinition.getConstructorArgumentValues().
            addGenericArgumentValue(type);
        registry.registerBeanDefinition(type.getName(), rootBeanDefinition);
    }
    else {
        RootBeanDefinition rootBeanDefinition = new RootBeanDefinition(type);
            rootBeanDefinition.addQualifier(new
                AutowireCandidateQualifier(Bindings.class, parent));
            registry.registerBeanDefinition(type.getName(), rootBeanDefinition);
    }
}
```

Stream 层

Stream 层的 BindableProxyFactory 被初始化为一个 rootBeanDefinition，并注册为一个 FactoryBean，这样 Spring 容器就可以获得 registerBindingTargetBeanDefinitions 方法中所注册的 Bean 实例（MessageChannel 对象实例）。BindableProxyFactory 可以说是 SCS 实现通道接口类声明及相关类型的核心类，代码如下：

```
public class BindableProxyFactory implements
    MethodInterceptor, FactoryBean<Object>, Bindable, InitializingBean {
```

```java
    @Override
    public synchronized Object invoke(MethodInvocation invocation) throws Throwable {
        Method method = invocation.getMethod();
        Object boundTarget = targetCache.get(method);
        if (boundTarget != null) {
            return boundTarget;
        }
        Input input = AnnotationUtils.findAnnotation(method, Input.class);
        if (input != null) {
            String name = BindingBeanDefinitionRegistryUtils.
                getBindingTargetName(input, method);
            boundTarget = this.inputHolders.get(name).getBoundTarget();
            targetCache.put(method, boundTarget);
            return boundTarget;
        }
        else {
            Output output = AnnotationUtils.findAnnotation(method, Output.class);
            if (output != null) {
                String name = BindingBeanDefinitionRegistryUtils.
                    getBindingTargetName(output, method);
                boundTarget = this.outputHolders.get(name).getBoundTarget();
                targetCache.put(method, boundTarget);
                return boundTarget;
            }
        }
        return null;
    }
@Override
public void afterPropertiesSet() throws Exception {
    Assert.notEmpty(BindableProxyFactory.this.bindingTargetFactories,
        "'bindingTargetFactories' cannot be empty");
    ReflectionUtils.doWithMethods(this.type, new ReflectionUtils.MethodCallback() {
        @Override
        public void doWith(Method method) throws IllegalArgumentException {
            Input input = AnnotationUtils.findAnnotation(method, Input.class);
            if (input != null) {
            String name = BindingBeanDefinitionRegistryUtils
                .getBindingTargetName(input, method);
            Class<?> returnType = method.getReturnType();
            Object sharedBindingTarget = locateSharedBindingTarget(name, returnType);
            if (sharedBindingTarget != null) {
                BindableProxyFactory.this.inputHolders.put(name,
                    new BoundTargetHolder(sharedBindingTarget, false));
            }
            else {
                    BindableProxyFactory.this.inputHolders.put(name,
                        new BoundTargetHolder
```

```java
                    (getBindingTargetFactory(returnType).createInput(name), true));
            }
        }
    }
});
ReflectionUtils.doWithMethods(this.type, new ReflectionUtils.MethodCallback() {
    @Override
    public void doWith(Method method) throws IllegalArgumentException {
        Output output = AnnotationUtils.findAnnotation(method, Output.class);
        if (output != null) {
            String name = BindingBeanDefinitionRegistryUtils
                .getBindingTargetName(output, method);
            Class<?> returnType = method.getReturnType();
            Object sharedBindingTarget =
                locateSharedBindingTarget(name, returnType);
            if (sharedBindingTarget != null) {
                BindableProxyFactory.this.outputHolders.put(name,
                    new BoundTargetHolder(sharedBindingTarget, false));
            }
            else {
                BindableProxyFactory.this.outputHolders.put(name,
                    new BoundTargetHolder(
                        getBindingTargetFactory(returnType)
                            .createOutput(name), true));
            }
        }
    }
});
}
```

afterPropertiesSet 方法会处理所有被@Input 和@Output 注解的函数，并将生成函数返回类型实例存储在 BoundTargetHolder 中，getBindingTargetName 方法会返回 SubscribableChannelBindingTargetFactory 实例，它会在 createOutput 方法中返回一个 DirectChannel 实例，该实例会被存储起来供 BindableProxyFactory 使用。

名称为 output 的 BeanDefinition 将 BindableProxyFactory 设置成其实例工厂类，并将 outputMessagefunction 方法设置成其实例的工厂函数（BeanFactoryMethod）。当 Spring 容器创建该实例时，会调用 BindableProxyFactory 的 outputMessagefunction 方法，由于 BindableProxyFactory 实现了 MethodInterceptor 接口，所以就调用了其 invoke 方法。invoke 方法会从 BindableProxyFactory 缓存的 Channel 实例中匹配符合的实例方法，并反射调用。

BindingService 是 Stream 层获取绑定器和执行绑定任务的一个重要类，首先我们看 BindingService 的 bindProducer 方法，代码如下：

```java
@SuppressWarnings("unchecked")
public <T> Binding<T> bindProducer(T output, String outputName) {
    String bindingTarget = this.bindingServiceProperties
        .getBindingDestination(outputName);
    Binder<T, ?, ProducerProperties> binder = (Binder<T, ?, ProducerProperties>)
        getBinder(outputName, output.getClass());
    ProducerProperties producerProperties = this.bindingServiceProperties
        .getProducerProperties(outputName);
    if (binder instanceof ExtendedPropertiesBinder)
    {
        Object extension = ((ExtendedPropertiesBinder) binder)
            .getExtendedProducerProperties(outputName);
        ExtendedProducerProperties extendedProducerProperties =
            new ExtendedProducerProperties<>(extension);
        BeanUtils.copyProperties(producerProperties, extendedProducerProperties);
        producerProperties = extendedProducerProperties;
    }
    validate(producerProperties);
    Binding<T> binding = binder.bindProducer(bindingTarget, output, producerProperties);
    this.producerBindings.put(outputName, binding);
    return binding;
}
```

在 BindingService 实现中，getBinder 方法最终会调用 DefaultBinderFactory 中的 getBinder 方法实现，我们可以看到，DefaultBinderFactory 的作用就是获取具体的 Binder 实现并提供给相应的 MessageChannel 实例。DefaultBinderFactory 的初始化依赖于 BinderTypeRegistry 获得的 BinderType 列表。DefaultBinderFactory 的 getBinder 实现中会调用 BinderConfiguration 获取对应的 Binder 实例，通过跟踪 BinderConfiguration 的初始化过程，可以发现 BinderConfiguration 是在 BinderFactoryConfiguration 执行 getBinderConfiguration 方法时将 bindingServiceProperties 变量中的 BinderProperties 与 BinderTypeRegistry 中的 BinderType 结合，封装成 BinderConfiguration 对象。BinderProperties 封装了 Stream 从 application.yml 文件中读取的关于 Binder 的配置信息，而 BinderType 则是具体 Binder 的实现类信息。DefaultBinderFactory 的 getBinderInstance 实现如下：

```java
private <T> Binder<T, ?, ?> getBinderInstance(String configurationName) {
    if (!this.binderInstanceCache.containsKey(configurationName)) {
        BinderConfiguration binderConfiguration =
            this.binderConfigurations.get(configurationName);
        if (binderConfiguration == null) {
            throw new IllegalStateException("Unknown binder configuration: "
                + configurationName);
        }
        BinderType binderType =
            this.binderTypeRegistry.get(binderConfiguration.getBinderType());
```

```java
    Assert.notNull(binderType, "Binder type " +
        binderConfiguration.getBinderType() + " is not defined");
    Properties binderProperties = binderConfiguration.getProperties();
    ArrayList<String> args = new ArrayList<>();
    for (Map.Entry<Object, Object> property : binderProperties.entrySet()) {
        args.add(String.format("--%s=%s", property.getKey(), property.getValue()));
    }
    //省略
    args.add("--spring.jmx.default-domain=" + defaultDomain + "binder." +
        configurationName);
    args.add("--spring.main.applicationContextClass=" +
        AnnotationConfigApplicationContext.class.getName());
    List<Class<?>> configurationClasses = new ArrayList<Class<?>>(
        Arrays.asList(binderType.getConfigurationClasses()));
    SpringApplicationBuilder springApplicationBuilder = new SpringApplicationBuilder()
        .sources(configurationClasses.toArray(
            new Class<?>[] {})).bannerMode(Mode.OFF).web(false);
    boolean useApplicationContextAsParent = binderProperties.isEmpty() &&
        this.context != null;
    if (useApplicationContextAsParent) {
        springApplicationBuilder.parent(this.context);
    }
    if (useApplicationContextAsParent || (environment != null &&
        binderConfiguration.isInheritEnvironment())) {
        if (environment != null) {
            StandardEnvironment binderEnvironment = new StandardEnvironment();
            binderEnvironment.merge(environment);
            springApplicationBuilder.environment(binderEnvironment);
        }
    }
    ConfigurableApplicationContext binderProducingContext = springApplicationBuilder
        .run(args.toArray(new String[args.size()]));
    @SuppressWarnings("unchecked")
    Binder<T, ?, ?> binder = binderProducingContext.getBean(Binder.class);
    if (this.listeners != null) {
        for (Listener binderFactoryListener : listeners) {
            binderFactoryListener.afterBinderContextInitialized(
                configurationName, binderProducingContext);
        }
    }
    this.binderInstanceCache.put(configurationName, new
        BinderInstanceHolder(binder, binderProducingContext));
    }
    return (Binder<T, ?, ?>)
    this.binderInstanceCache.get(configurationName).getBinderInstance();
}
```

这里的 getBinderInstance 方法中会生成一个 ConfigurableApplicationContext 来创建 Binder 实例，在创建 ConfigurableApplicationContext 实例时，它会将 BinderConfiguration 设置到 SpringApplicationBuilder 中。

ConfigurableApplicationContext 调用 getBinder 方法时，会使用 BinderConfiguration 的属性和配置生成 BinderConfiguration 中设置的具体类型的 Binder 实现。如果你使用的 Binder 是 RabbitMQ，那么对应的 RabbitServiceAutoConfiguration 会自动初始化并加载 RabbitMessageChannelBinder 实例。

在 Stream 层对 Binder 实例的初始化工作都完成后，再回到 BindingService 的 bindProducer 方法实现，它会调用 AbstractMessagChannlBinder 的 doBindProducer 方法，关键代码如下：

```
@Override
public final Binding<MessageChannel> doBindProducer(final String destination, MessageChannel outputChannel,
    final producerProperties) throws BinderException {
        Assert.isInstanceOf(SubscribableChannel.class, outputChannel,
            "Binding is supported only for SubscribableChannel instances");
    final MessageHandler producerMessageHandler;
    final ProducerDestination producerDestination;
    try {
        producerDestination =
            this.provisioningProvider.provisionProducerDestination(destination,
                producerProperties);
    }//省略
}
```

从源码可知，ProvisioningProvider 是一个接口，不同的 Binder 实现可以根据接口实现各自不同的 ProducerDestination 和 ConsumerDestination，代码如下：

```
public interface ProvisioningProvider<C extends ConsumerProperties,
    P extends ProducerProperties>
{
    ProducerDestination provisionProducerDestination(String name, P properties)
        throws ProvisioningException;
    ConsumerDestination provisionConsumerDestination(String name, String group, C
        properties)throws ProvisioningException;
}
```

doBindProducer 会调用 createProducerMessageHandler 方法创建 MessageHandler 实例，MessageChannel 会使用 SendingHandler 封装后的 MessageHandler 实例，当有 output 消息时，将消息发送给最终的 Binder 实例。

通过上面的步骤，基本上在 Stream 层就完成了对生产者的绑定操作，消费者的绑定就是将

SubscribableChannel 与具体的消息队列实现连接，doBindConsumer 与 doBindProducer 流程类似。

首先通过 ProvisioningProvider 的 provisionConsumerDestination 方法创建 ConsumerDestination，然后调用 createConsumerEndpoint 方法创建 MessageProducer 实例，最后生成 DefaultBinding 实例，代码如下：

```java
@Override
public final Binding<MessageChannel> doBindConsumer(String name, String group,
    MessageChannel inputChannel, final C properties) throws BinderException {
    MessageProducer consumerEndpoint = null;
    try {
        final ConsumerDestination destination =
            this.provisioningProvider.provisionConsumerDestination(name, group, properties);
        final boolean extractEmbeddedHeaders =
            HeaderMode.embeddedHeaders.equals(properties.getHeaderMode())
                && !this.supportsHeadersNatively;
        ReceivingHandler rh = new ReceivingHandler(extractEmbeddedHeaders);
        rh.setOutputChannel(inputChannel);
        final FixedSubscriberChannel bridge = new FixedSubscriberChannel(rh);
        bridge.setBeanName("bridge." + name);
        consumerEndpoint = createConsumerEndpoint(destination, group, properties);
        consumerEndpoint.setOutputChannel(bridge);
        if (consumerEndpoint instanceof InitializingBean) {
            ((InitializingBean) consumerEndpoint).afterPropertiesSet();
        }
        if (consumerEndpoint instanceof Lifecycle) {
            ((Lifecycle) consumerEndpoint).start();
        }
        final Object endpoint = consumerEndpoint;
        EventDrivenConsumer edc = new EventDrivenConsumer(bridge, rh);
        edc.setBeanName("inbound." + groupedName(name, group));
        edc.start();
        return new DefaultBinding<MessageChannel>(name, group, inputChannel,
            endpoint instanceof Lifecycle ? (Lifecycle) endpoint : null) {
            @Override
            protected void afterUnbind() {
                try {
                    if (endpoint instanceof DisposableBean) {
                        ((DisposableBean) endpoint).destroy();
                    }
                }
                catch (Exception e) {
                    AbstractMessageChannelBinder.this.logger
                        .error("Exception thrown while unbinding " + this.toString(), e);
                }
                afterUnbindConsumer(destination, this.group, properties);
```

```
            destroyErrorInfrastructure(destination, group, properties);
        }
    };
}
```

Message /Integrate/消息中间件 Binder 层

从@Output 注解可以看到，Stream 框架会使用 MessageChannel 发送消息。通过 BindingService 的 doBindProducer 方法创建并绑定 SendingHandler 对象，然后调用 handleMessageInternal 方法，它会将消息再发送给 delegate 对象处理。下面是 SendingHandler 对象的 handleMessageInternal 方法的代码实现：

```
@Override
protected void handleMessageInternal(Message<?> message) throws Exception {
    Message<?> messageToSend = (this.useNativeEncoding) ? message
        : serializeAndEmbedHeadersIfApplicable(message);
    this.delegate.handleMessage(messageToSend);
}
```

delegate 是之前在 BindingServer 中抽象类 AbstractMessageChannelBinder 执行的 createProducerMessageHandler 方法返回的生产者 MessageHandler 实例。对于 RabbitMQ Binder 来说，就是 rmqpOutboundEndpoint 对象，该实例将最终调用其 handlerMessage 方法，该方法进一步调用 RabbitTemplate 的 send 方法。消息发送流程如下图所示。

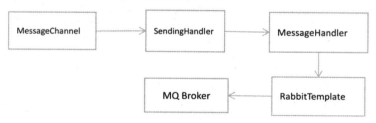

消息的接收过程

消息的接收过程可以分为两个阶段：第一个阶段是从 RabbitMQ 到 SubscribableChannel 的过程。我们从@Input 注解可以看到，Stream 框架会使用 SubscribableChannel 接收消息。第二个阶段是注解@StreamListener 告诉 SubscribableChannel 如何将消息发送给对应的 Sink 接收端对应的回调方法。

Spring 的 RabbitMQ 使用 InternalConsumer 作为默认的消息消费方，当接收到对应消息后，会调用 handleDelivery 方法将 RabbitMQ 消息发送给 BlockingQueueConsumer 中的队列。下面是

handleDelivery 的源码实现：

```java
public void handleDelivery(String consumerTag, Envelope envelope,
    AMQP.BasicProperties properties, byte[] body)throws IOException {
    try {
        if (BlockingQueueConsumer.this.abortStarted > 0) {
            if (!BlockingQueueConsumer.this.queue.offer(new
                Delivery(consumerTag, envelope, properties, body),
                BlockingQueueConsumer.this.shutdownTimeout,
                TimeUnit.MILLISECONDS)) {
                RabbitUtils.setPhysicalCloseRequired(getChannel(), true);
                BlockingQueueConsumer.this.queue.clear();
                getChannel().basicNack(envelope.getDeliveryTag(), true, true);
                getChannel().basicCancel(consumerTag);
                try {
                    getChannel().close();
                }
                catch (TimeoutException e) {
                }
            }
        }
        else {
            BlockingQueueConsumer.this.queue.put(new
                Delivery(consumerTag, envelope, properties, body));
        }
    }
    catch (InterruptedException e) {
        Thread.currentThread().interrupt();
    }
}
```

AsyncMessageProcessingConsumer 类是 Runnable 类型的，它会消费阻塞队列，并将消息传给 AmqpInboundChannelAdapter。AmqpInboundChannelAdapter 实例是在 BindingService 构造 createConsumerEndpoint 时创建的 consumerEndpoint，并将它与对应的 Channel 绑定。下面是 AmqpInboundChannelAdapter 的关键代码，即 processMessage 方法，它会调用 MessagingTemplate 对象的 send 方法将消息发送给 SubscribableChannel 模块。

```java
public class AmqpInboundChannelAdapter extends MessageProducerSupport
        Implements OrderlyShutdownCapable {
    protected class Listener implements ChannelAwareMessageListener, RetryListener {
        @SuppressWarnings("unchecked")
        @Override
        public void onMessage(final Message message, final Channel channel)
            throws Exception {
            try {
```

```
            if (AmqpInboundChannelAdapter.this.retryTemplate == null) {
                try {
                    processMessage(message, channel);
                }
                finally {
                    attributesHolder.remove();
                }
            }
            else {
                AmqpInboundChannelAdapter.this.retryTemplate.execute(new
                    RetryCallback<Object, RuntimeException>() {
                    @Override
                    public Void doWithRetry(RetryContext context) throws
                        RuntimeException
                    {
                        processMessage(message, channel);
                        return null;
                    }
                },
                (RecoveryCallback<Object>)
                AmqpInboundChannelAdapter.this.recoveryCallback);
            }
        }
    }
}
```

下面就是消息处理的第二个阶段，就是将 SubscribableChannel 中的消息发送给指定的方法，主要靠@StreamListener 注解实现。@StreamListener 是注释在消费方法上的注解，用来接收输入型通道的消息，Stream 定义了 StreamListenerAnnotationBeanPostProcessor 类，用来处理项目中的@SteamListener 注解。

StreamListenerAnnotationBeanPostProcessor 实现了 BeanPostProcessor 接口，用来在 Bean 初始化之前和之后两个时间点对 Bean 实例进行处理。

postProcessAfterlnitialization 是在 Bean 实例初始化之后被调用的方法，它会遍历 Bean 实例中的所有函数，处理那些被@StreamListener 注解修饰的函数。

afterSingletonsInstantiated 方法会遍历 mappedListenerMethods 对应的所有 Entry 对象，为每一个 StreamListenerHandlerMethodMapping 创建一个 MessageHandler 实例。然后根据条件生成 DispatchingStreamListenerMessageHandler 并注册给 SubscribableChannel。

下面是 StreamListenerAnnotationBeanPostProcessor 的代码实现：

```
public final void afterSingletonsInstantiated() {
```

```java
for (Map.Entry<String, List<StreamListenerHandlerMethodMapping>>
        mappedBindingEntry : mappedListenerMethods.entrySet())
{
    ArrayList<DispatchingStreamListenerMessageHandler.ConditionalStreamListener
        MessageHandlerWrapper> handlers = new ArrayList<>();
    for (StreamListenerHandlerMethodMapping mapping : mappedBindingEntry.getValue()) {
        final InvocableHandlerMethod invocableHandlerMethod =
            this.messageHandlerMethodFactory.createInvocableHandlerMethod(
                mapping.getTargetBean(), checkProxy(mapping.getMethod(),
                mapping.getTargetBean()));
        StreamListenerMessageHandler streamListenerMessageHandler =
            new StreamListenerMessageHandler(
                invocableHandlerMethod, resolveExpressionAsBoolean(
                    mapping.getCopyHeaders(), "copyHeaders"),
        springIntegrationProperties.getMessageHandlerNotPropagatedHeaders()
        streamListenerMessageHandler.setApplicationContext(this.applicationContext);
        streamListenerMessageHandler.setBeanFactory(
            this.applicationContext.getBeanFactory());
        if (StringUtils.hasText(mapping.getDefaultOutputChannel())) {
            streamListenerMessageHandler.
                setOutputChannelName(mapping.getDefaultOutputChannel());
        }
        streamListenerMessageHandler.afterPropertiesSet();
        if (StringUtils.hasText(mapping.getCondition())) {
            String conditionAsString =
                resolveExpressionAsString(mapping.getCondition(), "condition");
            Expression condition =
                SPEL_EXPRESSION_PARSER.parseExpression(conditionAsString);
            handlers.add(
                New DispatchingStreamListenerMessageHandler.
                ConditionalStreamListenerMessageHandlerWrapper(
                    condition, streamListenerMessageHandler));
        }
        else {
            handlers.add(
                new DispatchingStreamListenerMessageHandler
                    .ConditionalStreamListenerMessageHandlerWrapper(
                    null, streamListenerMessageHandler));
        }
    }
    this.mappedListenerMethods.clear();
}
```

当 SubscribableChannel 接收到消息后，会调用 DispatchingStreamListenerMessageHandler 类的 handleRequestMessage 方法，该方法会调用 ConditionalStreamListenerHandler 的 handleMessage 方法。

findMatchingHandlers 方法根据 ConditionalStreamListenerHandler 的 Expression 实例来判断 ConditionalStreamListenerHandler 是否适合处理当前这个消息,最终消息经过 InvocableHandlerMethod 传递给对应的函数。SCS 消费消息的整体流程如下图所示。

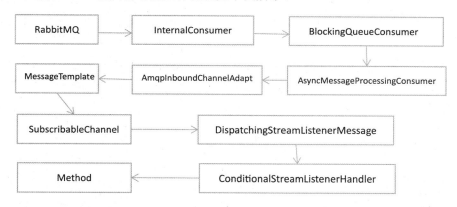

6.4.8 Stream 应用进阶

在微服务架构下,细粒度服务之间更容易发生频繁的分布式集成与交互。基于消息中间件的服务交互模式,或者建立以事件驱动为主导的架构模型,可以帮助业务建立和实现核心的领域事件驱动交互机制。

领域事件(Domain Event)的通信改变了领域对象的状态,比如订单创建事件、库存添加事件。一个领域事件可以表达正在发生在一个领域对象上的行为。领域事件的发生伴随着修改的数据、时间戳、聚合 ID 及其他附加信息。在微服务架构下,领域事件以发布/订阅的模式,将事件发布到 MQ 中间件,允许多个不同微服务订阅事件并消费事件,这个事件可能是一个订单创建事件(OrderCreateEvent)或订单修改事件(CustomerModifyEvent)。以上方式都遵循面向对象的方式,然而这些对象穿梭在生产者、分布式消息队列和消费者中,变成了共享类库,当众多微服务需要依赖共享类库时,就产生了高度的耦合。这种共享分布式对象实现远程调用是通过把共享对象打成 jar 包被不同微服务共享依赖的,也是分布式系统中的典型反模式,当一个领域事件被修改后,每个依赖的微服务都会受到影响。

使用 SCS 通过 Spring Message 的公共消息事件机制,可以支持事件驱动架构,同时避免依赖共享 Domain 对象类型。下面我们在 SCS 的一些元注解的基础上结合 Spring 的一些小特性实现类似 CORS 的 EDA 架构。

Spring Cloud Stream 处理事件

SCS 提供了@StreamListener 注解来控制序列化的方式，它作为方法的入参并执行方法，例如：

```
@StreamListener(Sink.INPUT)
public void handle(Foo foo){
//省略
}
```

新的事件分发特性在@StreamListener 上增加了 Condition 属性来使消息路由到多个监听器成为可能，Condition 的值是用 SPEL 表达式运算出来的一个 boolean 值。Condition 应用到传入的消息上，能够计算任何消息载荷、特定的消息头或其组合。这提供了一种极其灵活的路由机制，且不需要不同的事件类型定义类。例如，我们定义一个带 String eventType 属性的 Event 类型，SCS 将提供开箱即用的功能：

```
@EnableBinding
class MyEventHandler{
@StreamListener(target=Sink.INPUT,condition="payload.eventType=='CustomerCreatedEvent'")
public void handleCustomerEvent(@Payload Event event) {
}
@StreamListener(target=Sink.INPUT,
    condition="payload.eventType=='AccountCreatedEvent'")
public void handleAccountEvent(@Payload Event event) {
 }
}
```

其中，Event 类型的定义如下：

```
package com.example.domain;
public interface Event {
    String getEventType();
}
```

定制化事件注解

虽然可以使用通用的 Event 类型，但是仍然需要通过@StreamListener 注解加入 SEL Condition 注解来过滤，使用起来比较麻烦。现在我们基于@StreamListener 注解实现自定义事件注解，我们通过事件类型直接定位到我们的方法。自定义注解@EventHandler 的定义如下：

```
@StreamListener
@Target({ElementType.METHOD})
@Retention(RetentionPolicy.RUNTIME)
@Inherited
@Documented
 public @interface EventHandler {
```

```
    @AliasFor(annotation=StreamListener.class, attribute="target")
    String value() default "";

    @AliasFor(annotation=StreamListener.class, attribute="target")
    String target() default Sink.INPUT;
    @AliasFor(annotation=StreamListener.class, attribute="condition")
    String condition() default "";
}
```

通过@EventHandler 的定义，我们可以把事件监听注解简化为如下形式：

```
@EnableBinding
class MyEventHandler{
    @EventHandler(condition="payload.eventType=='CustomerCreatedEvent'")
    public void handleCustomerEvent(@Payload Event event) {
    }
    @EventHandler(condition="payload.eventType=='AccountCreatedEvent'")
    public void handleAccountEvent(@Payload Event event) {
    }
}
```

这里，我们可以通过将 Condition 表达式转化为一个模板实现，重载 SCS 处理@StreamListener 注解的 BeanPostProcessor，这样通过 eventType 就可以实现识别事件的方法。重载的函数如下：

```
@Configuration
public class EventHandlerConfiguration {
    private static String eventHandlerSpelPattern = "payload.eventType=='%s'";
    @Bean(name = STREAM_LISTENER_ANNOTATION_BEAN_POST_PROCESSOR_NAME)
    public static BeanPostProcessor streamListenerAnnotationBeanPostProcessor() {
        return new StreamListenerAnnotationBeanPostProcessor() {
            @Override
            protected StreamListener postProcessAnnotation(
                StreamListener originalAnnotation, Method annotatedMethod) {
            Map<String, Object> attributes = new HashMap<>(
                AnnotationUtils.getAnnotationAttributes(originalAnnotation));
            if (StringUtils.hasText(originalAnnotation.condition())) {
                String spelExpression =
                    String.format(eventHandlerSpelPattern, originalAnnotation.condition());
                    attributes.put("condition", spelExpression);
            }
            return AnnotationUtils.synthesizeAnnotation(attributes,
                StreamListener.class, annotatedMethod);
        }};
    }
}
```

接下来，我们可以用自定义的@EnableEventHandling 注解来引入这个 configuration：

```
@Target(ElementType.TYPE)
@Retention(RetentionPolicy.RUNTIME)
@Documented
@Import({EventHandlerConfiguration .class})
public @interface EnableEventHandling {
}
```

我们修改 EventHandler 注解，定义一个 eventType 属性来做 Condition 的别名：

```
@StreamListener
@Target({ElementType.METHOD})
@Retention(RetentionPolicy.RUNTIME)
@Inherited
@Documented
public @interface EventHandler {
    @AliasFor(annotation=StreamListener.class, attribute="condition")
    String value() default "";
    @AliasFor(annotation=StreamListener.class, attribute="target")
    String target() default Sink.INPUT;
    @AliasFor(annotation=StreamListener.class, attribute="condition")
    String eventType() default "";
}
```

然后，我们可以使用自定义的事件处理注解，只需要提供事件类型，就可以从消费者发送订阅事件：

```
@EnableEventHandling
class MyEventHandler{
    @EventHandler(eventType = "CustomerCreatedEvent")
    public void handleCustomerEvent(@Payload Event event) {
    }
    @EventHandler(eventType = "CustomerCreatedEvent")
    public void handleAccountEvent(@Payload Event event) {
    }
}
```

6.5 小结

微服务集成架构倾向于使用标准化的 HTTP、基于 REST API 的架构交互模式进行集成。此外，考虑到性能也可以采用 RPC 的调用方式。对于异步交互过程，使用消息队列可以实现微服务之间的充分解耦和异构集成。

Spring Cloud 提供了 Spring Cloud Stream 框架，它可以屏蔽底层通信技术细节，并且实现了基于消息的轻量级微服务集成解决方案。还可用使用 Spring Cloud Stream 实现基于事件驱动和 CQRS 的系统架构。

第 7 章
微服务数据架构

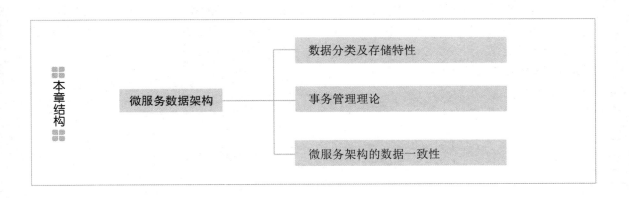

微服务架构强调技术的多样性,选择最合适的技术解决业务的实际问题,这一原则同样适用于微服务数据存储领域。目前随着数据海量的增长、数据类型的多样性、对数据访问性能更快的诉求,关系数据库越来越不能满足用户的需求,于是 NoSQL 数据库应运而生。本章我们首先介绍数据分类,以及不同数据类型适合采用的不同数据存储技术,同时介绍 NoSQL 存储与关系数据库的主要区别和特性。

在微服务架构下,对于数据一致性的处理,强一致性的事务管理机制不一定是适合的解决方案，之前单体架构下强一致性的事务模式在微服务架构中可能会带来一系列性能损失和数据一致性问题与挑战。微服务架构有很多不同的设计考量，它强调去中心化的数据治理，更强调每个微服务都拥有自己独立的数据存储，而不同服务在数据共享方面需要采取一定的策略和补偿方式来保证数据的一致性。通过对 TCC、Saga 等模式的介绍，我们可以了解当前微服务架构数据的最终一致性解决方案。

7.1 数据分类及存储特性

我们在实施"微服务"架构时，都希望可以让每一个服务来管理其自有的数据，这就是数据管理的去中心化。另外，微服务架构风格的一个关键好处是对持久性的封装，我们可以根据每个服务的不同需要，选择不同的持久化技术。根据每种数据类型的特点选择数据存储的方法也被称为混合持久化技术。

7.1.1 关系数据库概述

经过几十年的发展，关系数据库已经非常成熟，强大的SQL功能和ACID[1]特性，使得关系数据库广泛应用于各式各样的系统中。在微服务架构中，对于事务性的业务类型和复杂的数据查询存储场景，依然建议采用关系数据库作为数据持久层解决方案。下图是典型的一个应用下不同模块访问数据库的模式。

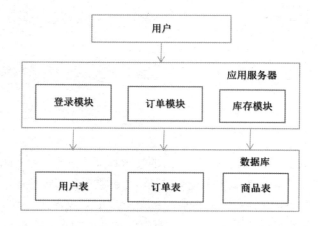

---

[1] ACID：事务具有 4 个特性，分别是原子性、一致性、隔离性和持久性，简称事务的 ACID 特性。

核心概念

关系数据库就是建立在关系模型基础上的数据库。通俗来讲，这种数据库由多张表组成，并且这些表之间存在一定的关系。所谓 RDBMS（Relational Database Management System，关系数据库管理系统），就是建立在关系模型基础上的数据库，借助集合代数等数学概念和方法来处理数据库中的数据。关系数据库的核心元素和术语如下。

- 记录：数据行，一行记录是一组相关的数据，例如一条用户订阅的数据。
- 字段：数据列，一列数据元素，包含了相同的数据，例如邮政编码的数据。
- 数据表：数据行的集合，表是数据的矩阵。数据库中的表看起来像一个简单的电子表格。
- 数据库：数据表的集合，数据库是一些关联表的集合。
- 主键：一个数据表中只能包含一个主键，可以使用主键来查询数据。
- 外键：外键用于关联两个表。
- 复合键：复合键（组合键）将多列作为一个索引键，一般用于复合索引。
- 索引：使用索引可快速访问数据库表中的特定信息。索引是对数据库表中一列或多列值进行排序的一种结构，类似图书的目录。注：索引查找使用 B+数。

RDBMS 的主要产品如下。

- Oracle：在以前的大型项目中使用，例如银行、电信等。
- MySQL：Web 时代使用最广泛的关系数据库。
- MySQL Server：在微软的项目中使用。
- SQLite：轻量级数据库，主要应用在移动平台。

SQL

SQL（Structured Query Language）是结构化查询语言，是一种用来操作 RDBMS 的数据库语言，当前关系数据库都支持使用 SQL 进行操作。也就是说，可以通过 SQL 操作 Oracle、MySQL、SQLite 等所有的关系数据库。

MySQL 数据库

MySQL 是当下最为流行的关系数据库管理系统。在 Web 应用方面，MySQL 是最好的 RDBMS 应用软件之一。MySQL 由瑞典 MySQL AB 公司开发，目前属于 Oracle 公司。MySQL 将数据保存在不同的表中，而不是将所有数据放在一个大仓库内，这样就增加了速度，并提高了灵活性。

关系数据库的优势

- 容易理解：二维表结构易于理解，方便根据现实世界建模。相对网状、层次等其他模型来说，关系模型更容易理解。
- 支持 SQL：大多数程序员都比较熟悉用 SQL 来操作数据，同时 SQL 支持复杂的 JOIN 等查询。
- 数据一致性：关系数据库支持 ACID 特性，以及数据库层的事务处理原语支持。适合 OLTP 事务型的业务数据类型，保持数据的一致性是中心化数据库架构的最大优势。
- 易于维护：丰富的完整性（指实体完整性、参照完整性和用户定义的完整性）大大减低了数据冗余和数据不一致的概率。
- 数据库支持按需配置弹性可伸缩，双机热备保证服务高可用，多份数据备份使业务高可靠。提供高性能的物理设备来保证数据库的性能。

关系数据库的缺点

- 关系数据库存储的是行记录，无法存储数据结构，使用关系数据库存储只能将列表拆成多行，然后查询出来后组装，无法直接存储列表。
- 关系数据库的 Schema（数据或模式对象的逻辑结构的集合）扩展很不方便。关系数据库的表结构 Schema 是强约束，操作不存在的列时会报错，业务变化时扩充列也比较麻烦，需要执行 DDL（Data Definition Language，如 CREATE、ALTER、DROP 等）语句修改，而且修改时可能会长时间锁表。
- 如果对一些有大量数据的表进行统计之类的运算，关系数据库的 I/O 会很高，因为即使只针对其中某一列进行运算，关系数据库也会将整行数据从存储设备读入内存。
- 关系数据库的全文搜索功能比较弱，关系数据库的全文搜索只能使用 like 进行整表扫描匹配，性能非常低，在互联网这种搜索复杂的场景下无法满足业务要求。关系数据库与对象持久化存在阻抗不匹配问题，所以在面向对象系统中，需要使用第三方提供的数据转换工具，类似 MyBatis 框架进行数据转换，造成了开发效率和性能的降低。

从数据分类和数据存储特点的角度来看，针对关系数据库的上述问题，可以通过不同的 NoSQL 解决方案进行优化解决，这些方案与关系数据库相比，在很多微服务应用场景下会有更好的表现。

同时，在微服务场景下，我们的应用作为微服务单独的单元构建起来，微服务不应该追求与持久化存储相匹配，应该摒弃传统的基于数据库脚本驱动的开发模式，利用后端数据层的优势和功能来满足应用程序的需求。所以，我们有必要根据微服务后端连接的数据，选择更加合适的存储技术。

7.1.2　NoSQL 数据存储

传统的架构方法是在服务之间共享一个数据库，而微服务却与之相反，每个微服务都拥有独立、自主、专门的数据存储。微服务数据存储是基础设施构建的重点，因为它提供服务解耦、数据存储自主性、小型化开发、测试设置等特性，有助于应用程序更快地交付或更新。选择理想的数据存储的第一步是确定微服务数据的性质，可以根据数据的特点将数据大致做如下划分。

- 全局共享数据：缓存服务器是存储短暂数据很好的例子。它是一个临时数据存储，其目的是通过实时提供信息来改善用户体验。
- 事务数据：从交易（如付款处理和订单处理）收集的数据必须作为永久记录存储在支持强 ACID 控制的数据库中。
- 加速数据：日志、消息和信号等数据通常以高容量和速度到达。数据提取服务通常要在将其传递到适当的目的地之前处理该信息，这样的数据存储需要支持高速写入。如果额外支持时间序列数据和内置 JSON 功能，会是一个加分项。瞬态数据的持久性要求高于短暂数据，但不如交易数据高。
- 操作数据：从用户会话收集的信息（如用户基本资料、订单信息）被视为操作数据。微服务器需要提供更好的用户体验与实时反馈，即使存储在数据库中的数据不是永久的记录，架构也必须尽最大努力保留数据以实现业务的连续性。对于操作数据，数据的持久性、一致性和可用性要求很高。通常，企业会把操作数据放在特定的数据模型中。

为了优化微服务以获得性能和数据持久性要求，一定要确认所选的数据库为数据类型提供了适当的存储技术。我们可以对微服务及其各自的数据存储进行分类，如下表所示。

微服务	数据存储类型	目标
缓存服务	持久性数据	低延迟
订单服务	事务性数据	一致性、可靠性
搜索服务	业务数据	低延迟、高性能
流式分析服务	业务数据	大数据量、高吞吐
用户轨迹分析	临时数据	时序性

- 如果追求高性能，那么纯内存数据库是理想的选择。
- 如果追求持久性，那么数据复制及磁盘或闪存上的持久性是最好的解决方案。
- 如果追求事务一致性和复杂的关联查询，则可以采用数据库查询。
- 如果追求查询性能，高速写入数据，则可以选择 Elasticsearch。
- 如果是对 JSON 类数据的写入和读取，则可以使用文档数据库。
- 如果选择写入时序类型数据，则可以使用时序性数据库。

下面是四类常见的 NoSQL 方案。

- K-V 存储：解决关系数据库无法存储数据结构的问题，主要适合对全局数据进行快速查找的低延时、高性能场景，以 Redis 为代表。
- 文档数据库：解决关系数据库强 Schema 约束的问题，主要适合动态模式变更和支持敏捷开发的场景，以 MongoDB 为代表。
- 列式数据库：解决关系数据库在大数据场景下的 I/O 问题，主要适合对数据量比较大或者对数据统计 OLAP 和聚合统计的场景，以 HBase 为代表。
- 全文搜索引擎：解决关系数据库的全文搜索性能问题，主要适合检索及过滤，以 Elasticsearch 为代表。

下面来介绍各种高性能 NoSQL 方案的典型特征和应用场景。

K-V 存储

K-V 存储指按照键值（Key-Value）进行的数据存储，其中 Key 是数据的标识，和关系数据库中的主键含义一样；Value 是具体的数据。Redis 是 K-V 存储的典型代表，它是一款开源（基于 BSD 许可）的高性能 K-V 缓存和存储系统。Redis 的 Value 是具体的数据结构，包括 string、hash、list、set、sorted set、bitmap 和 hyperloglog，所以常被称为数据结构服务器。

K-V 存储适合作为分布式内存缓存的解决方案。在微服务架构中，微服务共享的一些全局数据都保存在 K-V 存储中，例如，用户信息（如会话）、分布式锁、配置文件、参数、购物车等。这些信息一般都和 ID 挂钩。通过键值操作就可以获得共享的 Value，Redis 提供的主从复制模式（Replication-Sentinel 模式）和集群模式（Redis-Cluster 模式）可以很好地提供多数据中心、多向复制等高度可用性和高度扩展性。Redis 高性能的数据存储总结下来有下面几个原因。

- Redis 将所有数据放在内存中，内存的响应时间大约为 100ns，这是 Redis 达到每秒万级别访问的重要基础。
- 非阻塞 I/O 特性，Redis 使用 epoll 作为 I/O 多路复用技术的实现，再加上 Redis 自身的事件处理模型，将 epoll 中的链接、读写、关闭都转换为事件，不在网络 I/O 上耗费时间。
- 单线程避免了线程切换和锁产生的消耗。
- Redis 全程使用 hash 结构，读取速度快，还有一些特殊的数据结构，对数据存储进行了优化。如压缩表，对短数据进行压缩存储；再如跳表，使用有序的数据结构加快读取的速度。

文档数据库

为了解决关系数据库 Schema 带来的问题，文档数据库应运而生。MongoDB 作为文档数据库的典型代表，是专为可扩展性、高性能和高可用性设计的数据库。它可以从单服务器部署扩展到大型、复杂的多数据中心架构。利用内存计算的优势，MongoDB 能够提供高性能的数据读写操作。MongoDB 的本地复制和自动故障转移功能使应用程序具有企业级的可靠性和操作灵活性。

文档数据库最大的特点就是 No-Schema（不使用表结构）存储和可读取任意数据。目前绝大部分文档数据库存储的数据格式是 JSON，因为 JSON 数据是自描述的，读取一个 JSON 中不存在的字段也不会导致 SQL 那样的语法错误。文档数据库的 No-Schema 特性，为业务开发带来了几个明显的优势。

- 新增字段简单：业务上增加新的字段，无须再像关系数据库一样先执行 DDL 修改表结构，程序代码直接读写即可。
- 容易兼容历史数据：对于历史数据，即使没有新增的字段，也不会导致错误，只会返回空值，此时对代码进行兼容处理即可。
- 容易存储复杂数据：JSON 是一种强大的描述语言，能够描述复杂的数据结构。使用 JSON 来描述数据，比使用关系数据库表来描述数据要方便和容易得多，而且更加容易理解。同时，对于很多数据在属性差别比较大的情况下，也比较适合采用文档数据库；对于属性变更的场景，关系数据库需要使用 DDL 重新定义表字段，而文档数据库则更加方便。

列式数据库

顾名思义，列式数据库就是按照列来存储数据的数据库，与之对应的传统关系数据库被称为"行式数据库"，关系数据库就是按照行来存储数据的。

HBase 是一个开源的非关系分布式数据库，它参考了谷歌的 BigTable 建模，实现的编程语言为 Java。它是 Apache 软件基金会 Hadoop 项目的一部分，运行于 HDFS 文件系统上，为 Hadoop 提供类似 BigTable 规模的服务。因此，它可以存储海量稀疏的数据。HBase 基于 LSM 树实现，它将对数据的修改增量保持在内存中，达到指定的大小后将这些修改操作批量写入磁盘。在极端情况下，写性能比 MySQL 高一个数量级，读性能低一个数量级，所以列式数据库的适用场景，以 HBase 为例说明如下：

- 适合大数据量（100TB 级数据），有快速随机访问的需求。
- 适合写密集型应用，每天写入量巨大，比如即时消息的历史消息、游戏日志等。
- 适合不需要使用复杂查询条件来查询数据的应用。HBase 只支持基于 Rowkey 的查询，对于 HBase 来说，单条记录或者小范围的查询是可以接受的。但由于分布式的原因，大范围的查询可能在性能上有影响。HBase 不适用于使用级联、多级索引、表关系复杂的数据模型。

- 适合数据量较大且增长量无法预估的应用，以及需要进行优雅的数据扩展的应用。HBase 支持在线扩展，即使在一段时间内，数据量呈井喷式增长，也可以通过 HBase 横向扩展来满足功能需求。

全文搜索引擎

传统的关系数据库通过索引来达到快速查询的目的，但是在全文搜索的业务场景下，索引也无能为力，主要体现在：全文搜索的条件可以随意排列组合，如果通过索引来满足，则索引的数量会非常多。全文搜索的模糊匹配方式，索引无法满足，只能用 like 查询，而 like 查询是整表扫描的，效率非常低。全文搜索引擎（又称为倒排索引）的基本原理是建立单词到文档的索引。而正排索引的基本原理是建立文档到单词的索引。Elasticsearch 是一个分布式可扩展的实时搜索和分析引擎，一个建立在全文的搜索引擎。当然 Elasticsearch 并不像 Apache Lucene 那么简单，它不仅具有全文搜索功能，还具有下列特性和能力：

- 分布式实时文件存储，并将每一个字段都编入索引，使其可以被搜索。
- 实时分析的分布式搜索引擎。
- 横向可扩展性：作为大型分布式集群，很容易就能扩展新的服务器到 ES 集群中，处理 PB 级别的结构化或非结构化数据；也可运行在单机上作为轻量级搜索引擎使用。
- 更丰富的功能：与传统的关系数据库相比，Elasticsearch 提供了全文检索、同义词处理、相关度排名、复杂数据分析、海量数据的近实时处理等功能。
- 分片机制提供更好的分布性：同一个索引被分为多个分片（Shard），利用分而治之的思想提升处理效率。
- 高可用：提供副本（Replica）机制，一个分片可以设置多个副本，即使在某些服务器宕机后，集群仍能正常工作。
- 开箱即用：提供简单易用的 API，使服务的搭建、部署和使用都很容易被操作。

下表是一份简易的 Elasticsearch 和关系数据库的术语对照表。

Elasticsearch	关系数据库
索引（Index）	数据库
类型（Type）	表（Table）
文档（Documents）	行（Row）
字段（Field）	列（Column）
映射（Mapping）	约束（Schema）

一个 Elasticsearch 集群可以包含多个索引（数据库），也就是说可以包含很多类型。这些类型中包含了很多的文档（行），然后每个文档中又都包含了很多字段（列）。Elasticsearch 的交互

可以使用 Java Native API，也可以使用 HTTP 的 Restful API。Elasticsearch 通过 Lucene 的倒排索引技术可以实现比关系数据库更快的过滤。Elasticsearch 可以为任何形式的数据提供出色的搜索和分析，通过 Kibana 提供交互式控制面板。我们经常使用 Elasticsearch 来调试日志用例。

7.1.3　Spring Data

针对数据库和 NoSQL 存储数据，一种理想的方式是使用统一的数据访问模型进行数据操作，通过对象关系映射模式，屏蔽底层数据存储层的差异和细节，提高开发人员的生产效率。Spring Data 正是为这个目标而存在的。

Spring Data 的使命是为数据访问提供熟悉且一致的基于 Spring 的编程模型，同时保留底层数据存储的特性。它使数据访问技术、关系数据库和非关系数据库、Map-Reduce 框架及基于云的数据服务变得简单易用。这是一个伞形项目，其中包含许多特定于给定数据库的子项目。Spring Data 通过不同子项目可以完成对不同数据类型和数据源的访问和数据操作。

Spring Data 的架构特征

- 强大的存储库和自定义对象映射抽象。
- 从存储库方法名称派生动态查询。
- 提供基本属性实现领域内的基类。
- 支持透明审核（创建，最后更改）。
- 可以集成自定义存储库代码。
- 通过 JavaConfig 和自定义 XML 命名空间轻松实现 Spring 集成。
- 与 Spring MVC 控制器的高级集成。
- 跨存储持久性的实验支持。

Spring Data 的主要模块

Spring Data 主要包含下面几个模块，根据业务实际需要选择对应的功能模块。

- Spring Data Common：支持每个 Spring Data 模块的 Core Spring 概念。
- Spring Data JDBC：对 JDBC 的 Spring Data 存储库提供支持。
- Spring Data JPA：对 JPA 的 Spring Data 存储库提供支持。
- Spring Data MongoDB：对 MongoDB 的基于 Spring 对象文档的存储库提供支持。
- Spring Data Redis：从 Spring 应用程序轻松配置和访问 Redis。
- Spring Data JDBC Ext：支持对标准 JDBC 的数据库进行特定扩展。
- Spring Data KeyValue：提供基础组件，用于处理键值对存储，以及默认的基于 java.util.Map

的实现。
- Spring Data LDAP：对 Spring LDAP 的 Spring Data 存储库提供支持。
- Spring Data REST：将 Spring Data 存储库导出为超媒体驱动的 RESTful 资源。
- Spring Data for Pivotal GemFire：轻松配置和访问 Pivotal GemFire。
- Spring Data for Apache Cassandra：轻松配置和访问 Apache Cassandra。

Spring Boot 与 Spring Data

对于 Spring Boot 微服务框架而言，无论访问 SQL 还是 NoSQL，Spring Boot 默认都是整合 Spring Data 来完成对数据库持久层的访问。Spring Boot 可以通过自动配置功能自动添加配置，屏蔽了大量烦琐的配置工作。Spring Data 提供了很多模块去支持各种数据库的操作，通过引入 xxxTemplate、xxRepository 等抽象模块来统一和简化应用层对底层数据库的访问操作，下面是 Spring Boot 集成 Spring Data 的整体架构图。

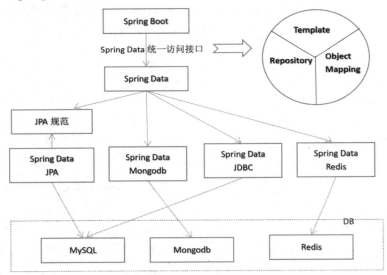

7.1.4 使用 spring-boot-starter-jdbc 访问 MySQL

MySQL 是目前项目中广泛运用的关系数据库，直接使用 JDBC 访问 MySQL 是经常使用的技术方式。MySQL 所使用的 SQL 是访问数据库最常用的标准化语言。由于开源、体积小、速度快、总体拥有成本低等特点，一般后台企业应用开发都会选择 MySQL 作为数据库。本节我们通过对 JDBC 与 MySQL 访问来了解 Spring Data 提供的访问数据库的不同解决方案。Spring Boot 自动配置了数据访问的基础设施，我们需要直接或者间接地依赖 Spring-JDBC 组件包，一旦 Spring-JDBC 位于 Spring Boot 应用的 classpath 路径，就会触发数据访问相关的自动配置行为，最简单的做法就是把 spring-boot-starter-jdbc 添加为应用的依赖。

Spring 提供了 JdbcTemplate 来对数据库访问技术 JDBC 进行封装，包括管理数据库连接、简单查询结果映射到 Java 对象、复杂结果集通过实现 RowMapper 接口映射到 Java 对象。默认情况下，如果没有配置数据源，Spring Boot 会自动配置一个内嵌的数据库的 DataSource。通常情况下，我们会自己配置数据源，Spring Boot 提供自动配置能力，根据配置参数对 DataSource 进行自定义配置，下面是接入步骤。

1. 引入 Maven 依赖

集成 MySQL 数据库之前，我们需要在项目的 POM 文件中添加 MySQL 所需的依赖，具体代码如下：

```xml
<dependency>
    <groupid>mysql</groupid>
    <artifactid>mysql-connector-java</artifactid>
</dependency>
<dependency>
    <groupid>org.springframework.boot</groupid>
    <artifactid>spring-boot-starter-jdbc</artifactid>
</dependency>
```

2. 配置数据源

在 Spring Boot 中，只要配置好数据源 DataSource，就能自动使用 JdbcTemplate。下面是一个多数据源的配置——application.XML 配置文件，代码如下：

```
spring:
  application:
    name: data-multidatasource
  datasource:
    type: com.zaxxer.hikari.HikariDataSource
    url: jdbc:mysql://localhost:3306/test
    username: sa
    password: ****
  second-datasource:
    driver-class-name: org.hsqldb.jdbc.JDBCDriver
    url: jdbc:hsqldb:mem:db2
    username: sa
    password:****
```

3. 自定义 DataSource 配置

```
@Configuration
public class SencondDataSourceConfiguration {
    @Bean
```

```
    @Primary
    @ConfigurationProperties(prefix = "spring.datasource")
    public DataSource newDataSource() {
        return DataSourceBuilder.create().build();
    }
    @Bean(name = "secondDatasource")
    @ConfigurationProperties(prefix = "spring.second-datasource")
    public DataSource secondDataSource() {
        return DataSourceBuilder.create().build();
    }
}
```

注意：@Primary 注解的作用是保证项目中只有一个主的 DataSourceProperties Bean。

4. 连接池的选择

在 Sping Boot 2.0 之后默认使用 Hikari[1] 数据库连接池，可以不再用 Druid、c3p0 等连接池了。Hikari 的优势是其高效的性能和并发性，无须主动引入 HikariCP 的依赖。因为在 Spring Boot 2.X 中，spring-boot-starter-jdbc 默认引入 HikariCP 依赖。在 application.yml 中，添加 HikariCP 配置如下：

```
spring:
#datasource 数据源配置内容，对应 DataSourceProperties 配置属性类
datasource:
    url:jdbc:mysql://127.0.0.1:3306/test?useSSL=false&useUnicode=true&characterEncoding
        =UTF-8
    driver-class-name:com.mysql.jdbc.Driver
    username:root  #数据库账号
    password:  #数据库密码
    #HikariCP 自定义配置，对应 HikariConfig 配置属性类
    hikari:
        minimum-idle: 10  #数据库连接池中维护的最小空闲连接数，默认为 10 个
        maximum-pool-size: 10  #数据库连接池中最大连接数，默认为 10 个
```

如果你的项目对监控要求高于性能需求，则可以使用 Druid 数据库连接池。Druid 提供了强大的监控功能，Druid 已经在阿里巴巴部署了超过 600 个应用，经历过一年多生产环境大规模部署的严苛考验。可以引用 Druid 的 starter 依赖：druid-spring-boot-starter，然后在 application.yml 中，添加 Druid 配置如下：

```
spring:
datasource:
    url:jdbc:mysql://127.0.0.1:3306/test?useSSL=false&useUnicode=true
        &characterEncoding=UTF-8
```

---

[1] Hikari 是一个高性能的 JDBC 连接池组件。

```
driver-class-name:com.mysql.jdbc.Driver
username: root #数据库账号
password: #数据库密码
type: com.alibaba.druid.pool.DruidDataSource #设置类型
#Druid 自定义配置，对应 DruidDataSource 中的 setting 方法的属性
druid:
    min-idle:0 #数据库连接池中维护的最小空闲连接数，默认为 0 个
    max-active:20 #数据库连接池中最大连接数，默认为 20 个
    filter:
      stat, wall, log4j
        log-slow-sql:true #开启慢查询记录
        slow-sql-millis:5000 #慢 SQL 的标准，单位：毫秒
        stat-view-servlet #配置 StatViewServlet
        enabled:true #是否开启 StatViewServlet
        login-username: yudaoyuanma #账号
        login-password: javaniubi #密码
```

Druid 的监控功能使用如下。

- 通过 spring.datasource.filter.stat 配置 StatFilter，实现统计监控信息。
- 通过 spring.datasource.filter.stat-view-servlet 配置 StatViewServlet，提供监控信息的 HTML 页面和 JSON API。
- 启动项目后，访问 http://127.0.0.1:8080/druid 地址，可以看到监控页面。

5. JdbcTemplate 访问数据库

使用 JdbcTemplate 自带的 CRUD 功能，@Repository 是 Spring 提供的注解，作用于类，同 @Service、@Component 注解功能类似。

```
@Repository
public class UserDao {
    @Autowired
    JdbcTemplate jdbcTempalte ;
}
```

JdbcTemplate 主要提供以下 5 类方法。

- execute 方法：用于执行任何 SQL 语句，一般用于执行 DDL 语句。
- update 方法：用于执行新增、修改、删除等语句。
- batchUpdate 方法：用于执行批处理相关语句。
- query 方法及 queryForXXX 方法：用于执行查询相关语句。
- call 方法：用于执行存储过程、函数相关语句。

6. 事务的支持

Spring Boot 中 Maven 依赖中添加了 spring-boot-starter-jdbc 依赖，就是可以实现对事务的支持，只需要在 Dao 业务层添加事务注解@Transactional 即可。

```
@Service
public class PersonService {
    @Resource
    private PersonMapper personMapper;
    @Resource
    private CompanyMapper companyMapper;
    @Transactional(rollbackFor = {RuntimeException.class, Error.class})
    public void saveOne(Person person) {
        Company company = new Company();
        company.setName("tenmao:" + person.getName());
        companyMapper.insertOne(company);
        personMapper.insertOne(person);
    }
}
```

注意：rollbackFor（触发回滚异常），默认是 RuntimeException 和 Erro（unchecked 异常）。在默认情况下，Spring 框架只在抛出运行时和不可检查异常时才会对事务回滚。

- 如果你想让 checked 异常也回滚，注解方式如下：

   `@Transactional(rollbackFor=Exception.class)`

- 如果你想让 unchecked 异常也不回滚，注解方式如下：

   `@Transactional(notRollbackFor=RunTimeException.class)`

- 不需要事务管理的方法如下：

   `@Transactional(propagation=Propagation.NOT_SUPPORTED)`

另外，如果你在业务方法中使用了 try{}catch{}，当出现数据异常时，事务就不回滚了，所以如果想要回滚异常事务，必须要主动将异常抛出来。

7.1.5 Spring ORM 框架访问数据库

Spring Boot 提供了直接使用 JDBC 连接数据库的方式，但是使用 JDBC 并不是很方便，需要我们写更多的代码来完成对象和关系数据库的转换；另一种方式是将实体和实体的关系对应数据库的表和表的关系，这类工具通常是 ORM 工具，对实体和实体关系的操作会映射到数据库的操作。一般而言，在 Spring Boot 中，我们常用的 ORM 框架有 JPA 和 MyBatis。Spring Data JPA 默认采用 Hibernate 实现。

ORM 的概念

对象关系映射（Object Relational Mapping，ORM）是通过使用描述对象和数据库之间映射的元数据，将面向对象语言程序中的对象自动持久化到关系数据库中。简单来说，就是将数据库表与 Java 实体对象做映射。

ORM 的优缺点

- 优点：符合面向对象编程；技术与业务解耦，开发时不需要关注数据库的连接与释放。
- 缺点：ORM 会牺牲程序的执行效率，会固定思维模式。

ORM 的主流框架

包括 Hibernate、JPA、MyBatis 等。下面主要介绍基于 JPA 规范再次封装抽象实现的 Spring Data JPA 项目。在介绍 Spring Data JPA 之前，我们先简单介绍一下 JPA。

什么是 JPA

JPA 是 Java Persistence API 的简称，中文名为 Java 持久层 API，使用注解或 XML 描述对象与关系表的映射关系，并将运行期的实体对象持久化到数据库中。JPA 包括以下 3 方面内容：

- 一套 API 标准：它在 javax.persistence 的包下面，用来操作实体对象，执行 CRUD 操作，程序在后台完成所有的事情，帮助开发者从烦琐的 JDBC 和 SQL 代码中解脱出来。
- 面向对象的查询语言：Java Persistence QueryLanguage（JPQL）。这是持久化操作中很重要的一个方面，通过面向对象而非面向数据库的查询语言来查询数据，避免与程序的 SQL 语句紧密耦合。
- Object/Relational Metadata：作为对象与表关系的映射，JPA 支持 XML 和注解两种元数据形式，元数据描述对象和表之间的映射关系，框架据此将实体对象持久化到数据库表中。

JPA 访问数据库实例

1. 引入相应 Maven 依赖

```
<dependency>
    <groupId>org.springframework.boot</groupId>
    <artifactId>spring-boot-starter-data-jpa</artifactId>
</dependency>
```

2. 添加配置文件 application.yml

```
jpa:
    show-sql: true
```

```yaml
hibernate:
    ddl-auto: update
    properties:
        hibernate.format_sql: true
        database-platform: org.hibernate.dialect.MySQL5InnoDBDialect
```

> 说明：spring.jpa.database-platform 这个参数主要用于指定默认的数据库存储引擎，在 Spring Boot 2 中，默认的 MySQL 数据库存储引擎是 MyISAM，通过把取值设置为 org.hibernate.dialect.MySQL5InnoDBDialect，就可以把默认的存储引擎切换为 InnoDB。

3. 创建 Entity

```java
@Entity
@Table(name="order_log")
@AllArgsConstructor
@NoArgsConstructor
@Data
@Builder
@ToString(callSuper = true)
@EqualsAndHashCode(callSuper = true)
@IgnoreNullValuepublic
class OrderLog extends BaseEntity {
    @Column(name="order_id")
    private Long orderId;
    @Column(name="order_content", length = 2000)
    private String orderContent;
    @Column(name="order_name")
    private String orderName;
}
```

4. 创建 OrderLog 的父类 BaseEntity

```java
@Data
@AllArgsConstructor
@NoArgsConstructor
@MappedSuperclass
public class BaseEntity {
    @Id
    @GeneratedValue(strategy = GenerationType.IDENTITY)
    private Long id;
    @CreationTimestamp
    @Column(name="create_date", updatable = false)
    private Date createDate;
    @UpdateTimestamp
    @Column(name="update_date")
    private Date updateDate;
}
```

5. 创建数据访问 Repository

Repository 是 Spring Data 的核心概念，抽象了对数据库和 NoSQL 的操作，提供了如下接口供开发者使用：

```java
public interface OrderLogRepository extends
    JpaSpecificationExecutor<OrderLog>, JpaRepository<OrderLog, Long> {
    @Query("select u from User u where u.emailAddress = ?1")
    User findByEmailAddress(String emailAddress);
    //如果使用原生 SQL 方式，则可以使用下面的写法：
    //nativeQuery = true 就代表使用原始 SQL 支持
    @Query(value = "select * from book b where b.name=?1", nativeQuery = true)
    List<Book> findByName(String name);
}
```

6. 接口测试类 UserController.java

Repository 提供 save 方法来保存或者更新一个实体，默认情况下，如果 Entity 的主键属性为空，则认为是新的实体，保存实体；反之，如果 Entity 的主键属性不为空，则更新实体。

```java
@RestController
public class UserController
{
    @Autowired
    OrderLogRepository userRepository;
    @GetMapping("/user")
    public List<UserModel> user() {
        return userRepository.findAll(Sort.by("id").descending());
    }
    @GetMapping("/saveUser")
    public List<UserModel> saveUser(User user) {
        return userRepository.save(user);
    }
}
```

mybatis-spring-boot-starter 实例

1. 添加 Maven 依赖

```xml
<dependency>
    <groupId>org.mybatis.spring.boot</groupId>
    <artifactId>mybatis-spring-boot-starter</artifactId>
    <version>2.1.1</version>
</dependency>
```

2. 在 application.yml 中添加相关配置

```
mybatis.type-aliases-package: com.neo.entity
spring.datasource.driverClassName: com.mysql.jdbc.Driver
```

```yaml
spring.datasource.url:
    jdbc:mysql://localhost:3306/test1?useUnicode=true&characterEncoding=utf-8
spring.datasource.username: root
spring.datasource.password: root
```

说明：Spring Boot 会自动加载 spring.datasource.*相关配置，数据源会自动注入 sqlSessionFactory，sqlSessionFactory 会自动注入 Mapper。

3. 在启动类中添加对 mapper 包的@MapperScan 注解

```java
@SpringBootApplication
@MapperScan("com.test.mapper")
public class Application {
    public static void main(String[] args) {
      SpringApplication.run(Application.class, args);
    }
}
```

4. 开发 Mapper 实现数据操作

```java
public interface UserMapper {
@Select("SELECT * FROM users")
@Results({
    @Result(property = "userSex",  column = "user_sex",  javaType = UserSexEnum.class),
    @Result(property = "nickName", column = "nick_name")
})
List<UserEntity> getAll();
@Select("SELECT * FROM users WHERE id = #{id}")
@Results({
    @Result(property = "userSex", column = "user_sex",  javaType = UserSexEnum.class),
    @Result(property = "nickName", column = "nick_name")
})
UserEntity getOne(Long id);
@Insert("INSERT INTO users(userName, passWord, user_sex) VALUES(#{userName}, #{passWord}, #{userSex})")
void insert(UserEntity user);
@Update("UPDATE users SET userName=#{userName}, nick_name=#{nickName} WHERE id =#{id}")
void update(UserEntity user);
@Delete("DELETE FROM users WHERE id =#{id}")
void delete(Long id);
}
```

5. 使用测试用例

通过上述几个步骤就基本完成了相关 Dao 层的开发，使用时当作普通的类注入就可以了。

```java
@RunWith(SpringRunner.class)
@SpringBootTest
public class UserMapperTest {
    @Autowired
    private UserMapper UserMapper;
    @Test
    public void testInsert() throws Exception {
    UserMapper.insert(new UserEntity("aa", "a123456", UserSexEnum.MAN));
    UserMapper.insert(new UserEntity("bb", "b123456", UserSexEnum.WOMAN));
    UserMapper.insert(new UserEntity("cc", "b123456", UserSexEnum.WOMAN));
        Assert.assertEquals(3, UserMapper.getAll().size());
    }
    @Test
    public void testQuery() throws Exception {
        List<UserEntity> users = UserMapper.getAll();
        System.out.println(users.toString());
    }
    @Test
    public void testUpdate() throws Exception {
        UserEntity user = UserMapper.getOne(3l);
        System.out.println(user.toString());
        user.setNickName("neo");
        UserMapper.update(user);
        Assert.assertTrue(("neo".equals(UserMapper.getOne(3l).getNickName())));
    }
}
```

总结一下，JPA 的学习成本比 MyBatis 略高，MyBatis 比 JPA 更灵活，使用 MyBatis 方式的同时可以使用 XML 的方式，进行添加 User 的映射文件，这里由于篇幅所限就不再赘述。上面我们主要介绍了 Spring Boot 通过 JDBC 和 ORM 的方式完成对关系数据库的访问，接下来我们将介绍 Spring Boot 如何实现对 NoSQL 数据存储的集成和管理。

7.1.6　Spring Data 与 NoSQL 的集成

下面介绍使用 Spring Data 集成 MongoDB、Redis 实现 Spring Boot 应用与 NoSQL 数据库的集成和开发。

Spring Boot 集成 MongoDB

- 方式一：使用 MongoDB Repository

    使用 Spring Data MongoDB Repository 可以让你不用写相关的查询组合语句，只要按规定定义好接口名就可以。Repository 接口是 Spring Data 的一个核心接口，它不提供任何方法，开发者需要在自己定义的接口中声明需要的方法。

Repository 提供了最基本的数据访问功能，其子接口扩展了一些功能，具体关系如下。
- Repository：仅仅是一个标识，表明任何继承它的均为仓库接口类。
- CrudRepository：继承 Repository，实现了一组 CRUD 相关的方法。
- PagingAndSortingRepository：继承 CrudRepository，实现了分页排序相关的方法。
- MongoRepository：继承 PagingAndSortingRepository，实现了一组 MongoDB 规范相关的方法。
- 自定义的 XxxxRepository：需要继承 MongoRepository，这样 XxxxRepository 接口就具备了通用的数据访问控制层的能力（CURD 的操作功能）。

- 方式二：使用 MongoTemplate

MongoRepository 的缺点是不够灵活，而 MongoTemplate 正好可以弥补 MongoRepository 的不足，下面是 MongoTemplate 的主要功能。
- MongoTemplate 实现了 MongoOperations Interface。
- MongoDB documents 和 domain classes 之间的映射关系是通过实现 MongoConverter 这个 interface 的类来实现的。
- MongoTemplate 提供了很多操作 MongoDB 的 API 方法，都是线程安全的，可以在多线程的情况下使用。
- MongoTemplate 实现了 MongoOperations 接口，此接口定义了众多的操作方法，如 find、findAndModify、findOne、insert、remove、save、update 和 updateMulti 等。
- MongoTemplate 将 domain object 转换为 DBObject，默认转换类为 MongoMappingConverter，并提供了 Query、Criteria、Update 等流式 API。

MongoTemplate 核心操作类包括 Criteria 和 Query。Criteria 类封装所有的语句，以方法的形式查询。Query 类将语句进行封装或者添加排序之类的操作。

- MongoTemplate 示例

首先，添加 Maven 依赖。

```
<dependency>
    <groupId>org.mongodb</groupId>
    <artifactId>mongo-java-driver</artifactId>
    <version>3.0.4</version>
</dependency>
```

其次，配置文件如下。

```
spring:
  data:
```

```
mongodb:
    uri: mongodb://<username>:<password>@47.93.35.143:27017/test
```

然后，定义实体类，@Document 注解中的参数 Person 代表 MongoDB 中维护的文档对象。@Field 注解代表一个字段，可以不加，默认以参数名为列名，如果加上@Field，可以给映射存储到 MongoDB 的字段取别名。如下面实例中的 age 属性在 MongoDB 中的列名为"Age"。

```java
@Data
@Document(collection="Person")
public class Person{
    private String id;
    private String username;
    private String password;
    @Field("Age")
    private int age;
    private String gender;
    private LocalDateTime createTime;
}
```

最后，使用 MongoTemplate 实现文档访问，代码如下。

```java
@Service
public class MongoService {
    @Resource
    private MongoTemplate mongoTemplate;
    /**
     * 查询全部
     * @return ApiResponse
     */
    public ApiResponse findStudents() {
        mongoTemplate.dropCollection(Person.class);
        List<Student> persons= mongoTemplate.findAll(Person.class);
        System.out.println(persons);
        long count = mongoTemplate.count(new Query().with(new Sort(Sort.Direction.ASC,
            "username")), Person.class);
        return Api.ok(students, String.format("%s%d%s", "查询到", count, "条"));
    }
    /**
     * 准确查询
     * @param student Student 对象
     * @return ApiResponse
     */
    public ApiResponse findPersonListByMany(Person person) {
        Query query = new Query(Criteria
                .where("username").is(person.getUsername())
                .and("gender").is(person.getGender())
                .and("age").gt(person.getAge()));
```

```java
        List<Student> persons = mongoTemplate.find(query, Person.class);
/**
 * 模糊查询
 * 查询的字段是 username,需要通过如下正则表达式做模糊匹配
 */
public ApiResponse findPersonsLikeName(String username) {
    String regex = String.format("%s%s%s", "^.*", username, ".*$");
    Pattern pattern = Pattern.compile(regex, Pattern.CASE_INSENSITIVE);
    Query query = new Query(Criteria.where("username").regex(pattern));
    List<Person > persons = mongoTemplate.find(query, Person .class);
    return Api.ok(persons );
}
}
```

Spring Boot 集成 Redis

Redis 作为一种 NoSQL 数据库,提供了一种高效的缓存方案,Redis 提供单点、主从、哨兵和集群等不同的配置和部署方式。

- 单点模式:又称单节点模式,是最简单的 Redis 模式,只有一个 Redis 实例。如果只是自己测试缓存或者小程序,数据量很小,仅仅做一个小型的 Key/Value 型数据库,完全足够。
- 主从模式:就是 N 个 Redis 实例,可以是 1 主 N 从,也可以是 N 主 N 从。(N 主 N 从则不是严格意义上的主从模式了,后续的集群模式会说到,N 主 N 从就是 $N+N$ 个 Redis 实例。)
- 哨兵模式:又称 Sentinel 模式,Sentinel 的中文含义是哨兵、守卫。也就是说,既然在主从模式中,Master 节点挂了以后,Slave 节点不能主动选举一个 Master 节点出来,那么我们就安排一个或多个 Sentinel 来做这件事;当 Sentinel 发现 Master 节点挂了时,Sentinel 就会从 Slave 节点中重新选举一个 Master 节点。
- 集群模式:只需要将每个数据库节点的 Cluster-Enable 配置打开即可。每个集群中至少需要三个主数据库才能正常运行。

Redis 不同的模式配置

首先,引入 Maven 依赖。

```xml
<dependency>
    <groupId>org.springframework.boot</groupId>
    <artifactId>spring-boot-starter-data-redis</artifactId>
    <scope>provided</scope>
</dependency>
```

其次,添加配置如下。

```
#######################################################
###REDIS (RedisProperties)Redis 基本配置
```

```
###########################################
#类型可设置为[single（单点）|Sentinel（哨兵）|cluster（集群）]
redis.type: Sentinel
redis.connect.url: 192.168.1.2:16038，192.168.1.3:16038，192.168.1.4:16038
#只用到哨兵模式，单点和集群模式不用
redis.master:
#按需配置
redis.password:
#只用到单点和哨兵模式，集群模式不用
redis.db.index: 1
#pool settings ...
#最大连接数
redis.max.active: 500
#控制一个pool最多有多少个状态为idle(空闲的)的Redis实例
redis.max.idle: 10
#控制一个pool最少有多少个状态为idle(空闲的)的Redis实例
redis.min.idle: 5
#等待可用连接的最大时间
redis.max.wait: 60000
#Redis调用returnObject方法时，是否进行有效检查
redis.testOnReturn: false
```

然后，根据 redis.type 配置 RedisConnectionFactory。

```
@Configuration
@ConditionalOnExpression("#{!'true'.equals(environment.getProperty('sag.redis.disable'))}")
public class RedisConfig extends CachingConfigurerSupport {
    @Bean
    @ConditionalOnBean(RedisConnectionFactory.class)
    @ConditionalOnMissingBean(StringRedisTemplate.class)
    public RedisTemplate<Object, Object>redisTemplate(RedisConnectionFactory
        connectionFactory)(
        RedisTemplate<Object, Object> template = new RedisTemplate<>();
        template.setConnectionFactory(connectionFactory);
        return template;
    }
}
    @Bean
    @ConditionalOnMissingBean(RedisConnectionFactory.class)
    public RedisConnectionFactory redisConnectionFactory() {
        String type = environment.getProperty("redis.type");
        if (StringHelper.isEmpty(type)) {
            return singleConnectionFactory();
        }
        else {
            if ("single".equals(type)) {
                return singleConnectionFactory();
```

```java
        }
        if ("Sentinel".equals(type)) {
            return SentinelConnectionFactory();
        }
        if ("cluster".equals(type)) {
            return clusterConnectionFactory();
        }
        return null;
    }
}
```

单点模式配置如下:

```java
public RedisConnectionFactory singleConnectionFactory() {
    JedisPoolConfig poolConfig = getJedisPoolConfig();
    String connectUrl = environment.getProperty("redis.connect.url");
    String[] item = connectUrl.split(":");
    String hostName = item[0];
    int port = Integer.valueOf(item[1]);
    JedisConnectionFactory jedisConnectionFactory = new
        JedisConnectionFactory();
    jedisConnectionFactory.setHostName(hostName);
    jedisConnectionFactory.setPort(port);
    jedisConnectionFactory.setPoolConfig(poolConfig);
    try {
        jedisConnectionFactory.setPassword(environment
            .getProperty("redis.password"));
        jedisConnectionFactory.setDatabase(Integer
            .parseInt(environment.getProperty("redis.db.index")));
    }
    catch (NumberFormatException e) {
        jedisConnectionFactory.setPassword("");
        jedisConnectionFactory.setDatabase(Integer.parseInt("1"));
    }
    return jedisConnectionFactory;
}
```

哨兵模式配置如下:

```java
public RedisConnectionFactory SentinelConnectionFactory() {
    try {
        JedisPoolConfig poolConfig = getJedisPoolConfig();
        RedisSentinelConfiguration SentinelConfiguration = new
            RedisSentinelConfiguration();
        //Master
        SentinelConfiguration.setMaster(environment.getProperty("redis.master"));
        Set<RedisNode> Sentinels =
```

```
            getRedisNodes(environment.getProperty("redis.connect.url"));
        SentinelConfiguration.setSentinels(Sentinels);
        JedisConnectionFactory jedisConnectionFactory =
            new JedisConnectionFactory(SentinelConfiguration);
        jedisConnectionFactory.setPassword(environment
            .getProperty("redis.password"));
        jedisConnectionFactory.setPoolConfig(poolConfig);
        jedisConnectionFactory.setDatabase(Integer.parseInt(
            environment.getProperty("redis.db.index")));
        return jedisConnectionFactory;
    }
    catch (Exception e) {
        logger.error(">> redisconfig init ConnectionFactory fail.. ", e);
    }
    return null;
}
```

集群模式配置如下：

```
public RedisConnectionFactory clusterConnectionFactory() {
    try {
        JedisPoolConfig poolConfig = getJedisPoolConfig();
        RedisClusterConfiguration clusterConfiguration = new
            RedisClusterConfiguration();
        Set<RedisNode> clusters =
            getRedisNodes(environment.getProperty("redis.connect.url"));
        clusterConfiguration.setClusterNodes(clusters);
        JedisConnectionFactory jedisConnectionFactory =
            new JedisConnectionFactory(clusterConfiguration);
        jedisConnectionFactory.setPassword(environment.getProperty("redis.password"));
        jedisConnectionFactory.setPoolConfig(poolConfig);
        return jedisConnectionFactory;
    }
    catch (Exception e) {
        logger.error(">> redisconfig init clusterConnectionFactory fail.. ", e);
    }
    return null;
}
```

Redis 序列化方案

下面使用封装好的 RedisUtils 操作 Redis 工具类。这个 RedisUtils 交给 Spring 容器实例化，使用时直接注解注入即可。

```
@Component
public final class RedisUtil {
```

```
@Autowired
private RedisTemplate<String, Object> redisTemplate;
    //省略
public void setStringSerializer() {
    RedisSerializer<?> stringSerializer = new StringRedisSerializer();
    RedisSerializer<?> objectSerializer = new RedisObjectSerializer()
    redisTemplate.setKeySerializer(stringSerializer);
    redisTemplate.setValueSerializer(objectSerializer );
    redisTemplate.setHashKeySerializer(stringSerializer);
    redisTemplate.setHashValueSerializer(stringSerializer);
}
}
```

spring-data-redis 的序列化类有下面几种。

- GenericToStringSerializer：可以将任何对象泛化为字符串并序列化。
- Jackson2JsonRedisSerializer：跟 JacksonJsonRedisSerializer 实际上是一样的。
- JacksonJsonRedisSerializer：序列化 object 对象为 JSON 字符串。
- JdkSerializationRedisSerializer：序列化 Java 对象（被序列化的对象必须实现 Serializable 接口），无法转义成对象。
- StringRedisSerializer：简单的字符串序列化。
- GenericToStringSerializer：类似 StringRedisSerializer 的字符串序列化。
- GenericJackson2JsonRedisSerializer：类似 Jackson2JsonRedisSerializer，但使用时构造函数不使用特定的类，参考以上序列化，自定义序列化类。

7.2 事务管理理论

7.2.1 事务管理概述

事务（Transaction）提供一种机制，它将一个执行过程涉及的所有操作都纳入一个不可分割的执行单元。组成事务的所有操作只有在所有操作均能正常执行的情况下方能提交，只要其中任一操作执行失败，都将导致整个事务的回滚。事务拥有 ACID 特性，后面我们会对事务的 ACID 特性做进一步说明。

本地事务和分布式事务

本地事务是在同一个进程实例中调用不同的资源形成事务，紧密依赖底层资源管理器（例如数据库连接），事务处理局限在当前事务资源内。此种事务处理方式不存在对其他应用进程或实例的依赖。一般来说，本地事务只涉及一个 Connection 的 Commit。本地事务用 JDBC 事务可以实现，依赖数据库机制就可以保证事务的 ACID 特性。下图是模拟购物系统的两个模块组成的本地事务的案例。

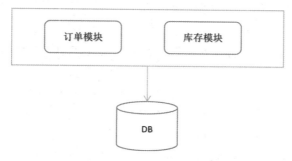

项目早期，在系统规模及用户体量不大的时候，两个模块打包在同一个系统中，通过本地事务就可以保证订单表（Order Table）和账务表（Account Table）的数据一致性，然而随着系统容量的增加，基于规模、扩展性、性能、共享等因素，需要将两个模块拆分成独立的微服务，这时两个模块如果需要数据的同步，就面临数据不一致的问题。

而使用分布式事务是早期解决非本地事务的一个主要手段。分布式事务指事务的参与者、支持事务的服务器、资源服务器及事务管理器分别位于不同的分布式系统的不同节点上。而分布式事务的实现方式有很多种，最具有代表性的是由 Oracle Tuxedo 系统提出的 XA 分布式事务协议。XA 协议包括两阶段提交（2PC）和三阶段提交（3PC）两种。下图反映了跨越多个服务的一个分布式事务场景。

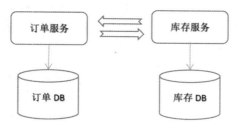

微服务独立数据库模式

微服务分布式架构倾向于为每一个独立的服务使用各自独立的数据库，因为如果不同微服务采用共享存储的方案，那么这两种服务就在数据层面产生了一种"有状态"的数据依赖关系，两个服务之间就产生耦合关系，在共享存储的情况下很难做到系统的独立性和自治性，对后期业务的扩展、可用性等方面都会产生重大影响，所以合理的方式就是各自使用独立的数据存储。使用消息传递或者分布式事务方式保证服务之间的数据一致性，而 2PC 就是比较传统和典型的数据一致性方案。

7.2.2　ACID 理论

关系数据库天生可以解决具有复杂事务场景的问题，关系数据库完全满足 ACID 特性。ACID 的具体含义如下。

- 原子性（Atomicity）：事务作为一个整体被执行，包含在其中的数据库操作要么全部被执行，要么全部都不执行。
- 一致性（Consistency）：事务应确保数据库的状态从一个一致状态转变为另一个一致状态。一致状态指数据库中的数据应满足完整性约束。除此之外，一致性还有另外一层语义，就是事务的中间状态不能被观察到（这层语义也有说应该属于原子性）。
- 隔离性（Isolation）：多个事务并发执行时，一个事务的执行不应影响其他事务的执行，如同只有这一个操作在被数据库执行一样。
- 持久性（Durability）：已被提交的事务对数据库的修改应该永久保存在数据库中。在事务结束时，此操作将不可逆转。

具有 ACID 特性的数据库支持强一致性。强一致性表示数据库本身不会出现不一致的情况，每个事务都是原子的，或者成功或者失败，事务间是隔离的，互相完全不影响，而且最终状态是持久落盘的。因此，数据库会从一个明确的状态到另一个明确的状态，中间的临时状态是不会出现的，如果出现也会被及时自动修复，因此是强一致的。

我们的本地事务由资源管理器进行管理：事务的 ACID 特性是通过 InnoDB 日志和锁来保证的。InnoDB 是 MySQL 的一个存储引擎，大部分人对 MySQL 都比较熟悉，这里简单介绍一下数据库事务实现的一些基本原理。在本地事务中，服务和资源在事务的包裹下可以看作是一体的。

- InnoDB 隔离性实现：通过数据库锁的机制实现。
- InnoDB 原子性和一致性实现：通过 UndoLog 来实现事务的原子性。在操作任何数据之前，首先将数据备份到一个地方（这个存储数据备份的地方称为 UndoLog），然后进行数据的修改。如果出现了错误或者用户执行了 ROLLBACK 语句，则系统可以利用 UndoLog 中的备份将数据恢复到事务开始之前的状态。
- InnoDB 持久性实现：通过 RedoLog（重做日志）来实现，RedoLog 记录的是新数据的备份。在事务提交前，只要将 RedoLog 持久化即可，不需要将数据持久化。当系统崩溃时，虽然数据没有持久化，但是 RedoLog 已经持久化。系统可以根据 RedoLog 的内容，将所有数据恢复到最新的状态。

严格的 ACID 事务对隔离性的要求很高，在事务执行中必须将所有的资源锁定。对于长事务来说，整个事务期间对数据的独占，将严重影响系统的并发性能。因此，在高并发场景中，对 ACID

的部分特性进行放松，从而提高性能，这便产生了 CAP 理论和 BASE 理论。

7.2.3 一致性理论

一致性就是数据保持一致，在分布式系统中，可以理解为多个节点中数据的值是一致的。而一致性又可以分为强一致性和弱一致性。最终一致性本质上也是弱一致性的一种特殊形式。分布式事务的目的是保障跨数据库的数据一致性，而跨数据库的事务操作是不可控的，网络及个别节点宕机都会造成数据的不一致。单机事务的 ACID 特性不适用于分布式网络条件下的事务控制，CAP 理论告诉我们，数据的一致性和服务可用性、分区容忍无法同时满足；而 BASE 理论强调，在分布式系统下的数据一致性应该放弃瞬时态的一致性来换取服务的可用性和数据的最终一致性。数据一致性模型可以分为下面三类：

- 强一致性：是程度最高的一致性要求，也是最难实现的。以关系数据库中更新操作为案例，系统中的某个数据被成功更新后，后续任何对该数据的读取操作都是更新后的值。
- 弱一致性：系统中的某个数据被更新后，后续对该数据的读取操作可能得到更新后的值，也可能是更改前的值。但经过"不一致时间窗口"这段时间后，后续对该数据的读取都是更新后的值。
- 最终一致性：在某一时刻用户或者进程查询到的数据可能都不同，但是最终成功更新的数据都会被所有用户或者进程查询到。简单理解为，在一段时间后，数据会最终达到一致状态。这个状态是弱一致性的特殊形式，存储系统保证在没有新的更新的条件下，最终所有访问的都是最后更新的值。

7.2.4 CAP 理论

分布式事务一直是业界的难题，难在 CAP 定理，即一个分布式系统最多只能同时满足一致性（Consistency）、可用性（Availability）和分区容错性（Partition tolerance）这三项中的两项。

- C：表示一致性，所有数据变动都是同步的，数据一致更新。
- A：表示可用性，指在任何故障模型下，服务都会在有限的时间内处理响应。
- P：表示分区容忍、分区容错性和可靠性。

在分布式系统中，网络无法 100%可靠，分区其实是一个必然，如果我们选择了 CA 而放弃了 P，那么当发生分区现象时，为了保证一致性，必须拒绝请求，但是 A 又不允许，所以分布式系统理论上不可能选择 CA 架构，只能选择 CP 或者 AP 架构。由于关系数据库是单节点的，因此不具有分区容错性，但是具有一致性和可用性。而分布式的服务化系统都需要满足分区容错性，那么我们必须在一致性和可用性中进行权衡，具体表现在服务化系统处理的异常请求在某一个时间段内可能是不完全的，但是经过自动的或者手工的补偿后，达到了最终一致性。

7.2.5 BASE 理论

BASE 理论解决了 CAP 理论提出的分布式系统一致性和可用性不能兼得的问题，BASE 在英文中有"碱"的意思，而 ACID 有"酸"的意思，所以基于这两个英文提出了酸碱平衡理论。简单来说，就是需要在不同的场景下，分别使用 ACID 或者 BASE 来解决分布式系统中数据的一致性问题。

BASE 理论与 ACID 截然不同，BASE 理论满足 CAP 理论，通过牺牲强一致性，获得可用性，一般应用在服务化系统的应用层或者大数据处理系统，通过达到最终一致性来尽量满足业务的绝大部分需求。BASE 理论包含三个元素。

- BA：Basically Available，基本可用。
- S：Soft State，柔性状态，状态可以有一段时间不同步。
- E：Eventually Consistent，最终一致性，最终数据是一致的，而不是时时保持强一致性。

BASE 理论的柔性状态是实现 BASE 理论的方法，基本可用和最终一致性是目标。按照 BASE 理论实现的系统，由于不保证强一致性，系统在处理请求的过程中，可以存在短暂的不一致性。在短暂的不一致性窗口，请求处理处于临时状态中，系统在进行每步操作时，记录每一个临时状态；当系统出现故障时，可以从这些中间状态继续未完成的请求处理或者退回到原始状态，最后达到一致状态。

BASE 理论解决了 CAP 理论中没有网络延迟的问题，在 BASE 理论中用柔性状态和最终一致性保证了延迟后的一致性。

柔性事务的理念则是通过业务逻辑将互斥锁操作从资源层面上移至业务层面。通过放宽对强一致性的要求，来换取系统吞吐量的提升。另外提供自动的异常恢复机制，在发生异常后也能确保事务的最终一致性。

7.3 微服务架构的数据一致性

微服务架构下，最好的分布式数据一致性解决方案就是尽量避免分布式事务，然而，在很多场景下，分布式事务是难以避免的。在金融、电信领域中，很多业务场景要求数据的强一致性，同时要保证服务的可扩展性和可靠性。如何保证分布式事务下的数据一致性成为微服务架构的一个重要课题和难点。

7.3.1 解决方案概览

在工程领域，分布式事务的讨论主要聚焦于强一致性和最终一致性的解决方案。常见的分布式事务有基于 XA 协议的两阶段（2PC）提交模式，以及改良版本的三阶段（3PC）提交模式。Java 事务编程接口（Java Transaction API，JTA）和 Java 事务服务（Java Transaction Service，JTS）正是基于 XA 协议的实现。分布式事务包括事务管理器 TM（Transaction Manager）和一个或多个支持 XA 协议的资源管理器 RM（Resource Manager）。在微服务架构下，我们倾向使用最终一致性的方案。下面将介绍 2PC 模式、TCC 模式、Saga 模式等。

- 2PC 模式，分布式事务比较典型的解决方案，但是对于微服务架构而言，可能这一方案并不适用，主要原因是不同微服务可能使用的数据存储类型不同。如果使用的 NoSQL 不支持事务的数据库，那么事务根本无法实现 2PC 模式。此外，2PC 模式本身也存在同步阻塞、单点故障和性能问题。
- TCC 模式，相比 2PC 模式，具有更强的灵活性和性能优势，TCC 模式本质上是基于服务层的 2PC 编程模式，把事务从数据库层的事务操作逻辑抽象到业务服务层，通过服务层业务逻辑实现服务的补偿模式。
- Saga 模式，核心理念是将事务切分成一组依次执行的短事务，也可以理解成基于业务补偿逻辑实现分布式下的高性能分布式事务模式。较之基于单一数据库资源访问的本地事务，分布式事务的应用架构更为复杂。在不同的分布式应用架构下，实现一个分布式事务要考虑的问题并不完全一样，比如对多资源的协调、事务的跨服务传播、业务的侵入性、隔离性等，实现机制也是复杂多变的。
- 可靠消息模式的解决方案是使用消息队列进行系统间的解耦。由上游服务发起事件，通过消息队列传递到下游服务，下游服务接收到消息后进行事件消费，最终完成业务，达到数据一致。为了解决消息队列及上下游服务的不可靠性，通常还会借助额外的事件表和定时器辅助完成数据补偿。

7.3.2 两阶段提交模式

2PC（两阶段提交）

2PC 是一个非常经典的强一致、中心化的通过原子提交来实现分布式事务一致性管理的协议。这里所说的中心化指协议中有两类节点：中心化协调者节点（Coordinator）和 N 个参与者节点

（Participant）。当一个事务跨越多个节点时，为了保持事务的 ACID 特性，需要协调者统一掌控所有节点（又称作参与者）的操作结果，并最终指示这些节点是否要把操作结果进行真正的提交或回滚。

2PC 将整个事务流程分为两个阶段：准备阶段（Prepare Phase）和提交阶段（Commit Phase）。整个事务过程由事务管理器和参与者组成，事务管理器负责决策整个分布式事务的提交和回滚，事务参与者负责自己本地事务的提交和回滚。大部分关系数据库，如 Oracle、MySQL，都支持两阶段提交协议。下面是计算机数据库进行两阶段提交的说明。

- 准备阶段：事务管理器为每个参与者准备（Prepare）消息，每个参与者在本地执行事务，并写本地的 Undo/Redo 日志，此时事务没有被提交。（Undo 日志记录修改的数据，用于数据回滚；Redo 日志记录修改后的数据，用于提交事务后写入数据文件）。
- 提交阶段：如果事务管理器收到了参与者执行失败或者超时的消息，则直接向每个参与者发送回滚消息；否则，发送提交消息。参与者根据事务管理器的消息执行提交或者回滚操作，并释放事务处理过程中使用的锁资源。

2PC 的算法思路可以概括为：参与者将操作成败的结果通知协调者，再由协调者根据所有参与者的反馈情报决定各参与者是执行提交操作还是回滚操作。两阶段提交就是分成两个阶段提交，第一阶段询问各个事务数据源是否准备好，第二阶段才真正将数据提交给事务数据源。但因为 2PC 协议成本比较高，又有全局锁的问题，性能会比较差。现在我们基本上不会采用这种强一致性解决方案。2PC 流程如下图所示。

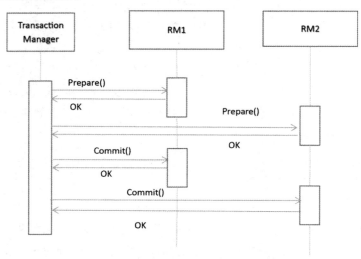

在 2PC 中，如果两阶段出现协调者和参与者都宕机的情况，则有可能出现数据不一致的问题，同时还存在着诸如同步阻塞、单点问题、脑裂等问题，所以研究者们在 2PC 的基础上做了改进，提出了 3PC。

3PC（三阶段提交）

3PC 是 2PC 的改进版本，流程如下图所示。

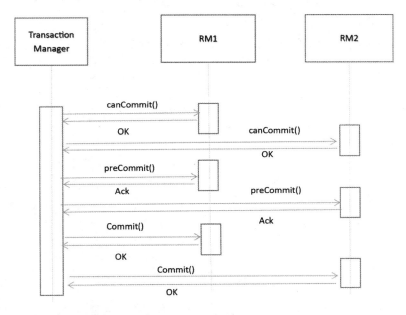

3PC 要解决的最关键问题就是协调者和参与者同时宕机的问题，所以 3PC 将 2PC 的第一阶段一分为二，形成了由 canCommit、preCommit 和 Commit 3 个阶段组成的事务处理协议。

3PC 的核心理念是：在询问时并不锁定资源，除非所有参与者都同意了，才开始锁资源。一旦参与者无法及时收到来自协调者的信息，它就会默认执行 Commit，而不会一直持有事务资源并处于阻塞状态，但是这种机制也会导致数据一致性问题。3PC 在 2PC 的基础上做了如下改进：

- 增加了超时机制。
- 在两阶段之间插入了准备阶段。

7.3.3 TCC 补偿模式

关于 TCC（Try-Confirm-Cancel）的概念，最早是由 Pat Helland 在 2007 年发表的一篇名为 *Life beyond Distributed Transactions:an Apostate's Opinion* 的论文中提出的。在该论文中，TCC 还是以 Tentative-Confirmation-Cancellation 命名的。

TCC 的核心思想是：针对每个操作都要注册一个与其对应的确认和补偿（撤销）操作。TCC 事务处理流程和 2PC 类似，不过 2PC 通常都在跨库的 DB 层面，而 TCC 本质上就是一个应用层面的 2PC，需要通过业务逻辑来实现。

TCC 模式的工作原理

TCC 模式的工作原理如下图所示。TCC 将一个完整的事务提交分为 Try、Confirm、Cancel 3 个操作。

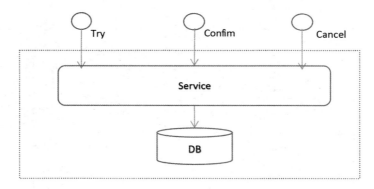

- Try：预留业务资源/数据效验。
- Confirm：确认执行真正要执行的业务，如果所有事务参与者的 Try 操作都执行成功了，就会调用所有事务参与者的 Confirm 操作，确认资源。Confirm 操作满足幂等性，要求具备幂等设计，Confirm 失败后需要进行重试。
- Cancel：取消执行，如果有事务参与者在 Try 阶段执行失败，就调用所有已成功执行 Try 阶段的参与者的 Cancel 方法，释放 Try 阶段占用的资源。Cancel 操作满足幂等性，Cancel 阶段的异常和 Confirm 阶段的异常处理方案基本上一致。

下面是实际模拟用户下单的一个业务场景使用 TCC 模式的主要流程图。TCC 第一阶段是图中的粗线条部分，这个阶段需要分别执行订单服务和库存服务的 Try 事务，预留必需的业务资源；在第一阶段执行成功后，就会进入第二阶段的 Confirm 操作，如果不成功，则进行 Cancel 操作。

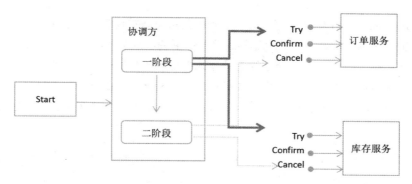

TCC 的优点和缺点

- TCC 的优点：让应用自己定义数据库操作的粒度，使降低锁冲突、提高吞吐量成为可能。TCC 的特点在于业务资源检查与加锁，一阶段进行校验，锁定资源，如果第一阶段都成功，则第二阶段对锁定资源进行交易逻辑，否则对锁定资源进行释放，这样就避免了数据库两阶段提交中的锁冲突和长事务低性能风险。
- TCC 的缺点：业务逻辑的每个分支都需要实现 Try、Confirm、Cancel 3 个操作，应用侵入性较强，改造成本高。另外，实现难度较大，需要按照网络状态、系统故障等不同的失败原因实现不同的回滚策略。为了满足一致性的要求，Confirm 和 Cancel 接口必须实现幂等。

TCC 的开源解决方案

目前，国内的蚂蚁金服主要采用 TCC 模式进行分布式事务管理。下面总结了常用的 TCC 开源分布式管理框架：

- Seata
- Tcc-transaction
- Hmily
- ByteTCC
- EasyTransaction

7.3.4　Saga 长事务模式

1987 年，普林斯顿大学的 Hector Garcia-Molina 和 Kenneth Salem 发表了一篇论文：*Sagas*[1]。这篇论文提出了使用 Saga 机制作为分布式事务的替代品，以解决长时间运行的分布式事务

1　Saga：一个长活事务可被分解成可以交错运行的子事务集合。

（long-Lived Transaction，LLT）问题，LLT指长时间持有数据库资源的长活事务。该论文认为业务过程经常由很多步骤组成，每一个步骤都涉及一个事务，如果将这些事务组成一个分布式事务，就可以实现总体一致。然而在长时间运行的分布式事务中，使用分布式事务会影响效率和系统的并发处理能力，因为在执行分布式事务时会有锁产生。Saga通过确保每一个业务过程都有修正事务来减少系统对分布式事务的依赖。这种在业务流程中执行修正事务的方式最终保证了系统数据一致性。

每一个 LLT 的 Saga 都由一系列 sub-transaction T_i 组成，每个 T_i 都有对应的补偿动作 C_i，补偿动作用于撤销 T_i 造成的结果。同时 Saga 定义了两种恢复策略：

- 向后恢复模式（Backward Recovery），在这种模式下，每一个内部子事务都有一个对应的补偿事务，如果任一子事务失败，则将撤销之前所有成功的 sub-transaction，使整个 Saga 的执行结果都撤销。
- 向前恢复模式（Forward Recovery），这种模式假设每个子事务最终都会成功，适用于必须要成功的场景，执行顺序如下：$T1$, $T2$, …, T_j（失败），T_j（重试），…, T_n，其中 T_j 是发生错误的 sub-transaction，此时执行重试逻辑，在该模式下不需要执行补偿事务。

微服务架构大师 Chris Richardson 在介绍微服务架构与数据一致性技术时，提出了 Saga 模式，将微服务中的分布式事务划分为一组小的事务，所划分事务或者全部提交，或者全部回滚。强调在微服务中，每个单独的微服务都可以确保 ACID，因为每一个微服务都具备自己的数据库，但是，Saga 模式作为整体并不保证隔离性，所以需要对异常情况进行补偿操作。

在 Saga 模式中，为了保障事务提交和回滚，应使用事务日志结尾和消息传递的方式。在发消息之前，将消息写入本地数据库，这就是所谓的事务日志结尾。它的作用是当新的日志到来时，可以直接发布，这样就可以强化 ACD 特性；同时 Saga 模式中子模块之间的消息通信建议采用消息传递方式，因为和 HTTP 通信协议相比，消息传递方式具备持久性。

Saga 模式的工作原理

在微服务架构下，Saga 存在两种协调模式。

- 编排模式（Choreography）

这种模式在微服务之间传递 Saga，没有重协调器，每个微服务都监听其他服务，并决定采取行动。这种模式最大的优势就是简单，容易理解，参与者之间松散耦合，对于参与者较少的情况，适合采用这种模式。下面是使用编排模式的分布式事务时序图，实线表示消息发布，虚线表示订阅。

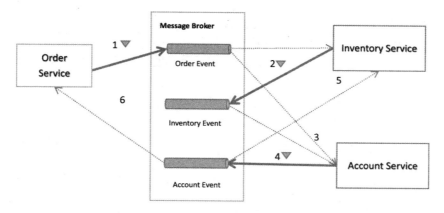

事件执行顺序如下：

（1）订单服务（Order Service）在 Approval_pending 状态下创建了订单，并发布订单创建事件。

（2）库存服务（Inventory Service）消费订单创建事件，在 Inventory_pending 状态下验证订单，订单出库，并创建 Inventory Create Event。

（3）账户服务（Account Service）消费订单创建事件并进入等待的状态。

（4）账户服务消费 Inventory Event，收取费用并发布 Account Event。

（5）库存服务订阅 Account Event 商品出库，更改 Inventory_pending 状态为 Accept 状态。

（6）订单服务收到 Account Event，订单状态改为 Approved 状态。

（7）如果上述订单服务失败，那么库存服务消费费用收取失败事件，回滚之前库存事务清单，将状态改为拒绝。

（8）如果上述账户服务失败，那么订单服务消费费用收取失败事件，回滚订单状态改为拒绝。

- 编制模式（Orchestrator）

这种模式需要一个集中的服务触发器，跟踪 Saga 的所有子任务调用情况，根据调用情况来决定是否采用补偿措施。这种中央协调的方式可以减少每一个微服务之间的循环依赖，集成处理事件决策和逻辑排序，也更容易推理 Saga 组合，保证长事务数据的最终一致性。使用业务流程时，可以定义一个控制类，其唯一职责是告诉 Saga 参与者该做什么。Saga 控制使用命令或异步回复样式交互与参与者进行通信。下面是使用编制模式的分布式事务时序图，实线表示消息 request，虚线表示消息 reply。

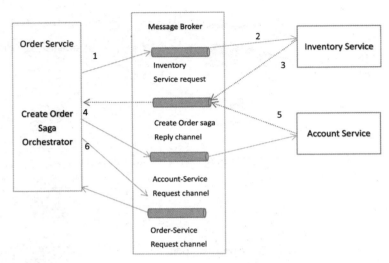

事件执行顺序如下：

（1）订单服务（Order Service）创建一个订单和一个订单控制器：Saga Orchestrator。

（2）Saga Orchestrator 向库存服务（Inventory Service）发送一个创建订单命令。

（3）库存服务回复库存出库命令。

（4）Saga Orchestrator 向账号服务（Account Service）发送一个费用收取命令。

（5）账号服务回复订单费用扣除命令。

（6）Saga Orchestrator 向订单服务发送一个订单已批准命令。

> 说明：基于业务流程，Saga 编制的每个步骤都包括更新数据库和发布消息的服务，例如订单服务持久化和创建 Saga Orchestrator，并向第一个 Saga 参与者发送消息。第一个 Saga 参与者是库存服务，通过更新数据库回复消息。然后订单服务通过更新 Saga 协调器的状态向下一个 Saga 参与者发送命令，并处理参与者的命令回复响应，服务必须使用事务性的消息传递，以便自动更新数据并发布消息。

编排模式与编制模式

微服务中推荐使用编制模式。相比编排模式，编制模式有下面几个优势。

- 编制模式有更简化的依赖关系。编排模式中，服务之间需要掌握相互依赖关系，而且针对不同的异常，可能还需要采用不同的补偿措施，Saga Orchestrator 则调用 Saga 参与者，所有参与者之间是不需要了解 Orchestrator 的实现细节的。
- 每个服务只需要暴露各自的 API 供 Orchestrator 调用即可，因此每个微服务之间有较少耦合，可以降低每个参与者的复杂度。
- 可以使用 Saga Orchestrator 更加方便地增加或减少 Saga 分布式事务逻辑，不需要改变每一个参与者的 Saga 内部事务。同时可以基于 Orchestrator 进行关注点分离，并简化业务，操作更加容易、方便。

Saga 与 ACID

Saga 不提供对整体隔离性的保证。一个长事务划分为若干本地事务，在本地事务提交后，整个 Saga 未完成之前，其他服务可以访问"未完成"的中间状态事务数据；Saga 协调器实现原子特性，通过日志实现持久性；通过本地日志与 Saga 日志保证事务一致性。所以 Saga 模式只支持 ACD，不提供隔离性的保证。

Saga 与 2PC 的区别

Saga 与 2PC 最主要的区别在于，2PC 是一个强一致性的分布式事务模式，Saga 和 TCC 都通过应用服务层牺牲 ACID 特性来实现事务的最终一致性，Saga 和 TCC 可以理解为分布式环境下通过事务补偿模式的事务控制模型，只是 Saga 和 TCC 有各自不同的实现策略。

Saga 与 TCC 的区别

Saga 和 TCC 最大的区别在于，Saga 没有预留资源，而是直接提交到数据库，Saga 比 TCC 少了一步 Try 操作，无论最终事务成功或失败，TCC 都需要与事务参与方交互两次。而 Saga 在事务成功的情况下只需要与事务参与方交互一次。如果事务失败，则需要采取补偿事务的方式进行回滚。

Saga 的开源解决方案

Saga 为相互独立、自治的微服务提供了一种分布式网络场景下的数据一致性的解决方案。下面是一些 Saga 模式的开源解决方案，由于篇幅所限，这里不再赘述方案的实现细节。

- ServiceComb Saga
- Axon Framework
- Eventuate-tram-sagas

7.3.5 可靠消息模式

可靠消息模式主要采用一个可靠的消息中间件作为中介，事务的发起方在完成本地事务后向可靠的消息中间件发起消息，事务消费方在收到消息后处理消息，该方案强调的是双方最终的数据一致性。

如下图所示，订单服务将消息发送给订单服务队列，库存服务监听订阅了订单服务的消息队列，并从消息队列中消费信息。由此可以看到，从事务的发起方到消息中间件，再到事务的消费方，中间都会通过网络，由于网络的不可靠性，导致分布式事务的数据不一致性。

基于这种网络的不可靠性，依靠本地消息表和可靠消息队列的模式可以解决分布式事务的不一致性。而这种模式，对业务的侵入性相对较小，在实现复杂度上也比较可控，国内很多互联网公司都采用了可靠消息模式来解决分布式事务的一致性问题。而这一方案的提出和思路来源于Ebay，之后这种模式在业内被广泛使用。这种分布式事务模式的本质是本地事务+可靠消息，以达到最终事务的一致性。我们来看可靠消息模式的具体实现原理，如下图所示。

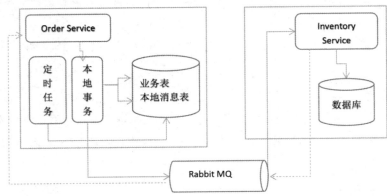

可靠消息模式的思想是：事务的发起方需要额外创建一个本地消息表，将本地消息表和业务数据放在同一个事务中提交执行。也就是说，二者要么同时成功，要么同时失败。例如，将订单创建事务和库存验证及库存出库事件消息日志放入同一个事务中，下面是伪代码举例：

```
begin transaction:
```

```
        Create Order(); //订单创建事务
        Inventory accept event(); //库存出库事件消息
Commit transaction;
```

从上述伪代码可知，本地数据库与库存出库事务处于同一事务中，二者的绑定操作具备了原子性，工作时序如下：

（1）本地事务提交后，可以使用触发的方式对本地消息表进行查询和消息推送，或者使用定时器的方式轮询本地消息表进行消息推送。

（2）消费者的消息可以使用可靠的消息中间件机制，例如 RabbitMQ 中的 ACK（消息确认机制）保证消费者可以一定消费到消息；又如库存服务在接收到消息并且完成消息业务处理后，回复 ACK，说明此时库存服务已经正确同步数据；如果库存服务没有回复 ACK，则消息中间件在没收到 ACK 消息时，将保留消息，并重复投递此消息。

（3）当消息中间件反馈消费成功后，库存服务可以回调一个订单服务的确认 API，这时订单服务可以从本地事务表中删除对应的消息队列。

（4）在订单服务中，如果定时任务重复把本地事务表中的消息发到库存服务，则需要消息消费方（库存服务）提供消息的幂等性支持。

幂等性

简单来说，幂等性的概念就是：除了错误或者过期的请求（换言之就是成功的请求），无论多次调用还是单次调用，最终得到的效果都是一致的。通俗来说，只要有一次调用成功，再采用相同的请求参数，无论调用多少次（重复提交），都应该返回成功。

例如库存服务对外提供服务接口，必须承诺实现接口的幂等性，这一点在分布式系统中极其重要。

- 对于 HTTP 调用，承诺幂等性可以避免表单或者请求操作重复提交，造成业务数据重复。
- 对于异步消息调用，承诺幂等性通过对消息去重处理也是为了避免重复消费造成业务数据重复。

下面是几种常用的幂等性处理设计方案。

- 数据库表设计对逻辑上唯一的业务键唯一索引，这是在数据库层面做最后的保障。
- 业务逻辑上的防重，例如创建订单的接口，首先通过订单号查询库表中是否已经存在对应的订单，如果存在，则不做处理，直接返回成功。

补偿方案

在可靠消息事务方案中，事务发起方需要确保消息发送到消息队列中，而消息队列成为系统的瓶颈。当消息队列异常，或者消息消费失败导致数据不一致时，需要采取补偿措施，而常用的补偿方案由消息消费方负责。之所以使用消费方补偿模式有下面两个主要理由：

- 一般来说，数据不一致大概率发生在消息消费异常场景，如果由消息发送方补偿错误，往往无法解决消费异常问题；同时一个消息可能存在多个消费方，如果消息补偿模块在所有上游服务中编写，可能无法满足所有消费方的异常补偿场景。
- 当消费方出现问题时，需要定位事务发起方，然后才能通过上游来补偿，这种方式会增加处理生产问题的复杂度。

异步消息交互时，采取的补偿措施通常统一由消息消费方实现，这种方式将类似本地事件表的方式，在消息消费失败后，将失败消息写入本地数据库，然后启动定时任务进行重试，当达到重试上限时，进行预警和人工干预。

RabbitMQ 可靠消息传输实践

在众多消息队列中，RabbitMQ 最重要的特性就是将消息的可靠性作为传输消息考虑的第一要素。目前，RabbitMQ 已经成为金融行业中消息队列的标配。我们将通过 RabbitMQ 的几个关键因素讲解 RabbitMQ 如何保证消息的可靠传输。RabbitMQ 流程如下图所示。

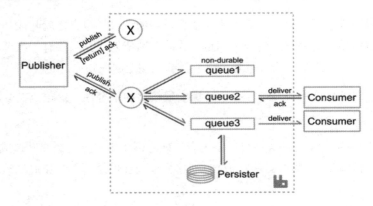

确认机制

网络异常、机器异常、程序异常等多种情况都可能导致业务丢失消息。对消息进行确认可以解决消息的丢失问题，确认成功意味着消息已被验证并被正确处理。确认机制能用在两个方向：允许消费者告诉服务器（Broker）已经收到了消息，也允许服务器告诉生产者接收到了消息。前者就是我们常说的消费者 ACK，后者就是我们常说的生产者 Confirm。

RabbitMQ 使用生产者消息确认、消费者消息确认机制来提供可靠交付功能。

- 生产者消息确认：生产者向 RabbitMQ 发送消息后，等待它回复确认成功；否则生产者向 RabbitMQ 重发该消息。此过程可以异步进行，生产者持续发送消息，RabbitMQ 将消息批量处理后再回复确认；生产者通过识别确认返回中的 ID 来确定哪些消息被成功处理。开启生产者消息确认机制：

```
#开启发送确认
spring.rabbitmq.publisher-confirms=true
#发送失败退回
spring.rabbitmq.publisher-returns=true
```

- 消费者消息确认：RabbitMQ 向消费者投递消息后，等待消费者回复确认成功；否则 RabbitMQ 重新向消费者投递该消息。该过程同样可以异步处理，RabbitMQ 持续投递消息，消费者批量处理完后回复确认。可以看出，RabbitMQ/AMQP 提供的是"至少一次交付"（at-least-once delivery）的策略，异常情况下消息会被重复投递或消费。开启消费者消息确认机制：

```
#开启 ACK
spring.rabbitmq.listener.simple.acknowledge-mode=manual
```

持久化机制

设置交换机、队列和消息都为持久化，它可以在服务器重启时保证消息不丢失信息，集群节点提供冗余能力，对解决 Broker 的单点故障至关重要。在 RabbitMQ 集群中，所有的定义都可以被冗余处理，例如交换器和绑定关系等，而队列只存在于一个节点上。对于队列而言，可以通过配置把队列镜像到多个节点上。

- 交换机的持久化（通过查看源码易知，默认是支持持久化的），代码如下：

```
@Bean
DirectExchange advanceExchange() {
    return new DirectExchange(exchangeName);
}
```

- 队列的持久化（通过查看源码易知，默认是支持持久化的），代码如下：

```
@Bean
public Queue advanceQueue() {
    return new Queue(queueName);
}
```

- 消息的持久化。当我们使用 RabbitTemplate 调用 convertAndSend(String exchange, String routingKey, final Object object)方法时，默认是持久化模式。

生产者

当使用确认机制时,生产者从连接或者 Channel 故障中恢复过来,会重发没有被 Broker 确认签收的消息。如此一来,消息就可能被重复发送,可能是由于网络故障等原因,Broker 发送了确认,但是生产者没有收到而已。或者消息根本就没有发送到 Broker。正因为生产者为了可靠性可能会重发消息,所以在消费者消费消息处理业务时,还需要去重,或者对接收的消息做幂等处理(推荐幂等处理)。生产者增加确认机制非常简单,Channel 开启 Confirm 模式,然后增加监听即可。

```
//选择确认机制
channel.confirmSelect();
//确认消息监听
channel.addConfirmListener(new ConfirmListener() {
    @Override
    public void handleAck(long deliveryTag, boolean multiple) throws IOException {
        System.out.println("消息已经ack, tag: " + deliveryTag);
    }
    @Override
    public void handleNack(long deliveryTag, boolean multiple) throws IOException {
        //对于消费者没有 ACK 的消息,可以做一些特殊处理
        System.out.println("消息被拒签, tag: " + deliveryTag);
    }
});
```

说明:RabbitMQ 还有事务机制(txSelect、txCommit、txRollback),也能保障消息的发送。不过事务机制是"同步阻塞"的,所以不推荐使用。而 Confirm 模式是"异步"机制。通过事务机制与 Confirm 模式的 TPS 性能对比,我们可以很明显地看到,事务机制是性能最差的。

RabbitMQ 支持的 4 种交换器类型中,只有 fanout 模式不存在路由不到队列的情况。因为它会自动路由到所有队列中,跟绑定 Key 没有任何关系。所以,在满足业务的前提下,笔者建议,尽可能使用 fanout 模式的类型交换器。

DLX(Dead Letter Exchange,死信邮箱或死信交换机)就是一个普通的交换机,与一般的交换机没有任何区别。当消息在一个队列中变成死信时,通过这个交换机将死信发送到死信队列中。

我们可以通过 DLX 来解决这个问题,假设一些消息没有被消费,那么它就会被转移到绑定的 DLX 上。对于这类消息,我们消费并处理死信队列即可。

```
Map<String, Object> argsMap = new HashMap<>();
//死信队列
argsMap.put("x-dead-letter-exchange", DLX_EXCHANGE_NAME);
```

```java
//设置队列过期时间
argsMap.put("x-message-ttl", 60000);
channel.exchangeDeclare(EXCHANGE_NAME, BuiltinExchangeType.DIRECT, true);
//死信的关系一定要在 queue 声明时指定，而不能在 exchange 声明时指定
channel.queueDeclare(Queue_NAME, true, false, false, argsMap);
```

消费者

只有消费者确认的消息，RabbitMQ 才会删除它，不确认就不会被删除。所以，在消费端，建议关闭自动确认机制。应该在收到消息、处理完业务后，手动确认消息。消费者手动确认消息的实现代码如下：

```java
DefaultConsumer consumer = new DefaultConsumer(channel) {
    @Override
    public void handleDelivery(String consumerTag, Envelope envelope,
                    AMQP.BasicProperties props, byte[] body){
        System.out.println("死信队列接收的消息：" + new String(body));
        //手动确认消息接收成功
        channel.basicAck(envelope.getDeliveryTag(), false);
        //channel.basicNack(envelope.getDeliveryTag(), false, false);
    }
};
//推模式，并且关闭自动确认机制，即 autoAck=false
channel.basicConsume(Queue_NAME, false, consumer);
```

注意上面方法中 void basicAck(long deliveryTag, boolean multiple)的第二个参数 multiple。要说明这个参数的含义，首先需要清楚 "deliveryTag" 概念，即投递消息的唯一标识符，它是一个 "单调递增" 的 Long 型正整数。假设此次 basicAck 的 tag 为 123456，如果 multiple=false，则表示只确认签收这一条消息。如果 multiple=true，则表示确认签收 tag 小于或等于 123456 的所有消息。

7.4 小结

在微服务架构下，我们强调要根据微服务的数据类型和业务场景选择合适的后端数据存储类型。对于微服务架构下分布式应用中的数据一致性管理，不推荐使用分布式事务，微服务数据架构通过放弃分布式网络的强一致性，来提升微服务之间的交互性能。另外，在微服务数据架构中，我们介绍了常见的 TCC、Saga、可靠消息模式，可以作为保证数据之间最终一致性的解决方案。

第 8 章
微服务交付

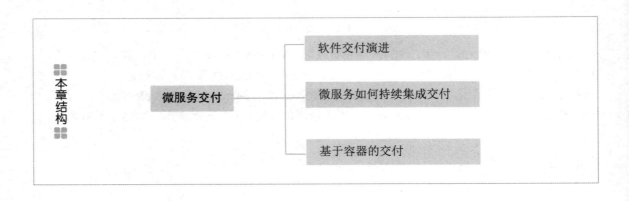

软件交付作为软件工程中的一个重要环节,在过去的软件发展历程中一直不断地演进和优化。从最早的瀑布式软件开发过程到敏捷开发流程,从 Scrum 到 DevOps,针对软件交付的方法论和技术也一直在延续发展。目前,基于容器技术的发展,软件交付的频率从按月交付转变为按天交付,交付平台工具和软件架构的发展使交付的成本越来越低,耗费的时间越来越少,不仅提高了工程师的交付、运维、生产效率,也极大地缩短了用户体验软件价值的周期。

持续集成指软件开发人员在开发完成后进行系统集成的过程,包括编译、发布、自动化测试等步骤。而持续交付建立在持续集成的基础上，它将最终产品发布给用户。

目前，越来越多开发者采用微服务进行软件构建和云原生架构的开发，对自动化运维工具的需求也越来越大。微服务拆分后，细粒度的服务足够小，可以独立部署，能做到对变化及时响应，持续集成和持续部署成为微服务规模化交付的基石。

本章我们将介绍软件交付的演进历史，同时会探讨微服务采用什么工具保证持续集成与持续交付，最后介绍脱胎于微服务架构思想的容器技术如何来帮助微服务持续集成和交付。

8.1 软件交付演进

从宏观角度来说，软件开发活动同任何事物一样，都存在诞生、成长、成熟、衰亡的生命过程，一般称为"软件生命周期"。在软件发展演进历程中，软件过程模型和交付方式都发生了革命性的演进和进化。

8.1.1 软件过程模型

所谓软件过程模型，就是一种开发策略，这种策略针对软件工程的各个阶段提供了一套范形，使工程的进展达到预期目的。下面我们来看不同时期的软件过程模型。

瀑布模型（Waterfall Model）

瀑布模型提出了软件开发的系统化的、顺序的方法。其流程从收集需求开始，通过分析、设计、编码、测试和维护过程，最终提供一个完整的软件，并提供持续的技术支持，如下图所示。

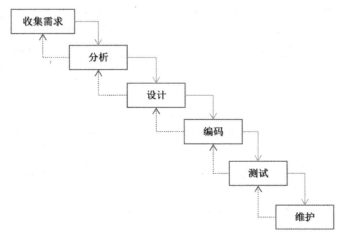

模型特点：

- 阶段间具有顺序性和依赖性。必须等前一阶段的工作完成后，才能开始后一阶段的工作。
- 文档驱动的开发方式，没有合格的文档就是没有完成该阶段的任务。
- 前一阶段的输出文档就是后一阶段的输入文档，因此，只有前一阶段的输出文档正确，后一阶段的工作才能得到正确的结果。
- 每个阶段结束前都要对所完成的文档进行评审，以便及早发现问题，改正错误。但是事实上，越是早期阶段犯下的错误，暴露出来的时间越晚，排除故障改正错误所需付出的代价也就越大。因此，"及时审查"是保证软件质量、降低软件成本的重要措施。

增量模型（Incremental Model）

增量模型指把软件产品作为一系列增量构件来设计、编码、集成和测试。每次把新的构件集成到现有软件中时，所得到的软件必须是可测试的。它对软件过程的考虑是：在整体上按照瀑布模型的流程实施项目开发，以方便对项目的管理；但在软件实际开发过程中，却将软件系统按功能分解为许多增量构件，并以构件为单位逐个创建与交付，直到全部增量构件创建完成，并都被集成到系统中，交付用户使用。

模型特点：

- 当使用增量模型时，第一个增量往往是核心的产品。
- 客户对每个增量的使用和评估都作为下一个增量发布的新特性和功能。
- 该模型的每一个线性序列都产生软件的一个可发布的"增量"。

基于构件的开发模型

基于构件的开发方法指利用预先包装的构件来构造应用系统。构件可以是组织内部开发的构件，也可以是商品化的成品构件。基于构件的开发模型具有许多螺旋模型的特点，本质上它是演化模型，需要以迭代方式构件软件。其不同之处在于，基于构件的开发模型采用预先打包的软件构件来开发应用领域。

模型特点：

- 应用软件可由预先编好的、功能明确的产品构件定制而成，并用不同版本的构件实现应用的扩展和更新。
- 利用模块化方法，构件可复用。提高了开发效率，将复杂的难以维护的系统分解为互相独立、协同工作的构件，并努力使这些构件可反复重用。
- 突破时间、空间及不同硬件设备的限制，利用客户和软件之间统一的接口实现跨平台的互操作。

统一过程模型

统一过程模型（Rational Unified Process，RUP）是一种"用例和风险驱动，以架构为中心，迭代并且增量"的开发过程，由 UML 方法和工具支持。迭代是将整个软件开发项目划分为许多"袖珍项目"，每个"袖珍项目"都包含正常软件项目的所有元素，如需求、分析设计、实施、测试、部署，以及内部和外部的发布，如下图所示。

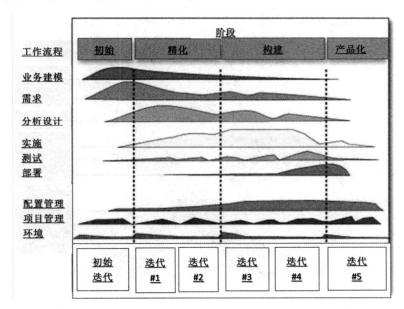

模型特点：

- RUP 可以用二维坐标来描述。横轴通过时间组织，是过程展开的生命周期特征，体现开发过程的动态结构，用来描述的术语主要包括周期（Cycle）、阶段（Phase）、迭代（Iteration）和里程碑（Milestone）。
- 纵轴以内容来组织，是自然的逻辑活动，体现开发过程的静态结构，用来描述的术语主要包括各种项目活动及工作流程。

敏捷开发（Agile Development）

敏捷开发的总体目标是通过"尽可能地、持续地对有价值的软件的交付"使客户满意。通过在软件开发过程中加入灵活性，敏捷开发使用户能够在开发周期的后期增加或改变需求。敏捷开发的典型方法有很多，每一种方法都基于一套原则，这些原则实现了敏捷开发所宣称的理念（敏捷宣言）。

持续集成、交付、部署（CI/CD）

- 持续集成（Continuous Integration，CI）：指频繁地将代码集成到主干，目的是使产品能够快速迭代，同时保持高质量。其核心措施是，代码集成到主干之前，必须通过所有的测试用例，只要有一个测试用例失败，就不允许集成到主干。
- 持续交付（Continuous Delivery，CD）：指在一个短周期内完成软件产品的产出过程，以保证软件可以稳定、持续地保持在随时可以发布的状况。它的目标在于让软件的构建、测试与发布变得更快更频繁。这种方式可以减少软件开发的成本与时间，减少风险。
- 持续部署（Continuous Deployment，CD）：是持续交付的下一步，指代码经过评审后，自动部署到生产环境。可以理解为 QA 测试完成后，应用准备部署上线生产环境，如下图所示。

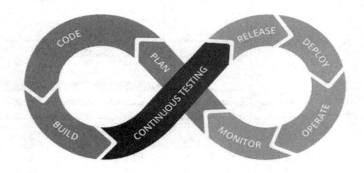

模型特点：

- 快速发现错误，每完成一点更新，就集成到主干，防止分支大幅度偏离主干。
- 持续部署的目标是，代码在任何时刻都是可部署的，可以进入生产阶段。
- 持续部署的前提是，能自动化完成测试、构建、部署等步骤。

8.1.2 交付演进历程进阶

早期的软件交付模式

从软件过程模型的变化，我们可以发现，软件工程开发过程最早借鉴了建筑行业。建筑行业的特点是施工周期长，工种众多，涉及的专业分门别类，从开发商到工程设计师，从实施建设的工人到质量监理等。而建筑行业的工作流程是把项目分为不同阶段，每个阶段每个流程都由不同的专业人士负责，而且各阶段之间还要保持严格的顺序性，下图是瀑布模型交付阶段的分解过程。

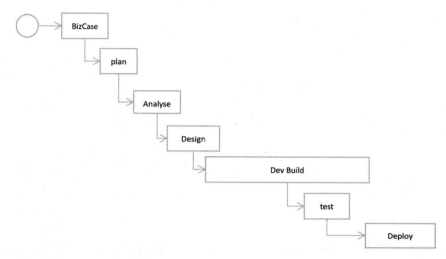

软件最早的瀑布模型正是借鉴的这一流程方式，成为软件开发早期（20 世纪 80 年代）事实上的软件交付标准。而这一流程本身存在诸多问题，例如项目前期投入巨大，导致后期被取消，50%以上项目预算需要翻倍等。增量模型本质上是基于瀑布模型的构建方式，这一软件交付主要模式的特性如下图所示。

敏捷开发模式

在软件最后交付阶段，瀑布模型很难对前期设计或者构建进行根本性的改动，这是导致采用软件失败的根本原因。如果前期无法确切知道要构建怎样的产品，就无法保证每个阶段的正确性。而软件工程与建筑行业有很大不同的地方是，软件的变更是很容易的，而实体建筑的每个阶段都需要缜密的设计，否则返工的成本是巨大的。软件变更后的构建并不困难，所以我们可以把软件开发的迭代过程分割成更小的周期，这样就可以在分解后的每个小周期中检验和改进，有利于减少返工，如下图所示。

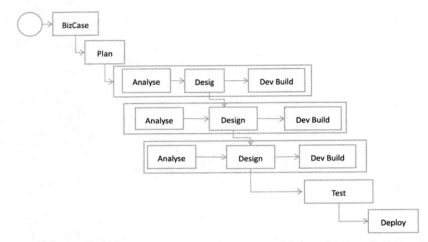

敏捷开发的方法论和过程模型强调，软件应该灵活应对变化。敏捷开发的核心价值观是：互动交流高于需求规格文档设计，软件架构师无法在软件开发的初期就设计完备的架构解决方案，而是将分析、设计分解到每个小的迭代开发周期中，给软件开发工程师赋予更高的责任，这样软件架构师不再是软件过程的瓶颈，而一线开发人员在面临挑战时可以提出更好和更切合实际的解决方案。在敏捷开发方法论中，项目的范围也是随着实际情况而变动的，时间和成本估计可以根据交付物通过大致推算得到，前期无法给出实际的价值评估和判断，敏捷开发的主要软件交付模式的特性如下图所示。

持续集成/交付（CI/CD）

我们看到敏捷开发方法论的软件过程模型解决了项目响应变化的问题，但客户还是无法体验产品，并获得实际的反馈，我们还需要面对频繁的测试集成和交付的挑战。

持续集成的好处是我们的代码在任何一个小的阶段中都是可供部署的，所以我们可以在更早的阶段验证软件的局部功能是否满足用户的期望，也可以及早发现软件潜在的问题，解决问题的成本也会更低，而软件集成和软件交付往往是可重复的工作，如果在每一次迭代中，我们都将这些测试、交付的工作自动化构建，将极大地提高生产率，开发工程师也可以将主要精力投入到业务的实际逻辑和业务功能中。

持续部署的好处是可以更快地发现软件的问题,也可以引入功能发布控制机制。我们可以把部分功能通过标识进行状态管理,例如 A/B 测试,进行量化的用户效果评估,这让我们可以更精准地验证用户的需求,也可以进一步改善产品,如下图所示。

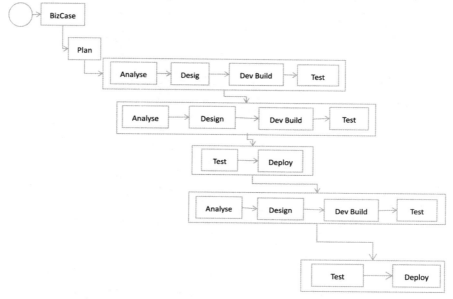

在持续交付过程中,需求以小批量的形式在团队的各个角色间顺畅流动,并在较短的周期内完成小粒度的频繁发布。实际上,频繁的交付不仅能持续为用户提供价值,还能产生快速的反馈,帮助业务人员制定更好的发布策略。该交付模式的特性如下图所示。

8.2 微服务如何持续集成交付

在微服务架构下,每一个微服务都是职责单一的、可独立部署单元,但是众多分散的微服务也带来了代码共享、微服务功能依赖、版本管理等复杂问题,微服务需要解决配置管理、服务持续集成、持续部署、快速交付过程中的一系列软件挑战。下面我们将讲解如何通过配置管理、持续集成、持续交付为微服务保驾护航。

8.2.1 配置管理概述

微服务架构下，应用被拆分为众多细粒度服务，对统一的配置管理的需求也随之增加。软件配置管理（Software Configuration Management，SCM）指通过执行版本控制、变更控制的规程，以及使用合适的配置管理软件，来保证所有配置项的完整性和可跟踪性。软件配置管理在整个软件生命周期中建立和维护项目产品的完整性，它的目标如下。

- 目标1：对软件配置的各项工作进行计划。
- 目标2：被选择的项目产品得到识别、控制并且可以被相关人员获取。
- 目标3：已识别出的项目产品的更改得到控制。
- 目标4：使相关组别和个人及时了解软件基准的状态和内容。

软件配置项

在配置管理流程中，IT组件及运用这些IT组件所提供的服务被称为软件配置项（SCI）。软件配置项包含了软件代码、代码的版本描述、文档数据（开发人员、用户）、软件所属组织等所有软件生产过程中产生的数据。这些配置项可以作为元数据信息对外暴露数据接口，其他第三方平台可以根据这些配置项的元数据信息调整系统中的相关配置。

配置管理数据库（CMDB）

配置管理数据库（Configuration Management Data Base，CMDB）的官方解释是，它用来存储与管理企业IT架构中设备的各种配置信息，包含了配置项全生命周期的信息及配置项之间的关系。CMDB开放的数据服务供各个业务系统调用，从而让业务系统具备统一的视图和配置信息。

其实微服务在自动化运维、标准化运维、DevOps中都离不开CMDB，可以说CMDB是运维体系的基石。有了配置信息数据库，后面各种标准、流程都可以建立在CMDB基础之上，实现真正的标准化、自动化、智能化运维，在节约运维成本的同时，降低运维流程混乱带来的操作风险。

基线

在开始软件项目开发前，我们需要一个稳定的代码版本。我们将这个稳定的代码版本称为代码基线，基线是软件进一步开发的基础，同时基线的确立是软件项目中的一个里程碑。当基线形成后，项目负责SCM的人需要通知相关人员，并且告知在什么位置可以找到基线的代码版本，这个过程可被认为是内部发布。至于对外的正式发布，更是应当从基线的版本中发布。下面总结一下基线配置的优势。

- 制定基线可以让所有开发人员的工作在基础代码层面保持一致和同步，为开发工作制定一个基点和快照。

- 制定基线可以让项目之间建立前后继承关系，而不会因为各自代码的基线不一致，导致无法追溯变更。
- 当代码变更有问题或者不可靠时，基线为分支代码提供了一个取消变更或者回退版本的操作。

在微服务架构中，基线模式通常把框架下的某个版本作为代码基线。以 Spring Boot 代码为例，Spring Boot 的快速迭代，出现了众多版本。从 Spring Boot 1.x 到 Spring Boot 2.x，不同的版本配置，让 Spring Boot 对依赖配套的底层组件和类库都有很大的差异。如果我们在开发过程中，没有统一的代码基线，在后续微服务的开发集成过程中，将出现代码版本冲突的风险及类定义缺失等底层代码不兼容问题。对于 Spring Boot 的版本兼容问题，我们可以参考官方网站发布的 Release 说明。

8.2.2 持续集成概述

持续集成（Continues Integration，CI）最早在 1991 年由 Grady Booch 命名并提出。XP 极限编程中采用了 CI 的概念，并提倡每天不止一次集成。当时持续集成的目的就是能够通过采用自动化的手段和工具，来代替手动处理事务，实现项目的持续集成。而提出微服务概念的软件大师 Martin Fowler 对持续集成的定义则更加准确。

> 持续集成是一种软件开发实践，即团队开发成员经常集成他们的工作，通常每个成员每天至少集成一次，也就意味着每天可能会发生多次集成。每次集成都通过自动化构建（包括编译、发布、自动化测试）来验证，从而尽快地发现集成错误。

在微服务架构下，我们关注更多的是如何将一个大的单体拆分成多个微服务。分而治之虽然解决了系统的耦合问题，但是就像汽车的零部件被拆解后，如何再组装成一个完整的汽车一样，微服务同样需要通过相关调用、相互依赖、系统集成，最终完成整体对外功能。而持续集成正是将各个微服务的功能集成在一起来整体对外提供服务的。

同时，持续集成必须考虑针对这些独立部署的微服务，如何建立起代码仓库中的代码版本与 CI 构建和交付物版本之间的对应关系。在代码被更新后，保证每一次迭代和构建都可以经过质量验证，回归测试用例如何自动化执行，代码的频繁更新需要有一个良好的持续集成方案来高效地验证，并控制变更代码的副作用（Side-Effect）。

8.2.3 持续集成 Pipeline

下图是持续集成的一个 Pipeline（管道）方案，里面包含了我们通常会使用的代码集成工具和最佳实践。下面我们对持续集成使用的工具一一进行介绍。

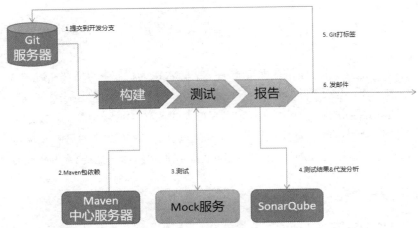

Git 代码构建

在微服务架构下，我们通过代码集成到主干分支完成一次 CI 构建，代码分支管理有多种不同的构建模式，具体如下：

- 单独代码库，一个 CI 构建：在这种方式下，微服务使用相同的代码库，并且使用一个单独的 CI 构建，这种模式容易产生代码冲突，一般不建议采用。
- 单独代码库，多个 CI 构建：这种模式通过创建多个子目录，每个子目录由单独的 CI 构建，这种模式在实际开发场景中使用较多。这种方式的问题是所有微服务代码都在相同的代码库，存在服务代码耦合隐患。
- 多个代码库，多个 CI 构建：每个微服务都有自己独立对应的代码库，这使微服务更加独立，代码管理更加独立。但缺点是跨服务的共享代码修改变得复杂，需要将共享代码上传到私服，通过版本工具进行代码升级更新。

对于使用传统 SVN 或者 CVS 的代码库构建的项目，使用第二种模式比较常见；而把 Git 作为代码库，划分为多个代码库则更适合管理，相比传统单一代码库，集成过程中产生代码冲突的可能性会大大降低，也降低了集成代码过程中处理冲突花费的精力和成本。

如果你的微服务使用了单一代码库和多个 CI 构建的模式，为了降低集成的风险，建议提高本地代码提交到主干分支的频率，减少由于代码变化过大引起的集成风险。

Maven 构建 & Nexus 私服

在 Spring Boot 项目中，大部分公司目前还是以 Maven 作为主要的代码编译工具。Maven 工具的安装十分简单，IDEA 和 Eclipse 工具对 Maven 都有相应插件的支持。这里我们主要介绍 Maven 中的 pom.xml 文件。

最基本的 pom.xml 文件包含工程信息、Spring Boot 父工程、属性配置、依赖包、构建插件。下面是 pom.xml 文件的一个简单模板。

```xml
<?XML...">
    <modelVersion>4.0.0</modelVersion>
    <!-- 工程信息 -->
    <groupId>com.xxx</groupId>
    <artifactId>demo</artifactId>
    <version>1.0-SNAPSHOT</version>
     <!-- Spring Boot 父工程 -->
    <parent>
        <groupId>org.springframework.boot</groupId>
        <artifactId>spring-boot-starter-parent</artifactId>
        <version>2.0.2.RELEASE</version>
    </parent>
    <properties>
        <!-- 相关属性、第三方依赖版本号 -->
    </properties>
    <dependencies>
        <!-- Spring Boot 依赖、其他依赖 -->
    </dependencies>
    <!-- 构建 -->
    <build>
        <plugins>
            <plugin>
                <groupId>org.springframework.boot</groupId>
                <artifactId>spring-boot-maven-plugin</artifactId>
            </plugin>
        </plugins>
    </build>
</project>
```

下面是微服务 Spring Boot 应用依赖关系管理的示意图。

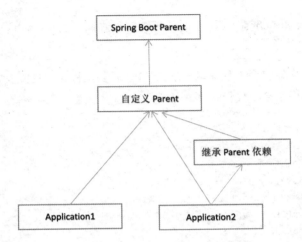

- 最上层 Spring Boot Parent：只有 pom.xml 文件，无代码。
- 中间层继承 Parent 依赖：包含 pom.xml 文件和一些具有通用性的代码，如工具类等。
- 最下层应用：Spring Boot 应用工程，含有启动类，与单体应用类似。

Nexus 私服管理

为避免在微服务下滥用包，应该统一管理第三方依赖的版本，同时为了方便 mvn deploy 操作，可以加上公司内部 Maven 私服的信息。

首先，执行代码上传私服命令。Maven 私服常用的操作是将代码库安装到本地，并推送到 Maven 私服，代码如下：

```
mvn clean install deploy
```

其次，在项目 pom.xml 中设置的版本号添加 Snapshot 标识的都会发布为 Snapshot 版本（快照版），没有 Snapshot 标识的都会发布为 Release 版本。Snapshot 版本会自动增加一个时间戳作为标识。如 1.0.0-SNAPSHOT 发布后变成 1.0.0-SNAPSHOT-20180522.123456-1.jar，需要注意的是，Snapshot 作为开发过程中使用的快照版是最为方便的，它可以随时更改代码，并重新被上传到 Nexus。而 Release 发行版不能更改代码，如有修改提交失败，或因为版本冲突，则需要为 Release 指定新的版本号。下面我们对比下 Snapshot 与 Release 的区别。

- nexus-releases：用于发布 Release 版本。
- nexus-snapshots：用于发布 Snapshot 版本。

Release 版本与 Snapshot 版本的定义如下。

- Release：1.0.0/1.0.0-RELEASE。

- Snapshot：1.0.0-SNAPSHOT。

在分发到远程 Maven 仓库之后，所有能访问该仓库的用户都能使用你的组件，然后我们需要配置 pom.xml 的 distributionManagement 来指定 Maven 分发构件的位置，在 pom.xml 中添加如下代码实现远程仓库的配置功能。

```xml
<distributionManagement>
    <repository>
        <id>nexus-releases</id>
        <name>Nexus Release Repository</name>
        <url>http://127.0.0.1:8081/repository/maven-releases/</url>
    </repository>
    <snapshotRepository>
        <id>nexus-snapshots</id>
        <name>Nexus Snapshot Repository</name>
        <url>http://127.0.0.1:8081/repository/maven-snapshots/</url>
    </snapshotRepository>
</distributionManagement>
```

注意：虽然目前 Maven 仍然是 Java 代码构建的事实标准，但是 Groovy 的 Gradle 构建工具相比 Maven 摒弃了冗长的 XML 语法格式，同时在集成 Maven 诸多优点的前提下，Gradle 在并行编译和编译效率方面都有更好的体验。在 Spring Boot 2.3.0 中，Spring Boot 开始使用 Gradle 而非 Maven 进行构建。而 Spring Boot 团队给出的切换到 Gradle 的主要原因是减少构建所需要的时间。对于 Spring Boot 构建的复杂性，Gradle 的构建缓存能力，以及增量和并行构建都是模块化 CI 构建中加快构建速度的重要因素。

测试验证

在持续集成中，当代码提交到主干分支后，需要单元测试、集成测试、功能测试。对于微服务而言，频繁的代码发布和快速迭代需要一个自动化回归测试方案，帮助验证增加的代码改动是否有副作用。

在系统集成测试中，对于一些依赖上下游服务的测试验证工作，还要模拟对端服务的 API，这种方式就是俗称的"挡板测试"，其实就是 Mock 程序，用于客观条件限制下，在无法搭建整体测试环境的情况下，使用软件系统模拟依赖的服务功能。常见的使用场景是，当真实的调用可能产生资费时，就需要挡板技术解决系统集成时的代码验证问题。

下面我们使用 JUnit 实现 Spring Boot 程序的单元测试功能，从 Spring Boot 2.2.0 开始引入 JUnit 5 作为单元测试默认库。

Spring Boot 2.2.0 之前，spring-boot-starter-test 包含了 JUnit 4 的依赖，Spring Boot 2.2.0 之后替

换成了 JUnit Jupiter。下面的实例用来演示使用 Spring Boot 整合 JUnit 的单元测试。

1. 创建项目，添加 Maven 依赖

```xml
<!--Spring Boot 项目依赖的父项目-->
<parent>
    <groupId>org.springframework.boot</groupId>
    <artifactId>spring-boot-starter-parent</artifactId>
    <version>2.0.0.RELEASE</version>
</parent>
<dependencies>
    <!--注入 Spring Boot 启动器-->
    <dependency>
        <groupId>org.springframework.boot</groupId>
        <artifactId>spring-boot-starter-web</artifactId>
    </dependency>
    <!--添加 JUnit 环境的 jar 包-->
    <dependency>
        <groupId>org.springframework.boot</groupId>
        <artifactId>spring-boot-starter-test</artifactId>
    </dependency>
</dependencies>
```

2. Dao 层实例代码

```java
package com.uniTest.dao;
import org.springframework.stereotype.Repository;
@Repository
public class UserDaoImpl {
    public void saveUser(){
        System.out.print("insert into user...");
    }
}
```

3. Service 层实例代码

```java
@Service
public class UserServiceImpl {
    @Autowired
    private UserDaoImpl userDaoImpl;
    public void saveUser(){
        userDaoImpl.saveUser();
    }
}
```

4. 编写启动类

```java
package com.uniTest;
```

```
import org.springframework.boot.SpringApplication;
import org.springframework.boot.autoconfigure.SpringBootApplication;
@SpringBootApplication
public class App {
    public static void main(String[] args){
        SpringApplication.run(App.class, args);
    }
}
```

5. 编写测试文件，运行 testSaveUser 方法即可

```
/**
 * SpringBoot 测试类
 *
 * @RunWith:启动器 SpringJUnit4ClassRunner.class：JUnit 与 Spring 环境进行整合
 * @SpringBootTest(classes={Application.class}) //1.当前类为 Spring Boot 的测试类
 * @SpringBootTest(classes={Application.class}) //2.加载 Spring Boot 启动类,启动 Spring Boot
 * JUnit 与 Spring 整合@Contextconfiguartion("classpath:applicationContext.XML")
 */
@RunWith(SpringJUnit4ClassRunner.class)
@SpringBootTest(classes = {Application.class})
public class UserServiceTest {
    @Autowired
    private UserServiceImpl userServiceImpl;
    @Test
    public void testSaveUser(){
        userServiceImpl.saveUser();
    }
}
```

6. 执行 mvn clean install 会自动触发 JUnit 测试工作，测试结果会输出到 Console

```
Results :
Tests run: 10, Failures: 0, Errors: 0, Skipped: 0
```

代码静态检查

SonarQube 是一个用于代码质量检测管理的开放平台，SonarQube 可以通过不同的插件对这些结果进行再加工处理，通过量化方式度量代码质量的变化。SonarQube 不仅提供了对 IDE 的支持，可以在 Eclipse 和 IntelliJ IDEA 这些工具里联机查看结果；同时对大量的持续集成工具提供了接口支持，可以很方便地在持续集成中使用。另外，SonarQube 的插件还可以对 Java 以外的其他编程语言提供支持。

- 编码规范：是否遵守了编码规范，遵循了最佳实践。
- 潜在的 BUG：可能在最坏情况下出现问题的代码，以及存在安全漏洞的代码。

- 文档和注释：过少（缺少必要信息）、过多（没有信息量）、过时的文档或注释。
- 重复代码：违反了 Don't Repeat Yourself 原则。
- 复杂度：代码结构太复杂（如圈复杂度高），难以理解、测试和维护。
- 测试覆盖率：编写单元测试，特别是针对复杂代码的测试覆盖是否足够。
- 设计与架构：是否高内聚、低耦合，依赖最少。

在 Jenkins 中下载 SonarQube 插件，安装完成后，在系统管理->系统设置中，找到 SonarQube servers 模块，填写需要扫描的工程代码路径，构建成功后即可在 SonarQube 地址中登录访问，查看代码扫描情况。

Jenkins 实现自动化集成

Jenkins 是一个持续集成工具，也是我们持续集成整个流程的主角，从 Git 源码库中的代码拉取、单元测试验证到代码扫描报告的一系列流程，都可以通过 Jenkins 实现自动化执行。它可以根据设定持续定期编译，运行相应代码；运行 UT 或集成测试；将运行结果发送至邮件或展示结构。

目前，在现有的持续集成工具中，Jenkins 已经成为持续集成事实上的标准，Jenkins 的 Pipeline 插件已经定义了这些标准过程。Jenkins 用 Java 编写，可在 Tomcat 等流行的 Servlet 容器中运行，也可独立运行。通常与版本管理工具、构建工具结合使用；常用的版本管理工具有 SVN、Git，构建工具有 Maven、Ant、Gradle。Jenkins 的安装和初始化启动过程可以参考 Jenkins 官网。

下面是使用 Docker 构建 Jenkins 的 CI Server 的过程。

首先，制作 Jenkins 的 DockerFile 配置文件。

```
FROM jenkins:2.46.3
MAINTAINER Walter Fan
USER root
RUN mkdir /var/log/jenkinsRUN mkdir /var/cache/jenkinsRUN chown -R jenkins:jenkins
    /var/log/jenkinsRUN chown -R jenkins:jenkins /var/cache/jenkinsUSER jenkins
ENV JAVA_OPTS="-Xmx1596m"
```

其次，构建 Jenkins Docker Image。

```
docker build -t jenkins-image .
```

然后，启动 Jenkins CI 容器服务。

```
docker run --restart always -v /workspace/jenkins:/var/jenkins_home -p 8080:8080 -p
    50000:50000 --name=jenkins-container -d jenkins-image
```

使用 Docker 部署 Jenkins 的好处是应用程序可以发布并直接部署 Docker 镜像，省去大量环境配置。我们在后面的 Docker 交付中，将对基于 Docker 的交付模式做进一步讲解。

下面，我们总结一下使用 Jenkins 实现持续集成的流程。

（1）开发者将自己分支的最新代码推到主干分支。

（2）从 Git Master 分支收到新的代码提交后，会触发 Webhook 启动相应的 Jenkins job，启动 Jenkins 的整个 CI 流程。

（3）Jenkins 从对应项目设置的代码仓库拉取相应编译环境的代码，完成代码的编译。

（4）Jenkins 根据 Pipeline 插件功能增加集成测试任务，用于自动化回归测试。

（5）Jenkins 根据事先设置的脚本任务和集成的 SonarQube 插件，完成对指定项目的代码扫描和代码分析报告，并将结果发送到指定邮箱。

下面是利用 Jenkins 的 Pipeline DSL 代码描述持续集成的示例流程。

```
Pipeline {
  Agent any
    stages {
      stage('Build') {
        steps {
          sh 'make'
        }
      }
      stage('Test'){
        steps {
          sh 'make check'
          junit 'reports/**/*.XML'
        }
      }
      stage('Deploy') {
        steps {
          sh 'make publish'
        }
      }
    }
}
```

总结一下，上述过程原本需要开发人员手动切换到不同环境进行例行工作，现在通过 Jenkins 实现了常规化、自动化的持续集成工作，有效避免了开发人员集成代码的重复工作。上述工作完成后，就实现了从代码提交到代码集成编译、单元测试、代码检查相关的集成工作。利用其 Pipeline 式的管理方式，Jenkins 不仅可以进行持续集成，还可以进一步实现后续的代码部署和交付任务。

8.2.4 持续交付概述

持续交付（Continuous Delivery，CD）是一种软件工程方法，开发者可以用快速、自动化和可重复的方式从源码库部署交付软件，确保交付过程的标准化和自动化。它更加注重随时随地提供可靠发布的能力。

如果说持续集成是让我们的团队通过快速迭代提交代码到共享代码库中，提前发现模块集成中的问题，那么持续交付就是通过构建自动化的交付平台，允许团队更加频繁地交付可工作的软件产品，从而能够更快地得到用户对产品的反馈和对产品价值的体验。

持续交付最早由 Jez Humble 和 David Farley 提出，并在《持续交付：发布可靠软件的系统方法》一书中对其实现进行系统说明。而本书未对持续交付做明确定义，目前对持续交付比较认同的定义来自 DevOps Handbook 上的定义。

> 持续交付指的是，所有开发人员都在主干上进行小批量工作，或者在短时间存在的特性分支上工作，并且定期向主干合并，同时始终让主干保持可发布状态，并能做到在正常工作时段里按需进行一键式发布。开发人员在引入任何回归错误时（包括缺陷、性能问题、安全问题、可用性问题等），都能快速得到反馈。一旦发现这类问题，就立即加以解决，从而保持主干始终处于可部署状态。

首先，微服务的流行本身就是在持续交付方法论下发展起来的。在单体架构下，所有模块集成在一个代码库下，往往一个小的改动会牵一发而动全局，代码的耦合影响产品对外的发布交付速度，如果不进行微服务的拆分，则系统的持续交付将面临一系列问题，而将单体分解成独立、自治、可部署的微服务，单独交付部署，就可以减少代码之间的耦合及相互影响。同时，微服务的交付周期短、功能单一、扩展性好、技术多样性等特征，都是持续交付所需要的。

同时，微服务的发展需要持续交付的支撑，微服务在拆分后面临服务众多、版本众多的问题，如果没有一套自动化的代码构建、测试、部署打包工具，则很难应付微服务在规模化部署下的持续交付。另外，持续交付的价值不仅仅在于提升服务交付的效率，它还通过指定统一的标准、规范的流程、自动化平台，影响着软件研发到运维的整个生命周期。而持续交付最终将软件的研发流程进化为 DevOps 软件开发模式，实现端到端的软件价值交付。

8.2.5 持续交付 Pipeline

下面是持续交付 Pipeline 的流程图。可以看出，持续交付的前提是持续集成，也可以说持续交付包含持续集成过程。

持续交付

```
            8.Git打标签
    ┌─────────────────────────┐
    │                         │
 Git服务器                  生产环境
    │                    ┌─微服务─A,B,C,D─┐
    │1.提交到开发分支              │
    ▼                             │6.部署
  Maven构建 → Maven部署 → 容器镜像打包 → 容器部署 → 集成测试
    ▲           │           │                        │
    │2.Maven包依赖 │3.Maven部署  │4.容器构建              │7.测试
    │           ▼           │5.镜像上传              ▼
    └── Maven中心服务器       容器仓库            预发测试环境
                                              微服务─A,B,C,D
```

持续交付的核心是构建一个自动化的流水线，而这个持续交付工作平台可能贯穿了软件项目的整个生命周期。它不仅要串联起软件工程代码的提交集成、测试验证、打包管理、镜像交付，同时将影响整个公司组织端到端的业务，从开发测试到部署交付的整个流程过程。

下面我们总结一下实现持续交付的核心工作流程。

- 准备工作
    - 集成工具的技术选型，在持续集成一节中，源码的管理、持续集成工具的选择、自动化测试等软件工具的选择都将是后续完成自动化流程的关键步骤。
    - 部署载体的选择，目前容器已经成为微服务部署实施的标准运行时环境，而对于有状态服务或者存储相关服务，我们需要提前规划好交付方式的步骤。
    - 软件工程和组件结构可以帮助更频繁地发布服务，而不会对用户产生影响。
    - 软件监控和服务治理是持续交付的重要机制，在构建持续交付平台前，就应该为服务运维中需要的日志管理、应用及容器状态、指标性能等需求做配套设计开发。
    - 组织结构、业务流程的变化，需要支持持续交付。
- 自动化一切
    - 自动化的代码构建和打包。

- 自动化的测试集成。
- 自动化的发布机制。
- 测试环境下服务的自动化部署。
- 生产环境下服务的自动化部署。

- 构建持续交付流水线

  我们在持续集成中，说过利用 Jenkins 的 Pipeline 可以实现自动化的流水线流程。如果你所在公司的人力不是很充足，则可以使用开源版本的 Jenkins 构建流水线平台。对于定制化的流水线，我们可以把软件生命周期中从代码到生产环境的所有过程全部可视化地展示出来，实现端到端的持续交付，实现持续交付过程中的增强功能。

  - 实现环境定制化配置管理。
  - 实现版本的回滚。
  - 实现灰度发布和版本切换。
  - 记录操作日志审计。
  - 可以实现网络的监控和拓扑管理。

8.3 基于容器的交付

基于容器的交付可以说是软件交付方式的一次技术革命。容器技术将服务交付依赖的底层基础设施进行了标准化，屏蔽了多样化的环境差异。对开发人员来说，容器技术可以把对交付物的质量保证及测试验证工作进一步提前到开发集成阶段，缩短代码到实际交付物的距离；对运维人员来说，服务的部署、扩容、回滚更为方便；同时容器技术成为规模化微服务部署、DevOps、不可变基础设施从思想到落地的关键技术环节。

8.3.1 Docker 概述

本节是对 Docker 的概述，将从 Docker 的概念、容器与虚拟机的区别、容器交付的优势等方面进行说明。

Docker 的概念

首先，容器技术本质上是对计算机资源的隔离与控制，可以理解为一种沙盒技术。沙盒就是它能够像集装箱一样，把应用及应用依赖的基础设施一起定义、封装，打包为镜像，这样应用就可以独立部署、复用；同时应用与应用之间相互隔离。

而 Docker 是一个开源的容器引擎，是容器概念的落地实现，早期容器内核是基于 LXC（LinuX Container）实现容器创建和管理的，开发者可以将应用及其依赖的软件打包在一个可移植的镜像中，镜像可以被推送到私有仓库或者远程仓库；运维人员可以从仓库中加载镜像并启动容器。下面是维基百科对 Docker 的定义。

> Docker 是一个开源的软件项目，可以自动化部署应用程序在软件容器下的工作，借此在 Linux 操作系统上，提供一个额外的软件抽象层，以及操作系统层虚拟化的自动管理机制。Docker 利用 Linux 核心中的资源分离机制，例如 Cgroup，以及 Linux 核心命名空间（NameSpace），来建立独立的软件容器（Container）。这可以在单一 Linux 实体下运作，避免启动一个虚拟机造成额外负担。

容器与虚拟机的区别

容器技术与传统虚拟机技术虽然都是虚拟化技术，但还是有本质差别的。传统的虚拟机是在物理机的层面上增加了一层虚拟化技术，这种虚拟化技术上的每一个虚拟机都拥有一个完整的操作系统，有很好的隔离性。在技术实现上，虚拟机技术由 Hypervisor（虚拟机监视器）来负责创建虚拟机，这个虚拟机必须运行一个完整的虚拟操作系统才能执行用户的应用进程，这就不可避免地带来了额外的资源消耗和占用。此外，用户应用运行在虚拟机里，它对宿主机操作系统的调用就不可避免地要经过虚拟化软件的拦截和处理，对计算资源、网络和 I/O 的损耗非常大。同时，每个虚拟机内部都包含了操作系统，所以启动速度相对比较慢。

如下图所示是容器（Container）（右侧）与虚拟机（VM）的差异比较。容器本质上是一个进程，容器之间共享了操作系统内核。

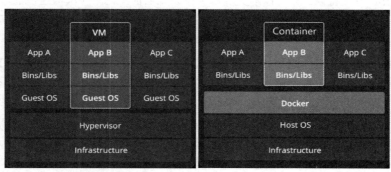

在 Linux 操作系统中，Cgroup 和 NameSpace 两种技术是实现 Docker 的关键。容器没有完整的操作系统层，并且是进程级别的，所以它的启动速度是秒级启动，占用资源相对虚拟机也比较低。

- Cgroup 全称 Control Group。Linux 操作系统通过 Cgroup 可以设置进程使用 CPU、内存和 I/O 资源的限额。Cgroup 可以对容器进行层次化的分组，并可以按组实现资源限制和控制策略。
- NameSpace 在 Linux 中是管理 Host 的全局唯一的资源，它可以实现容器的工作空间与资源隔离，容器中看到的文件系统、网卡、进程等资源，通过 NameSpace 技术可以使这些资源看上去都是容器自己的。

容器交付的优势

通过上面的介绍，我们可以看到，使用容器进行交付有诸多优势，具体如下。

- 屏蔽环境差异：在《SRE Google 运维解密》一书中，来自 Google 的运维人员总结到，过去生产事故中有一半事故产生的原因，都是生产环境配置的变更，或者是由测试、生产环境不一致导致的。由于容器技术基于开放的标准，因此相比基于代码的交付，基于容器的交付能够标准化服务，对整个服务运行环境进行打包交付。
- DevOps 一体化：在没有容器之前，软件的交付往往需要通过开发人员手写各种脚本完成服务的启动和部署，而这些脚本在不同环境下的差异很容易在开发人员与运维人员之间产生误解和分歧。容器技术的出现统一了开发人员与运维人员的领域俗语，通过标准界面打通了开发人员与运维人员之间的技术壁垒。同时基于容器镜像的测试和部署也大大简化了整个 CI/CD 过程。
- 高效的资源利用率和隔离特性：容器之间共享底层操作系统，相比虚拟机技术，性能更加优越，系统负载更低。可以充分利用系统资源，通过 NameSpace、Cgroup 技术保证容器之间的隔离性。
- 跨平台及云原生特性：容器技术实现了操作系统层面上的"一次构建，随处运行"的理念，通过设定一套标准化的配置方式，提升了容器的跨平台特性和可移植性。同时，云平台通过提供对容器的支持，让容器成为云原生平台的标准化交付技术。
- 规模交付：容器技术是微服务架构规模化部署的最佳载体，容器运行的基于进程的概念、隔离特性及单一职责特性都与微服务架构相辅相成。在微服务规模化部署场景下，我们需要通过容器的编排技术保证微服务之间的依赖特性、部署协调和运行多集群微服务。容器编排技术保证微服务在出现故障和性能瓶颈时，水平扩展可以弹性伸缩，资源调用编排技术保证微服务架构的高可用。

8.3.2　Docker 的原理

Docker 有三个核心组件，掌握这三个组件的概念有助于我们进一步了解 Docker 的工作机制。

- 镜像：Docker Image，它是容器运行所需要的静态二进制文件和依赖包的集合，可以将它理解为一个面向 Docker 的只读模板，容器镜像基于分层的联合文件系统（UnionFS）实现。用户可以根据需求，通过 DockerFile 定制容器镜像，同时 Docker 提供了对镜像的各种 API 操作命令实现镜像版本管理的功能。
- 容器：Docker Container，是从镜像创建的应用，是镜像的动态运行实例，Docker 利用容器来运行和隔离应用。镜像自身是只读的，容器从镜像启动时在镜像最上层创建一个可写层，镜像本身保持不变，容器启动后以进程的方式运行。另外，Docker 支持一个容器对应一个进程的方式，而这种方式也非常适合以单进程运行为主的微服务架构。
- 仓库：Docker Repository，主要用来存放镜像，可以分为公有仓库和私有仓库。当用户创建了自己的镜像之后，就可以使用推送的方式将它上传到指定的公有仓库或私有仓库。这样用户下次在另一台机器上使用该镜像时，只需将其从仓库拉取下来就可以了。

这三个组件组成了 Docker 的整个生命周期，下图是三者之间的关系。

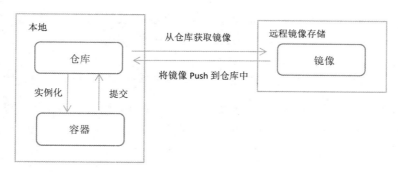

Docker 采用 C/S 架构，下面是 Docker 的主要运行过程和原理图，同时涵盖了 Docker 的核心组件。

- 首先，Client 通过相应的 Docker 命令以及 HTTP 或 REST API 等方式与 Docker Daemon 实现 Docker 服务的使用与管理。
- 其次，Docker Daemon 作为服务端（部署在本地或者远程），负责监听 Client 的请求并管理 Docker 对象（容器、镜像、网络等），Docker Image 提供容器运行所需的所有文件。
- Docker Daemon 通过访问容器镜像仓库，负责 Docker 镜像的存储管理。镜像仓库可以用 DockerHub 或者自建私有镜像仓库。可以通过 Docker push 或 pull 操作往镜像仓库上传或下载镜像。

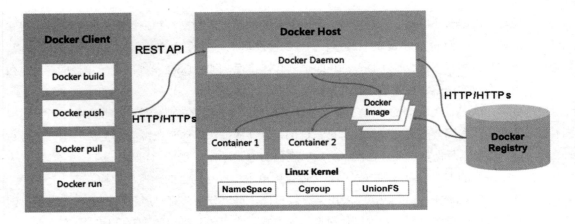

8.3.3 Docker 构建部署过程

Docker 构建部署过程主要包括下面三个步骤。

- 构建：通过 DockerFile 来描述应用依赖的运行环境，包括操作系统、启动端口、执行脚步，通过编译运行 DockerFile 来生成 Docker 镜像，并放在本地仓库中。
- 装载：将镜像推送（Push）到远端仓库。
- 部署运行：从仓库拉取（Pull）镜像，并创建容器实例，启动部署容器实例。

下面我们以金融公司开源微服务网关产品——SIA-Gateway（GitHub 上的开源项目）为例，演示如何编写 DockerFile，以及 Docker 构建部署过程。

网关项目源码结构

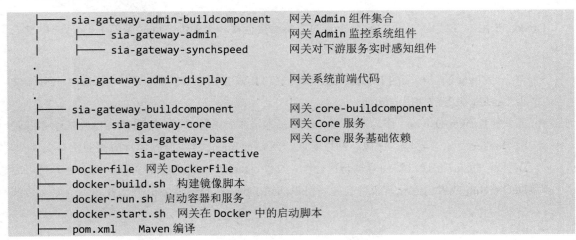

说明：SIA-Gateway 项目采用前后端分离架构，由 Admin、前端（Vue）、核心（Core）三个模块组成。在 Docker 示例代码中，我们将三个模块整体打包到一个 SIA-Gateway 镜像中。

DockerFile 解析

```
FROM centos:latest
MAINTAINER peihuabest@163.com
#添加 yum 源
RUN /bin/bash -c 'curl -O /etc/yum.repos.d/CentOS-Base.repo
http://xxxx[1].com/repo/Centos-7.repo;yum clean all;yum makecache'
RUN yum install -y gcc gcc-c++ glibc* automake autoconf libtool make libXML2-devel pcre-devel openssl openssl-devel libicu-devel file libaio libaio-devel libXext libmcrypt libmcrypt-devel numactl unzip zip groupinstall chinese-support vixie-cron crontabs  telnet-server telnet.*
java-1.8.0-openjdk lsof && localedef -c -f UTF-8 -i zh_CN zh_CN.utf8

#添加第三方依赖包
ADD ./third-libary/  /opt/
RUN /bin/bash -c 'rpm -ivh /opt/tcl-8.5.13-8.el7.x86_64.rpm;rpm -ivh /opt/tcl-devel-8.5.13-8.el7.x86_64.rpm;rm -rf /opt/tcl*;cd /opt/;useradd nginx -s /sbin/nologin;chown -R nginx.nginx /opt/nginx'
# ENV LANG zh_CN.UTF-8
ENV LC_ALL "zh_CN.UTF-8"

#添加 AdminServer 后端工程
ADD sia-gateway-admin-buildcomponent/target/gateway_admin_1.0.zip  /app/jar/ROOT/
# add gateway core
ADD sia-gateway-buildcomponent/target/gateway_1.0.zip  /app/jar/ROOT/
#添加 Admin 前端工程
ADD  sia-gateway-admin-display/dist    /app/jar/ROOT/dist/
#添加启动脚本
ADD docker-start.sh  /app/jar/ROOT/
#运行
RUN /bin/bash -c 'cd /app/jar/ROOT;chmod +x *.sh;unzip gateway_1.0.zip;unzip gateway_admin_1.0.zip;rm -rf gateway_1.0.zip;rm -rf gateway_admin_1.0.zip'
```

对上述 DockerFile 说明一下，对 Java 开发程序员来说，大多数人都对 Maven 集成工具比较熟悉。其实 DockerFile 的编写过程与 Maven 有类似的地方，可以按照打包镜像工作的属性大致分为三部分，我们将这三部分总结如下。

---

[1] http://xxxx.com：域名地址可以选择常用的 yum 镜像源。

- 首先，选择基础镜像及 yum 源定义，如果部署机器能够使用阿里 yum 源，则此步忽略；应用运行加载需要的基础设施和依赖库。
- 其次，对于 yum 源中不存在的第三方依赖软件库，可以从本地通过 ADD 命令加载，并为镜像定义全局环境变量。
- 最后，加载已经打包好的应用软件包到镜像，也可以指定应用工作目录，以及需要使用的挂载点（Volume）等；定义镜像运行时需要执行的相关解压包或者授权等相关指令。

构建镜像

使用 DockerFile 构建镜像，需要注意的是，首先要把 DockerFile 依赖的应用包进行打包。对于 SIA-Gateway 项目而言，可以在根目录下执行 mvn install 脚本进行代码打包。打包完成后，执行 docker.build.sh 构建网关镜像。下面是构建镜像的代码。

```
#!/usr/bin/env bashdocker
build -t reg.caiwu/sia/gateway:v1 .
```

镜像制作完成后，可以使用 docker push 命令将镜像推送到私有仓库或者远程仓库，Docker 官方提供了一个搭建私有镜像的仓库，只需把镜像下载下来，运行容器并暴露 5000 端口。Docker Hub 是 Docker 官方维护的容器镜像，可以使用 docker search 命令搜索所有镜像，本节省略 Docker Hub 的登录访问过程。

- 将 SIA-Gateway 推送到 Docker 私有仓库的命令如下。

```
docker Push localhost:5000/reg.caiwu/sia/gateway:v1
```

- 将 SIA-Gateway 推送到 Docker Hub 的命令如下。

```
build Push reg.caiwu/sia/gateway:v1
```

- 可以通过 docker pull 命令验证从私有仓库下载容器镜像。

```
build pull reg.caiwu/sia/gateway:v1
```

运行和部署容器镜像

容器镜像构建好后，就可以运行和部署容器镜像，使用 docker-run.sh 可以从本地加载部署运行 SIA-Gateway 镜像。docker-run.sh 脚本如下。

```
#!/usr/bin/env bash
str=$(cd "$(dirname "$0")";pwd)
echo ${str}/sia-gateway-admin-buildcomponent/config
docker run --name gateway-test -d reg.caiwu/sia/gateway:v1
-v ${str}/sia-gateway-admin-buildcomponent/config:/app/jar/ROOT/gatewayadmin/config
-v ${str}/sia-gateway-buildcomponent/config:/app/jar/ROOT/gateway/config
```

```
-v /etc/localtime:/etc/localtime
-p 18086:18086 -p 8080:8080 -p 8040:8040
--restart=on-failure:10
/bin/bash  -c " /app/jar/ROOT/docker-start.sh "
```

对 docker run 命令说明如下。

- docker run --name gateway-test -d reg.caiwu/sia/gateway:v1

使用 docker 镜像 reg.caiwu/sia/gateway:v1 以后台运行模式启动一个容器，并将容器命名为 gateway-test。

- -v 参数和-P 参数

使用-v 参数可以将主机的一个目录映射到容器的目录，例如主机目录${str}/sia-gateway-buildcomponent/config 到容器目录/app/jar/ROOT/gateway/config。使用-P 参数可以将容器的 8080 端口映射到主机的 8080 端口。

- /bin/bash -c 命令

docker run 可以使用/bin/bash -c 命令执行一个后台任务，这样容器就不会退出了。目前-c 参数后紧跟的参数是/app/jar/ROOT/docker-start.sh（对应执行的后台任务），而 docker-start.sh 脚本文件是在 DockerFile 中通过 ADD 命令打包到镜像中的。

容器载入后运行脚本

我们来看下 docker-start.sh。这个命令是容器启动后加载 docker run 命令执行的容器内部网关程序的启动脚本，这里我们启动了 Admin 和 Core 中的多个服务。需要注意的是，在这个脚本中，至少需要有一个服务的进程是前台运行的，保证 Docker 不会销毁退出。至此，通过以上步骤实现了微服务应用基于 Docker 启动部署的过程。

```
#!/usr/bin/env bash
/opt/nginx/sbin/nginx -c /opt/nginx/conf/nginx.conf
cd /app/jar/ROOT/gatewayadmin/bin
chmod +x *.sh
/app/jar/ROOT/gatewayadmin/bin/start_gateway_admin_test.sh
/app/jar/ROOT/gatewayadmin/bin/start_gateway_service_test.sh
/app/jar/ROOT/gatewayadmin/bin/start_gateway_synchspeed_test.sh
/app/jar/ROOT/gatewayadmin/bin/start_gateway_stream_test.sh
/app/jar/ROOT/gatewayadmin/bin/start_gateway_monitor_test.sh
echo "启动网关核心"
cd /app/jar/ROOT/gateway/bin
chmod +x *.sh
/app/jar/ROOT/gateway/bin/start_gateway_test.sh
echo "启动完毕"
```

DockerFile 的常用指令

- FROM 指令：是整个 DockerFile 的入口，必须是第一条指令。代表新制作镜像的基础镜像。

【格式】

```
FROM scratch
```

Docker 中存在一种特殊的情况，就是不以任何基础镜像为基准。基础镜像可以自己制作，也可以从开源的仓库拉取，例如 Docker Hub 或者国内阿里云的免费仓库。

- COPY 指令：用于将宿主机文件复制到镜像内的指定路径。

【格式】

```
COPY <源路径>... <目标路径>
```

或

```
COPY ["<源路径1>", ... "<目标路径>"]
```

- ADD 高级复制：ADD 的本质作用类似 COPY，将本地文件添加到容器中。

【格式】

```
ADD <src>… <dest>
```

（1）ADD 过来的压缩包可以自动在目标路径下进行解压。

（2）原始路径可以是一个链接，ADD 过程会尝试从该链接下载所需的文件到目标路径。

（3）一般情况下，建议使用 COPY，而不是 ADD。因为 COPY 过来的文件可以配合使用 RUN 来进行解压或者其他操作，搭配使用更灵活，而且单条语句所负担的功能唯一。

- ENV 设置环境变量：ENV 指令用于定义镜像的环境变量。

【格式】

```
ENV <key> <value>
ENV <key1>=<value1> <key2>=<value2>...
```

- EXPOSE 暴露端口：EXPOSE 指令声明运行时容器提供的服务端口，在运行时并不会因为这个声明，应用就会开启这个端口的服务。

【格式】

```
EXPOSE <端口1> [<端口2>...]
```

在 DockerFile 中写入这样的声明有两个好处，一是帮助镜像使用者理解这个镜像服务的守护端口，以方便配置映射；二是在运行中使用随机端口映射时，也就是 docker run -P 时，会自动随机映射 EXPOSE 的端口。

- VOLUME 挂载共享卷。

【格式】

```
VOLUME ["<路径 1>", "<路径 2>"...]
VOLUME <路径>
```

　　Docker 的使用原则除了每个容器做尽量少的事情，还要求容器运行时应该尽量保持容器存储层不发生写操作。对于数据库类需要保存动态数据的应用，其数据库文件应该保存在卷（Volume）中，也就是将本地磁盘的某一个目录挂载至容器内。这样的共享目录可以同时被多个不同的容器所使用。

- CMD 服务启动指令：Docker 不是虚拟机，而是一个进程。作为进程，可以设置启动镜像时的具体参数，其实就是设置一些你想自动启动的服务。

【shell 格式】

```
CMD <命令>
```

【exec 格式】

```
CMD ["可执行文件", "参数 1", "参数 2"...]
```

【参数列表格式】

```
CMD ["参数 1", "参数 2"...]
```

　　在指定 ENTRYPOINT 指令后，用 CMD 指定具体的参数。

- RUN 指令：是 DockerFile 中最常用的指令之一，用来执行命令行的命令。

【格式】

　　shell 格式：RUN<命令>，类似直接在终端输入命令。例如：

```
RUN echo '<h1>Hello, Docker!</h1>' > /usr/share/tomcat/welcome.html
```

8.3.4　Docker Compose 编排服务

　　Docker Compose 是 Docker 官方推出的一个单机容器编排工具。Compose 是由用户定义的适合运行的多个容器的应用程序，可以在 YMAL 配置文件（docker-compose.yml）定义和配置服务，以及服务所需的环境变量、镜像、网络、数据卷等依赖，然后使用 Docker Compose 命令启动服务。Docker Compose 可以自动从配置文件读取程序需要配置启动的单个或多个容器。使用 Docker Compose 可以一键启动多个容器，这样就解决了多个服务打包在一个镜像或者启动多个镜像的问题，只需要编写一个 docker-compose.yml，就可以同时构建并启动多个镜像。使用 Compose 有如下三个步骤。

（1）在 DockerFile 中定义你的应用环境，使其可以在任何地方被复制。

（2）在 docker-compose.yml 中定义组成应用程序的服务，以便它们可以在隔离的环境中一起运行。

（3）运行 docker-compose up 命令，Compose 将启动并运行整个应用程序。

我们将 SIA-Gateway 中依赖的多个服务，分别存放在不同的镜像，由 Compose 统一构建并编排启动 SIA-Gateway 服务。我们将 SIA-Gateway 中的三个大模块分别拆分为三个镜像，并将镜像上传到私服。

- Nginx 镜像。
- SIA-Gateway Admin 镜像。
- SIA-Gateway Core 镜像。

```
[root@node1~]docker images
REPOSITORY                        TAG         IMAGE ID        CREATED         SIZE
reg.caiwu/centos-nginx            latest      3ec72fd792c     1 week ago      405MB
reg.caiwu/sia-gateway-admin       latest      ff454ba0b45     1 week ago      463MB
reg.caiwu/sia-gateway-core        latest      gf283322ofd     1 week ago      455MB
```

下面使用 docker-compose.yml 编排定义 SIA-Gateway 服务集群。

```
version: '1'
services:
  #部署 SIA-Gateway 前端工程
  nginx:
    image: reg.caiwu/centos-nginx
    hostname: nginx
    #映射端口
    ports:
      - "18086:18086"
    #目录挂载 【容器目录:宿主机目录】
    volumes:
      - /var/log/nginx/logs:/var/siagateway/nginx/logs
    #容器名称
    container_name: nginx
    restart: always
  #部署 SIA-Gateway 后端管理端工程
  sia-gateway-admin:
    image: reg.caiwu/sia-gateway-admin
    #映射端口
    ports:
      - "8040:8040"
    #配置环境变量
    environment:
    depends_on:
```

```yaml
    - nginx
#容器名称
container_name: sia-gateway-admin
restart: always
#部署 SIA-Gateway CORE 节点工程
sia-gateway-core:
  image: reg.caiwu/sia-gateway-core
  #映射端口
  ports:
    - "8080:8080"
  #配置环境变量
  environment:
  depends_on:
    - nginx
    -sia-gateway-admin
  #容器名称
  container_name: sia-gateway-core
  restart: always
```

将 docker-compose.yml 上传至服务器，然后进入目录，执行 docker 命令，启动整个 Gateway 服务集群。下面的命令将根据 YML 文件按照顺序启动这个网关服务集群，执行 docker-compose 命令。

```
docker-compose up -d
```

8.3.5　Maven 插件构建 Docker 镜像

Maven 是一个强大的项目管理与构建工具，可以用来构建 Docker 镜像。以下几款 Maven 的 Docker 插件比较常用，插件名称可以从 GitHub 开源项目中搜索到。

- spotify
- fabric8io
- bibryam

从各项目的功能性、文档易用性、更新频率、社区活跃度、Stars 等几个纬度考虑，我们选用了第一款由 Spotify 公司开发的 Maven 插件，作为构建 Docker 镜像的工具。下面我们来详细探讨如何使用 Maven 插件构建 Docker 镜像。

准备工作

使用该插件构建 Docker 镜像，需要有一个安装好的 Docker 运行环境，并且需要在运行该插件的机器上定义 DOCKER_HOST 环境变量，配置访问 Docker 的 URL，如下：

```
export DOCKER_HOST=tcp://localhost:2375
```

上面的例子是在 Linux 环境下定义的 DOCKER_HOST 环境变量，因为 Docker 安装在本机上，所以使用 localhost 地址。如果你的 Docker 运行环境不在本机，则使用 Docker 所在机器的 IP 地址。

Docker 默认开启远程访问 API 的端口（2375），如果你开启的是其他端口，则使用具体的端口配置。如果你的 Docker 没有开启远程访问 API，则请自行开启。如果你要在 Windows 上运行该 Maven 插件，则同样需要在 Windows 上配置 DOCKER_HOST 环境变量，具体如下。

变量名：DOCKER_HOST

变量值：tcp://127.0.0.1:2375

配置 pom.xml

在 pom.xml 中引入 dockerfile-maven-plugin 插件，并配置该插件，示例如下。

```xml
<plugin>
  <groupId>com.spotify</groupId>
  <artifactId>dockerfile-maven-plugin</artifactId>
  <version>1.4.13</version>
 <executions>
  <execution>
  <id>default</id>
  <goals>
    <goal>build</goal>
    <goal>Push</goal>
  </goals>
  </execution>
 </executions>
 <configuration>
  <repository>config-server</repository>
  <tag>${project.version}</tag>
  <buildArgs>
    <JAR_FILE>${project.build.finalName}.jar</JAR_FILE>
  </buildArgs>
 </configuration>
</plugin>
```

下面是插件相关指令参数的说明。

- Repository：指定 Docker 镜像的仓库名字。
- Tag：指定 Docker 镜像的 Tag。
- buildArgs：指定一个或多个变量，传递给 DockerFile，并通过 ARG 指令进行引用。
- execution：指定 build 和 push 目标，当运行 mvn package 时，会自动执行 build 目标，构建 Docker 镜像。当运行 mvn deploy 命令时，会自动执行 push 目标，将 Docker 镜像推送到 Docker 仓库。

需要说明的是，该插件要求必须提供 DockerFile，而且要求放在项目根目录下，即与 pom.xml 同级目录。然后不需要像 docker-maven-plugin 插件那样指定 dockerDirectory（DockerFile 存放路径的参数）。代码如下所示。

```
FROM java:8
ARG JAR_FILE
ADD target/${JAR_FILE} app.jar
ENTRYPOINT ["java", "-jar", "/app.jar"]
```

构建 Docker 镜像

接下来，就可以运行 Maven 命令来构建 Docker 镜像了。

```
mvn package
mvn dockerfile:build
```

命令执行成功后，运行 docker 命令检查镜像是否存在。

```
docker images
```

推送和拉取 Docker 镜像

Docker 镜像构建好后，我们还可以使用该插件将镜像推送到 Docker 仓库，在运行的 mvn 命令行上以参数的形式提供认证信息。

```
mvn dockerfile:Push -Ddockerfile.username=test-Ddockerfile.password=xxxx
```

拉取 Docker 镜像，运行命令如下。

```
docker pull registry 镜像名
```

运行 Docker。

```
docker run -d -v /repositories:/var/lib/registry -e REGISTRY_STORAGE_DELETE_ENABLED=true -p 5000:5000 --restart=always --privileged=true --name registry registry
```

8.4　小结

相比单体架构，微服务架构在部署灵活性上有了很大改善，然而频繁的服务发布也给微服务架构下的软件质量带来了稳定性的挑战。传统的手动部署方式已经不适用于微服务架构，目前基于容器的交付方式已经成为微服务的标准交付方式，通过持续集成交付工具，配合自动化、可持续交付部署的基础设施，来支撑微服务应用快速地迭代交付，成为软件交付的最佳实践。

第 9 章
服务监控治理

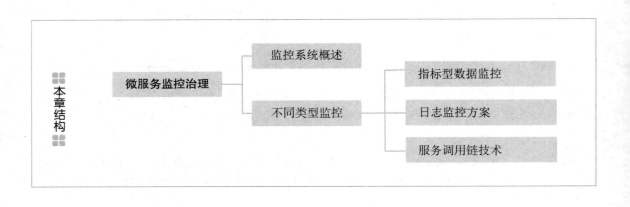

俗话说,流水的架构,铁打的监控,任何软件系统能够稳定运行都离不开监控。在微服务架构下,大型的单体架构拆分为众多微服务后,一个请求往往需要经过更多的服务节点。在这种情况下,我们必须知道是在哪个服务环节出现了故障,这就需要针对每一个服务,以及每一个指标都进行全面的监控。

微服务的引入会带来分布式下服务监控和服务治理的技术挑战,之前系统内部的方法调用转变成分布式网络下的 RPC,对于服务之间的交互集成和架构设计有更高的约束和要求。面对规模化的容器集群部署、不同种类的监控数据类型、海量的微服务，服务监控和服务治理成为微服务控制系统的关键组成部分。

服务系统监控、错误排查定位、系统运行数据的可视化展示和追踪一直是分布式架构系统的难点。而对于微服务系统的监控，必须具备处理和展示这些数据的能力，并能够通过这些数据快速地定位问题，这样才能帮助业务及时止损。

在本章中，我们将按照服务的指标监控、日志监控、全链路调用追踪三个层次，讲解如何增强系统的可观测性和监控运维能力。Spring Cloud 微服务体系在生态上对指标监控、日志及调用追踪等监控技术都有很好的支持，我们会在本章中对相关的 Spring Cloud 技术组件进行介绍。

9.1 监控系统概述

9.1.1 监控系统原理及分类

微服务架构本质上就是分布式系统架构，相比传统应用系统，它在服务的规模上、服务之间的网络交互上都有更高的复杂度。目前大部分微服务的运行环境都基于容器化的部署，微服务不仅改变了传统的软件开发模式，也对系统的监控方式产生了重要的影响。可以说监控系统已经成为微服务架构中不可或缺的关键组成部分。

微服务监控和传统应用系统监控相比，最明显的变化就是监控视角的转变。微服务主要存在下面几个关键因素的变化，而这些变化将对监控对象的指标数据采集度量产生重要的影响。

- 粒度视角。在传统应用系统中，监控的粒度以应用系统为监控对象的最小单元，众多服务集成在一个巨石应用的单进程中；而在微服务架构体系中，我们把监控的视角转换成以服务为中心。一个大的应用系统通常由众多微服务和中间件组成，调用链路相对会更加复杂。
- 运行载体。传统应用大部分部署在以 VMware 为代表的虚拟机或者物理机上，往往机器的 IP 地址是固定不变的；而在微服务架构中，大部分强调以 Docker 为服务载体，IP 地址是动态变化的，服务之间的调用需要通过服务注册与发现机制完成，要具备更好的灵活性和动态性。
- 资源占用。在非容器环境下，监控系统的典型做法是在运行的主机或虚拟机的用户空间上执行一个代理程序。但是这种做法可能并不适合容器，容器的优点是小，但在每个容器中都安装代理的做法会对物理机产生极大的资源浪费。目前基于容器监控的主流做法有：① 要求服务的代码自备监控端点功能，类似 Actuator。② 利用通用的内核级检测方法来查看容器宿主机的运行指标。

- 运维管理方面。传统的监控系统在运维管理方面主要采用手动配置方式。在非容器环境下，应用没有统一的启动方式，这让监控系统很难参与到应用的弹性管理中；而在容器环境下，监控系统可以随时监控容器的运行状态，并且可以深度参与服务的编排管理和弹性增长与缩减等管理，无须人工干预。

虽然传统应用系统和微服务架构下的监控有上述的诸多不同点，但是整体上监控原理和监控架构还是相似的。一个监控系统通常采用的系统架构如下图所示。

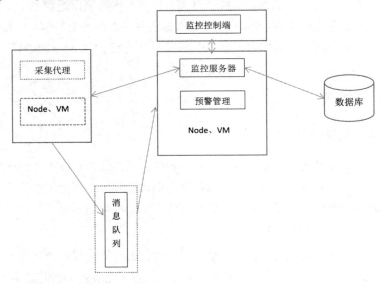

对监控系统的主要架构组件说明如下。

- 采集代理（Agent）：采集代理用来从目标系统获取原始的监控数据。它以 Agent 的方式部署在应用系统，可以对节点机器或者容器进行实时的数据采集，包括指标数据、日志数据、APM 调用链数据。
- 消息中间件（Kafka）：Agent 在采集到监控数据后，可以将数据传输到消息中间件，这样就可以实现与服务端的解耦。此外，Agent 可以不通过消息中间件，而是通过暴露服务接口的方式，例如 JMX 或者 HTTP 接口等，使监控服务器以拉取的方式从 Agent 端点获得监控数据。
- 监控服务器（Server）：采集到的数据会在监控服务器上进行聚合。通常监控服务器的工作比较繁多，包括对采集的数据内容进行加工计算、流式计算，完成对不同监控数据的分类存储、实时预警等监控任务。同时，所有监控数据的来源都是通过监控服务器提供的 API 展示的。

- 前端控制（Web Console）：前端控制的主要功能包括两部分：一部分是监控实时数据的展示，包括监控指标数据的实时展示，实时日志、历史日志的查询和展示，调用链信息的展示，预警数据的展示；另一部分功能包括下发对 Agent 和 Server 的控制指令，例如预警阈值的设定、重启监控对象 Agent 的命令等。
- 监控数据存储（DB）：海量的监控数据需要有效的、高性能的数据存储方案，以保证数据的实时性和准确性。通常不同的数据存储类型需要不同的数据存储技术。指标类数据对数据的实时性要求比较高，对应的开源时序性数据库有 OpenTSDB、Grafana、Prometheus、InfluxDB 等；对于日志类数据，目前 Elasticsearch 的使用比较广泛，在日志搜索的模糊查询等功能上，都有巨大优势；对于调用链数据，使用文档类型的 MongoDB 或者日志类型的 Elasticsearch 都是比较常见的方案。

9.1.2 监控分类

按照监控系统的原理和作用，一般基于监控系统来采用数据存储方案。监控系统大致可以分为指标类（Metrics）、日志类（Log）、调用链类（Tracing）。

指标类

指标类数据主要采用时序性数据库作为存储。它从监控事件发生时间及当前数值的角度来记录监控信息，可以实现聚合运算的目的，用于查看一些指标数据和指标趋势。所以这类监控不是用来查问题的，而是用来看趋势的。

指标类一般有 5 种基本的度量类型：Gauges（度量）、Counters（计数器）、Histograms（直方图）、Meters（TPS 计算器）、Timers（计时器）。

日志类

在框架代码、系统环境及业务逻辑中一般都会产生一些日志。我们通常把这些日志记录后统一收集起来，方便在需要时进行查询。日志类信息一般是非结构化的文本内容，其输出和处理的解决方案比较多，如 ELK Stack 方案（Elasticsearch + Logstash + Kibana）。

调用链类

调用链类监控主要记录一个请求的完整流程。HTTP 请求在微服务中经过不同的服务节点后，再返回客户端。在这个过程中通过调用链参数来追寻全链路行为，可以很方便地知道请求在哪个环节出了故障、系统的瓶颈在哪儿。这一类监控需要对代码进行埋点，通过抓取日志数据来完成信息收集，一般在大中型项目中较多用到。后面会单独讲解调用链技术。

9.1.3 监控关注的对象

监控系统体系一般都采用分层式的架构方式，也就是说，我们需要对监控的对象进行分层。通常我们会把监控对象大致分为下面几大类。

系统层监控

系统层监控主要包括 CPU、内存、磁盘、网络等基础设施层的监控，这也是运维人员比较关注的对象。系统运行的繁忙程度、健康程度、资源吞吐等信息会反映在一系列运行指标上，不管是 CPU 负载过高、磁盘 I/O 过于频繁，还是内存使用过多导致频繁的内存回收或 QPS 过高等，都会导致系统的服务质量下降，因此当对应的指标超过设定的阈值时，开发人员或者运维人员必须进行处理。详细的指标介绍如下。

- CPU 利用率：需要重点关注的几个指标包括 us（用户空间占用 CPU 百分比）、sy（内核空间占用 CPU 百分比）、wa（等待 I/O 的 CPU 时间百分比）、st（实时），这些指标代表 CPU 执行用户程序所占用的时间。通常情况下，希望 us 越高越好。sy 代表的是系统时间，表示 CPU 在内核态所花费的时间，如果 sy 过高，则意味着系统在某些地方的设计不够合理，比如频繁地切换用户态和系统态。而对于计算密集型的应用，us 一定会偏高，wa 代表的是等待时间，表示 CPU 在等待 I/O 所花费的时间。系统一般不应该花费大量的时间来等待，如果 wa 过高，则代表系统设计有不合理的地方。
- 内存使用：需要关注的指标包括 total、used、free。free+buffers+cached 代表可用内存大小，如果可用内存过小会导致 FGC（全堆范围的内存回收），影响系统的响应。对于应用来说，虚拟内存 Swap 使用过高，则说明需要调用大量内存到磁盘，影响系统的性能。我们可通过 vmstat 看出虚拟内存的使用情况。
- 磁盘剩余情况及磁盘 I/O：磁盘剩余情况也是一个非常重要的指标。如果磁盘没有足够的剩余空间，那么正常的日志写入和系统 I/O 都将无法正常进行。通过 df -h 命令即可看到各个分区的占用情况。通过查看磁盘 I/O 情况可以看出 I/O 的繁忙情况，I/O 的繁忙情况在一定程度上反映了系统的负载情况。一般通过 iostat -d -x 命令来查看 I/O 情况。
- 网络 traffic：一般情况下，对网络应用而言，网络 traffic 也值得关注。进程的网络读写 I/O 是网络请求繁忙程度的重要指标，当网络 I/O 成为应用的瓶颈时，需要水平扩容服务，提升服务的网络 I/O 容量。
- 基础设施日志：网络设备通过大量的日志记录当前的运行状态，这些日志都可以作为排查和定位问题的重要数据来源。例如 Nginx 负载均衡上的错误日志 error.log 等，都可以通过日志采集工具归集到日志服务器，进行统计分析。

应用层监控

应用层监控指从应用、服务角度进行的监控，应用服务监控指标由服务系统内部产生，一般能够真实地反映当前业务的运行状态。对于 Spring Boot 微服务架构，可以借助 Actuator 服务端点技术，提供各种类型的指标数据供监控 Admin 采集。对于不具备监控数据的应用系统，需要通过手动埋点或自动埋点的方式进行监控数据的提取，通过这些指标可以从服务层面衡量终端用户的体验、服务中断、业务影响等问题。其中，延迟、吞吐、错误、饱和度四个指标也被 Google SRE 总结为"黄金指标"，对监控业务系统具有重要的指导意义。下面具体介绍应用层监控数据的主要指标。

- 服务延迟：指用户访问后端服务请求所需的时间，记录用户所有请求所需的时间，重点区分成功请求的延迟时间和失败请求的延迟时间。例如，在数据库或者其他关键服务异常触发 HTTP 500 的情况下，用户可能会很快得到请求失败的响应内容。如果不加区分地计算这些请求的延迟，可能导致计算结果与实际结果产生巨大的差异。除此之外，在微服务中通常提倡"快速失败"，开发人员需要特别注意这些延迟较大的错误，因为这些错误会明显地影响系统的性能，因此追踪这些错误的延迟也是非常重要的。
- 服务吞吐量：指监控应用单位时间内处理请求的数量，用来衡量服务的容量请求。常用的吞吐量单位有 TPS、QPS、QPM 等。
  - TPS：Transactions Per Second（每秒事务处理数），指服务器每秒处理的事务次数。一般用于评估数据库、交易系统的基准性能。
  - QPS：Queries Per Second（查询量/秒），指服务器每秒能够处理的查询次数，例如域名服务器、MySQL 查询性能。
  - QPM：Queries Per Minute（查询量/分钟），指服务器每分钟能够处理的查询次数。
- 服务错误：指当前服务所发生的错误响应情况，衡量当前服务错误发生的速率。对于失败响应，可以使用响应 Code 显式表示（如 HTTP 500 错误）；而有些错误是隐式的（如 HTTP 响应 200，但实际业务流程仍然是失败的）。我们会在单位时间内计算所有发生请求的数量（Total Count）和发生错误响应的数量（Error Count），然后计算 ErrorRate（错误率）=Error Count/ Total Count。
- 饱和度：可以理解为服务的利用率，代表服务系统承受的压力，所以饱和度与服务的吞吐有密切的关系。流量的上升一般会导致饱和度的上升，通常情况下，每种业务系统都有各自的饱和度指标。在很多业务系统中，消息队列长度是比较重要的饱和度指标，除此之外，CPU、内存、磁盘、网络等系统资源的利用率也可以作为饱和度指标的一种体现方式。

JVM 监控指标

JVM 作为 Java 应用服务的主要载体，对业务服务的运行状态会产生重要影响。基于 JVM 运行环境的内存和线程指标，可以实时监控指标趋势，进行性能分析。在 JVM 监控分析工具中，Java Attach API 主要用于 Attach 到虚拟机进程，进行如下操作。

- 获取 JMX Connection：从外部获取 JVM Connection，得到 MXBean，抓取运行数据（CPU 采样分析）。
- 获取 VirtualMachine 对象：调用接口，得到堆内存分布信息（内存采样分析）。

此外，JVM 自带的 jmap、jstat、jstack 等常用命令可用来查看当前 Java 进程的运行情况。

- jmap：查看堆内存使用情况。

```
jmap -heap pid
```

可以查看到 MetaspaceSize、CompressedClassSpaceSize、MaxMetaSize。

- jstat：收集统计信息。

```
jstat [ options ] pid
```

可以查看类加载情况的统计、JVM 中堆的垃圾收集情况的统计，也可以查看 HotSpot 中即时编译器编译情况的统计。

- jstack：收集 Java 线程栈信息。

```
jstack [ options ] pid
```

jstack 常用来打印 Java 进程、core 文件、远程调试端口的 Java 线程堆栈跟踪信息，包含当前虚拟机中所有线程正在执行的方法堆栈信息的集合。

业务日志

业务日志是系统排查当前业务运行状态的一个重要的数据来源，可以通过日志的类型划分不同的日志分级、格式。

- ERROR 是最高级别错误，反映系统发生了非常严重的故障，无法自动恢复到正常态工作，需要人工介入处理。系统需要将错误相关痕迹及细节记录在 ERROR 日志中，方便后续人工回溯解决。
- WARN 级别的问题需要开发人员给予足够关注，表示有参数校验问题或者程序逻辑缺陷，当功能逻辑走入异常逻辑时，应该考虑记录 WARN 日志。
- INFO 日志主要记录系统关键信息，旨在保留系统正常工作期间的关键运行指标，开发人员可以将初始化系统配置、业务状态变化信息，或者用户业务流程中的核心处理，都记录到 INFO 日志中，方便日常运维工作及错误回溯时复现上下文场景。
- 开发人员可以将各类详细信息记录到 DEBUG 里，起到调试的作用，包括参数信息、调试细节信息、返回值信息等。其他等级不方便显示的信息也可以通过 DEBUG 日志来记录。

用户层服务类指标

这一类指标主要与用户、业务相关，属于业务层面，大多数是特定业务或者特定场景下比较关注的对象。

用户层的服务指标通常也被称为自定义指标，需要根据业务场景和业务痛点，提取我们关注的监控对象的服务指标，作为衡量和判断当前业务运行情况的依据。例如下面的业务指标指示的"业务运营监控"项目。业务运营人员需要收集所有贷款进件的运营状态是否正常，那么我们需要定义不同业务阶段、不同地域下的不同进件状态指标——存量指标，如下表所示。

阶段	组织大区	业务类型
申请阶段	存量指标：20件	存量指标：20件
信用审核阶段	存量指标：30件	存量指标：30件
综合信贷阶段	存量指标：40件	存量指标：40件

9.2 指标型数据监控

9.2.1 指标采集概述

在 9.1 节的监控系统分类中，我们说指标数据是监控系统判断运行状态的一个重要数据来源，这里的指标是在时间维度上捕获的与系统相关的值。这个指标值按照不同的层次，可以进一步分类。

- **基础类型指标**：包括 CPU、内存、网络、I/O 等，基于 JVM 系统的应用，也可以把 JVM 的内存回收状态、堆栈等资源占用状态的指标纳入这一类型指标。基础类型指标通常可以从宏观的视角描述当前应用所属容器或者运行环境的基本状态。
- **应用服务类型指标**：指服务的运行状态指标。前文我们说的服务延迟、流量吞吐、错误和饱和度即"黄金四指标"，线程个数、队列积压情况等数据都属于应用服务类型指标。因为服务指标最贴近应用服务本身，所以应用服务类型指标可以直观地反映当前服务的运行状态，也是开发运维人员排查异常状态和定位应用错误时的主要判断依据。
- **业务定制化指标**：上述两类指标是比较通用的指标类型，然而很多业务需要定制化的指标来衡量某一个业务特性。例如 9.1 节中提到的通过"存量指标"衡量不同阶段、不同门店的一个业务运营状态。而这个指标的采集需要我们手动在代码的指定位置埋点，在采集指标数据后上报到监控服务器中心。下面介绍在监控指标方面有哪些主要的采集方式。

系统指标采集方式

Linux 系统自带的命令工具是采集基础类型指标的主要方式，通过 Linux 系统命令可以发现服务器资源的性能瓶颈和资源占用情况。

- iostat：监控磁盘 I/O 情况。
- meminfo：查看内核使用内存情况的各种信息。
- mpstat：实时系统监控工具，能查看所有 CPU 的平均状况信息。
- netstat：显示了大量与网络相关的信息。
- nmon：监控 Linux 系统的性能、下载及安装。
- pmap：报告每个进程占用内存的详细情况。
- ps pstree：ps 告诉你每个进程占用的内存和 CPU 处理时间，而 pstree 以树形结构显示进程之间的依赖关系，包括子进程信息。
- sar：显示 CPU 使用率、内存页数据、网络 I/O 和传输统计、进程创建活动和磁盘设备的活动详情。
- strace：诊断进程工具。
- tcpdump：网络监控工具，看看哪些进程在使用网络。
- uptime：该命令告诉你这台服务器从开机启动到现在已经运行了多长时间。
- vmstat：监控虚拟内存。
- wireshark：是一个网络协议检测程序，让你可以获取网站的相关资讯。
- dstat：该命令整合了 vmstat、iostat 和 ifstat 三种命令作为多类型资源统计工具。
- top：经常用来监控 Linux 的系统状况，比如 CPU、内存的使用。
- ss：用来记录套接字统计信息，可以显示类似 netstat 一样的信息。
- lsof：列表显示打开的文件。
- iftop：是另一个基于网络信息的类似 top 的程序，能够显示当前时刻按照带宽使用量或者上传或者下载量排序的网络连接状况。

应用指标采集方式

- 手动埋点：手动埋点是侵入式的监控数据采集方式，主要应用在业务定制化的监控场景下。手动埋点的优点是可以更灵活地为我们提供业务内部的监控指标，当然缺点也很明显，需要在代码层面修改代码，具有一定的侵入性。如果项目指标数量有限，并且被埋点代码所在位置集中在个别文件中，可以考虑使用手动埋点的方式。
- 自动埋点：使用手动埋点的方式需要侵入式地修改已有的业务代码，对于很多业务方来说，这样的做法是无法接受的。如果能在程序加载或者运行期间动态地加入监控代码，就可以做到在运行期间动态埋点，无侵入地监控应用系统。在 Java 技术中，我们可以利用 JavaAgent 和 Javaassist 动态字节码改写技术实现自动埋点，增加指标抓取逻辑，这项技术的另一个使用场景就是 APM 中的调用链技术。在后面两节中，我们会进一步介绍这两种自动埋点捕获数据的"黑科技"。
- 自带监控功能，有以下三种方式。
  - JMX 方式：多数 Java 开发的服务均可由 JMX 接口输出监控指标。其中不少监控系统都集成了 JMX 采集插件，除此之外，我们也可通过 jmxtrans、jmxcmd 等命令工具采集指标信息。
  - HTTP REST 方式：Spring Boot 提供的 Actuator 技术可以采集监控信息，并以 HTTP REST 的方式暴露监控指标。
  - OpenMetrics 方式：作为 Prometheus 的监控数据采集方案，OpenMetrics 可能很快会成为未来监控的业界标准。

指标监控数据存储

基于时间序列数据库的监控系统是非常适合做监控告警使用的，如果我们要搭建一套新的指标监控系统，就需要使用时序监控作为数据存储引擎，下面我们介绍几款常用的以时间序列数据库为主的监控数据库。

- Prometheus（普罗米修斯）：2012 年开源的一款监控框架，其本质是时间序列数据库，由 Google 前员工开发。Prometheus 采用拉的模式从应用中拉取数据，并支持 Alert 模块，可以实现监控预警。同时，Prometheus 提供了一种推数据的方式，但并不是推送到 Prometheus Server 中，而是在中间搭建一个 PushGateway 组件，通过定时任务模块将 Metrics 信息推送到这个 PushGateway 中，然后 Prometheus Server 采用拉的方式从 PushGateway 中获取数据。其他 Prometheus 用到的监控组件功能如下。
  - Prometheus Server：需要拉取的数据既可以采用静态方式配置在 Prometheus Server 中，也可以采用服务发现的方式。
  - PromQL：Prometheus 自带的查询语法，通过编写 PromQL 语句可以查询 Prometheus 里面的数据。
  - Alertmanager：数据的预警模块，支持通过多种方式发送预警。
  - WebUI：展示数据和图形，通常与 Grafana 结合，采用 Grafana 来展示。

- OpenTSDB：2010年开源的一款分布式时序数据库，在这里我们把它主要用在监控方案中。OpenTSDB采用的是HBase的分布式存储，它获取数据的模式与Prometheus不同，它采用的是推模式。在展示层，OpenTSDB自带WebUI视图，可以与Grafana很好地集成，提供丰富的展示界面。但OpenTSDB并没有自带预警模块，需要自己去开发或者与第三方组件结合使用。
- InfluxDB：2013年开源的一款时序数据库，在这里我们主要把它用在监控系统方案中。它也采用推模式收集数据。在展示层，InfluxDB也自带WebUI，可以与Grafana集成。

9.2.2 JavaAgent技术

JavaAgent是一种特殊的Java程序，是Instrumentation的客户端。它与普通Java程序通过main方法启动不同，JavaAgent并不是一个可以单独启动的程序，它必须依附在一个Java应用程序（JVM）上，与主程序运行在同一个进程中，通过Instrumentation API与虚拟机交互。

JVM启动时静态加载

对于JVM启动时加载的Agent模块代码，Instrumentation会通过premain方法传入代理程序，premain方法会在调用程序main方法之前被调用，同时Instrumentation包含agentmain方法实现字节码改写，二者的区别如下：

- premain方法用于在启动时，在类加载前定义类的TransFormer（转化器），在类加载的时候更新对应的类的字节码。
- agentmain方法用于在运行时进行类的字节码的修改，步骤分为注册类的TransFormer调用和retransformClasses函数进行类的重加载。

premain方法与agentmain方法相比有很大的局限性。premain方法仅限于应用程序的启动时，即main函数执行前。此时还有很多类没有被加载，而这些类使用premain方法是无法实现字节码改写的。

目前，主流的基于探针的监控系统都是基于这种方式实现的对应用的无侵入监控。我们知道程序的入口是main方法，而premain方法代表了在程序正式启动之前执行的动作，它同时具备类似AOP的能力。Transformer提供字节码文件流转化的能力，如下图所示是Class文件转换图。

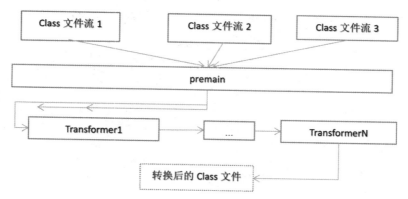

字节码改写

如上图所示，任何 Class 文件在加载时，都要经过 premain 这一代码转换环节。通过一系列的 TransFormer 转换，Class 字节码文件流最终转变为我们期望的代码实现，然后被加载到 JVM 中。修改 Class 字节码文件流的动作是在 Transformer 中进行的。我们可以使用 Javaassist 技术修改字节码文件流（下一节介绍）。下面就是我们实现的一个类，实现了带 Instrumentation 参数的 premain 方法。调用 addTransformer 方法对启动时所有的类进行拦截，示例代码如下：

```java
public class PreMainTraceAgent {
    public static void premain(String AgentArgs, Instrumentation inst)
    {
        System.out.println("AgentArgs : " + AgentArgs);
        inst.addTransformer(new DefineTransformer(), true);
    }
    static class DefineTransformer implements ClassFileTransformer
    {
    @Override
    public byte[] transform(ClassLoader loader, String className, Class<?> classBeingRedefined,
        ProtectionDomain protectionDomain, byte[] classfileBuffer)
            throws IllegalClassFormatException {
        if ("java/util/Date".equals(className)){
            try
            {
                //从 ClassPool 获得 CtClass 对象
                final ClassPool classPool = ClassPool.getDefault();
                final CtClass clazz = classPool.get("java.util.Date");
                CtMethod convertToAbbr = clazz.getDeclaredMethod("convertToAbbr");
                String methodBody = "{sb.append(Character.toUpperCase(name.charAt(0)));"
                    +"sb.append(name.charAt(1)).append(name.charAt(2));" +
```

```
                            "System.out.println(\"sb.toString()\");" + "return sb;
                             }";
                            convertToAbbr.setBody(methodBody);
                            byte[] byteCode = clazz.toBytecode();
                            //detach 的意思是移除内存中曾经被 Javassist 加载过的数据对象
                            clazz.detach();
                            return byteCode;
                        }
                        catch (Exception ex)
                        {
                            ex.printStackTrace();
                        }
                    }
                }
            }
```

JVM 启动后动态 Instrument 机制

关于 JVM 启动后动态加载 Agent 的方法，Instrumentation 会通过 agentmain 方法传入程序。agentmain 方法在 main 函数开始运行后才被调用，其最大优势是可以在程序运行期间进行字节码的替换。

Attach API[1]实现动态注入的原理如下。

你的应用程序通过虚拟机提供的 attach(pid)方法，可以将代理程序连接（attach）到一个运行中的 Java 进程上，之后便可以通过 loadAgent(AgentJarPath)将 Agent 的 jar 包注入对应的进程，然后对应的进程会调用 agentmain 方法，如下图所示。

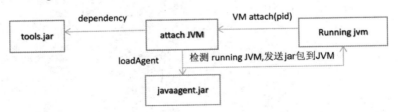

工程结构和上面 premain 的一样，编写 AgentMainTest 代码示例如下：

```
public class AgentMainTest
{
    public static void Agentmain(String AgentArgs, Instrumentation instrumentation)
    {
```

---

[1] Attach API，将应用程序连接到另一个目标虚拟机，使应用程序可以将代理应用程序装入目标虚拟机。

```
            instrumentation.addTransformer(new DefineTransformer(), true);
        }
        static class DefineTransformer implements ClassFileTransformer
        {
            @Override
            public byte[] transform(ClassLoader loader, String className, Class<?>
                classBeingRedefined, ProtectionDomain protectionDomain, byte[] classfileBuffer)
                    throws IllegalClassFormatException
            {
                System.out.println("premain load Class:" + className);
                return classfileBuffer;
            }
        }
    }
```

JavaAgent 运行前启动加载代理程序的方法如下。

JavaAgent 有两个启动时机,一个是在程序启动时通过-javaAgent 参数启动代理程序;另一个是在程序运行期间通过 Java Tool API 中的 Attach API 动态启动代理程序。我们通过-javaAgent 来指定我们编写的 Agent 的 jar 路径(./{Location}/Agent.jar)。这样在启动时,Agent 就可以做定制化的字节码改动了。对于 Spring Boot 类内置容器的服务,可以使用下面方式:

```
java -javaAgent:{Location}/Agent.jar -jar start.jar
```

在 Tomcat 启动时,它会读取 CATALINA_OPTS 环境变量,并将它加入启动命令中。在环境变量中添加如下信息:

```
export CATALINA_OPTS="$CATALINA_OPTS -javaAgent:{Location}/Agent.jar"
```

Java 程序运行后加载代理的方法如下。

程序启动之后,我们通过某种特定的手段加载 Java Agent。这个特定的手段就是虚拟机的 Attach API。这个 API 其实是 JVM 进程之间的沟通桥梁,它的底层通过 Socket 进行通信。JVM A 可以发送一些指令给 JVM B,JVM B 收到指令之后,可以执行对应的逻辑,比如在命令行中经常使用的 jstack、jcmd、jps 等命令。因为是进程间通信,所以使用 Attach API 的也是一个独立的 Java 进程。下面是一个简单的实现,代码示例如下:

```
//13568 表示目标进程的进程 PID
vm = VirtualMachine.attach("13568");
try {
   vm.loadAgent(".../Agent.jar");    } //指定 Java Agent 的 jar 包路径
finally {
   vm.detach();
}
```

9.2.3　Javaassist 技术

Javaassist 是一个开源的分析、编辑和创建 Java 字节码的类库，在运行时能动态生成类、修改类，并且能直接使用 Java 编码。

在前面的 JavaAgent 一节中，我们知道通过 Transformer 方法可以取得类的字节码文件流，利用 Javaassist 技术可以解析字节码文件流为类对象，并对其进行修改，非常快速便捷。通过结合 Javaassist 与 JavaAgent 技术可以使字节码修改工作事半功倍。

Java 字节码以二进制的形式存储在 .class 文件中，每一个 .class 文件都包含一个 Java 类或接口。Javaassist 就是一个用来处理 Java 字节码的类库。它可以在一个已经编译好的类中添加新的方法，或者修改已有的方法，并且不需要对字节码有深入的了解。下面是代码示例，首先需要引入 jar 包：

```xml
<dependency>
    <groupId>org.javassist</groupId>
    <artifactId>javassist</artifactId>
    <version>3.25.0-GA</version>
</dependency>
```

Javaassist 核心模块

Javaassist 中的核心模块是 ClassPool、CtClass、CtMethod 及 CtField 这几个类，下面简单介绍这些类的主要作用。

- ClassPool：一个基于 HashMap 实现的 CtClass 对象容器，其中键是类名称，值是表示该类的 CtClass 对象。默认的 ClassPool 使用与底层 JVM 相同的类路径，因此在某些情况下，可能需要向 ClassPool 添加类路径或类字节。
- CtClass：表示一个类，这些 CtClass 对象可以从 ClassPool 中获得。
- CtMethods：表示类中的方法。
- CtFields：表示类中的字段。

Javaassist 修改 EurekaClient

下面代码的功能是改写 Eureka 的 onCacheRefreshed() 方法，通过下面字节码的改写可以触发父类的缓存刷新事件（这个功能是原 onCacheRefreshed 方法中不具备的逻辑），对于所有注册了该监听事件的方法都会执行"父类的缓存刷新"回调事件。

```java
public class EurekaClientJavassist {
    private static final Logger LOGGER =
        LoggerFactory.getLogger(EurekaClientJavassist.class);
```

```java
    private static final String CLASSNAME =
        "org.springframework.cloud.netflix.eureka.CloudEurekaClient";
    private static final String METHODNAME = "onCacheRefreshed";
    public void hookCacheRefresh() {
        try {
            StringBuffer sbf = new StringBuffer();
            sbf.append("super.onCacheRefreshed();");
            String codePre = sbf.toString();
            JavassistProcessor.instance().hookExecuteBefore(this.getClass(),
                CLASSNAME, METHODNAME, codePre);
        }
        catch (Exception ex) {
            LOGGER.error("EurekaClientJavassist EXECUTE FAIL...", ex);
        }
    }
}
```

Javaassist 改写 Class 示例

下面的方法是我们对 Javaassist API 的进一步封装，它可以在任意方法前后对任意 Class 执行我们添加的自定义代码逻辑，代码如下：

```java
    public void hookExecuteBefore(Class c, String className, String methodName, String preCode) {
        try {
            ClassPool pool = ClassPool.getDefault();
            ClassClassPath classPath = new ClassClassPath(c);
            pool.insertClassPath(classPath);
            CtClass ctClass = pool.get(className);
            CtMethod cm = ctClass.getDeclaredMethod(methodName);
            cm.insertBefore(preCode);
            ctClass.writeFile();
            ctClass.toClass();
        }
        catch (Exception ex) {
            LOGGER.error("Javassist EXECUTE onCacheRefreshed FAIL...", ex);
        }
    }
    @SuppressWarnings("rawtypes")
    public void hookExecuteAfter(Class c, String className, String methodName, String proCode)
    {
        try {
            ClassPool pool = ClassPool.getDefault();
            ClassClassPath classPath = new ClassClassPath(c);
            pool.insertClassPath(classPath);
            CtClass ctClass = pool.get(className);
```

```
            CtMethod cm = ctClass.getDeclaredMethod(methodName);
            cm.insertAfter(proCode);
            ctClass.writeFile();
            ctClass.toClass();
    }
    catch (Exception ex) {
        LOGGER.error("Javassist EXECUTE onCacheRefreshed  FAIL...",  ex);
    }
}
```

9.2.4 Spring Boot Admin 监控详解

Spring Boot Admin 是一个开源社区项目，用于管理和监控 Spring Boot 应用程序。应用程序作为客户端向 Spring Boot Admin Server 注册（通过 HTTP）服务。同时，客户端可以被 Spring Cloud 的注册中心（例如 Eureka、Consul）发现。UI 使用 AngularJs 开发，可以展示 Spring Boot Admin Client 的 Actuator 端点上的一些监控数据。常见的监控功能可以分为下面三大类。

指标类

- 显示健康状况。
- JVM 和内存指标。
- micrometer.io 指标。
- 数据源指标。
- 缓存指标。
- 查看 JVM 系统和环境属性。
- JMX-beans 交互。

配置类

- 查看 Spring Boot 的配置属性。
- 支持 Spring Cloud 的 postable / env-和/ refresh-endpoint。

APM 类

- 实时日志级管理。
- 查看线程转储。
- 查看 HTTP 跟踪。
- 查看 auditevents。
- 查看 http-endpoints。

- 查看 Flyway / Liquibase 数据库迁移。
- 下载 heapdump。

接入 spring-boot-admin-starter-server

首先，在工程 admin-server 中引入 Maven 依赖。

```xml
<dependency>
    <groupId>de.codecentric</groupId>
    <artifactId>spring-boot-admin-starter-server</artifactId>
    <version>2.1.0</version>
</dependency>
<dependency>
    <groupId>org.springframework.boot</groupId>
    <artifactId>spring-boot-starter-web</artifactId>
</dependency>
```

然后，给工程的启动类 AdminServerApplication 加上 @EnableAdminServer 注解，开启 AdminServer 的功能。

```java
@SpringBootApplication
@EnableAdminServer
public class AdminServerApplication {
    public static void main(String[] args) {
        SpringApplication.run( AdminServerApplication.class, args );
    }
}
```

接入 spring-boot-admin-starter-client

首先，在 admin-client 工程的 pom 文件中引入 admin-client 依赖。

```xml
<dependency>
    <groupId>de.codecentric</groupId>
    <artifactId>spring-boot-admin-starter-client</artifactId>
    <version>2.1.0</version>
</dependency>

<dependency>
    <groupId>org.springframework.boot</groupId>
    <artifactId>spring-boot-starter-web</artifactId>
</dependency>
```

然后，在工程的配置文件 application.yml 中配置应用名和端口信息，设置 admin-server 的注册地址为 http://localhost:8769，暴露 Actuator 的所有端口信息，具体配置如下。

```yaml
spring:
  application:
    name: admin-client
  boot:
    admin:
      client:
        url: http://localhost:8099
server:
  port: 8099
management:
  endpoints:
    Web:
      exposure:
        include: '*'
  endpoint:
    health:
      show-details: ALWAYS
```

最后，工程的启动文件如下。

```java
@SpringBootApplication
public class AdminClientApplication {
    public static void main(String[] args) {
        SpringApplication.run( AdminClientApplication.class, args );
    }
}
```

在浏览器上输入 http://127.0.0.1:8099，进入 Spring Boot Admin 界面，下图是访问 Spring Boot 应用实例的详情界面。

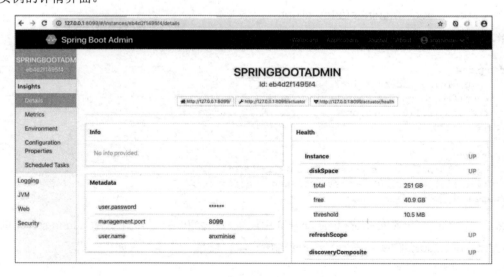

9.2.5　Spring Boot 集成 Prometheus

Spring Boot中的spring-boot-starter-actuator组件已经集成了对Micrometer[1]的支持，其中Metrics端点的很多功能就是通过Micrometer实现的。Prometheus端点默认也是开启支持的，实际上Actuator依赖的spring-boot-actuator-autoconfigure中集成了对很多框架"开箱即用"的接口，其中Prometheus包中集成了对Prometheus的支持，使用Actuator可以轻易地让项目暴露出Prometheus的端点接口。作为Prometheus收集数据的客户端，Prometheus可以通过此端点收集应用中的Micrometer度量数据。

下面以 Counter 和 Timer 为例，讲解 Spring Boot 与 Prometheus 集成的主要步骤。

首先，引入 spring-boot-starter-actuator 和 spring-boot-starter-web 依赖。

```xml
<dependencies>
  <dependency>
    <groupId>org.springframework.boot</groupId>
    <artifactId>spring-boot-starter-web</artifactId>
  </dependency>
  <dependency>
    <groupId>org.springframework.boot</groupId>
    <artifactId>spring-boot-starter-actuator</artifactId>
  </dependency>
  <dependency>
    <groupId>org.springframework.boot</groupId>
    <artifactId>spring-boot-starter-aop</artifactId>
  </dependency>
  <dependency>
    <groupId>io.micrometer</groupId>
    <artifactId>micrometer-registry-Prometheus</artifactId>
    <version>1.1.0</version>
  </dependency>
</dependencies>
```

然后，在配置文件中添加如下配置。

```
spring.application.name: test
server.port :8081
#监控端点配置
#自定义端点路径，将/actuator/{id}设为/manage/{id}
#management.endpoints.Web.base-path: /manage
management.endpoints.Web.exposure.include: *
management.metrics.tags.application: ${spring.application.name}
```

---

[1] Micrometer：JVM 应用度量框架。

添加启动类。

```java
@SpringBootApplication
public class FreemarkerApplication {
    @Value("${spring.application.name}")
    private  String application;
    public static void main(String[] args) {
        SpringApplication.run(FreemarkerApplication.class, args);
    }
    @Bean
    MeterRegistryCustomizer<MeterRegistry> configurer() {
        return (registry) -> registry.config().commonTags("application", application);
    }
}
```

查看度量指标是否集成成功，访问地址为 http://localhost:8081/actuator/Prometheus，返回结果如下。

```
# HELP jvm_memory_used_bytes The amount of used memory
# TYPE jvm_memory_used_bytes gauge
jvm_memory_used_bytes{application="test", area="heap", id="PS Old Gen", } 2.1193976E7
jvm_memory_used_bytes{application="test", area="nonheap", id="Metaspace", } 3.8791688E7
jvm_memory_used_bytes{application="test", area="heap", id="PS Survivor Space", } 0.0
jvm_memory_used_bytes{application="test", area="nonheap", id="Compressed Class Space", } 5303976.0
jvm_memory_used_bytes{application="test", area="heap", id="PS Eden Space", } 8.2574816E7
jvm_memory_used_bytes{application="test", area="nonheap", id="Code Cache", } 8693824.0
# HELP tomcat_global_received_bytes_total
# TYPE tomcat_global_received_bytes_total counter
tomcat_global_received_bytes_total{application="test", name="http-nio-8080", } 0.0
# HELP jvm_threads_daemon_threads The current number of live daemon threads
# TYPE jvm_threads_daemon_threads gauge
jvm_threads_daemon_threads{application="test", } 20.0
# HELP tomcat_sessions_alive_max_seconds
# TYPE tomcat_sessions_alive_max_seconds gauge
tomcat_sessions_alive_max_seconds{application="Prometheus-test", } 0.0
# HELP jvm_buffer_memory_used_bytes An estimate of the memory that the Java virtual machine is using for this buffer pool
# TYPE jvm_buffer_memory_used_bytes gauge
jvm_buffer_memory_used_bytes{application="test", id="mapped", } 0.0
jvm_buffer_memory_used_bytes{application="test", id="direct", } 90112.0
//省略
```

prometheus.yml 配置文件包含全局配置、告警插件配置、告警规则、Spring Boot 应用配置等。Prometheus 的常用配置参数说明如下。

```yaml
#全局配置
global:
  scrape_interval:     15s     #收集一次数据的时长
  evaluation_interval: 15s     #评估一次规则的时长
  scrape_timeout:      10s     #每次收集数据的超时时间
#告警插件配置
alerting:
  alertmanagers:
  - static_configs:
    - targets:
      # - alertmanager:9093
#告警规则,可以使用通配符
rule_files:
  # - "first_rules.yml"
  # - "second_rules.yml"
scrape_configs:
  - job_name: 'Prometheus'
    static_configs:
    - targets: ['localhost:9090']
#Spring Boot 应用配置
  - job_name: 'SpringBootPrometheus'
    scrape_interval: 5s
    metrics_path: '/actuator/Prometheus'
    static_configs:
      - targets: ['127.0.0.1:8081']
```

启动 Prometheus,使用浏览器访问 http://localhost:9090,查看具体的监控指标,如下图所示。

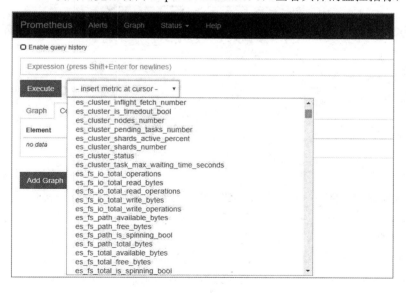

9.3 日志监控方案

日志对我们进行系统故障定位具有关键的作用。我们的框架代码、系统环境及业务逻辑中一般都会产出一些日志，我们通常会把这些日志记录后统一收集起来，方便在需要的时候进行查询检索。ELK 是目前开源领域比较流行且成熟的一站式日志解决方案。

9.3.1 日志采集方案

日志采集的代理端（Agent）其实就是一个将数据从源端投递到目的端的程序。我们会使用一个具备数据订阅功能的中间件作为日志采集、分析、存储的中间管道，来实现解耦的功能。目前业界比较流行的日志采集解决方案主要有 Flume、Logstash、FileBeat 和 Fluentd 等。

Flume

Flume 是一个高可用的、高可靠的、分布式的海量日志采集、聚合和传输系统。Flume 支持在日志系统中定制各类数据发送方，它可以收集数据。Flume 提供对数据进行简单处理并写入各种数据接收方（如文本、HDFS、HBase 等）的能力。Flume 的核心是把数据从数据源（Source）收集过来，再将收集的数据送到指定的目的地（Sink）。为了保证输送过程一定成功，在送到目的地之前，会先缓存数据到管道（Channel），待数据真正到达目的地后，Flume 再删除缓存的数据，整个流程如下图所示。

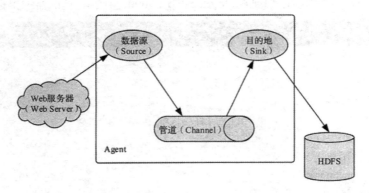

Flume 的数据流由事件（Event）贯穿始终，事件是将传输的数据进行封装而得到的，是 Flume 传输数据的基本单位。如果是文本文件，则事件通常是一行记录。事件携带日志数据，并且携带头信息，这些事件由 Agent 外部的数据源生成，当 Source 捕获事件后会进行特定的格式化，然后 Source 会把事件推入（单个或多个）Channel 中。Channel 可以看作一个缓冲区，它将保存事件直到 Sink 处理完该事件。Sink 负责持久化日志或者把事件推向另一个 Source。

Logstash

Logstash 是一个分布式日志收集框架，开发语言是 JRuby，经常与 Elasticsearch、Kibana 配合使用，组成著名的 ELK 技术栈。

Logstash 非常适合做日志数据的采集，既可以采用 ELK 组合使用，也可以作为日志收集软件单独出现。Logstash 单独出现时可将日志存储到多种存储系统或临时中转系统，如 MySQL、Redis、Kafka、HDFS、Lucene、Solr 等，并不一定是 Elasticsearch。

Logstash 的设计非常规范，它有三个组件。因为架构比较灵活，所以如果不想用 Logstash 存储，也可以对接到 Elasticsearch，这就是前面所说的 ELK 了。Logstash 的采集过程如下图所示。

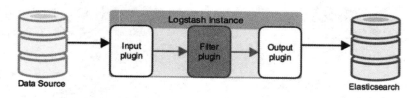

FileBeat

FileBeat 和 Logstash 一样，都属于日志收集处理工具，它是基于原先 Logstash 的源码改造出来的。与 Logstash 相比，FileBeat 更加轻量，占用资源更少。FileBeat 涉及两个组件：探测器（Prospector）和采集器（Harvester）。FileBeat 用来读取文件并将事件数据发送到指定的输出。FileBeat 的工作流程是这样的：开启 FileBeat 时，它会启动一个或多个探测器去检测你设置的日志路径或日志文件，在定位到每一个日志文件后，FileBeat 启动一个采集器。每个采集器读取一个日志文件的新内容并把数据发送到 libbeat，libbeat 会集合这些事件并将汇总的数据发送到你设置的外部接收程序中。下面是 FileBeat 的官方示意图。

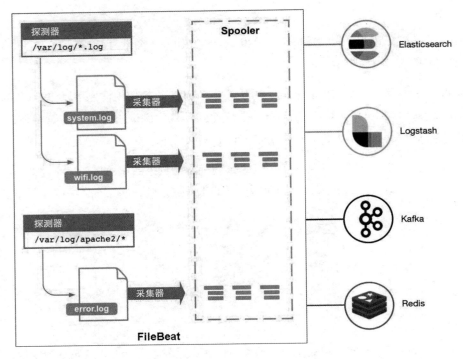

Fluentd

业界一直采用 ELK 来管理日志,众所周知,Logstash 是一个具有实时渠道能力的数据收集引擎,但和 Fluentd 相比,它在效能上的表现略逊一筹,故而逐渐被 Fluentd 取代,ELK 也随之变成 EFK,同时,Fluentd 已经加入 CNCF 云原生成员。

Fluentd 是一个开源的数据收集器,专为处理数据流设计,使用 JSON 数据格式。它采用插件式的架构(几乎所有源和目标存储都有插件),具有高可扩展性、高可用性,同时实现了高可靠的信息转发。Flueted 由三部分组成,如下图所示。

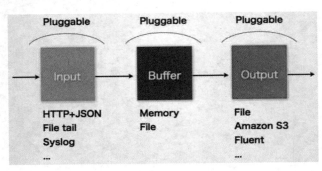

- Input：负责收集数据或者主动抓取数据，支持 Syslog、HTTP、File tail 等。
- Buffer：负责数据获取的性能和可靠性，也有文件或内存等不同类型的 Buffer 可以配置。
- Output：负责输出数据到目的地，例如文件。

9.3.2 ELK 日志的解决方案

ELK 简介

ELK 是软件集合 Elasticsearch、Logstash、Kibana 的简称，由这三个软件及其相关的组件可以打造大规模日志实时处理系统。ELK 已经成为目前最为流行的集中式日志解决方案，在最简单的 ELK 解决方案中只有 Logstash 通过输入插件从多个数据源获取日志，再经过过滤插件进行数据架构处理，然后数据输出存储到 Elasticsearch，在通过 Kibana 展示，下面是 ELK 最典型的架构图。

这种架构适用于简单场景，适合初学者搭建使用。而在前文的日志采集方案中，我们知道 Logstash 的采集存在性能瓶颈，所以在日志采集端通常会使用 FileBeat 作为日志采集 Agent。下面简单介绍另一种 ELK 的日志改进解决方案——FileBeat+ ELK，流程如下图所示。

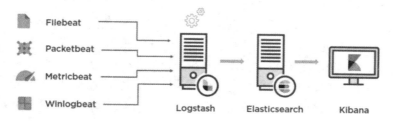

- FileBeat：获取服务器上指定路径的日志文件，并将这些日志转发到 Logstash 实例以进行处理。设计 FileBeat 是为了提高可靠性和降低延迟。在微服务所在服务器上部署 FileBeat，主要用来对微服务日志文件进行采集，将采集到的数据输出到指定文件或者队列服务器。
- Logstash：可以作为服务端的数据处理管道，从多个源中提取数据，对其进行转换，然后将其存储到 Elasticsearch。简单来说就是日志的收集、分析、过滤工具。从文件系统或者服务器队列进行聚合、过滤，并输出到 Elasticsearch 存储。
- Elasticsearch：它是一个开源分布式搜索引擎，通常作为日志的存储服务器，提供收集、分析、存储数据三大功能。

Kibana：它是一个基于 Web 的图形界面，读取 Elasticsearch 上的集群数据，展示 Web 查询页面，提供历史日志数据查询，用于搜索、分析和展示存储在 Elasticsearch 中的日志数据。

ELK 在微服务架构中的局限

传统的 ELK 解决方案的最大优势就是对日志全流程支持，从日志采集、存储到展示的所有环节都是"开箱即用"的，但是在实际微服务项目使用过程中依然存在一些问题。

- 每个服务器如果想享受 ELK 日志解决方案，都需要在宿主机上安装一个代理客户端，而像 Logstash 这样的采集器，本身比较占用内存，会存在与宿主机应用抢占资源的问题。
- ELK 的日志采集机制是使用 Agent 从磁盘读取增量的日志文件，但是磁盘读取会遇到资源消耗增大、日志读取缓慢等问题。
- 每部署一套新的服务，都需要部署相关的 Agent，对 Agent 后期的升级及配置环境运维都将存在一系列问题。

9.3.3 Spring Boot 的日志解决方案

针对上述 ELK 的这些问题，我们有必要在以 Spring Boot 框架为主的微服务应用系统中，采用更加高效、简易、轻量级的日志解决方案。

我们知道，Spring Boot 采用了 LogBack 作为默认的文件系统，而 LogBack 有非常强大的 Appender 机制，可以将日志动态输出到指定的 Appender 上，这样在日志采集时就不需要为每一个微服务都安装一个 Agent 了，同时日志不需要再落盘就可以通过第三方消息中间件将日志异步转发出去，避免了为每一台宿主机都安装 LogAgent 采集进程；同时可以使用定制化的 LoggerAppender，通过 Nexus 私服发布更新，应用系统可以在编译期完成日志 LogAppender 的升级，避免了为每一套应用程序修改升级 Agent 代码。同时对于 Logger append 的 Sink 写入端可以选择 Kafka 或者 Redis 这样高性能的中间件，作为高并发日志系统的缓存，避免对 ELK 服务稳定性造成冲击。下面是基于 Spring Boot 采集日志、归集日志、存储日志的改良的解决方案架构图。

自定义 Appender 的配置加载

下面是在 Logback.XML 中自定义的 Appender 实现，使用了异步的 Appender。这样，服务在调用 LogBack 打印日志时，不会阻塞当前应用代码继续执行正常逻辑。

```xml
<appender name="Kafka" class="com.xxx.mq.message.appender.MqAppender">
</appender>
<appender name="ASYNC" class="ch.qos.logback.classic.AsyncAppender">
    <appender-ref ref="Kafka"/>
</appender>
```

自定义 Appender 的实现

根据上面 Logback.XML 的配置，我们配置了一个 Kafka 类型的 Sink 输出 Appender：MqAppender，具体的代码实现如下。

```java
public class MqAppender extends UnsynchronizedAppenderBase<ILoggingEvent> {
    //省略
    private String Topic;
    private BaseMqProducer producer;
    private boolean enable = true;
    @Override
    protected void append(ILoggingEvent event) {
        if (producer == null || !enable) {
            return;
        }
        Map<String, Object> map = new LinkedHashMap<>(8);
        map.put("logtime", event.getTimeStamp());
        map.put("level", event.getLevel().toString());
        map.put("threadname", event.getThreadName());
        map.put("loggername", event.getLoggerName());
        map.put("msg", event.getFormattedMessage());
        map.putAll(args);
        MqMessage message = new MqMessage(Topic, JsonTransform.toString(map));
        producer.send(message);
    }
    public static void init(String Topic, BaseMqProducer producer, boolean enable,
    Map<String, Object> args) {
        LoggerContext loggerContext = (LoggerContext)
            LoggerFactory.getILoggerFactory();
        for (Logger logger : loggerContext.getLoggerList()) {
            Iterator<Appender<ILoggingEvent>> appenderIter =
            logger.iteratorForAppenders();
            while (appenderIter != null && appenderIter.hasNext()) {
                Appender<ILoggingEvent> appender = appenderIter.next();
                if (appender instanceof SagMqAppender) {
```

```
                    setParameter(logger, (SagMqAppender) appender, Topic,
                    producer, enable, args);
                }
                if (appender instanceof AsyncAppender) {
                    Iterator<Appender<ILoggingEvent>> subAppenderIter =
                    ((AsyncAppender) appender).iteratorForAppenders();
                    while (subAppenderIter != null && subAppenderIter.hasNext())
                    {
                        Appender<ILoggingEvent> subAppender =
                        subAppenderIter.next();
                         if (subAppender instanceof SagMqAppender) {
                            setParameter(logger, (SagMqAppender) subAppender,
                        Topic, producer, enable, args);
                        }
                    }
                }
            }
        }
    }
}
```

在这个自定义 Appender 类中,有两个核心方法:init 方法和 append 方法。init 方法的主要作用是完成当前应用需要的资源初始化工作;append 方法则是日志拦截方法,BaseMqProducer 类为初始化时构造的 Kafka-Producer 客户端对象,会调用 send 方法将构造好的日志消息发送到 Kafka 中间件。需要注意的是,在 append 方法中,需要过滤掉 Kafka 自身的日志输出,以免形成死循环。因为篇幅所限,我们仅就 Append 思路进行分享,具体 Kafka 的 BaseMqProducer 实现方法就不再赘述。

日志消费服务

日志消费服务的主要作用是将 Kafka 收集的日志根据 Topic 和日志消息负载信息(PayLoad)分发到不同的 Elasticsearch 的 Index 中。下面是日志消费服务对 Kafka 客户端的自动配置代码。

```
@EnableConfigurationProperties(SagMqProperties.class)
@ConditionalOnMissingBean(ConsumerAutoConfiguration.class)
public class ConsumerAutoConfiguration {
    @Autowired
    private SagMqProperties properties;
    @Bean
    @ConditionalOnMissingBean(BaseMqConsumer.class)
    public BaseMqConsumer getMqConsumer() {
        if (properties.getMqType() == SagMqProperties.MqType.Kafka) {
            KafkaConsumer consumer = new KafkaConsumer();
            consumer.setTopicPrefix(properties.getKafka().getTopicPrefix());
```

```
                consumer.start();
                return consumer;
            }
            return null;
        }
        @Bean
        @ConditionalOnMissingBean(name = "KafkaListenerContainerFactory")
            public ConcurrentKafkaListenerContainerFactory<?, ?> KafkaListenerContainerFactory(
            ConcurrentKafkaListenerContainerFactoryConfigurer configurer,
            ConsumerFactory<Object, Object> KafkaConsumerFactory) {
            ConcurrentKafkaListenerContainerFactory<Object, Object> factory = new
              ConcurrentKafkaListenerContainerFactory<>();
                configurer.configure(factory, KafkaConsumerFactory);
            //设置批量消费
            factory.setBatchListener(true);
            return factory;
        }
    }
```

下面是 Kafka 的日志消费代码，利用@KafkaListener 注解对 TopicPattern 下的日志做数据消费，MqHandler 可以做消息过滤、预警、聚合、数据加工等工作，最终将消息发送给 Elasticsearch 存储引擎。

```
public class KafkaConsumer extends BaseMqConsumer {
    private String topicPrefix;
    @Autowired
    private MqHandler mqHandler;
    @KafkaListener(topicPattern = "${spring.Kafka.topicPrefix}" + "*")
    public void listen(List<ConsumerRecord<String, String>> records) {
        List<MqMessage> list = new ArrayList<>(records.size());
        for (ConsumerRecord<String, String> record : records) {
            String Topic = record.Topic().substring(topicPrefix.length());
            MqMessage msg = new MqMessage(Topic, record.value());
            msg.addArg("partition", record.partition());
            msg.addArg("timestamp", record.timestamp());
            msg.addArg("key", record.key());
            list.add(msg);
        }
        mqHandler.handle(list);
    }
}
```

日志存储

对于日志存储，Spring Boot 2.2.0 已经兼容 Elasticsearch 7.x，可以直接引入 Elasticsearch 的 Maven 依赖。日志的实体类定义代码如下所示。

```java
@Data
@NoArgsConstructor
@Accessors(chain = true)
@Document(indexName = "ems", type = "_doc", shards = 1, replicas = 0)
public class DocBean {
    @Id
    private Long id;
    @Field(type = FieldType.Keyword)
    private String firstCode;
    @Field(type = FieldType.Keyword)
    private String secordCode;
    @Field(type = FieldType.Text, analyzer = "ik_max_word")
    private String content;
    @Field(type = FieldType.Integer)
    private Integer type;
    public DocBean(Long id, String firstCode, String secordCode, String content, Integer
        type){
        this.id=id;
        this.firstCode=firstCode;
        this.secordCode=secordCode;
        this.content=content;
        this.type=type;
    }
}
```

下面是持久化实现逻辑。

```java
public interface ElasticRepository extends ElasticSearchRepository<DocBean, Long> {
    //默认注释
    //@Query("{\"bool\" : {\"must\" : {\"field\" : {\"content\" : \"?\"}}}}")
    Page<DocBean> findByContent(String content, Pageable pageable);
    @Query("{\"bool\" : {\"must\" : {\"field\" : {\"firstCode.keyword\" : \"?\"}}}}")
    Page<DocBean> findByFirstCode(String firstCode, Pageable pageable);
    @Query("{\"bool\" : {\"must\" : {\"field\" : {\"secordCode.keyword\" : \"?\"}}}}")
    Page<DocBean> findBySecordCode(String secordCode, Pageable pageable);
}
```

日志展示需要启动 Kibana，默认地址是 http://127.0.0.1:5601。浏览 Kibana 界面，Kibana 会自动检测 Elasticsearch 中是否存在该索引名称，通过 Filter 搜索框可以检索日志，如下图所示。

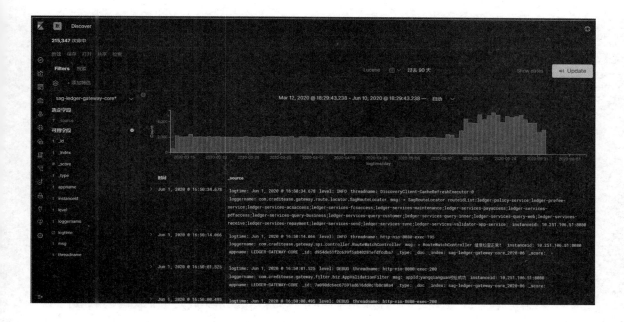

9.4 服务调用链技术

服务调用链技术是微服务架构中对服务进行监控的重要环节，它可以帮助我们清晰地了解当前系统的运行情况，同时帮助我们定位问题，解决分布式网络下服务交互追踪的问题。

9.4.1 APM[1]与调用链技术

在单体应用架构拆分为微服务架构后，一个用户请求会跨网络依次调用不同的服务节点进行分布式交互处理，最后将结果汇总处理，再将结果返回给用户。那么在整个处理的链条中，如果有任何一个节点出现了延迟或者超时等问题，都有可能导致最终结果出现异常。在很多场景下，一个功能可能需要多个技术团队、多种技术栈、多个跨地域网络中的不同服务协调完成。我们想要排查出链条中具体哪个服务节点出了问题，其实并不容易。所以微服务架构的一大挑战就是分布式网络交互带来的固有复杂性。

谈到分布式网络环境下的应用交互，就不得不提到分布式计算的八大误区，这些误区无疑都与我们对应用构架所在的基础设施——网络认识不足有关。下面我们将这些误区从应用使用网络

1　APM：Application Performance Management，应用性能管理。

的视角，按照正确的理解总结如下：

- 网络是不可靠的，我们的应用可以随时发现网络的异常，并适应网络的不可靠。
- 网络存在延迟，应用系统需要通过网络监控工具了解网络状况，避免系统的异常行为。
- 带宽是有限的，应用的传输数据在逐渐增大，尽管应用系统无法控制生产环境下的网络带宽，但是我们需要模拟网络，监控并控制应用数据的传输上限。
- 网络是不安全的，应用需要在早期就将安全因素考虑到设计方案中。
- 网络的拓扑是变化的，网络设备（例如 DNS）、存储资源的迁移都需要在应用架构层面尽量做到对用户无感知。
- 系统存在多个管理员，应用需要向不同管理员提供可视化的应用管理界面，并帮助他们去管理应用。
- 数据传输是需要成本的，应用在网络上传播，无论如何都会耗费额外资源。数据序列化会耗费计算资源、网络传输上的延迟，这些都是数据传输的成本，都要求应用使用更加经济高效的解决方案。
- 网络是异构的，应用之间可能采用不同的网络协议，应用集成交互时最好采用通用协议。

总结来看，这些问题都是分布式网络下的陷阱。在微服务架构下，由于服务之间的交互对网络有如此强的依赖，我们需要时刻了解请求耗时、网络延迟、业务吞吐、系统运行等情况，所以，我们需要一个系统来分析当前系统的瓶颈，解决系统问题。而一套 APM 系统和调用链技术就可以帮助我们了解当前应用的状态。

APM 与调用链的概念

APM 是一种应用性能管理/监控技术架构，用以将应用运行过程中的函数调用、网络调用等时间和性能进行指标化及可视化展现。

而调用链技术可以说是 APM 应用性能管理的子集。通过跟踪一次业务调用请求，记录业务在进程内部及进程之间的调用关系（调用信息包括时间、接口、结果）到日志中，然后根据日志信息进行分析处理，掌握分布式网络环境下请求的全链路跟踪还原及展示的技术。调用链技术综合了数据埋点、采集、数据聚合、数据展示等多项技术，可以根据不同层次和维护的分析，标识出服务调用异常，快速定位问题，从微观层面监控系统的运行状态，是一种细粒度的服务监控模式。

调用链技术的作用

- 快速定位问题：业务全链路监控就是要从业务的视角出发，监控整个业务流程的健康状况，无须多个系统切换，直观看到全局和上下游，方便快速发现、定位问题。这个作用前面一直在讲，在微服务架构下，问题定位就变得非常复杂了，一个请求可能会经过多个服务节点，使用调用链技术能让开发人员快速地定位到问题和问题所在的相应模块。
- 拓扑关系：当微服务拆分后，服务之间的调用关系也随之变得复杂，而调用链技术可以帮助我们准确地掌握服务之间的调用关系，并清晰地表现为网络拓扑图。
- 优化系统：优化系统也是调用链技术很重要的一个功能。因为我们记录了请求在调用链上每一个环节的信息，就可以通过这个来找出系统的瓶颈，做出针对性的优化。还可以分析调用链是否合理，是否调用了不必要的服务节点，是否有更近、响应更快的服务节点。通过对调用链的分析，我们就可以找出最优的调用路径，从而提高系统的性能。

9.4.2 Dapper 与分布式跟踪原理

追根溯源，最早的分布式调用链跟踪系统——Dapper 是由 Google 设计的。目前业界对调用链技术的实现也都是参考 Dapper 实现的，可以说 Dapper 已成为分布式调用链技术的业界标准。Dapper 的调用跟踪模型描述了分布式 Tracing 的基本原理和工作机制。我们来看下核心的概念和术语。

- Trace：一次完整的分布式调用跟踪链路。
- Span：跨服务的一次调用，多个 Span 组合成一次 Trace 记录。
- Annotation：用来记录请求特定事件的相关信息（例如时间）。

下图是 Dapper 在调用链监控系统中描述的从用户发出请求到后端服务返回响应的整个流程。

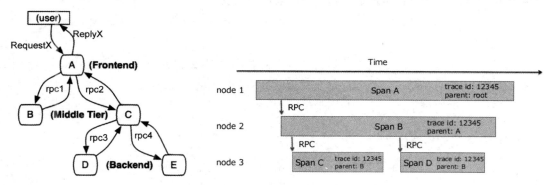

左图可以理解为调用链经常发生的一个场景，描述了一个完整的调用链发生过程，整个链路是与 5 台服务器相关的一个服务，包括前端（A）、两个中间层（B 和 C），以及两个后端（D 和 E）。当一个用户（这个用例的发起人）发起一个请求时，首先到达前端，然后发送两个 RPC 到 B 和 C。B 会马上做出反应，但是 C 需要与后端的 D 和 E 交互之后再返给 A，由 A 来响应最初的请求。

右图描述的是如何通过 TraceID、Span 等元素说明一个完整的链路跟踪过程。在 Dapper 的跟踪树结构中，树节点是这个 Trace 的基本单元，每个节点都是对 Span 的引用，节点之间的连线描述的是父子 Span 之间的直连关系。Dapper 记录了 Span 名称，以及每个 Span 的 ID 和父 ID，以重建在一次追踪过程中不同 Span 之间的关系。如果一个 Span 没有父 ID，则被称为 Root Span。所有 Span 都挂在一个特定的跟踪上，也共用一个跟踪 ID。所有这些 ID 用全局唯一的 64 位整数标识。在一个典型的 Dapper 跟踪中，我们希望每一个 RPC 对应一个单一的 Span，而且每一个额外的组件层都对应一个跟踪树型结构的层级。

从右图可见，一次请求只有一个唯一的 TraceID=12345。在一次请求中，会在网络的开始生成一个全局唯一的用于标识此次请求的 TraceID，这个 TraceID 在这次请求调用过程中无论经过多少个节点都会保持不变，最终可以通过 TraceID 将这一次用户请求在系统中的路径全部串起来。在这个请求的调用链中，SpanA 调用了 SpanB，然后 SpanB 调用了 SpanC 和 SpanD，每一次 Span 调用都会生成一个自己的 Span ID，并且记录自己的上级 Span ID 是谁。可以通过 Span ID 来定位当前请求在整个系统调用链中的位置，以及它的上下游节点，通过这些 Span ID，整个链路基本上就都能标识出来了。

Dapper 允许应用在跟踪过程中添加额外信息，以表征这个 Annotation 是用来即时记录事件的发生信息的，以下是一系列预定义的用来记录一次请求开始和结束的核心 Annotation。

- Client Start（CS）：客户端发起一次请求时的记录。
- Server Receive（SR）：服务器收到请求并开始处理，SR 和 CS 的差值就是网络延时和时钟的误差。
- Server Send（SS）：服务器完成处理并返回客户端，SS 和 SR 的差值就是实际处理时长。
- Client Receive（CR）：客户端收到回复时建立，标志着一个 Span 的结束。我们通常认为，一旦 CR 被记录了，一个 RPC 调用也就完成了。

常用的分布式调用链技术

目前市面上很多 APM 工具都基于 Dapper 论文，下面简单介绍在业界影响比较广泛的调用链跟踪技术。

- CAT：大众点评开源的基于手动代码埋点和配置的集调用链分析、应用监控、日志采集、监控报警于一体的监控平台工具。
- Zipkin：Twitter 开源的调用链分析工具，可以与 Spring Cloud Sleuth 结合使用，部署简单，使用轻量。

- SkyWalking：国内开源的一款 APM 工具，基于字节码注入方式，接入端代码无侵入实现，支持多种插件，UI 功能比较强大，目前已经进入 Apache 孵化器。

9.4.3　Sleuth 与 Zipkin 技术

Spring Cloud Sleuth 为 Spring Cloud 实现了分布式跟踪解决方案，Sleuth 可以结合 Zipkin 做链路跟踪。Spring Cloud Sleuth 的服务链路跟踪功能可以帮助我们快速发现错误根源，以及监控分析每条请求链路上的请求性能。Sleuth 的主要工作原理是拦截请求，并在日志中加入额外的 Span 和 Trace 的相关信息。从 Sleuth 2.0.0 开始，Sleuth 使用 Brave 作为调用链工具库。Brave 是一个用于捕捉分布式系统之间调用信息的工具库，可以将这些信息以 Span 的形式发送给 Zipkin。

Zipkin 是一个分布式跟踪系统，用户可以将 Sleuth 发送的时序数据存储在 Elasticsearch 或者 MySQL 中，Zipkin UI 根据数据存储显示服务之间的请求调用详情和依赖调用关系图。

Spring Cloud Sleuth 的主要特性

- Sleuth 的调用链消息日志采用[Appname，TraceID，SpanID，Exportable]条目添加到 Slf4J MDCS，该日志格式兼容 Zipkin，其条目含义如下。

  - SpanID：发生的特定操作的 ID。
  - Appname：记录 Span 的应用程序的名称。
  - TraceID：包含 Span 的延迟图的 ID。
  - Exportable：是否应将日志导出到 Zipkin。

- Sleuth 具有采样和延迟分析等特性，减少了 Sleuth 日志采集输出对应用性能的影响，带内传播调用图相关数据，其他数据基于带外传播，可以向 Zipkin 系统报告查询和可视化分析。

- Sleuth 提供进程之间的上下文传播，可以在 Span 上设置添加额外的信息，并通过 HTTP 给其他进程传递消息。

- Sleuth 实现了对 Spring 生态下不同组件（Feign、RestTemplate、Zuul 过滤器、Filter 等）的拦截策略，并将 Span 信息植入 HTTP Head 等载体。

Spring Cloud Sleuth 与 Zipkin 接入

创建两个工程：SampleSleuthZipkinApplication 和 ZipkinServerApplication。

- SampleSleuthZipkinApplication 工程：负责模拟应用生产者和应用消费者，在 3379 端口监听，并生成 Sleuth 的调用链日志供 Zipkin 采集分析。

- ZipkinServerApplication 工程：负责启动 ZipkinServer，默认在 9411 端口监听，使用 HTTP 的方式收集 Sleuth 日志，展现调用链的调用关系。

SleuthZipkinApplication 的代码实例

1. 添加 Maven 依赖

情况一：如果你只使用 Sleuth，在不需要集成 Zipkin 的情况下，请将如下 Maven 依赖添加到工程中。

```xml
<dependency>
    <groupId>org.springframework.cloud</groupId>
    <artifactId>spring-cloud-starter-sleuth</artifactId>
</dependency>
```

情况二：如果你想要 Sleuth 和 Zipkin 结合使用，请添加 Zipkin 依赖项。

```xml
<dependency>
    <groupId>org.springframework.cloud</groupId>
    <artifactId>spring-cloud-starter-zipkin</artifactId>
</dependency>
```

2. 修改配置文件

```yaml
server:
    port: 3379
spring:
  application:
    name: testsleuthzipkin    //Zipkin 中将展示应用名
    zipkin:
    baseUrl: http://127.0.0.1:9411/    //这是 Zipkin 接受 Sleuth 日志消息的 URL 地址
    sleuth:
    sampler:
      probability: 1.0
        #sample:
    #zipkin:
        #enabled: false    //enabled=false 日志将打印在 Consol，注释此日志将发送到 Zipkin
```

3. 创建 SampleZipkinApplication 工程

```java
@SpringBootApplication
@EnableAsync
public class SampleSluethZipkinApplication{
    public static void main(String[] args) {
        SpringApplication.run(SampleZipkinApplication.class, args);
    }
}
```

```java
    @Bean
    public RestTemplate restTemplate() {
        return new RestTemplate();
    }
    @Bean
    @ConditionalOnProperty(value = "sample.zipkin.enabled", havingValue = "false")
    public SpanHandler SpanHandler() {
        return new SpanHandler() {
            @Override
            public boolean end(TraceContext context, MutableSpan Span, Cause cause) {
                System.out.println(Span.toString());
                return true;
            }
        };
    }
}
```

4. 创建一个异步的 Service 测试验证服务

```java
@Service
public class SampleBackground {
    @Autowired
    private Tracer tracer;
    private Random random = new Random();
    @Async
    public void background() throws InterruptedException {
        int millis = this.random.nextInt(1000);
        Thread.sleep(millis);
        this.tracer.currentSpan().tag("background-sleep-millis",
            String.valueOf(millis));
    }
}
```

5. 创建 Sleuth 的接受用户请求的 Controller 实现类

```java
@RestController
public class SampleController
    implements ApplicationListener<ServletWebServerInitializedEvent> {
    private static final Log log = LogFactory.getLog(SampleController.class);
    @Autowired
    private RestTemplate restTemplate;
    @Autowired
    private Tracer tracer;
    @Autowired
    private SampleBackground controller;
    private Random random = new Random();
    private int port;
```

```java
@RequestMapping("/hi2")
public String hi2() throws InterruptedException {
    log.info("hi2");
    int millis = this.random.nextInt(1000);
    Thread.sleep(millis);
    this.tracer.currentSpan().tag("random-sleep-millis", String.valueOf(millis));
    return "hi2";
}
@RequestMapping("/call")
public Callable<String> call() {
    return new Callable<String>() {
    @Override
    public String call() throws Exception {
        int millis = SampleController.this.random.nextInt(1000);
        Thread.sleep(millis);
        Span currentSpan = SampleController.this.tracer.currentSpan();
        currentSpan.tag("callable-sleep-millis", String.valueOf(millis));
        return "async hi: " + currentSpan;
        }
    };
}
@RequestMapping("/hi")
public String hi() throws InterruptedException {
    Thread.sleep(this.random.nextInt(1000));
    log.info("Home page");
    String s = this.restTemplate.getForObject("http://localhost:" + this.port + "/hi2",
            String.class);
    return "hi/" + s;
}
@RequestMapping("/async")
public String async() throws InterruptedException {
    log.info("async");
    this.controller.background();
    return "ho";
}
@RequestMapping("/start")
public String start() throws InterruptedException {
    int millis = this.random.nextInt(1000);
    log.info(String.format("Sleeping for [%d] millis", millis));
    Thread.sleep(millis);
    this.tracer.currentSpan().tag("random-sleep-millis", String.valueOf(millis));
    String s = this.restTemplate.getForObject("http://localhost:" + this.port + "/call",
            String.class);
    return "start/" + s;
}
}
```

下面是通过模拟不同 HTTP 调用请求的调用链日志输出。

http://127.0.0.1:3380/hi 对应同步请求场景，日志输出内容如下。

```
{"traceId":"8a53757ad20de95f", "parentId":"8a53757ad20de95f", "id":"589f018880591cc3", "kind":"CLIENT", "name":"GET", "timestamp":1591874786847663, "duration":966816, "localEndpoint":{"serviceName":"testsleuthzipkin"}, "tags":{"http.method":"GET", "http.path":"/hi2"
{"traceId":"8a53757ad20de95f", "parentId":"8a53757ad20de95f", "id":"589f018880591cc3", "kind":"SERVER", "name":"GET/hi2", "timestamp":1591874786862628, "duration":952958, "localEndpoint":{"serviceName":"testsleuthzipkin"}, "remoteEndpoint":{"ipv4":"127.0.0.1", "port":50568}, "tags":{"http.method":"GET", "http.path":"/hi2", "mvc.controller.class":"SampleController", "mvc.controller.method":"hi2", "random-sleep-millis":"916"}, "shared":true}
{"traceId":"8a53757ad20de95f", "id":"8a53757ad20de95f", "kind":"SERVER", "name":"GET/hi", "timestamp":1591874786361567, "duration":1463194, "localEndpoint":{"serviceName":"testsleuthzipkin"}, "remoteEndpoint":{"ipv4":"127.0.0.1", "port":50566}, "tags":{"http.method":"GET", "http.path":"/hi", "mvc.controller.class":"SampleController", "mvc.controller.method":"hi"}}
```

http://127.0.0.1:3380/async 对应异步请求场景，日志输出内容如下。

```
{"traceId":"f3893e09e6f48a9d", "id":"f3893e09e6f48a9d", "kind":"SERVER", "name":"GET/async", "timestamp":1591874624865055, "duration":6410, "localEndpoint":{"serviceName":"testsleuthzipkin"}, "remoteEndpoint":{"ipv4":"127.0.0.1", "port":50448}, "tags":{"http.method":"GET", "http.path":"/async", "mvc.controller.class":"SampleController", "mvc.controller.method":"async"}}
{"traceId":"f3893e09e6f48a9d", "parentId":"f3893e09e6f48a9d", "id":"6ee139b58492a100", "name":"background", "timestamp":1591874624868865, "duration":559975, "localEndpoint":{"serviceName":"testsleuthzipkin"}, "tags":{"class":"SampleBackground", "method":"background", "background-sleep-millis":"559"}}
{"traceId":"f3893e09e6f48a9d", "parentId":"f3893e09e6f48a9d", "id":"16e266e56dcf485f", "name":"async", "timestamp":1591874624868727, "duration":560300, "localEndpoint":{"serviceName":"testsleuthzipkin"}}
```

http://127.0.0.1:3380/start 对应同步异步混合请求场景，日志输出内容如下。

```
{"traceId":"be00db6062f19d3f", "parentId":"40e5755b8f8d1b54", "id":"9fe36051dc47a362", "name":"async", "timestamp":1591875602020796, "duration":639926, "localEndpoint":{"serviceName":"testsleuthzipkin"}, "tags":{"callable-sleep-millis":"639"}}
{"traceId":"be00db6062f19d3f", "parentId":"40e5755b8f8d1b54", "id":"688dd48b9d4babe3", "name":"async", "timestamp":1591875602020587, "duration":640845, "localEndpoint":{"serviceName":"testsleuthzipkin"}}
{"traceId":"be00db6062f19d3f", "parentId":"be00db6062f19d3f", "id":"40e5755b8f8d1b54", "kind":"CLIENT", "name":"GET", "timestamp":1591875602007817, "duration":655950, "localEndpoint":{"serviceName":"testsleuthzipkin"}, "tags":{"http.method":"GET", "http.path":"/call "}}
{"traceId":"be00db6062f19d3f", "parentId":"be00db6062f19d3f", "id":"40e5755b8f8d1b54", "kind":"SERVER", "name":"GET/call", "timestamp":1591875602016042, "duration":647975
```

```
"localEndpoint":{"serviceName":"testsleuthzipkin"}, "remoteEndpoint":{"ipv4":"127.0.0.1","
port":50829}, "tags":{"http.method":"GET", "http.path":"/call", "mvc.controller.class":"Sample
Controller", "mvc.controller.method":"call"}, "shared":true}
{"traceId":"be00db6062f19d3f", "id":"be00db6062f19d3f", "kind":"SERVER", "name":"GET
/start", "timestamp":1591875601814062, "duration":853026, "localEndpoint":
{"serviceName":"testsleuthzipkin"}, "remoteEndpoint":{"ipv4":"127.0.0.1", "port":50827},
"tags":{"http.method":"GET", "http.path":"/start", "mvc.controller.class":"SampleController",
"mvc.controller.method":"start", "random-sleep-millis":"191"}}
```

说明：上述代码参考了 Spring Cloud Sleuth 官方源码实现（Sleuth 源码可在 GitHub 中查找），更多关于 Sleuth 的有趣实例可参考官网代码。

ZipkinServerApplication 代码实例

1. 引入 Maven 依赖

```xml
<dependency>
    <groupId>org.springframework.cloud</groupId>
    <artifactId>spring-cloud-starter-zipkin</artifactId>
</dependency>
<dependency>
    <groupId>io.zipkin.java</groupId>
    <artifactId>zipkin-server</artifactId>
</dependency>
<dependency>
    <groupId>io.zipkin.java</groupId>
    <artifactId>zipkin-autoconfigure-ui</artifactId>
</dependency>
```

2. 使用@EnableZipkinServer 启动应用

```java
@EnableZipkinServer
@SpringBootApplication
public class ZipkinApplication {
    private static final Logger LOGGER = LoggerFactory.getLogger(ZipkinApplication.class);
    public static void main(String[] args) {
        SpringApplication.run(ZipkinApplication.class, args);
    }
}
```

访问 http://127.0.0.1:9411/zipkin/ 首页，将展示所有在 testsleuthzipkin 应用上发生的调用链信息，可以看到一次请求的调用整体延迟和 Span 数，如下图所示。

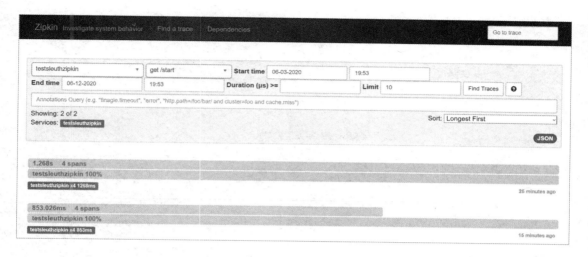

下面一行代表一次完整的请求 http://127.0.0.1:3380/start，单击可以查看调用链详情，如下图所示。

9.4.4　SkyWalking 技术

SkyWalking 是国内一个开源并提交到 Apache 孵化器的产品，是用于收集、分析、聚合、可视化来自不同服务和本地基础服务的数据的可视化的平台。SkyWalking 提供了一个可以对分布式系统甚至是跨云服务有清晰了解的简单方法。SkyWalking 符合 OpenTracing 规范，同时提供更加现代化、炫酷的 UI，可以更加直观地监控应用。SkyWalking 的官方架构如下图所示。

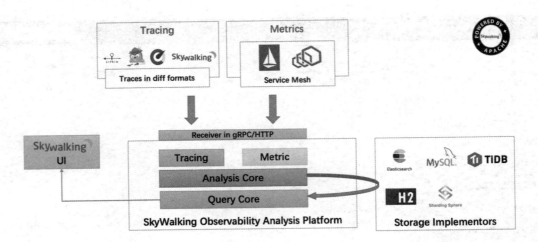

整个系统分为三部分。

- Agent：采集 Tracing（调用链数据）和 Metrics（指标）信息并上报。
- OAP：收集 Tracing 和 Metrics 信息通过 Analysis Core 模块将数据放入持久化容器中（内存数据库 H2、MySQL 等），并进行二次统计和监控告警。
- Webapp：前后端分离，前端负责呈现，并将查询请求封装为 GraphQL 提交给后端；后端通过 Ribbon 做负载均衡转发给 OAP 集群，再将查询结果渲染展示。

SkyWalking 符合 OpenTracing 规范，调用链采集数据格式如下。

```
{
    "trace_id": "52.70.15530767312125341",
    "endpoint_name": "Mysql/JDBI/Connection/commit",
    "latency": 0,
    "end_time": 1553076731212,
    "endpoint_id": 96142,
    "service_instance_id": 52,
    "version": 2,
    "start_time": 1553076731212,
    "data_binary": "CgwKCjRGnPvp5eikyxsSXhD///////////8BGMz62NSZLSDM+tjUmS0wju8FQChQAVg
    "service_id": 2,
    "time_bucket": 20190320181211,
    "is_error": 0,
    "segment_id": "52.70.15530767312125340"
}
```

SkyWalking 接入介绍

Idea 本地启动：

-javaAgent:D:\Workspace\Others\hello-spring-cloud-alibaba\hello-spring-cloud-external-skywalki

```
ng\Agent\skywalking-Agent.jar
-Dskywalking.Agent.service_name=nacos-provider
-Dskywalking.collector.backend_service=localhost:11800
```

使用 jar 方式启动：

```
Java-javaAgent:/path/to/skywalking-Agent/skywalking-Agent.jar
-Dskywalking.Agent.service_name=nacos-provider
-Dskywalking.collector.backend_service=localhost:11800 -jar yourApp.jar
```

SkyWalking 的 TraceID 与日志组件（Log4j、Logback、ELK 等）的集成：

```
<appender name="console" class="ch.qos.logback.core.ConsoleAppender">
    <layout
        class="org.apache.skywalking.apm.toolkit.log.logback.v1.x.
        TraceIdPatternLogbackLayout">
        <pattern>
            %d{yyyy-MM-dd HH:mm:ss} [%thread] %-5level %logger{36}
                - %tid - %msg%n
        </pattern>
    </layout>
</appender>
```

SkyWalking 的页面展示，以及整体服务调用情况统计 DashBoard，如下图所示。

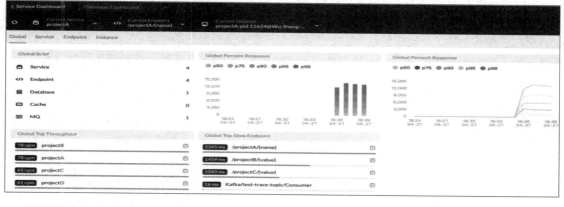

调用链详细信息展示，如下图所示。

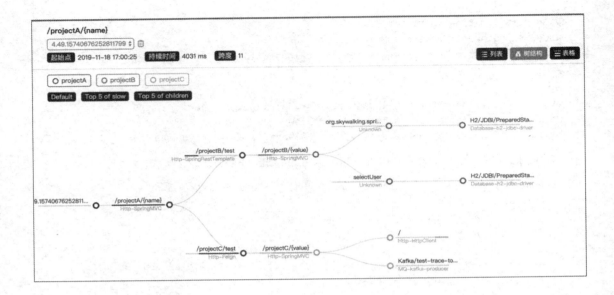

9.5 小结

监控系统按照原理和作用大致可以分为三类：度量类（Metrics）、日志类（Log）、调用链类（Tracing）。对于不同的监控对象和监控数据类型，需要采用对应的技术栈和监控手段。对于 Spring Boot 微服务架构，除了开发框架自带的生产就绪组件能够支持服务的健康状态指标查询，我们还需要引入第三方 ELK 框架作为日志监控组件，与 Zipkin 和 SkyWalking 等组件共同实现调用链监控。

进阶篇

本篇内容

互联网技术的飞速发展、用户规模的扩大、业务需求的快速更新和产品的持续迭代演进都对系统的规模扩展、资源消耗、快速响应能力带来了更大的挑战。

在微服务开发领域，Spring 5 集成 Reactor 响应式框架为 Java 开发者带来了编程模型和编程范式的革命性的技术。从 Spring Boot 2.x 到最新的 Spring Cloud 生态体系，Spring 微服务框架在应对业务的快速、响应、扩展性的诉求上一直保持着持续的迭代和演进。

在微服务运行和容器编排领域，Kubernetes 已经成为事实上的容器运行编排标准。本篇会介绍 Kubernetes 的架构理念和关键组件，以及 Kubernetes 与 Spring Cloud 生态的融合发展等相关内容。

在微服务架构的发展趋势上，我们将介绍云原生应用架构，以及微服务目前关注的两个技术领域：Service Mesh 服务网格及 Serverless 无服务计算框架。

第 10 章 响应式微服务架构

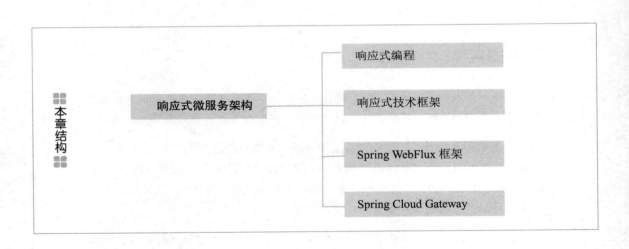

响应式编程（Reactive Programming）是相对于命令式编程的一种全新的编程模型，是基于数据流变化传播的编程范式。响应式编程具备快速响应、不可变性、高并发、异步非阻塞、规模扩展、代码可读性高等诸多优势。Java 编程领域出现了众多基于响应式流规范的编程开发框架。本章我们会从响应式编程动机、响应式编程基本概念、响应式宣言开始介绍，引出响应式编程的基本特性（数据流、背压等）和核心概念。

Spring Boot 2.x 微服务框架在 Spring Boot 1.x 的基础上，基于 Spring 5 Reactor 框架实现了响应式的微服务基底技术。Reactor 框架是 Spring 家族在响应式编程领域的子项目，由 Pivotal 公司开发，实现了基于响应式流编程规范。Reactor 最大的优势是与 Spring 生态的无缝集成，Spring WebFlux 框架正是基于 Reactor 框架实现的。此外，本章还会介绍基于响应式流规范开发的类库实现，包括 Java Flow API、RxJava、Vert.X 等响应式编程框架。

最后，我们会重点介绍 WebFlux 异步非阻塞 Web 框架（核心组件包括 Flux、Mono、Scheduler 等）和 Spring Cloud Gateway 项目。另外，还会介绍 Spring WebFlux 与 Spring MVC 在 Web 工作原理上的差异和关系，同时会说明 WebFlux 目前的主要使用场景及在生产环境下的使用局限性。

10.1 响应式编程

针对响应式编程，我们会介绍采用响应式编程的动机，并解释响应式编程的含义，然后讲解目前主流的响应式技术框架。

10.1.1 响应式编程的动机

当前大多数公司使用 Spring 或者 Spring Boot 1.x 技术栈开发后端业务的 Web 服务器。假设在正常情况下，我们将 Tomcat 线程池配置为 200（最大并发线程数），如果每个人的请求响应时间在 200ms 以内，并且根据每个请求的超时时间、资源限制和其他因素，粗略估算后，我们得出一个结论，系统在单位时间内最高可以支持 1000 个用户同时在线访问业务资源。然而，当业务场景是支持一个促销活动时，可能会出现用户规模快速增长或流量（QPS）激增的情况。这时，Tomcat 服务器会出现短期资源耗尽及性能急速下降的问题，Tomcat 后台爆出大量的服务超时、资源不可用、网页刷新慢等异常，而用户的直观体验就是服务不可用。

下面我们以 Tomcat 7.x 作为试验对象来模拟上述情景，使用 Bench Mark[1]的方法比较客户端随着请求的增加对响应时间（延迟）、系统吞吐、负载均值等指标变化情况的影响。

【测试环境】

OS：Linux Red Hat 4.4.7-11

Memery：16GB

CPU：4 Processor(Intel(R) Xeon(R))

JDK：1.8

---

[1] Bench Mark：基准点测试，是常用的性能比较评估的技术手段。

Web 服务器：Tomcat 7.x
测试工具：Jmeter-2.9
Monitor Tools: Jconsole，Jvisualvm，Jstat

【准备】

在 Web 容器中只执行一个 Servlet 服务实例，并且在请求方法中只返回一个"hello"响应。Tomcat 模拟 200 个线程场景，不同线程数对应的服务性能指标结果如下表所示。

客户线程数	延迟时间（ms）	吞吐量	系统负载均值
100	230	422	<1
500	317	1545	<1
1000	382	2415	<1
1500	3269	197	<1

从上面 Bench Mark 的试验结果中发现，当客户请求的线程数增加时，用户的响应延迟时间逐渐增大，同时服务吞吐量也是增大的；但客户并发请求数增长超过 1000 时，用户的吞吐量下降，并且客户端显示大量请求超时异常：client Non Http response message Read time out。下图是我们从 Jconsole 中看到的大量的运行态线程。

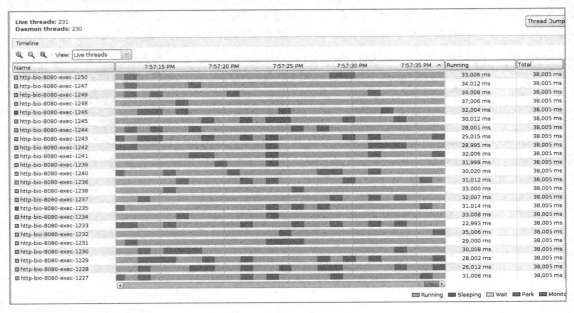

在默认情况下，在未开启 Servlet 3.1 异步功能特性时，Tomcat 的 Servlet 处理逻辑是采用同步的编程模型，如下图所示，一个 HTTP 请求后端对应一个工作线程。

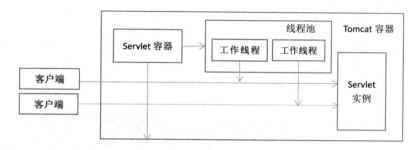

上图是一个典型的基于多线程模型下的 Tomcat 请求处理模型。由于在 Servlet 3 以前，Tomcat 主要采用同步阻塞等待模式，当请求发生时，就会从线程池中加载对应的工作线程来处理 HTTP 请求；当客户端请求增加时，对应的工作线程会随之线性增长。当工作线程达到最大时，Tomcat 就没有多余的线程供客户端使用，而剩余的请求缓存在 Tomcat 等待队列中，在请求超时后便会发生 Timeout 的异常。

可以看到，这种一个请求通过使用一条线程去推动执行控制流的方式是缺少灵活度和响应力的。明显的问题是，当工作线程调用下游服务或者数据库时，如果执行了一个慢操作，那么 Tomcat 中的工作线程会处于阻塞状态，同步等待在交互边界。在这种情况下，系统的资源被无效占用，当出现大量线程被阻塞占用时，就会发生客户端大量请求重试和重连情况，Web 服务可能就会出现工作线程耗尽、内存溢出、雪崩效应、服务不可用等情况。

针对用户激增或流量增长的问题，我们常用的解决方案是水平增加硬件资源、扩容服务实例来增加系统的容量。当流量下降时，我们可以缩容服务，降低系统容量。这种依靠增加资源提升性能的方式，在解决系统的可伸缩性问题上会受到系统内部的结构性瓶颈的限制。而这个问题从理论到实践也符合阿姆达尔定律（Amdahl's Law），并且被 Gunther 的通用可伸缩模型（Gunther's Universal Scalability Model）所证实。所以，我们需要构建一个弹性系统，使系统的资源能够得到更好利用，当流量增加时，我们的处理线程或者资源是收敛的，不会随着请求数量的增加使系统消耗也随之线性增长。

针对同步线程阻塞等待的问题，另外一种解决方案是采用 Reactor 设计模式。Netty 就是一个典型的采用 Reactor 设计模式的响应式系统。这种系统架构的特征是基于事件触发机制，将服务器端的所有行为抽象成事件并注册监听等待执行，当对应事件到来时会由对应的处理器（Handler）处理，而配合响应式系统最好的方式是将所有任务分解成异步非阻塞的事件，方便异步执行。

总之，针对 Java 的异步（Asynchronous）编程模型，我们经常有下面两种解决方式。

- 基于多线程的方式，进行 Callback。
- 基于 Reactor 设计模式，使用事件触发机制实现并发处理。

对于传统的 Web 服务器，我们大多使用第一种方式即异步线程回调的机制，下图展示的是基于线程回调方式的工作流程。

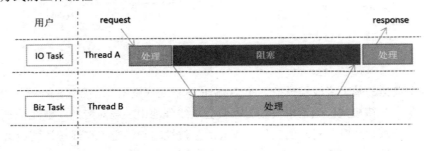

多线程方式的异步编程模型容易引起CPU资源的浪费，真正只有少部分CPU时间片用来处理业务逻辑，而线程的大部分时间都被阻塞在I/O事件等待，这对于稀缺的线程资源来说，是非常不合理的。另外，我们知道Java没有协程的概念，所以不能像有些新型编程语言那样使用"绿色线程"[1]解决线程资源浪费的问题。虽然，JDK 8 引入了CompleteFuture，但是异步回调很难组合，并产生了另外的问题——回调地狱，而且这种方式本质上还是基于线程控制流的方式，采用命令式编程对业务逻辑进行编排和管理。

针对系统的"韧性"或者容错性问题，微服务架构的开拓者 Netflix 使用 Hystrix 技术来解决。Hystrix 可以解决线程阻塞产生的同步等待，实现线程熔断和降级的目的。虽然可以保护 Web 服务器在极端情况下的宕机，但是这种做法没有从根本上解决服务器面对用户增长、流量增加带来的服务响应力。当系统熔断发生时，用户的数据可能会丢失，客户端对服务器的消息处理能力和响应能力是无感知的，而使用响应式编程的"背压"特性，客户端可以实时感知并动态调节发送速率和异常响应，服务器也可以更好地保证系统的整体韧性。

异步编程的另外一个模式是基于事件触发机制。将复杂的业务逻辑拆分为异步非阻塞的独立执行单元，这些独立的逻辑执行步骤由数据流触发，通过数据流有效地推动业务逻辑的执行。通过函数的响应、组合达到对数据流的控制、过滤、组合、映射。对这种数据流响应模式的处理流程如下图所示。

1　绿色线程：又称 Green Thread，指完全在用户空间实现的线程系统。

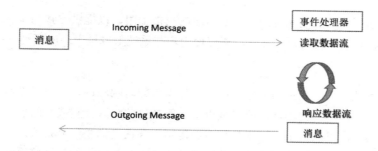

总之，还有很多可以改善当前 Java Web 服务编程开发模式和系统架构现状的方式，我们就不一一列举了。可以说，传统 Spring MVC 架构的阻塞式编程模型的性能瓶颈是响应式系统架构和响应式编程模型开发的主要动机，我们需要考虑如何满足系统更加健壮、更具有弹性、更快响应、更加灵活、更易扩展等特性，从 Spring 早期基于 XML 配置进行 Web 开发模型，到 Spring Boot 1.x 基于注解方式简化 Web 的开发方式，再到 Spring 5 和 Spring Boot 2.x 全面拥抱响应式编程，软件技术的发展总是围绕成本、效率、性能等生产要素持续迭代演进，通过技术升级逐步实现降低开发成本、快速响应业务、增强用户体验的目标。

10.1.2 响应式宣言

上一节我们解释了传统编程模型存在的问题和响应式系统架构及使用响应式编程开发的动机，下面我们介绍一下响应式宣言。响应式宣言是一组架构与设计原则，符合这些原则的系统可以认为是响应式系统。而响应式系统与响应式编程是不同层面的内容。下图基本概括了响应式宣言的主要特性和核心理念。

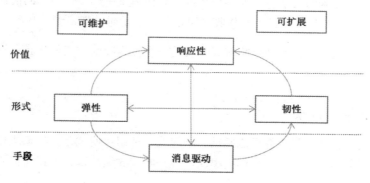

响应性

快速、一致的"响应性"是响应式宣言中最重要的特性。即时响应是可用性和实用性的基石，而更加重要的是，即时响应意味着可以快速检测到问题并且有效地对其进行处理。即时响应的系统专注于提供快速而一致的响应时间，确立可靠的反馈上限，以提供一致的服务质量。这种行为将简化错误处理、建立最终用户的信任，并促使用户与系统形成进一步的互动。

弹性

"弹性"使系统在不断变化的工作负载下依然保持即时响应性。反应式系统可以对输入（负载）的速率变化做出反应，比如增加或者减少用于服务这些输入（负载）的资源。这意味着设计上并没有中央瓶颈点，可以对组件进行分片或者复制，并在它们之间分别输入（负载）。通过提供相关的实时性能指标，反应式系统能支持预测及反应式的伸缩算法。这些系统可以在常规的硬件和软件平台上实现成本高效的弹性。

韧性

"韧性"指系统在出现失败时依然保持即时响应性。这适用于高可用的任务关键型系统，如果不具备回弹性，系统将在发生失败后丢失即时响应能力。回弹性通过复制、遏制、隔离及委托来实现系统的响应力。失败的扩散被遏制在每个组件内部，与其他组件相互隔离，从而确保系统某部分的失败不会危及整个系统，并能独立恢复。每个组件的恢复都被委托给了另一个组件，此外在必要时可以通过复制来保证高可用。

消息传递

反应式系统依赖异步的"消息传递"，它可以确保松耦合、隔离、位置透明的组件之间有着明确边界。这一边界还提供了将失败作为消息委托出去的方式。使用显式的消息传递，可以在系统中塑造并监视消息流队列，并在必要时应用回压，从而实现负载管理、弹性及流量控制。使用位置透明的消息传递作为通信手段，使得跨集群或者在单个主机中使用相同的结构成分和语义来管理失败成为可能。非阻塞式通信使得接收者可以只在活动时消耗资源，从而减少系统开销。

综上所述，响应式宣言也是规范响应式开发的一个行为准则。我们将具备这些特性的系统称为响应式系统。

10.1.3 响应式编程详解

响应式编程是一种基于异步数据流驱动、响应式、使用声明式范式的编程模型，需要遵循一定的响应式编程开发规范，并且有具体的类库实现。响应式编程基于数据流而不是控制流进行业务逻辑的推进。

响应式编程与设计模式

在面向对象编程语言中，响应式编程通常以观察者模式呈现。将响应式流模式和迭代器模式比较，其主要区别是，迭代器基于"拉"模式，而响应式流基于"推"模式。

在命令编程范式中，开发者掌握控制流，使用迭代器遍历"数据"，使用 hasNext()函数判断数据是否遍历完成，使用 next()函数访问下一个元素。在响应式编程模式中，使用观察者模式，数据由消息发布者（Publisher）发布并通知订阅者（Subscriber），而这种观察者模式本身在基于事件监听机制的响应式系统架构中被广泛使用。Java 早期的 Swing 界面设计也是基于视图事件触发业务响应的系统工作模式。所以，从设计模式的角度讲，响应式编程并不是新鲜事物，只是响应式编程将监听的对象扩展到了更大范围：静态或者动态的 Stream 数据流，如下图所示。

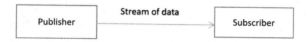

响应式编程还借鉴了 Reactor 设计模式，我们通常会在高性能 NIO 网络通信框架中见到 Reactor 设计模式的身影，用来实现 I/O 多路复用。其基本思想是将所有要处理的 I/O 事件注册到一个中心 I/O 多路复用器上，同时主线程阻塞在多路复用器上，通过轮询或者边缘触发的方式来处理网络 I/O 事件。当有新的 I/O 事件到来或准备就绪时，多路复用器返回并将事件分发到对应的处理器中。Reactor 设计模式和响应式编程类似，它们都不主动调用某个请求的 API，而是通过注册对应接口，实现事件触发执行，如下图所示。

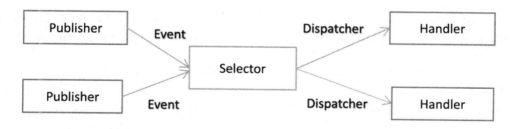

响应式编程与响应式架构

响应式编程很容易和响应式架构混为一谈。前面我们介绍了响应式宣言中的构建软件架构原则，把符合这些原则的系统称为响应式系统。如果说响应式系统与响应式编程之间具有什么关系，那就是响应式系统的架构风格是响应式的，而响应式编程是实现这个架构风格的最佳实践。从宏观角度看，响应式系统由各种不同组件相互操作、调用组成，共同响应用户请求。响应式系统涉及通信协议、I/O 模型、网络传输、数据存储等多方面因素，保障系统在响应力、扩展性、容错、灵活性各方面表现出"实时""低延迟""轻量""健壮"的系统特性。而响应式编程可能是这个大的系统架构下的一部分。另外，响应式系统一般是消息驱动的，而响应式编程是事件驱动的。

消息驱动与事件驱动

响应式宣言指出了两者的区别:"消息驱动"中消息数据被送往明确的目的地址,有固定导向,"事件驱动"是事件向达到某个给定状态的组件发出的信号,没有固定导向,只有被观察的数据。

- 在一个消息驱动系统中,可寻址的接收者等待消息的到来然后响应消息,否则保持休眠状态,消息驱动系统专注于可寻址的接收者。响应式系统更加关注分布式系统的通信和协作以达到解耦、异步的特性,满足系统的弹性和容错性,所以响应式系统更倾向于使用消息驱动模式。
- 在一个事件驱动系统中,通知的监听者被绑定到消息源上。这样当消息被发出时,它就会被调用,所以,响应式编程更倾向于事件驱动。

响应式编程与函数式编程

响应式编程同时容易和函数式编程混淆。函数式编程(Functional Reactive Programming,FRP)在二十年前就被 Conal Elliott 精确地定义了。在函数式编程中,函数是第一类(first-class)公民,函数式编程由"行为"和"事件"组成。事件是基于时间的离散序列,而行为是不可变的,是随着时间连续变化的数据。函数式编程与响应式编程相比,它更偏重于底层编码的实现细节。

从 Java 8 开始,Lambda 表达式的引入为 Java 添加了函数式编程的特性,函数式编程提供了闭包的强大功能。Java 中的 Lambda 表达式通常使用(argument) -> (body) 语法书写,如下所示:

```
(arg1, arg2...) -> { body }
(type1 arg1, type2 arg2...) -> { body }
```

下面是一些典型的 Lambda 表达式及其函数式接口:

- Consumer<Integer>   c = (int x) -> { System.out.println(x) };
- BiConsumer<Integer, String> b = (Integer x, String y) -> System.out.println(x + " : " + y);
- Predicate<String> p = (String s) -> { s == null };

在 Java 8 中新增加了@FunctionalInterface 接口,用于指明该接口类型是根据 Java 语言规范定义的函数式接口。Java 8 还声明了一些 Lambda 表达式可以使用的函数式接口。下面是匿名类和使用函数式编程方式的对比示例。

首先,使用@FunctionalInterface 定义一个函数式编程接口。

```
@FunctionalInterface
public interface TaskInterface {
```

```
    public void invoke();
}
```

然后，分别使用内部类和 Lambda 表达式两种方式执行业务逻辑。

```
public class Test {
    public static void execute(TaskInterface task) {
        task.invoke();
    }
    public static void main(String [] args) {
        //使用内部类进行回调
        execute(new WorkerInterface() {
            @Override
            public void invoke() {
                System.out.println("invoked using Anonymous class");
            }
        });
        //使用 Lambda 表达式
        execute( () -> System.out.println("invoked using Lambda expression") );
    }
}
```

可以看到，在函数式编程中，Lambda 表达式允许将一个箭头函数作为参数进行传递，这样的语法表达更加简洁，而本质上由编译器推断并帮助实现转换包装为常规代码。因此，可以用更少的代码来实现相同的功能。而响应式编程的重点是基于"事件流"的异步编程范式，响应式编程通过函数编程方式简化面向对象语言语法的臃肿。响应式编程解决问题的流程是：将一个大的问题拆分为许多独立的小的步骤，而这些小的步骤都可以异步非阻塞地执行；当这些小的子任务执行完，它们会组成一个完整的工作流，并且这个工作流的输入输出都是非绑定的。实现响应式编程的关键就是"非阻塞"，执行线程不会因为竞争一个共享资源而陷入阻塞等待，空耗资源，并且最大化地利用物理资源。

响应式编程与命令式编程模式

响应式编程是一种声明式的编程模型，与之相对应的就是命令模式（线程控制流）的编程模型。大家对命令式编程模式比较熟悉，下面是一段常见的基于命令式编程模式的代码：

```
Int a = 1;
Int b =2;
Int sum =  a+b;
System.out.println( "first time , a and b sum is :"+sum);
a = 3;
b = 5;
System.out.println( "second time , a and b sum is :"+sum);
```

上述代码是通过变量的赋值并通过加法计算响应数据之间的对应算数关系结果。但是，这个代码有一个潜在的问题，当我们给这两个变量重新赋值时，第二次的 Sum 值却没有变化，与我们的期望不符，原因是缺少了执行相加的命令指令。

响应式编程的目的是通过"不可变操作符"固定这种数据，构建数据之间的关系，并正确输出结果，不会因为操作命令的遗忘和缺失导致结果的偏差，造成对应关系和结果错误，下面我们看一下如何使用响应式编程方式来固化这种模式。

下面使用 Java 9 的 Flow API 实现两个数的相加功能，按照相同思路，当传入的变量不同时，输出的 Sum 值也会随着变化，我们把这种对应关系构建为一个声明公式，代码实现如下：

```
SubmissionPublisher<Integer> publisher = new SubmissionPublisher<>();
publisher .subscribe(
    new Flow.Subscriber<Integer>(){
        private Integer sum = 0 ;
        @Override
        public void onNext(Integer i){
           sum += i;
         }
        @Override
        public void onComplete()
        {
           System.out.println( "a and b sum is :" + sum);
        }
        //省略
    }
);
Arrays.asList(1, 2 ).stream.forEach(publish::submit);
Arrays.asList(3, 5 ).stream.forEach(publish::submit);
publisher.close();
```

从结果看，响应式编程模式的两次 Sum 值和输入的数值一致，能够达到预期效果。从这个例子中，我们已经初步接触到了响应式编程中数据源也就是事件发布者（Publisher），还有就是事件的监听回调函数集合——消费者（Subscriber）。消费者会根据 next、error、complet 触发函数对应关系的执行，以及数据的操作符操作，由于消费者的不可变性，可以根据原生的数据结构生成新的数据结构。相比命令式编程，响应式编程使用操作符表述了一个通用业务执行逻辑，一般可以组合达到预期效果，一般的操作符还包含 map、filter、reduce 等函数，这里就不再赘述了。

10.1.4 编程范式

"普通的工程师堆砌代码，优秀的工程师优化代码，卓越的工程师简化代码"。如何写出优雅整洁的代码，不仅是一门学问，也是软件工程的重要一环。在上一节中，我们简单介绍了响应式编程的编程范式，本节我们进一步从开发者的视角、系统的性能、满足用户需求等方面讨论不同编程范式的使用场景和特性优势。

编程范式，又称为编程模型，泛指软件编程过程中使用的编程风格，一般不同的编程范式具有不同的语法特性和差异。目前软件开发技术中常用的典型编程范式有以下几种。

- 命令式编程。
- 面向对象编程。
- 声明式编程。
- 函数式编程。

因为每一个编程范式都有很长的发展历史，在编程语言支持上有不同的标准、组织和语法规范等，本节的目的是希望通过对这些编程范式的介绍，可以帮助我们更好地理解响应式编程范式。

命令式编程

命令式编程是非常传统的软件编程方式，命令式编程由不同的逻辑执行步骤组成，通过一步步指令的执行达到业务逻辑的推进，这种方式也称为过程式编程。命令式编程的执行过程非常符合计算机的执行步骤。C 语言是命令式编程的典型代表，它更关注的是机器域底层的内存、指令计算、输入输出。在 C 语言中，我们经常看到大段的过程式指令、各种 if/else/for 等控制语句、表达式、数据变量的操作、赋值等指令，这种纯指令开发方式要求开发者对计算机的底层工作原理有非常深刻的理解，而且一个指令出现偏差往往会产生不可预知的错误。同时，命令式编程模式的运维也是难度非常高的。

面向对象编程

面向对象编程可以说是编程领域的一个分水岭，开启了高级程序语言在软件开发上的统治阶段。面向对象编程从问题域出发，将封装、继承、多态的语言特性映射到我们的现实世界。在面向对象编程里，业务问题被抽象成类、接口模板，数据和行为被统一封装在对象内部，作为程序的基本组成单元。面向对象编程范式在提升软件重用性、灵活性和扩展性上比过程式编程更进一步，C++、Java 作为面向对象编程语言的代表，屏蔽了机器底层的内存管理和机器域的管理细节。而面向对象编程虽然有较高的开发效率，但是降低了代码的运行效率，这也限制了面向对象编程在性能要求苛刻场景下的应用。

声明式编程

声明式编程受当前"约定优于配置"理念的影响，在软件编程开发领域中被大量应用。声明式编程范式的好处是可以通过声明的方式实现业务逻辑，不需要陷入底层具体的业务逻辑实现细节。声明式编程范式关注的焦点不是采用什么算法或者逻辑来解决问题，而是描述、声明解决的问题是什么。当你的代码匹配预先设定好规则，业务逻辑就会被自动触发执行。

很多标记性语言，如 HTML、XML、XSLT，就遵循声明式编程范式，而 Spring Boot 基于注解方式的编程模型也是声明式编程的一个代表。Spring 框架依赖 AOP 和 IoC 编程思想降低了开发者对底层逻辑业务细节的了解程度。例如在 Spring Boot 中，通过@Transactional 注解可以声明一个方法具备事务性的操作，当异常发生时，事务会自动回滚，保证业务逻辑的正常和数据一致性。发生在@Transactional 注解背后的实现细节，开发者可以不去关心。

函数式编程

在函数式编程范式中，函数无疑是一等公民，函数式编程最具魅力或者最重要的特性就是不可变性。它的不可变性表现在函数式编程表达式的执行结果，只取决于传入函数的参数序列，不受数据状态变化的影响。

函数式编程中的 Lambda 在 Java 8 中被引入，可以看成是两个类型之间的关系：一个输入类型和一个输出类型。Lambda 演算就是给 Lambda 表达式一个输入类型的值，它就可以得到一个输出类型的值。这个计算过程也是函数式代码对映射的描述，因为函数式代码的抽象程度非常高，所以也意味着函数式代码有更好的复用性。

函数式编程和命令式编程相比，更加关注消息或者数据的传递，而不像命令式编程，关注的是指令控制流。共享数据的状态在多线程环境下会存在资源竞争的情况，往往我们需要把额外的精力投入到冲突的解决、数据状态的维护中。而函数的不可变性保证了数据在传递处理过程中不会被篡改，也不需要依赖外部的锁资源或者状态来维护并发。所以函数式编程在多核处理器中具有天然的并发性，可以最大化地利用物理资源实现并行处理功能。

目前，在 JVM 体系中，已经出现了越来越多函数式编程范式的语言，例如 Scala、Groovy、Clojure 等。在当前计算机多核、数据优先、高性能的诉求下，函数式编程具有更广阔的发展前景和未来。然而有利总会有弊，函数式编程的语法相比面向对象编程更晦涩，在大规模工程化的协调配合中，还是需要我们去权衡利弊。因为无论哪种语言范式，本质上都是工具，最终目的都是为业务服务。

10.2 响应式技术框架

目前在后端 Web 编程和微服务编程领域，存在多种响应式编程技术框架。本节我们从响应式编程规范开始介绍，进一步加深对响应式编程的理解。

10.2.1 响应式编程规范

对于响应式编程来说，响应式流是一种非阻塞、响应式、异步流处理、支持背压的技术标准，包括运行时环境（JVM 和 JavaScript）及网络协议。JDK 9 发布的 Flow API（java.util.concurrent.Flow）和响应式流规范呼应，成为响应式编程事实上的标准。

响应式流规范提供了一组最小化的接口、方法和协议来描述必要的操作和实体对象。

- Publisher：消息发布者。发布者只有一种方法，用来接受订阅者进行订阅（Subscribe）。T 代表发布者和订阅者之间传输的数据类型，接口声明如下：

```
public interface Publisher<T> {
    public void subscribe(Subscriber<? super T> s);
}
```

- Subscriber：消息订阅者。当接收到 Publisher 的数据时，会调用响应的回调方法。注册完成时，首先会调用 onSubscribe 方法，参数 Subscriptions 包含了注册信息。订阅者有四种事件方法，分别在开启订阅、接收数据、发生错误和数据传输结束时被调用，接口声明如下：

```
public interface Subscriber<T> {
    //注册完成后，首先被调用
    public void onSubscribe(Subscription s);
    public void onNext(T t);
    public void onError(Throwable t);
    public void onComplete();}
}
```

- Subscription：连接 Publisher 和 Subscriber 的消息交互的操作对象。Subscriber 可以请求数据（request），或者取消订阅（cancel）。当请求数据时，参数"long n"表示希望接收的数据量，防止 Publisher 发送过多的数据。一旦开始请求，数据就会在流中传输。每接收一个，就会调用 onNext(T t)；当发生错误时，onError(Throwable t)被调用；在传输完成后，onComplete()被调用。接口声明如下：

```
public interface Subscription {
    //请求数据，参数 n 为请求的数据量，不是超时时间
    public void request(long n);
    //取消订阅
    public void cancel();
}
```

- Processor：同时充当 Subscriber 和 Publisher 的组件。可以看出，Processor 接口继承了 Subscriber 和 Publisher，是流的中间环节，接口声明如下：

```
public interface Processor<T, R> extends Subscriber<T>, Publisher<R> {}
```

响应式流中的数据从 Publisher 开始，经过若干 Processor，最终到达 Subscriber，即完整的数据管道（Pipeline）。

背压（Back Pressure）

在响应式编程规范中，响应式编程采用异步的发布-订阅模式。数据由 Publisher 推送消息给 Subscriber。这种模式容易产生的问题是，当 Publisher 即生产者产生的数据速度远远大于 Subscriber 即消费者的消费速度时，消费者会承受巨大的资源压力（Pressure）而可能崩溃。

为了解决以上问题，数据流的速度需要被控制，即流量控制（Flow Control），以防止快速的数据流压垮目标。因此需要反压，即背压（Back Pressure），生产者和消费者之间需要通过一种背压机制来相互操作。这种背压机制要求是异步非阻塞的，如果是同步阻塞的，则消费者在处理数据时，生产者必须等待，会产生性能问题。

10.2.2 Java Flow API

从 Java 9 开始，增加了 java.util.concurrent.Flow API，实现了响应式流规范（Reactive Stream Specification），并且把响应式流标准的接口集成到了 JDK 中。它和响应式流标准接口定义完全一致，之前需要通过 Maven 引用的 API，Java 9 之后可以直接使用了。响应式流的标准 Maven 依赖如下：

```
<dependency>
    <groupId>org.reactivestreams</groupId>
    <artifactId>reactive-streams</artifactId>
</dependency>
```

Java 9 通过 java.util.concurrent.Flow 和 java.util.concurrent.SubmissionPublisher 实现了响应式流 Flow 类中定义的四个嵌套的静态接口，用于建立流量控制的组件，Publisher 在其中生成一个或多个数据项供 Subscriber 使用。下面是 Java 9 Flow API 的核心组件。

- java.util.concurrent.Flow：这是 Flow API 的主要类，该类封装了 Flow API 的所有重要接口。需要说明的是，这个类声明为 final 类型，所以我们无法扩展它。
- java.util.concurrent.Flow.Publisher：每个发布者都需要实现此接口，每个发布者都必须实现它的 subscribe 方法，并添加相关的订阅者以接收消息。

- java.util.concurrent.Flow.Subscriber：每个订阅者都必须实现此接口，订阅者按照严格的顺序调用方法，此接口有下面四种方法。
  - onSubscribe：这是订阅者订阅了发布者后接收消息时调用的第一个方法。通常我们调用 subscription.request 就开始从处理器（Processor）接收项目。
  - onNext：当发布者收到项目时调用此方法，这是我们实现业务逻辑来处理流并向发布者请求更多数据的方法。
  - onError：当发生不可恢复的错误时调用此方法，我们可以在此方法中执行清理操作，例如关闭数据库连接。
  - onComplete：这就像 finally 方法，在发布者没有发布其他项目或者发布者关闭时调用。可以用来发送流成功处理的通知。
- java.util.concurrent.Flow.Subscription：用于在发布者和订阅者之间创建异步非阻塞连接。订阅者调用请求（request）方法来向发布者请求项目。它还有取消订阅（cancel）的方法，即关闭发布者和订阅者之间的连接。
- java.util.concurrent.Flow.Processor：此接口同时扩展了 Publisher 和 Subscriber 接口，用于在发布者和订阅者之间转换消息。
- java.util.concurrent.SubmissionPublisher：这个类是对 Publisher 接口的实现，它将提交的项目异步发送给当前订阅者，直到它关闭。它使用 Executor 框架，我们将在响应式流示例中使用该类来添加订阅者，然后向其提交项目。

Java 9 Flow API 接入实例

下面使用 Java 9 Flow API 实现一个简单的发布消息订阅的例子。

1. 创建一个 Item 类，作为创建从发布者到订阅者之间的流消息的对象

```java
public class item{
    private int id;
    public int getId() {
        return id;
    }
    public void setId(int id) {
        this.id = id;
    }
    public item(String s) {
        this.id = s;
    }
    public item() {
    }
```

```java
    @Override
    public String toString() {
        return "[id="+id+"]";
    }
}
```

2. 实现一个帮助类，创建一个 Item 列表

```java
public class ItemHelper {
    public static List<Item> getItems() {
        Item e1 = new Item (1);
        Item e2 = new Item (2);
        Item e3 = new Item (3);
        List<Item > items = new ArrayList<>();
        items .add(e1);
        items .add(e2);
        items .add(e3);
        return items ;
    }
}
```

3. 实现消息的订阅

```java
public class TestSubscriber implements Subscriber<Item> {
    private Subscription subscription;
    private int counter = 0;
    @Override
    public void onSubscribe(Subscription subscription) {
        System.out.println("Subscribed");
        this.subscription = subscription;
        this.subscription.request(1);
        System.out.println("onSubscribe requested 1 item");
    }
    @Override
    public void onNext(Item item) {
        System.out.println("Processing Item "+item);
        counter++;
        this.subscription.request(1);
    }
    @Override
    public void onError(Throwable e) {
        System.out.println("Some error happened");
    }
    @Override
    public void onComplete() {
        System.out.println("All Processing Done");
    }
```

```java
    public int getCounter() {
        return counter;
    }
}
```

在步骤 3 中，Subscription 变量保持消费者对生产者的引用，通过 onNext()方法进行请求处理；Count 变量记录请求个数；在 onSubscribe 方法中调用订阅请求来开始处理；在 onError 方法和 onComplete 方法中调用发生错误和完成时执行的业务逻辑。

4. 使用主程序测试完成逻辑

```java
public class TestReactiveApp {
    public static void main(String args[]) throws InterruptedException {
        SubmissionPublisher<Item> publisher = new SubmissionPublisher<>();
        TestSubscriber subs = new TestSubscriber ();
        publisher.subscribe(subs);
        List<Item> items = ItemHelper.getItems();
        System.out.println("Publishing Items to Subscriber");
        items .stream().forEach(i -> publisher.submit(i));
        while (items.size() != subs.getCounter()) {
            Thread.sleep(10);
        }
        publisher.close();
        System.out.println("Exiting the TestReactiveApp");
    }
}
```

在步骤 4 中，首先使用 SubmissionPublisher、TestSubscriber 创建发布者和订阅者。通过 publisher.subscribe(subs)建立发布者与订阅者之间的关联关系；然后发布者通过 submit 方法发送消息给订阅者，这个过程是异步执行的；在主线程的 while 循环中判断 Item 的 size 和消费累计的 size；当 Item 全部消费完成时，退出主线程的 While 循环；最后关闭发布者以免任何内存泄漏。

下面是程序的输出结果：

```
Subscribed
Publishing Items to Subscriber
onSubscribe requested 1 item
Processing Item[id=1]
Processing Item[id=2]
Processing Item[id=3]
Exiting the TestReactiveApp
All Processing Done
```

10.2.3　RxJava 响应式框架

RxJava 基于 ReactiveX（Reactive Extensions 的缩写）库和框架，使用观察者模式、迭代器模

式及函数式编程,提供了异步数据流处理、非阻塞背压等特性。

Reactive Extensions

这个概念最早出现在微软的.NET 社区中,目前越来越多语言实现了自己的响应式扩展,如Java、Javascript、Ruby 等。

Reactive Extensions 是响应式编程的一种实现,是解决异步事件流的一种方案。通俗地讲,就是利用它可以很好地控制事件流的异步操作,将事件的发生和对事件的响应解耦,让开发者不再关心复杂的线程处理、锁等并发相关问题。

RxJava 的接入实例

RxJava 2.x 实现了响应式流规范。它是 Netflix 开发的一个响应式编程框架。下面是 RxJava 的典型开发代码:

```java
Observable.create(new ObservableOnSubscribe<String>() {
@Override
public void subscribe(ObservableEmitter<String> emitter) throws Exception {
    emitter.onNext(1);
    emitter.onNext(2);
    emitter.onNext(3);
    emitter.onComplete();
  }
  }).map(value -> value * 10
    }).subscribeOn(Schedulers.io())
  .observeOn(Schedulers.mainThread())
  .subscribe(new Observer<String>() {
      @Override
      public void onSubscribe(Disposable d) {
          mDisposable=d;
          Log.e(TAG, "onSubscribe");
       }
      @Override
      public void onNext(String value) {
          If(value.equal( "20" )) {
            mDisposable.dispose();
          }
          Log.e(TAG, "onNext:"+value);
      }
      @Override
      public void onError(Throwable e) {
          Log.e(TAG, "onError="+e.getMessage());
      }
      @Override
```

```
            public void onComplete() {
                Log.e(TAG, "onComplete()");
            }
        });
```

Observable

Observable 可以理解为数据的发射器，对应 Java Flow 的发布者（Publisher）组件，通过 create 方法生成 Observer 对象。它会执行相关业务逻辑并通过 emit 方法发射数据，传入的参数是 ObservableOnSubscribe 对象，使用泛型 T 作为操作对象的类型。你可以重写 subscribe 方法，里面是具体的数据源计划，前面的例子中是发射三个数字：1、2、3。ObservableEmitter 是发射器的意思，有三种发射数据的方法：void onNext(T value)、void onError(Throwable error)、void onComplete()。onNext 方法可以无限调用，观察者（Observer）可以接收到所有发布者（Publisher）发布的数据库，onError 和 onComplete 是互斥的。

Observer

Observer 是数据的观察者，对应 Java Flow 的订阅者（Subscriber）组件，通过 new 方法创建并重写内部方法，onNext、onError、onComplete 都是与被观察者发射的方法一一对应的。在本例中，订阅者的 onNext 方法处理消费数据逻辑，当收到的数据等于 20 时，将取消订阅，此时数据的发布者就不再向观察者推送数据。通过 dispose 方法可以取消 Observer 和 Observable 之前的订阅关系。

Scheduler

RxJava 支持异步通信的特性是通过 Schedulers 组件实现的，Scheduler 的中文意思是调度器。在 RxJava 中，可以通过 Scheduler 来控制调度线程，从 Scheduler 的源码可以发现它本质上是操纵 Runnable 对象，支持用立即、延时、周期形式来调度工作线程。RxJava 2.x 中内置了多种 Scheduler 实现，适用于不同场景。这些 Scheduler 可以在代码中直接使用，屏蔽了开发者对线程调用的管理和控制。在前面的例子中我们使用了 Schedulers.io() 作为线程调度策略，下表总结的是 Schedulers 不同的线程调度策略。

方法	说明
Schedulers.computation()	适用于计算密集型任务
Schedulers.io()	适用于I/O密集型任务
Schedulers.trampoline()	在某个调用Schedule的线程执行
Schedulers.newThread()	每个Worker都对应一个新线程
Schedulers.single()	所有Worker都使用同一个线程执行任务
Schedulers.from(Executor)	使用Executor作为任务执行的线程

Operator

RxJava 在处理事件的流转过程中，提供了丰富的操作符，用来改变事件流中的数据。以 Map 操作符为例，Map 的作用是将发射的事件进行 Map 函数定义的数据转换，再将转换后的事件发射给 Observer。转换过程如下图所示。

（1）通过 Emitter 发射了 1、2、3 三个数字。

（2）中间通过 Map 进行转换，转换后事件变成 10、20、30。

（3）最后将转换后的事件发射给 Observer。

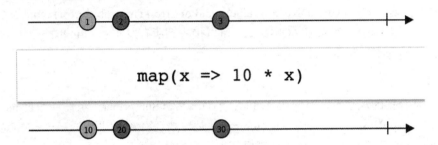

RxJava2-Android-Samples（GitHub 开源项目）的 Readme.md 中总结了 RxJava 用到的所有操作符，篇幅所限，其他操作符可以从 Reactive 官方地址获得详解。RxJava 的主要操作符如下表所示。

RxJava的主要操作符			
Map	Zip	Reduce	Filter
FlatMap	Take	Skip	Buffer
Concat	Replay	Merge	

10.2.4 Reactor 响应式框架

Reactor 是 Pivotal 基于 Reactive Streams 规范实现的响应式框架。作为 Spring 的兄弟项目，它进一步扩展了基本的 Reactive Streams Publisher 及 Flux 和 Mono API 等组件，主要使用依赖的组件是 Reactor Core 模块。

Reactor 项目已在 GitHub 中开源（可使用 Reactor 关键字搜索），主要包含 Reactor Core 和 Reactor Netty 两部分。Reactor Core 实现了反应式编程的核心功能，Reactor Netty 则是 Spring WebFlux 等技术的基础。

Reactor 的接入实例

1. 使用 Reactor 进行响应式编程，加载对应的 Maven 依赖

```xml
<dependencies>
  <dependency>
    <groupId>io.projectreactor</groupId>
    <artifactId>reactor-core</artifactId>
  </dependency>
  <dependency>
    <groupId>io.projectreactor</groupId>
    <artifactId>reactor-test</artifactId>
    <scope>test</scope>
  </dependency>
</dependencies>
```

2. 使用 Reactor 进行响应式编程的 Demo

```java
public static void main(String[] args) {
    Logger("运行...");
    Flux.just("1", "2", "3") //发布 1 -> 2-> 3
        .map(value -> "+" + value) //"1" -> "+" 转换
        .subscribe(new Subscriber<String>() {
            private Subscription subscription;
            private int count = 0;
            @Override
            public void onSubscribe(Subscription s) {
                subscription = s;
                subscription.request(1);
            }
            @Override
            public void onNext(String s) {
                if(count==2){
                    throw new RuntimeException("运行时异常！");
                }
                println(s);
                count++;
                subscription.request(1);
            }
            @Override
            public void onError(Throwable t) {
                println(t.getMessage());
            }
            @Override
            public void onComplete() {
                println("完成！");
```

```
            }
        });
    }
    public static void println(String s)
    {
        System.out.println(s);
    }
     private static void  Logger(Object object) {
        String threadName = Thread.currentThread().getName();
        System.out.println("[当前线程名称: " + threadName + "] " + object);
    }
}
```

3. 执行上述程序得到如下结果

```
[当前线程名称: main] 运行...
[当前线程名称: main] +1
[当前线程名称: main] +2
Exception in thread "main" java.lang.RuntimeException: 运行时异常!
```

在 Reactor 项目中，主要有与 RxJava 类似的发布者、订阅者、操作符等关键 API 和语法概念，下面结合代码实例讲解主要用到的模块。

Reactor 的核心模块

- Flux

Flux 是 Reactor 中数据发布者的重要抽象类。从源码中可以发现，Flux 实现了 Reactive Streams JVM API Publisher。Flux 定义了 0~N 的非阻塞序列，类比非阻塞 Stream，在 Reactor 中充当数据发布者的角色。在上述实例中，Flux 通过 just 方法发布数据流。just 方法是 Flux 常见的创建 Stream 的方法，此外，还可以通过 create、generate、from 等方法创建 Flux 数据流。上面例子中使用最简单的 just 方法完成了三个数字的构造和声明发布，如下图所示。

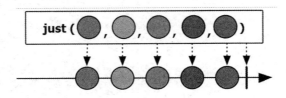

- Mono

Mono 和 Flux 类似。从源码中可以发现，Mono 同样实现了 Reactive Streams JVM API Publisher，实现了 0~1 的非阻塞结果，如下图所示。

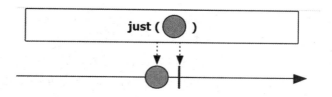

- Subscriber

订阅者通过订阅操作，可以处理数据的请求，在订阅方法中需要重写 onSubscribe、onNext、onError、onComplete 方法来实现数据流的消费。Flux 调用 subscribe 方法后会触发数据的发送，订阅者接收到数据后会触发 onSubscribe 方法。onSubscribe 表示订阅动作的方式，准备发送给真正的消息接收者，然后执行 subscription.request 方法发送请求数据。代码例子中 request(1) 表示只发送一条数据，也可以使用 subscription.cancel 取消上游数据的传输。然后执行 onNext 方法进行消息的响应处理，在 onNext 方法中执行 request 方法可以把数据交给 subscription 链，循环处理所有数据。

- Operator

在 Reactor 项目中，一个 Operator 会给一个发布者（Publisher）添加某种行为，并返回一个新的 Publisher 实例。还可以对返回的 Publisher 再添加 Operator 连成一个链条。原始数据沿着链条从第一个 Publisher 开始向下流动，链条中的每个节点都会以某种方式去转换流入的数据。链条的终点是一个订阅者（Subscriber），Subscriber 以某种方式消费这些数据，流程图如下图所示。

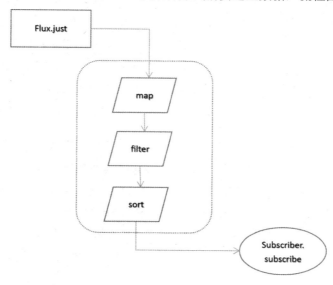

下面是对 Reactor 项目中 Operator 的总结分类，大致可以分为如下几类。

- 集合 Operator：提供集合运算，如 map、filter、sort、group、reduce 等，和 Java 8 Stream 的中间操作具有相同的效果。
- 异常处理 Operator：提供异常处理机制，如 retry、onErrorReturn 等。
- 回调 Operator：提供 Publisher 状态转换时的回调，如 doOnCancel、doOnRequest 等。
- 行为 Operator：修改 Publisher 的默认行为，为其添加更多功能，如 buffer、defaultIfEmpty、onBackpressureXXX 等。
- 调试 Operator：添加调试信息，如 log、elapsed 等。

10.2.5 Vert.X 响应式编程

Vert.X 是基于 JVM 构建的一个 Reactive 工具箱。同时，Vert.X 和 Spring 类似，也有一套微服务开发生态。从开发者的角度来看，Vert.X 就是一些库包，提供了 HTTP 客户端和服务器、消息服务、TCP 和 UDP 底层协议等模块。你可以使用这些模块来构建自己的应用，也可以通过向 Vert.X Core（Vert.X 的基础组件）中增加任意模块来构建自己的系统。

Vert.X 的主要功能

- Web 开发，Vert.X 封装了 Web 开发常用的组件，支持路由、Session 管理、模板等。
- TCP/UDP 开发，Vert.X 底层基于 Netty，提供了丰富的 I/O 类库，支持多种网络应用开发，不需要处理底层细节（如拆包和粘包），注重业务代码编写。
- 提供对 WebSocket 的支持，可以做网络聊天室、动态推送等。
- Event Bus（事件总线）是 Vert.X 的神经系统，通过 Event Bus 可以实现分布式消息、远程方法调用等。正是因为 Event Bus 的存在，Vert.X 才可以更加便捷地开发微服务应用。
- 支持主流的数据和消息的访问，如 Redis、MongoDB、RabbitMQ、Kafka 等。
- 支持分布式锁、分布式计数器、分布式 Map。

Vert.X 的特性

- 异步非阻塞：Vert.X 就像是跑在 JVM 上的 Node.js（使用事件驱动、非阻塞式 I/O 模型的 JavaScript 运行环境），所以 Vert.X 的第一个优势就是它实现了一个异步的非阻塞框架。
- Vert.X 支持多编程语言，在 Vert.X 上，可以使用 JavaScript、Java、Scala、Ruby 等语言。
- 不依赖中间件：Vert.X 的底层依赖 Netty，因此在使用 Vert.X 构建 Web 项目时，不依赖中间件。像 Node 一样，可以直接创建一个 HttpServer，相对会更灵活一些，安全性也会更高一些。
- 完善的生态：Vert.X 提供数据库操作、Redis 操作、Web 客户端操作等丰富的组件功能。

Vert.X 的接入实例

1. 加载对应的 Maven 依赖

```xml
<dependency>
    <groupId>io.vertx</groupId>
    <artifactId>vertx-web</artifactId>
    <version>3.4.2</version>
</dependency>
```

2. Vert.X 提供了一个创建 HTTP 服务器的简单方法，该服务器会在每次接收到 HTTP 请求时返回一个 "Hello" 的 response

```
vertx.createHttpServer() .requestHandler(request -> {
    request.response().end("Hello");
}) .listen(8080);
```

在这个例子里，我们创建了一个 requestHandler 来接收 HTTP 请求事件，并且返回响应。在 Vert.X 中，所有 API 都不会阻塞调用线程，如果不能立即响应结果，Handler 会在事件准备好后处理，通过异步操作回调 Handler 方法触发执行。这种非阻塞的开发模型，可以使用较少的线程处理高并发场景。下面是 Vert.X 中 EventLoop 的工作模型图。

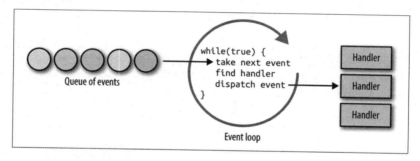

Verticle 是 Vert.X 中的重要组件，可以理解成 Java 中的 Servlet、POJO Bean 或 Akka 中的 Actor。一个组件可以有多个实例，Verticle 实例之间的通信通过 Event Bus 实现。

ProducerVerticle 负责监听 8080 端口，接收前端请求，它可以通过 Event Bus 发送一个事件，该事件将被传递给多个该事件的订阅者，代码如下。

```java
public class ProducerVerticle extends AbstractVerticle {
    @Override
    public void start() throws Exception {
        HttpServer server = vertx.createHttpServer();
        Router router = Router.router(vertx);
        router.route().handler(BodyHandler.create());
```

```
        router.get("/book/:id").handler(this::getBook);
        server.requestHandler(router);
        server.listen(8080);
    }
    private void getBook(RoutingContext ctx) {
        int id = Integer.parseInt(ctx.request().getParam("id"));
        JsonObject json = new JsonObject().put("id", id);
        vertx.eventBus().request("com.msa.vertx.database", json, r -> {
            if (r.succeeded()){
                ctx.response().putHeader("Content-Type", "application/json; charset=utf-8")
                .end(msg);
            } else {
                r.cause().printStackTrace();
                ctx.fail(r.cause());
            }
        });
    }
}
```

ConsumeVerticle 负责消费 Event Bus 的数据并返回响应，代码如下。

```
public class ConsumeVerticle extends AbstractVerticle {
    @Override
    public void start() throws Exception {
        super.start();
        MessageConsumer<JsonObject> consumer =
            vertx.eventBus().consumer("com.msa.vertx.database");
        consumer.handler(msg -> {
            //省略从数据库加载逻辑。。
            System.out.println(msg.body());
            JsonObject json = new JsonObject();
            json.put("id", 1);
            json.put("name", "微服务架构进阶");
            msg.reply(json);
        });
    }
}
```

MainApp 是启动类，在 main 方法中发布两个 Verticle，下面代码是启动主流程的方法。

```
public class MainApp{
    public static void main(String[] args) {
        Vertx vertx = Vertx.vertx();
        vertx.deployVerticle(new ConsumeVerticle());
        vertx.deployVerticle(new ProducerVerticle());
    }
}
```

浏览器调用接口 http://127.0.0.1:8080/book/1，出现下面结果则表示正确。

```
{
    "id":"1",
    "name":"微服务架构进阶"
}
```

Verticle 具有以下几个特点。

- 每个 Verticle 都占用一个 EventLoop 线程，且只对应一个 EventLoop。
- 每个 Verticle 中创建的 HttpServer、EventBus 等资源都会在回收 Verticle 时被同步回收。
- 在多个 Verticle 中创建同样端口的 HttpServer，会变成两个 EventLoop 线程，处理同一个 HttpServer 的连接，可以利用 Verticle 的这一特性来提升并发处理性能。

10.2.6　Spring Boot 2 响应式编程

Spring Boot 2.x 在 Spring Boot 1.x 基础上，基于 Spring 5 实现了响应式编程框架。从 Spring MVC 注解驱动的时代开始，Spring 官方有意识地去 Servlet 化。不过在 Spring MVC 时代，Spring 仍然摆脱不了对 Servlet 容器的依赖，然而借助响应式编程（Reactive Programming）的势头，Spring 加速了这一时代的到来。WebFlux 将 Servlet 容器从必须项变为可选项，并且默认采用 Netty Web Server 作为 HTTP 容器的处理引擎，形成 Spring 全新的技术体系，包括数据存储等技术栈。Spring Boot 2 官方提供的基于 Reactor 与 Servlet 容器生态和技术栈的对比如下图所示。

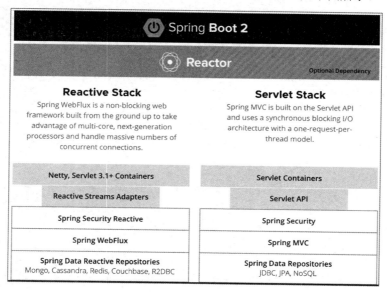

对比发现，Spring Boot 2.x 与 Spring Boot 1.x 在技术栈上存在巨大差异。Spring Boot 2.x 最显著的变化就是采用了响应式的技术体系。底层的 Reactive 核心组件、响应式 WebFlux 框架、响应式数据存储、响应式安全、响应式 Web 服务引擎组成了 Spring 响应式技术体系。下面列举了 Spring Boot 2 中支持响应式编程的部分模块。

Spring Core

Spring Core 是 Spring 的核心模块。Spring Framework 5 基于 ProjectReactor 和 RxJava 反应式项目及响应式编程规范实现了对响应式编程的支持。在 Spring Core 中通过引入 ReactiveAdapter 实现了 Object 和 Publisher<T> 的相互转换，代码如下：

```
class ReactiveAdapter {
...省略
    <T> Publisher<T> toPublisher(@Nullable Object source) { ... }
    Object fromPublisher(Publisher<?> publisher) { ... }
}
```

使用者可以通过继承 ReactiveAdapter 实现定制化的数据类型转换。ReactiveAdapterRegistry 可以作为对象池来保持 ReactiveAdapter 实例并提供相应的数据访问方式。

响应式 I/O

Spring Core 提供了对 I/O 的响应式编程支持。Spring Core 首先引入了一个字节缓存抽象接口 DataBuffer，提供了一个 DataBufferUtils 工具类，可以实现以 Reactive 方式对 I/O 进行访问和交互。从下面的示例代码可以看到，DataBufferUtils 返回了一个 Flux 对象，这样就可以使用 Reactor 相关接口读取 test.txt 文件，实现背压的响应式特性。

```
Flux<DataBuffer> reactiveHamlet = DataBufferUtils.read(
    new DefaultResourceLoader().getResource("test.txt"),
    new DefaultDataBufferFactory(),
    1024);
```

同时，Spring Core 通过下面接口实现了基于响应式流的编解码实现类，这样可以方便 DataBuffer 实例与对象的相互转化，代码如下：

```
interface Encoder<T> {
    ...
    Flux<DataBuffer> encode(Publisher<? extends T> inputStream, ...);
}
interface Decoder<T> {
    ...
    Flux<T> decode(Publisher<DataBuffer> inputStream, ...);
```

```
Mono<T> decodeToMono(Publisher<DataBuffer> inputStream, ...);
}
```

Spring WebFlux 构建响应式 Web 服务

在 Web 服务方面，Spring 2.x 提供了 WebFlux 框架，基于 Flux 和 Mono 对象实现响应式非阻塞 Web 服务。同时提供了一个响应式的 HTTP WebClient，它可以通过函数式的方式异步非阻塞地发起 HTTP 请求并处理响应。Spring WebFlux 也提供了响应式的 WebSocketClient。下一节我们会详细讲解 Spring 的 WebFlux 框架。

数据层支持响应式

开发基于响应式流的应用，就像搭建数据流的管道，使异步数据能够顺畅流过每个环节。大多数系统免不了要与数据库交互，所以我们也需要响应式的持久层 API 和支持异步的数据库驱动。在消息的处理过程中，如果数据管道在任何一个环节发生阻塞，都有可能造成整体吞吐量的下降。

各个数据库都开始陆续推出异步驱动的技术支持，目前可以支持响应式数据访问的数据库有 MongoDB、Redis、Apache Cassandra 和 CouchDB。

相关生态的响应式支持

- Spring 5 实现了对 Spring Security 的响应式支持。
- Spring Cloud 基于 WebFlux 框架实现了 Spring Cloud Gateway 微服务网关。
- Spring Test 实现了响应式的支持类 WebTestClient。
- 在监控领域，Sleuth 也提供对响应式 WebFlux 的追踪支持。

10.3 Spring WebFlux 框架

Spring WebFlux 是 Spring 5 发布的响应式 Web 框架，从 Spring Boot 2.x 开始，默认采用 Netty 作为非阻塞 I/O 的 Web 服务器。

10.3.1 Spring WebFlux 概述

Spring WebFlux 基于 Reactor 框架，同时支持 RxJava 类库，构建响应式编程框架。查看 WebFlux 的 Maven 依赖，可以发现它依赖的项目工程包有 Reactor、Spring、ReactiveX、RxJava 等模块，使用 WebFlux 需要单独引用它的依赖包，WebFlux 主要的包依赖关系如下图所示。

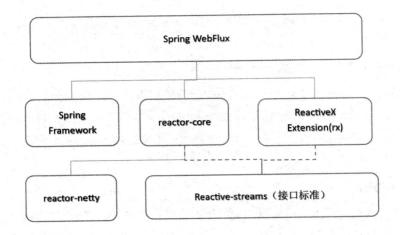

WebFlux 的主要特征

- 采用 Reactor 响应式编程框架,同时提供对 RxJava 类库的支持。
- Spring WebFlux 基于响应式流,可以建立异步、非阻塞、事件驱动的服务。
- Spring WebFlux 和 Reactor 底层默认使用 Netty 作为 Web 服务器,使用线程收敛式方式处理 I/O 业务逻辑,同时支持异步 Servlet 3.1 容器(Tomcat、Jetty 等)。
- Spring WebFlux 同时支持响应式的 WebSocket 服务开发。
- 支持响应式 HTTP 客户端,可以用函数式方式异步非阻塞地发送 HTTP 请求。

WebFlux 的主要模块

WebFlux 的应用方式可以使用基于 Spring Boot 提供的开发模板,直接访问 Spring Initializ 网站,创建一个 Maven 或者 Gradle 项目,需要添加的依赖如下:

```
<dependency>
    <groupId>org.springframework.boot</groupId>
    <artifactId>spring-boot-starter-webflux</artifactId>
</dependency>
```

在选择 Spring Boot 版本号时,需要选择 2.0.0M2 以后的版本才能正确加载 WebFlux 依赖包,下图是官方提供的 Spring WebFlux 与 Spring MVC 的架构对比。

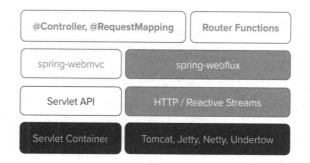

从图中我们可以基本了解 WebFlux 的主要模块。

- 底层是 Web HTTP 服务引擎，Spring MVC 框架基于传统的 Servlet 容器，WebFlux 实现了 Servlet 3.1+规范的容器引擎，Servlet 3.1 规范中新增了对异步处理的支持，同时默认采用 Netty 的非 Servlet 引擎，采用 I/O 多路复用的异步非阻塞 HTTP 引擎。
- Spring MVC 使用传统的 Servlet API 应用方式，而 WebFlux 基于响应式流框架，支持采用背压（Backpressure）方式的异步数据处理流标准。WebFlux 默认继承了 Reactor 项目实现。
- Spring WebFlux 的核心组件完成协调上下文及提供响应式编程支持的工作。
- Spring MVC 主要使用注解的方式完成 HTTP 请求到方法的映射，WebFlux 支持注解和函数式两种调用方式，通过函数式风格的 API 可以创建路由、Handler 和 Filter 等服务组件。

10.3.2 WebFlux 服务器开发

下面我们分别演示 WebFlux 提供的注解控制器模式和函数端点模式。介绍使用这两种编程模型实现的代码示例，以及它们不同的语法和差异。

注解控制器模式

注解控制器模式与 Spring MVC 一致，都基于与 Spring Web 模块相同的注释。Spring MVC 和 WebFlux 控制器都支持反应式（Reactor、RxJava）数据返回类型，因此不容易将它们分开。一个显著的区别是，WebFlux 还支持注解@RequestBody 来处理事件响应。

首先，我们实现一个获取用户数据的 Service，代码如下。

```
@Service
class UserService {
  private final Map<String, User> data = new ConcurrentHashMap<>();
  Flux<User> list() {
    return Flux.fromIterable(this.data.values());
```

```
  }
  Flux<User> getById(final Flux<String> ids) {
    return ids.flatMap(id -> Mono.justOrEmpty(this.data.get(id)));
  }
}
```

然后，定义 UserController 类，它是具体的 Spring MVC 控制器，使用 UserService 获取数据，代码如下。

```
@RestController
@RequestMapping("/user")
public class UserController {
  private final UserService userService;
   @Autowired
   public UserController(final UserService userService) {
     this.userService = userService;
   }
   @GetMapping("")
   public Flux<User> list() {
      return this.userService.list();
   }
   @GetMapping("/{id}")
   public Mono<User>getById(@PathVariable("id") final String id) {
     return this.userService.getById(id);
   }
}
```

函数端点模式

函数端点模式是基于 Lambda 的轻量级功能编程模型。可以将其视为小型库或应用程序，是可用于路由和处理请求的一组实用程序。它与注解控制器模式的巨大差异在于，应用程序负责从开始到结束的请求处理，并通过注解声明完成请求回调处理。

下面代码实现了 TaskHandler（实现对 UserService 的访问）。

```
@Component
public class TaskHandler {
   @Autowired
   private UserService userService;
   public Mono<ServerResponse> getUserById(ServerRequest serverRequest) {
      return ServerResponse.status(HttpStatus.OK)
              .body(Mono.just(UserService.getById().get(Integer.valueOf(serve
```

```
                    rRequest.pathVariable("userId")))), User.class);
        }
    public Mono<ServerResponse> getAll(ServerRequest serverRequest) {
        Flux<User> userFlux =
                Flux.fromStream(userService.list()
                .entrySet().stream().map(Map.Entry::getValue));
        return ServerResponse.ok().body(userFlux, User.class);
    }
}
```

将 URL 路由和 Handler 函数绑定，代码如下。

```
@Configuration
public class WebFluxRoutingConfiguration {
    @Autowired
    private TastHandler taskHandler;
    @Bean
    public RouterFunction<ServerResponse> routerFunction() {
        return route(GET("/webflux/user/{userId}"), taskHandler::getUserById)
                .andRoute(GET("/webflux/users"), taskHandler::getAll);
    }
}
```

说明：WebFlux 通过配置函数路由（RouterFunction）的方式来实现请求的映射，处理 TaskHandler 的方法的返回类型是 Mono<ServerResponse>。

下面我们看一下 @FunctionInterface 查看 route 的实现源码：

```
public static <T extends ServerResponse> RouterFunction<T> route(
    RequestPredicate predicate, HandlerFunction<T> handlerFunction) {
        return new DefaultRouterFunction<>(predicate, handlerFunction);
    }
}
```

从源码中，我们发现 RouterFunction 返回一个 <T extends ServerResponse> 对象。在 DefaultRouterFunction 类中可以看到，在该类的 route 方法中可以判断请求的参数，如果值为空，则返回 Empty，否则返回 Mono<HandlerFunction<T>>的一个函数式接口，而这个函数就是 Config 中配置路由断言时指定的 HandlerFunction。源码如下：

```
private static final class DefaultRouterFunction<T extends ServerResponse>
    extends AbstractRouterFunction<T> {
    private final RequestPredicate predicate;
```

```
    private final HandlerFunction<T> handlerFunction;
    public DefaultRouterFunction(RequestPredicate predicate,
        HandlerFunction<T> handlerFunction) {
      Assert.notNull(predicate, "Predicate must not be null");
      Assert.notNull(handlerFunction, "HandlerFunction must not be null");
      this.predicate = predicate;
      this.handlerFunction = handlerFunction;
    }
    @Override
    public Mono<HandlerFunction<T>> route(ServerRequest request) {
      if (this.predicate.test(request)) {
        if (logger.isDebugEnabled()) {
          logger.debug(String.format("Predicate \"%s\" matches
              against \"%s\"", this.predicate, request));
        }
        return Mono.just(this.handlerFunction);
      }
      else { return Mono.empty(); }
    }
    @Override
    public void accept(Visitor visitor) {
      visitor.route(this.predicate, this.handlerFunction);
    }
  }
```

总之，由上面的源码分析可知，WebFlux 底层虽然和传统的 Spring Web 工作机制完全不同，但是 WebFlux 依然支持基于注解驱动的编程模型，区别在于 WebFlux 的并发模型和阻塞特性。函数端点模式是 WebFlux 通过配置函数路由的方式，实现请求到业务处理函数的映射。对于 HTTP 请求是如何从 Web 引擎映射到具体的实现方法的，下一节我们会继续介绍 WebFlux 的逻辑处理架构和 HTTP 请求的路由映射过程。

Spring WebFlux 源码架构解析

与 Spring MVC 使用 DispatcherServlet 作为 Servlet 容器承上启下的重要管理组件类似，在 Spring WebFlux 框架中，DispatcherHandler 有着异曲同工的作用。下面我们根据 WebFlux 源码讲解它的主要接口和模块的相互关系，WebFlux 的工作流程如下图所示。

第 10 章 响应式微服务架构

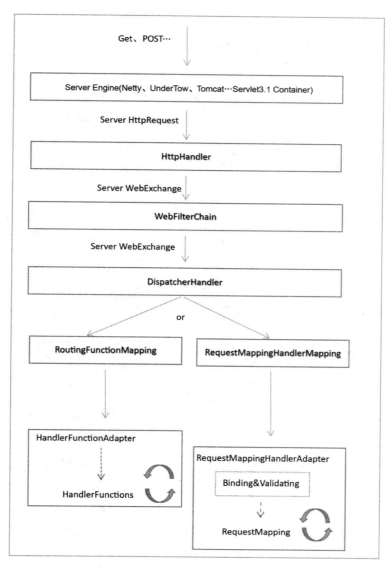

下面我们按照流程图的执行序列由上至下分别加以解释。

HTTP 请求进入 WebFlux 处理引擎（Server Engine），这里默认使用 Netty 作为 HTTP 容器引擎。如果你想修改 Servlet 容器的服务引擎，则需要在 pom.xml 文件中添加相应的容器依赖 Starter 包，这里每个服务引擎都会有自己独立的响应适配器（Adapter）映射 HTTP 请求或响应到 Server HttpRequest 和 Server HttpResponse 组件。

• 505 •

HttpHandler 请求处理阶段主要将输入的请求（Server HttpRequest、Server HttpResponse，包括用户 Session 及相关信息）转换为 Server WebExchange。

在 WebFilterChain 阶段，WebFlux 会遍历之前注册到 Spring 容器的 WebFilter 对象，WebFilterChain 负责执行所有 WebFilter 中的 filter 方法。对于 WebFlux 的 Filter 功能，一种方式是使用 WebFilter 在 Spring MVC 中的 Filter 接口，以接口的形式放回 Mono<Void>；另一种方式是使用 HandlerFilterFunction 接口实现函数式的过滤调用。

如果所有 WebFilter 都通过执行并放行请求继续执行，那么 WebFilterChain 将调用 WebHandler 接口。

DispatcherHandler 实现了 WebHandler 接口，同时 DispatcherHandler 是 WebFlux 实现 HTTP 消息从框架层映射到对应业务逻辑方法的关键实现类。下面是 WebFlux 处理消息分发的关键源码：

```java
public class DispatcherHandler implements WebHandler, ApplicationContextAware {
    @Override
    public Mono<Void> handle(ServerWebExchange exchange) {
        if (this.handlerMappings == null) {
            return createNotFoundError();
        }
        return Flux.fromIterable(this.handlerMappings)
            .concatMap(mapping -> mapping.getHandler(exchange)).next()
            .switchIfEmpty(createNotFoundError())
            .flatMap(handler -> invokeHandler(exchange, handler))
            .flatMap(result -> handleResult(exchange, result));
    }
}
```

从上面的代码可知，DispatcherHandler 的主要流程是遍历 HandlerMapping 数据结构，并封装成数据流类 Flux。它会触发对应的 handler 方法，执行相应的业务代码逻辑，而 HandlerMapping 在配置阶段会根据@Controller、@RequestMapping、@GetMapping、@PostMapping 注解注册对应的业务方法到 HandlerMapping 接口，这也是 WebFlux 兼容注解方式的原因。这些配置路由最终都会通过 getHandler()方法找到对应的处理类。

最后是 RequestMappingHandlerAdapter 处理阶段，这个映射关系也适用于 HandlerAdapter，我们将响应结果转变为数据流返回给 handlerResult 方法，并将结果转换成数据流序列返回。

10.3.3　WebClient 开发

WebClient 是从 Spring WebFlux 5.0 开始提供的一个非阻塞的、基于响应式编程范式的 HTTP

请求客户端工具。WebClient 与传统的 RestTemplate 的主要区别在于基于函数式、响应式和流式的 API，使用声明式的代码风格。同时 WebClient 依赖非阻塞式的编解码器来完成 HTTP 的请求和响应。

WebClient 的构建

下面是构建 WebClient 的一个简单实例。首先通过 WebClient.create 方法创建一个 WebClient 实例，然后通过 get、post 等方法选择适当的客户端调用方式，uri 用来指定需要请求的路径，retrieve 用来发起请求并获得响应，bodyToMono(String.class)用来指定请求结果需要处理为 String、并包装为 Reactor 的 Mono 对象，代码如下所示：

```java
public class WebClientDemo {
    WebClient webClient = WebClient.create();
    Mono<String> mono = webClient.get().uri("https://localhost:8081").retrieve()
        .bodyToMono(String.class);
        mono.subscribe(System.out::println);
}
```

除了通过 create 方法构建 WebClient，也可以通过 WebClient.builder 方法创建 WebClient.Builder 对象。在对 Builder 对象进行一些配置后调用 build 方法创建 WebClient 对象。通过注册一个客户端 Filter(ExchangeFilterFunction)实现拦截和修改 HttpClient 的头信息，同时执行 baseURL 和默认 Cookie 的构建，代码示例如下：

```java
WebClient webClient = WebClient.builder().baseUrl("http://localhost:8081")
    .filter((request, next) -> {
        ClientRequest filtered = ClientRequest.from(request)
        .header("foo", "bar")
        .build();
        return next.exchange(filtered);
    }).defaultCookie("cookieName", "cookieValue").build();
```

Builder 自带的 API 构建 WebClient 的方法还有下面几种。

- uriBuilderFactory：定制 uriBuilderFactory 来构建 baseURL。
- defaultHeader：每个 HTTP 请求默认使用的头信息。
- defaultCookie：每个 HTTP 请求默认使用的 Cookie。
- defaultRequest：定制 HTTP 请求。
- filter：客户端可以构建 filterBean 实例来对 WebClient 的参数进行拦截过滤。
- exchangeStrategies：可以定制 HTTP 消息的发送接收策略。
- clientConnector：设置 HTTP 客户端。

WebClient 的响应解析

WebClient 使用 retrieve()方法作为获取 HTTP 响应的最简单方法。它可以接受单个对象（Mono），也可以接受数据流（Flux），同时可以判断返回的响应处理逻辑。

- 解析为 Mono 对象，代码示例如下。

```
WebClient client = WebClient.create("https://localhost:8090");
Mono<Person> result = client.get()
       .uri("/persons/{id}", id).accept(MediaType.APPLICATION_JSON)
       .retrieve()
       .bodyToMono(Person.class);
```

- 解析为 Flux 对象，代码示例如下。

```
Flux<Quote> result = client.get()
            .uri("/quotes").accept(MediaType.TEXT_EVENT_STREAM)
            .retrieve()
            .bodyToFlux(Quote.class);
```

- 通过 onStatus()方法获取 4xx/5xx 的不同异常响应，代码示例如下。

```
Mono<Person> result = client.get()
       .uri("/persons/{id}", id).accept(MediaType.APPLICATION_JSON)
       .retrieve()
       .onStatus(HttpStatus::is4xxClientError, response -> ...)
       .onStatus(HttpStatus::is5xxServerError, response -> ...)
       .bodyToMono(Person.class);
```

WebClient 使用 exchange

相比 retrieve 方法，WebClient 使用 exchange 方法可以对 HTTP 响应提供更多控制，获得自己定制的或者想要的结果。可以对 clientResponse 对象执行 flatMap 操作，代码如下。

```
Mono<Person> result = client.get()
       .uri("/persons/{id}", id).accept(MediaType.APPLICATION_JSON)
       .exchange()
       .flatMap(response -> response.bodyToMono(Person.class));
```

WebClient 提交 Body

假设 WebClient 需要提交一个 JSON 对象，如{"name"："hello"，"id"："123"}，需要将这个对象传递给远端服务，WebClient 会使用 ReactiveAdapterRegitry 来处理，将 Body 的异步编解码过程转换为 JSON 对象，代码示例如下。

```
String baseUrl = "http://localhost:8081";
WebClient webClient = WebClient.create(baseUrl);
Map<String, Object> user = new HashMap<>();
user.put("name", "hello");
user.put("id", "123");
Mono<Void> mono =
webClient.post().uri("/user/add").syncBody(user)
.retrieve().bodyToMono(Void.class);
mono.block();
```

当然也可以将编码后的 JSON 对象直接传递给 WebClient，需要在 HTTP 头信息中指定 ContentType 为 application/json，也可以加上 charset 编码。在默认情况下，WebClient 将根据请求传递的对象进行解析，处理后自动选择 ContentType。代码示例如下。

```
String baseUrl = "http://localhost:8081";
WebClient webClient = WebClient.create(baseUrl);
String userJson =   "{" +
    " \"name\":\"hello\", \r\n" +
    " \"id\":\"123\"\r\n" +
    "}";
Mono<Void> mono = webClient.post().uri("/user/add")
    .contentType(MediaType.APPLICATION_JSON_UTF8)
    .syncBody(userJson).retrieve().bodyToMono(Void.class);
mono.block();
```

10.3.4 服务端推送事件

SSE 服务端

服务端推送事件（Server-Sent Events，SSE）允许服务端不断地推送数据到客户端。相对于 WebSocket 而言，服务端推送事件只支持服务端到客户端的单向数据传递。SSE 也是 WebSocket 的一个轻量级的替代方案，虽然功能较弱，但优势在于，SSE 在已有的 HTTP 上可以使用简单易懂的文本格式来表示传输的数据。作为 W3C 的推荐规范，SSE 在浏览器端的支持也比较广泛，除了 IE，其他浏览器也都提供了支持。在 IE 上，也可以使用 polyfill 库来提供支持。对服务端来说，SSE 是一个不断产生新数据的流，非常适合用响应式流来表示。在 WebFlux 中创建 SSE 的服务端是非常简单的，只需要返回的对象类型是 Flux<ServerSentEvent>，就会自动按照 SSE 规范要求的格式来发送响应。

SseController 是一个使用 SSE 的控制器。其中，randomNumbers 方法表示每隔一秒产生一个随机的 SSE 端点。我们可以使用 ServerSentEvent.Builder 类来创建 ServerSentEvent 对象。这里我们指定了事件的名称 random，以及每个事件的标识符和数据。事件的标识符是一个递增的整数，而数据则是产生的随机数。下面的代码演示了服务推送事件。

```
@RestController
@RequestMapping("/sse")
public class SseController {
    @GetMapping("/randomNumbers")
    public Flux<ServerSentEvent<Integer>> randomNumbers() {
        return Flux.interval(Duration.ofSeconds(1))
                .map(seq -> Tuples.of(seq, ThreadLocalRandom.current().nextInt()))
                .map(data -> ServerSentEvent.<Integer>builder()
                        .event("random")
                        .id(Long.toString(data.getT1()))
                        .data(data.getT2())
                        .build());
    }
}
```

在测试 SSE 时，我们只需要使用 curl 来访问即可。下面的代码给出了调用 curl http://localhost:8080/sse/randomNumbers 的结果。

```
id:0
event:random
data:751025203
id:1
event:random
data:-1591883873
id:2
event:random
data:-1899224227
```

SSE 客户端

WebClient 还可以用同样的方式来访问 SSE 服务。这里我们访问的是在之前内容中创建的产生随机数的 SSE 服务。使用 WebClient 访问 SSE 服务在发送请求部分与访问 Rest API 是相同的，区别在于对 HTTP 响应的处理。由于 SSE 服务的响应是一个消息流，我们需要使用 flatMapMany 把 Mono<ServerResponse>转换成 Flux<ServerSentEvent>对象，这是通过 BodyExtractors.toFlux 方法完成的。

参数 new ParameterizedTypeReference<ServerSentEvent<String>>(){}表明了响应式流中的内容是 ServerSentEvent 对象。由于 SSE 服务端会不断地发送消息，这里我们只是通过 buffer 方法来获取前 10 条消息并输出，代码如下所示。

```
public class SSEClient {
```

```
public static void main(final String[] args) {
 final WebClient client = WebClient.create();
 client.get()
  .uri("http://localhost:8080/sse/randomNumbers")
  .accept(MediaType.TEXT_EVENT_STREAM)
  .exchange()
  .flatMapMany(response -> response.body(BodyExtractorstoFlux(new
      ParameterizedTypeReference<ServerSentEvent<String>>() {
            })))
  .filter(sse -> Objects.nonNull(sse.data()))
  .map(ServerSentEvent::data)
  .buffer(10)
  .doOnNext(System.out::println)
  .blockFirst();
}}
```

10.3.5　Spring WebFlux 的优势与局限

在传统的 Java 后台服务端开发中，我们使用 Spring MVC 框架的项目比较多，一个很自然的问题就是，对 Spring MVC 与 Spring WebFlux 技术栈的选择问题。开发者需要考虑从 Spring MVC 转型到 Spring WebFlux 框架的优势与局限。

Spring WebFlux 与 Spring MVC

下面是官方展示的 Spring MVC 与 Spring WebFlux 的框架对比图，可以看出两者在组件功能上的差异。

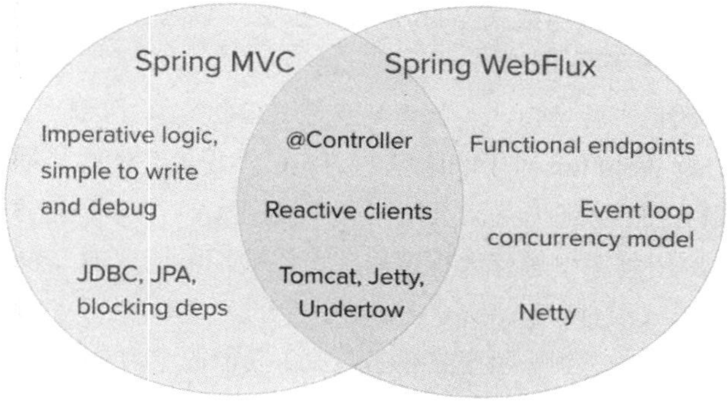

从上面的图中，我们可以看出两个框架在下面几方面的异同。

- 在编程模型上，Spring MVC 偏向于命令式编程，其优点是简单、容易理解，并且对于开发者来说方便调试。而 Spring WebFlux 倾向于函数式编程模型。在调试和编程难度上相比 Spring MVC，Spring WebFlux 更大一些。然而如之前所说，函数式编程的优势是代码的可读性更强，更加强调不可变性，比命令式编程有更稳定的表现。
- 在线程模型上，Spring MVC 主要受 Servlet 标准规范（3.x 版本之前）的限制，所以主要使用同步式编程模型，通过线程的水平扩展来提升系统的吞吐和响应能力；Spring WebFlux 使用事件触发机制的线程模型，在并发处理上可以使用少量的线程支撑高并发场景，收敛式的线程工作机制有利于充分利用物理资源，避免传统模式下线程阻塞等待的问题。
- 在上下游组件生态方面，Spring MVC 有更强的优势，因为很多组件都使用了阻塞的交互方式，并且与 Spring MVC 框架都有很好的兼容性，所以生态方面有更好的适配和更高的成熟度。而 Spring WebFlux 因为采用异步非阻塞的响应式编程模型，所以目前在存储方面只有少数框架支持，主流的 JDBC 支持也还在探索当中。
- 共同点：Spring MVC 和 Spring WebFlux 都可以使用注解式的开发方式，同时在 Servlet 3.1 异步规范下，Spring WebFlux 也兼容主流的容器引擎，如 Tomcat、Jetty 等。同时，Reactive Client 作为异步的 HttpClient 也适用于 Spring MVC。

Spring WebFlux 的适用性

通过上面的特性对比，我们可以发现，虽然 Spring WebFlux 有诸多性能优势，但是，在业务的适用性和开发者的学习成本上还是有一定限制的。所以我们在架构迁移之前，需要做好准备，才能避免更多问题。下面是 Spring 官方给出的一些建议。

- 如果你现在使用 Spring MVC 框架运行，能够支持现有业务对性能的诉求，就尽量保持不变，Spring MVC 有大量的类库可供使用，实现简单，易于理解。
- 如果你希望实现轻量级的函数式 Web 框架，那么可以考虑 Spring WebFlux 的函数式 Web 端点。
- 如果你依赖阻塞的持久化 API，比如 JPA 或者 JDBC 等组件，那么就只能选择 Spring MVC 框架。目前 Spring WebFlux 对于非阻塞的 JDBC 实现，有一些早期的项目在探索，但是还没有成熟的技术方案。
- 在 Spring MVC 应用程序中进行远程调用，可以使用响应式的 WebClient。Spring MVC 也可以使用其他响应式组件。
- 对于大型应用程序要考虑到非阻塞方式实现业务功能的学习曲线。最简单的起步方式就是使用 WebClient，完全切换到 Spring WebFlux 框架需要花费精力来熟悉相关的函数式编程 API。

Spring WebFlux 的局限

- 性能的局限

在使用 Spring WebFlux 过程中，我们很容易犯一个错误，就是误认为只要使用 Spring WebFlux，我们的 Web 服务框架就能在性能上得到极大的提升。而本质上，性能是由很多不同的指标来度量的。

根据 Spring 官方对 Spring WebFlux 框架的性能分析，Spring WebFlux 并不能使我们的程序跑得更快，在没有 WebClient 的情况下，请求的延迟时间可能比阻塞式 Web 框架更长。Spring WebFlux 的真正优势是解决 Web 的吞吐问题，通过非阻塞的编程模型范式可以避免线程的阻塞等待，从而提升系统的整体服务容量。也就是说，Spring WebFlux 通过少量的线程就可以处理和应付流量激增的请求，在牺牲小部分请求延迟的情况下，系统的整体资源利用率仍然可以保持稳定，而这要得益于响应式编程模型和非阻塞线程处理模型。

- 开发生态的局限

目前在 Java 企业开发中，Spring WebFlux 是相对成熟的非阻塞式 Web 开发解决方案。虽然目前 Spring 生态中有对 Redis 和 MongoDB 的非阻塞框架支持，但是上述两种存储方案都基于内存的数据库，而 Spring WebFlux 访问关系数据库就成为一个绕不开的问题。我们知道 JDBC 连接池采用阻塞方式，如果使用阻塞的数据库访问方式，那么 Spring WebFlux 就会退化为传统的阻塞调用方式。

虽然目前有类库宣称已经实现了对 JDBC 的异步调用，但是并没有成熟的案例应用到生产或者实践中。如果你已经有了一个大型研发团队，还要用 Spring WebFlux 技术栈，就必须要权衡陡峭的学习曲线和实际的项目收益。如果想要在实际项目中应用异步非阻塞框架，一个切实可行的方法就是使用 Spring WebFlux 技术组件，如 WebClient，通过渐进的技术模块逐步了解相关的技术生态。

- 学习曲线高的局限

Spring WebFlux 还有一个局限，就是它的学习曲线相对命令式编程语言还是比较高的，响应式编程模型比函数式编程在语法上更难掌握。习惯于面向对象编程思维的开发者不容易适应响应式编程风格和以数据流驱动的思维模式。这给聚焦业务功能的开发者带来了较高的技术门槛。另外，响应式编程中常用的操作符，也比较难掌握，需要花费额外的工夫和精力才能完全掌握它的具体用法。

总结一下，响应式编程是高负载、高并发、大数据量场景下的应用解决方案，适用于在异步边界作为非阻塞模块交互的技术解决方案。如果你的应用对消息的实时性、高负载、用户量等方面没有太大的诉求，那么使用 Spring MVC 这样传统的编程框架就足够。所以，在进行技术选型或者编程模型选择时，首先要从业务的性质、用户规模和实际使用场景出发，还要考虑团队技术人员的学习能力和知识储备。选择 Spring WebFlux 作为 Web 服务器框架还需要从上述技术、业务、人员等因素来权衡利弊。

10.4 Spring Cloud Gateway

Spring Cloud 2.x 实现了社区生态下的 Spring Cloud Gateway（简称 SCG）微服务网关项目。Spring Cloud Gateway 基于 WebFlux 框架开发，目标是替换掉 Zuul。

10.4.1 Spring Cloud Gateway 概述

Spring Cloud Gateway 主要有两个特性：①非阻塞，默认使用 RxNetty 作为响应式 Web 容器，通过非阻塞方式，利用较少的线程和资源来处理高并发请求，并提升服务资源利用的可伸缩性。②函数式编程端点，通过使用 Spring WebFlux 的函数式编程模式定义路由端点，处理请求。

Spring Cloud Gateway 可与 Eureka、Ribbon、Hystrix 等组件配合使用，基于 Spring 5 的 Reactor 和 Spring Boot 2 构建，使用 Netty 作为底层通信框架，支持异步非阻塞编程模型和响应式编程框架，解决了 Zuul 框架的 I/O 阻塞问题和线程收敛问题。使用 Spring WebFlux 框架可以使 Spring Cloud Gateway 在高并发场景下具有更好的性能表现，占用更少的资源。

下面是 Spring Cloud 官方对 Spring Cloud Gateway 特征的介绍。

- 基于 Spring Framework 5、Reactor 和 Spring Boot 2.0 框架。
- 根据请求的属性可以匹配对应的路由。
- 集成 Hystrix。
- 集成 Spring Cloud DiscoveryClient。
- 把易于编写的 Predicates 和 Filters 作用于特定路由。
- 具备一些网关的高级功能，如动态路由、限流、路径重写。

对于微服务网关来说，最核心的特征包括路由和过滤器机制。从功能特性上来看，Spring Cloud Gateway 和 Zuul 具备相似的特性。它们都可以集成 Hystrix、Ribbon 负载均衡及 Spring Cloud 的现有组件来实现附加功能。而且 Spring Cloud Gateway 的本质特性还体现在底层的通信框架上，它可以基于 Netty 的 I/O 多路复用和事件响应机制来实现网络通信；它的另外一大特性就是使用 Spring Framework 5 的响应式编程模型，允许通过 Spring WebFlux 实现异步非阻塞特性，在性能和资源利用率上，都有了质的提升。在编程范式上，Spring Cloud Gateway 使用函数式编程模式。官方提供的 Spring Cloud Gateway 的架构图如下所示。

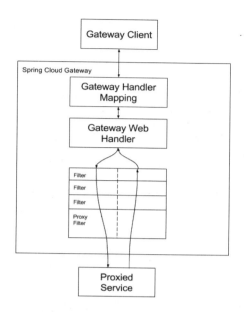

Spring Cloud Gateway 的核心概念

简单说明一下架构图中的三个术语。

- Filter（过滤器）：和 Zuul 的过滤器在概念上类似，可以使用 Filter 拦截和修改请求，实现对上游的响应，进行二次处理，实现横切与应用无关的功能，如安全、访问超时设置、限流等功能。
- Route（路由）：网关配置的基本组成模块，和 Zuul 的路由配置模块类似。一个 Route 模块由一个 ID、一个目标 URI、一组断言和一组过滤器组成。如果断言为真，则路由匹配，目标 URI 会被访问。
- Predicate（断言）：Predicate 来自 Java 8 的接口，它可以用来匹配来自 HTTP 请求的任何内容，例如 headers 或参数。接口包含多种默认方法，并将 Predicate 组合成复杂的逻辑（与、或、非），可以用于接口参数校验、路由转发判断等。

Spring Cloud Gateway 的接入和配置

Spring Cloud Gateway 依赖 Spring WebFlux 提供的 Netty 运行时环境，所以 Spring Boot 必须是 2.0 或者以上版本。基本的 Spring Cloud 环境配置确认后，主要的接入步骤如下。

1. Maven 依赖引入

```
<dependency>
```

```xml
<groupId>org.springframework.cloud</groupId>
<artifactId>spring-cloud-starter-gateway</artifactId>
</dependency>
```

2. 路由配置方式一：配置文件方式

```yaml
eureka:
  instance:
    prefer-ip-address: true
  client:
    service-url:
      defaultZone: http://localhost:8888/eureka/
  server:
    port: 8080
spring:
  application:
    name: scg-api-gateway
      cloud:
        gateway:
          routes:
            -id: url-proxy-1
              uri: https://localhost:8010
              predicates:
                -Path=/csdn
            -id: message-provider-route
              uri: lb://message-provider
              predicates:
                -Path=/message-provider/**
```

各字段含义如下。

- id：自定义的路由 ID，保持唯一。
- uri：目标服务地址。
- predicates：路由条件，Predicate 接受一个输入参数，返回一个布尔值结果。
  - 第一个 Predicate 基于 URL 的方式。配置文件的第一个路由的配置采用 URL 方式，配置了一个 ID 为 url-proxy-1 的 URI 代理规则。路由的规则为：当访问地址为 http://localhost:8080/csdn/1.jsp 时，会路由到上游地址 https://localhost:8010/1.jsp。
  - 第二个 Predicate 基于服务 ID 发现的方式。配置文件的第二个路由的配置采用与注册中心相结合的服务发现方式，与单个 URI 的路由配置相比，区别其实很小，仅在于 URI 的 schema 协议不同。单个 URI 地址的 schema 协议，一般为 HTTP 或者 HTTPs 协议。

3. 基于代码 DSL 方式的路由配置接入

路由转发功能同样可以通过代码来实现，我们可以在启动类 GatewayApplication 中添加 customRouteLocator 方法来定制转发规则，代码如下：

```java
@SpringBootApplication
public class GatewayApplication {
    public static void main(String[] args) {
        SpringApplication.run(GatewayApplication.class, args);
    }
    @Bean
    public RouteLocator customRouteLocator(RouteLocatorBuilder builder) {
        return builder.routes()
                .route("path_route", r -> r.path("/csdn").uri("https://localhost:8010"))
                .build();
    }
}
```

10.4.2　Spring Cloud Gateway 的工作原理

客户端向 Spring Cloud Gateway 发出 HTTP 请求后，如果 Gateway HandlerMapping 确定请求与路由匹配，则将其发送到 Gateway WebHandler。WebHandler 通过该请求的特定过滤器链处理请求。过滤器可以在发送代理请求之前或之后执行逻辑。在 Spring Cloud Gateway 的执行流程中，首先执行所有 "pre filter" 逻辑，然后进行回源请求代理。在请求代理执行完后，执行 "post filter" 逻辑。在 "pre" 类型的过滤器中，可以实现参数校验、权限校验、流量监控、日志输出、协议转换等功能；在 "post" 类型的过滤器中，可以实现响应内容、响应头的修改，日志的输出、流量监控等功能。核心工作流程如下图所示。

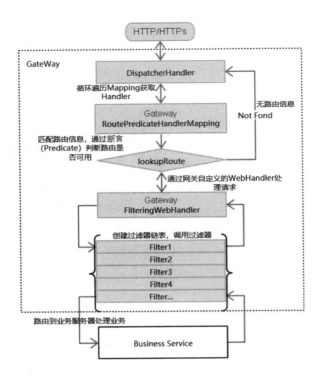

Predicate 条件

在 Spring Cloud Gateway 中,Spring 利用 Predicate 的特性实现了各种路由匹配规则,通过 Header、请求参数等不同条件来匹配对应的路由。

我们来看 Spring Cloud Gateway 内置的几种 Predicate 的使用方法。

```yaml
server:
  port: 8080
spring:
  application:
    name: api-gateway
  cloud:
    gateway:
      routes:
        - id: gateway-service
          uri: https://localhost:8010
          order: 0
          predicates:
            - Host=**.foo.org
            - Path=/headers
```

```
        - Method=GET
        - Header=X-Request-Id, \d+
        - Query=foo, ba.
        - Query=baz
        - Cookie=chocolate, ch.p
        - After=2020-08-20T17:42:47.789-07:00[America/Denver]
        - Before=2020-08-20T17:42:47.789-07:00[America/Denver]
```

在上述配置文件中,如果多种 Predicates 同时存在于同一个路由,请求必须同时满足所有条件才能被这个路由匹配。当一个请求满足多个路由的 Predicate 条件时,请求只会被首个成功匹配的路由转发。下面分别对不同规则的路由匹配进行解释。

- 通过请求路径匹配(Path Route Predicate)

路由断言工厂接收一个参数,根据 Path 定义好的规则来判断访问的 URI 是否匹配。配置示例如下:

```
spring:
  cloud:
    gateway:
      routes:
      - id: host_route
        uri: https://localhost:8010
        predicates:
        - Path=/hello/{segment}
```

如果请求路径符合要求,则此路由将匹配,例如/hello/1 或者/hello/world。

使用 curl 测试,命令行输入:

```
curl http://localhost:8080/hello/1
curl http://localhost:8080/hello/xx
curl http://localhost:8080/boo/xx
```

经过测试发现,第一条和第二条命令可以正常获取页面返回值,最后一个命令报 404 错误,证明路由是通过指定路径来匹配的。

- 通过请求参数匹配(Query Route Predicate)

路由断言工厂接收两个参数:一个必需的参数和一个可选的正则表达式。配置示例如下:

```
spring:
  cloud:
    gateway:
      routes:
      - id: query_route
```

```
      uri: https://localhost:8010
      predicates:
        - Query=helloworld
```

在这样的配置中，只要请求中包含 helloworld 属性的参数即可匹配路由。使用 curl 测试，命令行输入：

```
curl localhost:8080?helloworld=x&id=2
```

经过测试发现，只要请求中带有 helloworld 参数就会匹配路由，不带 helloworld 参数则不会匹配。还可以将 Query 的值以键值对的方式进行配置，这样在请求时会对属性值和正则表达式都进行匹配，键值对匹配后才会正确执行路由逻辑。

```
spring:
  cloud:
    gateway:
      routes:
        - id: query_route
          uri: localhost:8010
          predicates:
            - Query=hello, world.
```

在上述路由匹配中，请求中包含 hello 属性并且参数值是以 world 开头的、长度为三位的字符串，才会进行匹配和路由。使用 curl 测试，命令行输入：

```
curl localhost:8080?hello=world
```

测试可以返回正确的页面代码。如果将 hello 的属性值改为 ok，再次访问就会报 404 错误，证明路由需要匹配正则表达式才会进行路由。

- 通过请求方法匹配

路由断言工厂接收一个参数，即需要匹配 HTTP 方法。通过 POST、GET、PUT、DELETE 等不同的请求方式来进行路由。

```
spring:
  cloud:
    gateway:
      routes:
        - id: method_route
          uri: http://localhost:8010
          predicates:
            - Method=GET
```

使用 curl 测试（# curl 默认以 GET 的方式去请求），命令行输入：

```
curl http://localhost:8080
```

测试返回页面代码,证明匹配到路由。

我们再以 POST 的方式请求测试。

```
curl -X POST http://localhost:8080
```

返回 404 错误表示没有找到,证明没有匹配上路由。

- 通过 Header 属性匹配

路由断言工厂接收两个参数,分别是请求头名称和正则表达式。Header Route Predicate 和 Cookie Route Predicate 一样,也是接收 2 个参数:一个 header 的属性值和一个正则表达式。这个属性值和正则表达式匹配则执行。

```yaml
spring:
  cloud:
    gateway:
      routes:
      - id: header_route
        uri: localhost:8010
        predicates:
        - Header=X-Request-Id, \d+
```

- 通过 Host 路由匹配

Spring Cloud Gateway 可以根据 Host 名进行匹配转发,Host Route Predicate 接收一组参数、一组匹配的域名列表。它通过参数中的主机地址作为匹配规则。

```yaml
spring:
  cloud:
    gateway:
      routes:
      - id: host_route
        uri: http://xxx.com
        predicates:
        - Host=**.xxx.com
```

使用 curl 测试,命令行输入:

```
curl http://localhost:8080 -H "Host: www.xxx.com"
curl http://localhost:8080 -H "Host: hello.xxx.com"
```

通过测试以上两种 Host 设置方式,均可匹配到 host_route,去掉 host 参数则会报 404 错误。

- 时间匹配

Predicate 支持设置时间,在请求转发时,先判断这个时间与我们设置的时间,然后进行转发,所以又细分为设置时间后断言、设置时间前断言、设置时间之间断言。

设置时间后断言：从 After Route Predicate Factory 中获取一个 UTC 时间格式的参数，当请求的当前时间在配置的 UTC 时间之后，则成功匹配，否则不能成功匹配。下面是实例配置：

```yaml
spring:
  cloud:
    gateway:
      routes:
        - id: time_route
          uri: localhost:8010
          predicates:
            - After=2018-01-20T06:06:06+08:00[Asia/Shanghai]
```

设置时间前断言：从 Before Route Predicate Factory 中获取一个 UTC 时间格式的参数，当请求的当前时间在配置的 UTC 时间之前，则成功匹配，否则不能成功匹配。下面是实例配置：

```yaml
spring:
  cloud:
    gateway:
      routes:
        - id: after_route
          uri: localhost:8010
          predicates:
            - Before=2018-01-20T06:06:06+08:00[Asia/Shanghai]
```

设置时间之间断言：从 Between Route Predicate Factory 中获取一个 UTC 时间格式的参数，当请求的当前时间在配置的 UTC 时间之间，则成功匹配，否则不能成功匹配。下面是实例配置：

```yaml
spring:
  cloud:
    gateway:
      routes:
        - id: after_route
          uri: localhost:8010
          predicates:
           -Between=2018-01-20T06:06:06+08:00[Asia/Shanghai],
             2019-01-20T06:06:06+08:00[Asia/Shanghai]
```

- 通过 Cookie 匹配

Cookie 路由断言会取两个参数，一个是 Cookie name，一个是正则表达式，路由规则是通过获取的对应 Cookie name 值和正则表达式进行匹配，如果匹配上就会执行路由，如果没有匹配上则不执行。

```yaml
spring:
  cloud:
    gateway:
      routes:
        - id: cookie_route
          uri: http://localhost:8050/test/cookie
          predicates:
            - Cookie=hello, test
```

- 通过 IP 地址匹配

RemoteAddr Route Predicate Factory 配置一个 IPv4 或者 IPv6 网段的字符串或者 IP 地址。当请求的 IP 地址在网段之内或者与配置的 IP 地址相同，匹配成功，则进行转发，否则不进行转发。

```yaml
spring:
  cloud:
    gateway:
      routes:
        - id: remoteaddr_route
          uri: localhost:8010
          predicates:
            - RemoteAddr=192.168.1.1/50
```

可以将 curl localhost:8080 设置为本机的 IP 地址进行测试，如果请求的远程地址是 192.168.1.30，则此路由将匹配。

GatewayFilter 与 GlobalFilter

Spring Cloud Gateway 中有两种 Filter，一种是 GlobalFilter（全局过滤器），一种是 GatewayFilter。GlobalFilter 默认对所有路由有效，GatewayFilter 需要通过路由分组指定。GlobalFilter 接口与 GatewayFilter 具有相同的签名，是有条件地应用于所有路由的特殊过滤器。

当请求进入路由匹配逻辑时，Web Handler 会将 GlobalFilter 的所有实例和所有 GatewayFilter 路由特定实例添加到 Filter Chain 组件。Filter 组合执行的顺序由 Ordered 接口决定，可以通过 getOrder 方法或使用 @Order 注释来设置。Spring Cloud Gateway 通过执行过滤器将逻辑分为"前置"和"后置"阶段，优先级较高的前置过滤器会优先被执行，而优先级较高的后置过滤器的执行顺序正好相反，最后执行。

GatewayFilter Factories

过滤器允许以某种方式修改传入的 HTTP 请求或返回的 HTTP 响应。过滤器的作用域是某些特定路由。Spring Cloud Gateway 包括许多内置的过滤器工厂。

- 实现前缀修改（增加前缀、去掉前缀）

PrefixPathGatewayFilterFactory 及 StripPrefixGatewayFilterFactory 是一对处理请求 URL 的前缀的 Filter 工厂，前者添加前缀，后者去除前缀。

配置文件 application.yml 如下：

```yaml
spring:
  cloud:
    gateway:
    #配置所有路由的默认过滤器，这里配置的是 gatewayFilter
      default-filters:
      routes:
      - id: server-test   #服务的 id
        uri: lb://server-test #服务的 Application 名称
        order: 0 #路由级别
        predicates:
        - Path=/bus/**  #前缀
        filters:
          - PrefixPath=/mypath
        - id: server-test   #服务的 id
          uri: http;//nameserver #服务的 Application 名称
        order: 0 #路由级别
        predicates:
        - Path=/name/**  #前缀
            - StripPrefix=2 #去掉前缀，去几层
```

- PrefixPathGatewayFilterFactory 允许你在对应的路由请求前增加前缀。例如实例配置中的请求/hello，最后转发到目标服务的路径变为/mypath/hello。
- StripPrefixGatewayFilterFactory 允许你在对应的路由请求前去除前缀，例如实例配置中的请求/name/bar/foo，去除前面两个前缀后，最后转发到目标服务的路径为/foo。

- 实现请求头内容添加和改写

AddRequestHeader GatewayFilter Factory 采用一对名称和值作为参数，配置文件 application.yml 如下：

```yaml
spring:
  cloud:
    gateway:
      routes:
      - id: add_request_header_route
        uri: http://localhost:8010
        filters:
        - AddRequestHeader=X-Request-Foo, Bar
```

对于所有匹配的请求，将在向下游请求的头内容中添加 x-request-foo:bar header。

- 实现请求体内容添加和改写

AddRequestParameter GatewayFilter Factory 采用一对名称和值作为参数，配置参数 application.yml 如下：

```
spring:
  cloud:
    gateway:
      routes:
      - id: add_request_parameter_route
        uri: localhost:8010
        filters:
        - AddRequestParameter=foo, bar
```

对于所有匹配的请求，将向下游请求添加 foo=bar 查询字符串。

- 实现熔断降级

Hystrix GatewayFilter 允许向网关路由引入 Hystrix，保护服务不受级联故障的影响，并允许在下游故障时提供 fallback 响应。要在项目中启用 Hystrix 网关过滤器，需要向 Hystrix 的依赖 Hystrix GatewayFilter Factory 添加一个 name 参数，即 HystrixCommand 的名称，配置文件 application.yml 如下：

```
spring:
  cloud:
    gateway:
      routes:
      - id: hystrix_route
        uri: lb://test-service:8080
        filters:
        - name: Hystrix
          args:
            name: fallbackcmd
            fallbackUri: forward:/incaseoffailureusethis
        - RewritePath=/consumingserviceendpoint, /backingserviceendpoint
```

当调用 hystrix fallback 时，将转发到 /incaseoffailureusethis。注意，这个示例还演示了通过目标 URI 上的 "lb" 前缀使 Spring Cloud Netflix Ribbon 客户端实现负载均衡。主要场景是网关应用程序中的内部控制器或处理程序使用 fallbackUri，它也可以将请求重新路由到外部应用程序中的控制器或处理程序。

- 分布式限流

Spring Cloud Gateway 内置的 RequestRateLimiterGatewayFilterFactory 提供限流的能力，基于令牌桶算法实现。目前它内置的 RedisRateLimiter，依赖 Redis 来存储限流配置和统计数据。当然

你也可以实现自己的 RateLimiter，只需实现 Spring Cloud Gateway 自带的 RateLimiter 接口或者继承 AbstractRateLimiter。

首先，添加 Maven 依赖。

```xml
<dependency>
    <groupId>org.springframework.boot</groupId>
    <artifactId>spring-boot-starter-data-redis-reactive</artifactId>
</dependency>
```

其次，添加限流配置。

```yaml
spring:
  cloud:
    gateway:
      routes:
        - id: after_route
          uri: lb://user-center
          predicates:
            - TimeBetween=上午 0:00, 下午 11:59
          filters:
            - AddRequestHeader=X-Request-Foo, Bar
            - name: RequestRateLimiter
              args:
                #令牌桶每秒填充的平均速率
                redis-rate-limiter.replenishRate: 1
                #令牌桶的上限
                redis-rate-limiter.burstCapacity: 2
                #使用 SpEL 表达式从 Spring 容器中获取 Bean 对象
                key-resolver: "#{@pathKeyResolver}"
  redis:
    host: 127.0.0.1
    port: 6379
```

最后，完成对 Path 的 KeyResolver（可以通过 KeyResolver 来指定限流的 Key），实现对特定 Path 下的限流控制配置。在过滤器中可以配置一个可选的 KeyResolver，KeyResolver 在配置中根据名称使用 SpEL 引用 Bean。#{@myKeyResolver} 是引用名为"pathKeyResolver"的 Bean 的 SpEL 表达式。KeyResolver 接口允许使用可插拔策略来派生限制请求的 Key。代码如下：

```java
@Configuration
public class Configuration {
    /**
     * 按照 Path 限流
     *
     * @return key
     */
    @Bean
```

```
public KeyResolver pathKeyResolver() {
    return exchange -> Mono.just(
        exchange.getRequest()
            .getPath()
            .toString()
    );
}
```

10.4.3 Spring Cloud Gateway 的动态路由

下面介绍基于 Spring Cloud Gateway 的动态路由实现（相关代码将会随书附带），实现方式与 Zuul 的动态路由实现方式类似，具有比 Zuul 更加灵活的路由策略和匹配模式。这两种解决方案如下。

- 通过 Spring Cloud Gateway 提供的 GatewayControllerEndpointduan 端点功能，实现路由的增删改查，或者自己实现 ApplicationEventPublisherAware 接口，实现自定义的路由操作方法。具体可以参考源码：GatewayControllerEndpointduan 类。
- 通过实现 RouteDefinitionRepository 接口，实现自定义的 Repository 类，实现从数据库或者缓存中动态加载路由信息的功能。架构模式与 Zuul 的动态路由采用相似的路由加载策略，架构流程图如下。

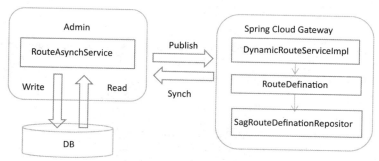

动态路由思路及解决方案具体如下。

首先，Admin 作为前端管理界面，将用户对路由的添加、修改等操作通过 RouteAsynchService 存储到 DB 中。DB 中的存储结构如下图所示。

字段映射关系如下。

- routeid：标识路由的唯一 ID，可以根据路由 ID 查找路由，路由 ID 不能重复。
- routename：应用名称是标识路由的别名，是非必选项。
- routeorder：对应 RouteDefinition 中的 order 属性。
- routestatus：路由状态，包括编辑、发布、下线等状态。
- strategy：路由策略，和 Zuul 的路由策略相似，也支持 ServiceID 策略和 URL 策略。
- predicates：对应 RouteDefinition 中的 List<PredicateDefinition> predicates 策略集合，以键值对的形式对应断言策略。
- filters：对应 RouteDefinition 中的 List<FilterDefinition> filters 集合，以键值对的形式对应过滤器策略。
- uri：对应后端服务，可以是后端服务的 ServiceID，也可以是服务的 URL 地址，与路由策略对应。
- groupname：标识这个新建的路由归属在哪个网关集群下面。

其次，Spring Cloud Gateway 的动态路由管理策略都通过 Admin 接收对网关路由的增删改查命令，然后通过 RouteAsynchService 将路由更新服务并发布到对应的网关节点，网关节点从数据库动态获得最新的路由状态，更新缓存和当前路由。下面对网关节点的事件监听机制进行讲解。

```
@Service
public class DynamicRouteServiceImpl implements ApplicationEventPublisherAware,
    DynamicRouteService{
  private ApplicationEventPublisher publisher;
  @Autowired
  SagRouteDefinationRepository routedefine;
  @Override
  public void setApplicationEventPublisher(ApplicationEventPublisher
      applicationEventPublisher) {
    this.publisher = applicationEventPublisher;
  }
  /**
   * 刷新路由表
   */
  @Override
  public boolean refreshRoute() {           // 说明 1#
    routedefine.setRefreshNeed(true);
    publisher.publishEvent(new RefreshRoutesEvent(this));
    return true;
  }
   /**
    * 获取路由表
```

```java
     */
    @Override
    public Flux<RouteDefinition> getAllRoute(Map<String, Object> params) {
        return routedefine.getRouteDefinitions();
    }
}
```

说明 1#：在代码段中，refreshRoute 方法是事件监听的入口方法，该方法会向 Admin 管理服务暴露一个 REST 服务。当 Admin 对路由进行更改后，会调用 refreshRoute 方法，触发 Spring Cloud Gateway 自带的 RefreshRoutesEvent 事件，同时设置原子布尔变量 routedefine 为 true，在下面的动态路由加载中根据该原子布尔变量决定是从数据库中读取路由还是从缓存中读取路由。

下面是定制化的核心路由动态加载和缓存管理的关键代码，主要通过实现自定义的路由 Repository 加载类来动态地加载路由，通过继承 RouteDefinitionRepository 父类来提供路由的配置信息，实现逻辑如下：

```java
@Component
public class SagRouteDefinationRepository implements RouteDefinitionRepository {
    /**
     * 路由缓存
     */
    private Set<RouteDefinition> routeDefinitions = new HashSet<>();            // 说明 2#
    private AtomicBoolean refreshNeed = new AtomicBoolean(false);
    @Autowired
    private SpiService spiservice;
    private static final String SERVICED = "SERVICEID";
    private static final String SERVICEURL = "SERVICEURL";
    @SuppressWarnings("unchecked")
    @Override
    public Flux<RouteDefinition> getRouteDefinitions() {
        Set<RouteDefinition> routeDefineSet = new HashSet<>();
        /**
         * step1: 如果缓存不空&&加载开关关闭，从缓冲中取得路由
         */
        if ((routeDefinitions != null) && (refreshNeed.get() == false)) {      // 说明 3#
            LOGGER.info("> Load RouteDefinitions from local cache..");
            routeDefineSet.addAll(routeDefinitions);
        }
        else {
            /**
             * step2: 从数据库中加载路由到缓存，并关闭加载开关
             *
             */
            if (refreshNeed.get()) {
                refreshNeed.compareAndSet(true, false);
```

```
                }
                List<RouteDefinitionVo> results =
                    (List<RouteDefinitionVo>) spiservice.localteRoutefromDB();
                transfer(results, routeDefinitions);
                routeDefineSet.addAll(routeDefinitions);
            }                                                              ┌─────────┐
            return Flux.fromIterable(routeDefineSet);                      │ 说明 4# │
        }                                                                  └─────────┘
        public AtomicBoolean getRefreshNeed() {
            return refreshNeed;
        }
        public void setRefreshNeed(boolean needRefresh) {
            refreshNeed.set(needRefresh);
        }
    }
```

说明 2#：在代码段中，SagRouteDefinationRepository 是自定义的路由加载实现类，这个类实现了 RouteDefinitionRepository 接口。该接口的源码如下：

```
public interface RouteDefinitionRepository extends RouteDefinitionLocator,
    RouteDefinitionWriter {
}
public interface RouteDefinitionLocator {
    Flux<RouteDefinition> getRouteDefinitions();
}
```

然后，跟进 getRouteDefinitions 方法，它是 RouteDefinitionRouteLocator 的回调方法，可以实时更新路由信息，代码如下：

```
public class RouteDefinitionRouteLocator implements
    RouteLocator, BeanFactoryAware, ApplicationEventPublisherAware {
        public Flux<Route> getRoutes() {
            return this.routeDefinitionLocator.getRouteDefinitions().map(this::convertToRoute)
            //TODO: error handling
            .map(route -> {
                if (logger.isDebugEnabled()) {
                    logger.debug("RouteDefinition matched: " + route.getId());
                }
                return route;
            });
        }
}
```

从源码中调用链路追溯，可以发现下面的调用链路：

```
DispatcherHandler: handle(ServerWebExchange exchange)
 AbstractHandlerMapping: getHandler(ServerWebExchange exchange)
  RoutePredicateHandlerMapping: getHandlerInternal(ServerWebExchange exchange)
  RoutePredicateHandlerMapping: lookupRoute(ServerWebExchange exchange)
                        RouteDefinitionRouteLocator : getRoutes()
```

说明 3#：在代码段中，refreshNeed()方法是判断缓存是否失效的标识原子布尔变量，当 Admin 回调 1#代码段中的刷新接口时，会将该失效接口打开。在路由加载时，如果 refreshNeed 为 false 并且 routeDefinitions 不为空，那么优先加载缓存中的路由信息。如果 refreshNeed 为 true，那么优先执行加载数据库的操作，通过这段代码的逻辑处理就可以保证网关中路由的刷新效率和缓存与数据库中路由信息的同步。

说明 4#：该代码段是从数据库中加载路由的核心实现。localteRoutefromDB()方法从数据库中加载路由，返回 RouteDefinitionVo 模型的数据库路由列表信息。下面是该模型类的代码：

```
@EqualsAndHashCode
@Builder
@Data
@AllArgsConstructor
@NoArgsConstructor
public class RouteDefinitionVo {
    //路由的 Id
    private String routeid;
    //路由的 Name
    private String routename;
    //路由执行的顺序
    private int routeorder = 0;
    //路由执行的顺序
    private String routestatus ;
    //路由策略
    private String strategy ;
    //路由规则转发的目标 uri
    private String uri ;
    //路由网关组
    private String groupName ;
    //路由断言集合配置
    private String predicates;
}
```

transfer()方法实现了从 RouteDefinitionVo 到 RouteDefinition 的类型转换，下面是 transfer()方

法调用的类型转换的核心代码：

```java
private RouteDefinition convertRouteDefinition(RouteDefinitionVo routevo) {
    RouteDefinition definition = new RouteDefinition();
    definition.setId(routevo.getRouteid());
    definition.setOrder(routevo.getRouteorder());
    String strategy = routevo.getStrategy().toUpperCase();
    String uriString = null;
    switch (strategy) {
        case SERVICED:
            uriString = "lb://" + routevo.getUri();
            break;
        case SERVICEURL:
            uriString = routevo.getUri();
            break;
        default:
            uriString = routevo.getUri();
            break;
    }
    URI uri = UriComponentsBuilder.fromUriString(uriString).build().toUri();
    definition.setUri(uri);
    /**
     * Predicates
     */
    List<PredicateDefinition> pdList = new ArrayList<>();
    String predicateJsonString = routevo.getPredicates();
    @SuppressWarnings("rawtypes")
    Map predicat = JsonHelper.toObject(predicateJsonString, Map.class);
    @SuppressWarnings("unchecked")
    Set<String> keyset = predicat.keySet();
    for (String name : keyset) {
        PredicateDefinition predicate = new PredicateDefinition();     // 说明 5#
        predicate.setName(name);
        predicate.setArgs(GatewayPredicateDefinitionFactory.getArgs(name,
                    predicat));
        pdList.add(predicate);
    }
    definition.setPredicates(pdList);
    /**
     * Filters
     */
    String filtersJsonString = routevo.getFilters();
    @SuppressWarnings("rawtypes")
    Map filterMap = JsonHelper.toObject(filtersJsonString, Map.class);
    @SuppressWarnings("unchecked")
    Set<String> keysetFilter = filterMap.keySet();
```

```
        List<FilterDefinition> fList = new ArrayList<>();
        for (String name : keysetFilter) {
            FilterDefinition filter = new FilterDefinition();
            filter.setName(name);
            filter.setArgs(GatewayFilterDefinitionFactory.getArgs(name, filterMap));
            fList.add(filter);
        }
        definition.setFilters(fList);
        return definition;
}
```

说明 5#：在代码段中，GatewayPredicateDefinitionFactory 完成断言的模式匹配转换。PredicateDefinition 是断言的模型定义，定义 name 为 Key、args 为 Value。举例如下：

```
predicates[0].name: Path
predicates[0].args[pattern]: "'/'+serviceId+'/**'"
```

GatewayPredicateDefinitionFactory 完成过滤器的模式匹配转换。FilterDefinition 是过滤器的模型定义，定义 name 为 Key、args 为 Value。举例如下：

```
filters[1].name: RewritePath
filters[1].args[replacement]: "'/${remaining}'"
```

10.4.4　Spring Cloud Gateway 源码解析

启动 Spring Cloud Gateway，需要依赖官方的 Starter 组件。下面我们从 Maven 依赖开始，对 Spring Cloud Gateway 的源码进行解析。

```xml
<dependency>
    <groupId>org.springframework.cloud</groupId>
    <artifactId>spring-cloud-starter-gateway</artifactId>
</dependency>
```

初始化加载

上述是 spring-cloud-starter-gateway 启动前需要引用的一个自动配置 Starter，可以通过查询该 Starter 的源码发现 Spring Cloud Gateway 的实现所依赖的组件，Maven 配置如下：

```xml
<?xml version="1.0" encoding="UTF-8"?>
    <modelVersion>4.0.0</modelVersion>
    <parent>
        <artifactId>spring-cloud-dependencies-parent</artifactId>
        <groupId>org.springframework.cloud</groupId>
        <version>2.0.4.RELEASE</version>
```

```xml
            <relativePath/>
    </parent>
    <artifactId>spring-cloud-gateway-dependencies</artifactId>
    <version>2.0.2.RELEASE</version>
    <packaging>pom</packaging>
    <name>spring-cloud-gateway-dependencies</name>
    <description>Spring Cloud Gateway Dependencies</description>
    <properties>
    </properties>
     <dependencyManagement>
        <dependencies>
            <dependency>
                <groupId>org.springframework.cloud</groupId>
                <artifactId>spring-cloud-gateway-webflux</artifactId>
                <version>${project.version}</version>
            </dependency>
            <dependency>
                <groupId>org.springframework.cloud</groupId>
                <artifactId>spring-cloud-gateway-mvc</artifactId>
                <version>${project.version}</version>
            </dependency>
            <dependency>
                <groupId>org.springframework.cloud</groupId>
                <artifactId>spring-cloud-gateway-core</artifactId>
                <version>${project.version}</version>
            </dependency>
            <dependency>
                <groupId>org.springframework.cloud</groupId>
                <artifactId>spring-cloud-starter-gateway</artifactId>
                <version>${project.version}</version>
            </dependency>
        </dependencies>
    </dependencyManagement>
</project>
```

可以看到 Spring Cloud Gateway 的 Starter 启动类主要依赖 spring-cloud-gateway-core 组件。使用 EnableAutoConfiguration 注解完成自动配置初始化信息，我们在 Spring Cloud Gateway 下的 spring.factories（在包 spring-cloud-gateway-core）声明文件如下：

```
# Auto Configure
org.springframework.boot.autoconfigure.EnableAutoConfiguration=\
//依赖包的校验配置
org.springframework.cloud.gateway.config.GatewayClassPathWarningAutoConfiguration,\
//网关的核心配置
org.springframework.cloud.gateway.config.GatewayAutoConfiguration,\
//负载均衡相关的依赖配置信息
```

```
org.springframework.cloud.gateway.config.GatewayLoadBalancerClientAutoConfiguration, \
//流控的依赖配置信息
org.springframework.cloud.gateway.config.GatewayRedisAutoConfiguration, \
//注册中心相关的依赖配置
org.springframework.cloud.gateway.discovery.GatewayDiscoveryClientAutoConfiguration
```

GatewayAutoConfiguration

```
@Configuration
@ConditionalOnProperty(name = "spring.cloud.gateway.enabled", matchIfMissing = true)
@EnableConfigurationProperties
@AutoConfigureBefore(HttpHandlerAutoConfiguration.class)
@AutoConfigureAfter({GatewayLoadBalancerClientAutoConfiguration.class,
    GatewayClassPathWarningAutoConfiguration.class})
@ConditionalOnClass(DispatcherHandler.class)
public class GatewayAutoConfiguration {
    @Configuration
    //当 classpath 中存在 HttpClient
    @ConditionalOnClass(HttpClient.class)
    protected static class NettyConfiguration {
        ...
    }
    //加载配置 Beans
    //ConfigurationProperty Beans
    @Bean
    public GatewayProperties gatewayProperties() {
        return new GatewayProperties();
    }
    @Bean
    public SecureHeadersProperties secureHeadersProperties() {
        return new SecureHeadersProperties();
    }
    //GlobalFilter Beans
    //加载全局过滤器
    @Bean
    public AdaptCachedBodyGlobalFilter adaptCachedBodyGlobalFilter() {
        return new AdaptCachedBodyGlobalFilter();
    }
    @Bean
    public RouteToRequestUrlFilter routeToRequestUrlFilter() {
        return new RouteToRequestUrlFilter();
    }
    @Bean
    @ConditionalOnBean(DispatcherHandler.class)
    public ForwardRoutingFilter forwardRoutingFilter(DispatcherHandler
        dispatcherHandler) {
      return new ForwardRoutingFilter(dispatcherHandler);
```

```java
}
@Bean
public ForwardPathFilter forwardPathFilter() {
    return new ForwardPathFilter();
}
@Bean
public WebSocketService webSocketService() {
    return new HandshakeWebSocketService();
}
@Bean
public WebsocketRoutingFilter websocketRoutingFilter(WebSocketClient
    webSocketClient, ObjectProvider<List<HttpHeadersFilter>>headersFilters) {
        return new WebsocketRoutingFilter(webSocketClient,
    webSocketService, headersFilters);
}
@Bean
public WeightCalculatorWebFilter weightCalculatorWebFilter(Validator validator) {
    return new WeightCalculatorWebFilter(validator);
}
}
```

说明：

GatewayAutoConfiguration 配置是 Spring Cloud Gateway 的核心配置类，初始化如下组件：

- NettyConfiguration
- GlobalFilter（AdaptCachedBodyGlobalFilter、RouteToRequestUrlFilter、ForwardRoutingFilter、ForwardPathFilter、WebsocketRoutingFilter、WeightCalculatorWebFilter 等）
- FilteringWebHandler
- GatewayProperties
- PrefixPathGatewayFilterFactory
- RoutePredicateFactory
- RouteDefinitionLocator
- RouteLocator
- RoutePredicateHandlerMapping（查找匹配到的 Route 并进行处理）
- GatewayWebfluxEndpoint（管理网关的 HTTP API）

HTTP 请求路由源码分析

Spring Cloud Gateway 中使用 HandlerMapping 对请求的链接进行解析，匹配对应的 Route，转

发到对应的服务。下图为整个请求的流程，用户请求先通过 DispatcherHandler 找到对应的 GatewayHandlerMapping，再通过 GatewayHandlerMapping 解析匹配到的 Handler；Handler 处理完后，经过 Filter 处理，最终将请求转发到后端服务。

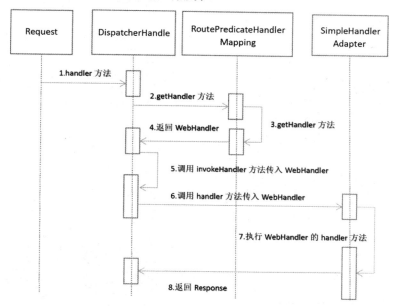

在前面的动态路由加载过程中，其实已经贯穿了整个 HTTP 请求的调用链路，具体如下：

```
DispatcherHandler: handle(ServerWebExchange exchange)
  AbstractHandlerMapping: getHandler(ServerWebExchange exchange)
    RoutePredicateHandlerMapping: getHandlerInternal(ServerWebExchange exchange)
      RoutePredicateHandlerMapping: lookupRoute(ServerWebExchange exchange)
        RouteDefinitionRouteLocator : getRoutes()
          FilteringWebHandler: handler
```

请求先由 DispatcherHandler 进行处理，DispatcherHandler 在初始化时会在 Spring IoC 容器中查找实现 HandlerMapping 接口的实现类。然后保存到内部变量 handlerMappings 数据结构中。DispatcherHandler 调用 handler 方法迭代 handlerMappings 中的 HandlerMapping 接口，主要源码如下：

```
@Override
public Mono<Void> handle(ServerWebExchange exchange) {
```

```
    if (logger.isDebugEnabled()) {
        ServerHttpRequest request = exchange.getRequest();
        logger.debug("Processing " + request.getMethodValue() + " request for
            [" + request.getURI() + "]");
    }
    if (this.handlerMappings == null) {
        return Mono.error(HANDLER_NOT_FOUND_EXCEPTION);
    }
    return Flux.fromIterable(this.handlerMappings)
        .concatMap(mapping -> mapping.getHandler(exchange))
            .next()
            .switchIfEmpty(Mono.error(HANDLER_NOT_FOUND_EXCEPTION))
            .flatMap(handler -> invokeHandler(exchange, handler))
            .flatMap(result -> handleResult(exchange, result));
}
```

AbstractHandlerMapping 在 getHandler 方法中封装了 CORS（Cross-Origin Resource Sharing，跨域资源共享）。因为所有 Handler 都可能涉及 CORS 的处理，所以抽象类 AbstractHandlerMapping 提供了 getHandlerInternal 子类来实现查找 Handler 的具体方法。

```
@Override
public Mono<Object> getHandler(ServerWebExchange exchange) {
    return getHandlerInternal(exchange).map(handler -> {
        if (CorsUtils.isCorsRequest(exchange.getRequest())) {
            CorsConfiguration configA =
                this.globalCorsConfigSource.getCorsConfiguration(exchange);
            CorsConfiguration configB = getCorsConfiguration(handler, exchange);
            CorsConfiguration config = (configA != null ? configA.combine(configB) : configB);
            if (!getCorsProcessor().process(config, exchange) ||
                    CorsUtils.isPreFlightRequest(exchange.getRequest())) {
                return REQUEST_HANDLED_HANDLER;
            }
        }
        return handler;
    });
}
```

RoutePredicateHandlerMapping 用于匹配具体的路由，并返回 FilteringWebHandler。通过 RoutePredicateHandlerMapping 中的 RouteLocator 对象存储启动时加载的路由对象信息。当 RoutePredicateHandlerMapping 获取对应的路由时，会将 Route 信息存储到 ServerWebExchanges 属性中，然后返回实现了 WebHandler 接口的 FilteringWebHandler。FilteringWebHandler 是一个存放过滤器的 Handler。

调用 RoutePredicateHandlerMapping 的 getHandlerInternal 方法从 RouteLocator 获取路由，并存

放在 ServerWebExchange 中，返回 webFilter 对象，代码如下：

```
protected Mono<?> getHandlerInternal(ServerWebExchange exchange) {
    exchange.getAttributes().put(GATEWAY_HANDLER_MAPPER_ATTR, getClass().getSimpleName());
        return lookupRoute(exchange)this.flatMap((Function<Route, Mono<?>>) r -> {
            exchange.getAttributes().remove(GATEWAY_PREDICATE_ROUTE_ATTR);
            if (logger.isDebugEnabled()) {
                logger.debug("Mapping [" + getExchangeDesc(exchange) + "] to " + r);
            }
            exchange.getAttributes().put(GATEWAY_ROUTE_ATTR, r);
                return Mono.just(webHandler);
        }).switchIfEmpty(Mono.empty().then(Mono.fromRunnable(() -> {
            exchange.getAttributes().remove(GATEWAY_PREDICATE_ROUTE_ATTR);
            if (logger.isTraceEnabled()) {
                logger.trace("No RouteDefinition found for [" +
                    getExchangeDesc(exchange) + "]");
            }
        })));
}
protected Mono<Route> lookupRoute(ServerWebExchange exchange) {
    return this.routeLocator
            .getRoutes()
            .concatMap(route -> Mono
                .just(route)
                .filterWhen(r -> {exchange.getAttributes().put(
                    GATEWAY_PREDICATE_ROUTE_ATTR, r.getId());
                    return r.getPredicate().apply(exchange);
                })
                .doOnError(e -> logger.error("Error applying predicate
                    for route: "+route.getId(), e))
                .onErrorResume(e -> Mono.empty())
            )
            .next()
            .map(route -> {
                if (logger.isDebugEnabled()) {
                    logger.debug("Route matched: " + route.getId());
                }
                validateRoute(route, exchange);
                return route;
            });
```

DispatcherHandler 通过 SimpleHandlerAdapter 组件调用 FilteringWebHandler 模块的 handler 方法，FilteringWebHandler 模块接着调用之前在容器中注册的所有 Filter，处理完毕后返回 Response，代码如下：

```
public class FilteringWebHandler extends WebHandlerDecorator {
    @Override
```

```java
public Mono<Void> handle(ServerWebExchange exchange) {
    return this.filters.length != 0 ?
        new DefaultWebFilterChain(getDelegate(),
        this.filters).filter(exchange) :super.handle(exchange);
}
```

10.5 小结

构建响应式微服务可以获得异步、响应性、弹性、快速恢复、背压等系统特性,同时响应式微服务架构在资源占用、高并发、高吞吐、异步处理场景中具有更强的优势。目前响应式框架技术选型众多,如果将响应式编程应用到大规模生产系统中,则需要进行周密的调研,并对实际项目周期、人员经验、技术框架等因素进行综合权衡考虑,避免技术的复杂度问题成为业务发展过程中的瓶颈。

第 11 章 Kubernetes 容器管理

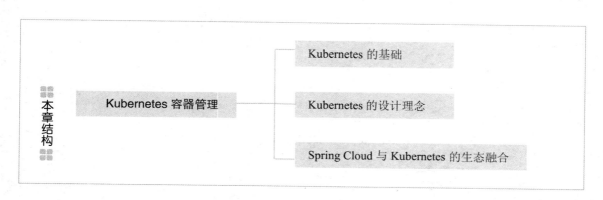

Kubernetes 作为分布式容器编排及管理系统，本身采用了微服务的架构设计思想和理念。本章我们会简单介绍 Kubernetes 的基本概念和关键组件，同时讲解 Kubernetes 与 Spring Cloud 的生态融合。

11.1 Kubernetes 的基础

11.1.1 Kubernetes 基本概述

Kubernetes 的寓意为"舵手"，它对底层基础设施层进行了抽象。Kubernetes 提供了应用部署、规划、更新、维护的一种机制，其目标是提供一个规范，用以描述集群架构，定义服务的最终状态，使系统自动达到和维持该状态。

Kubernetes 作为容器编排管理平台，提供了很多功能。其主要功能是围绕应用 Pod（创建和部署的最小单元）构建从发布到交付的整个工作流，加速应用的交付速度。

Kubernetes 的主要功能如下。

- 实现透明的服务注册和服务发现机制、内建负载均衡器。
- 服务滚动升级和在线扩容。
- 可扩展的资源自动调度机制。
- 故障发现和自我修复能力。
- 多层次的安全防护和准入机制，多租户应用支撑能力。
- 多粒度的资源配额管理能力。

11.1.2 Kubernetes 的核心组件

Kubernetes 的核心组件部署在 Master 管理节点上，主要作用是作为 Kubernetes 的"大脑"，控制整个分布式集群的运转；Node 节点作为"四肢"，执行 Master 的操作指令。

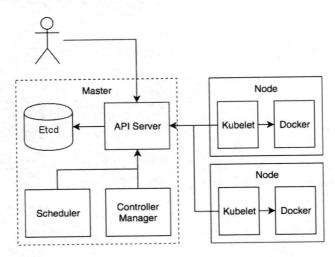

API Server

API Server 的主要功能是作为集群管理的 API 入口，为资源对象（Pod、Service、Deployment）提供创建、认证、数据校验、状态变更等操作。

Etcd

Etcd 是一种 K-V 存储仓库，可用于服务发现应用。无论是创建 Deployment，还是创建 Service，各种资源对象信息都会写入 Etcd。

Controller Manager

Controller Manager 是 Kubernetes 的"大脑"，由一系列控制器组成。它通过 API Server 监控整个集群的状态，确保集群处于预期的工作状态。

Scheduler

Scheduler 是 Kubernetes 的调度器，负责分配调度 Pod 到集群内的节点上。它通过 API Server 的 List-Watch 机制监听新建的 Pod 副本信息，然后根据调度策略为这些 Pod 分配节点或者更新老的 Pod 节点信息。

Kubelet

Kubelet 会在每个 Node 节点上都部署，并在 10250 端口监听，负责 Master 下发到该节点的具体任务，管理该节点的 Pod 和容器。

Kube-Proxy

Kube-Proxy 负责监听 API Server 中的 Service 和 Endpoint 的变化情况。Kube-Proxy 的核心功能是将 API Server 的访问请求转发到后台某个具体的 Pod 节点。

Container Runtime

CRI[1] 基于 gRPC 协议定义了 RuntimeService 和 ImageService 两个 gRPC 服务，分别用于管理容器运行时和镜像。

11.2 Kubernetes 的设计理念

11.2.1 Kubernetes 的设计原则

Kubernetes 的核心是围绕应用进行大规模的容器扩展和管理，实现自动化部署，同时支持资源调度、集群管理、服务注册与发现、服务编排、服务自愈、安全管理等功能。Kubernetes 本身基于微服务架构的设计思想，我们可以从中借鉴其分布式设计的理念和经验。

---

1 CRI：Container Runtime Interface，容器运行时接口。

分层原则

Kubernetes 作为分布式的云操作系统，其设计理念和功能很多都借鉴了 Linux 的设计思想，其分层（应用层、管理层、接口层、生态层）的架构设计就是其中的重要理念。

面向 API 设计原则

在 Kubernetes 平台中，API 是管理操作的对象，API Server 组件在整个 Kubernetes 分布式系统中处于统领地位。

容错性设计原则

Kubernetes 保证每个模块都可以在出错后自动恢复，不会因为连接不到其他模块而自我崩溃。必要时，每个模块都可以优雅地进行服务降级。

扩展性设计原则

Kubernetes 的控制机制保证了分布式系统下容器运行的稳定性和高可靠性。作为云原生操作系统，Kubernetes 开放了容器运行时接口（CRI）、容器网络接口（CNI）和容器存储接口（CSI）。

11.2.2　Kubernetes 与微服务

我们将 Kubernetes 的核心组件和微服务架构的设计理念加以对比。

- Kubernetes 中的核心概念是 Service，表示一个业务系统的"微服务"概念。每个具体的 Service 都对应一组独立、隔离、业务功能单一的容器进程。
- Kubernetes 中的 API Server 相当于微服务架构中的 API 网关,实现了前后端模块之间的解耦。
- Kubernetes 使用 DNS 作为服务注册发现机制。相比微服务架构中专有的服务注册与发现组件，DNS 具备更好的异构系统的监控性。
- Kubernetes 中的众多组件和资源对象都是功能独立的。每个组件都有自己独立的功能，这符合微服务架构独立功能、独立优化、独立演进的思想和理念。
- Kubernetes 作为一个容器运行编排管理引擎，始终在技术栈和语言倾向上保持中立，符合微服务架构的技术多样性的特性。
- Kubernetes 包含一组可扩展接口，这让它具备了更好的可扩展性。

11.2.3　Kubernetes 与 DevOps

Kubernetes 持续交付的优势是让开发者可以将部署工作提前到开发阶段，通过容器技术统一交付代码和环境配置，这样就省去了开发与运维信息同步的时间，避免了信息传递过程中的信息丢失问题，保证了资源与环境的一致性。

另外，在服务的运行过程中，Kubernetes 可以结合 DevOps 来保证服务的高可用、弹性伸缩、负载均衡、灰度发布等平台功能。

下面是 Kubernetes、Docker 和底层计算资源的关系图。Kubernetes 一方面作为连接底层物理资源与应用服务的桥梁，屏蔽应用服务与底层物理环境的直接交互。另一方面，借助 DevOps 持续开发、持续集成工具，微服务以容器的形态运行在 Kubernetes 私有云平台上。

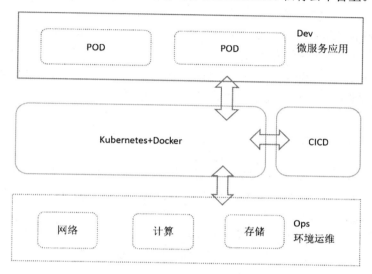

11.3 Spring Cloud 与 Kubernetes 的生态融合

Spring Cloud 和 Kubernetes 都是微服务运行平台，经常被人们拿来做比较，然而二者所关注的对象和解决的问题还是存在着本质差异的。本节我们从它们各自的功能特性出发，介绍它们与微服务的关系。

11.3.1 Spring Cloud 与 Kubernetes 各自的优劣势

微服务综合了软件技术、架构风格、组织、流程管理等软件工程的方方面面，而 Spring Cloud 和 Kubernetes 平台都从技术的角度解决微服务架构所关注的问题。

微服务架构不仅提供一套可供评估的软件构建原则及架构风格，还提供一个平台或者工具来显著降低应用转型微服务的难度。下面我们就从微服务关注的这些焦点出发，分别看下 Spring Cloud 和 Kubernetes 的优劣势。

Spring Cloud 的优劣势

优势

- Spring 平台提供统一的编程模型,Spring Boot 快速创建应用的能力可以显著提高开发者的微服务开发效率。
- Spring 生态有成熟的、覆盖大多数运行时软件的库可供选择。它能提供更多的特性、更强的控制,以及更好的语言一致性选项。
- 不同的 Spring Cloud 库可以很好地整合在一起。例如,Feign 客户端可以使用 Hystrix 作为熔断器,使用 Ribbon 作为请求负载均衡器。
- 使用 Spring Boot 和 Spring Cloud 体系微服务框架,开发者有更强的控制和定制化能力,开发人员可以根据不同业务场景和使用习惯来进行定制化开发,这个决定权掌握在开发者手中。

劣势

- Spring Cloud 最主要的缺点是它只针对 Java 语言。微服务强调技术栈的多样性。Netflix Prana 项目实现了 SideCar 模式,它试图屏蔽开发者接入 Netflix 基础设施的语言性差异,提供客户端库基于标准的 HTTP 协议,使那些非 JVM 语言编写的应用也可以存在于 Netflix OSS 系统中,但是这种方式显然不够优雅。
- Java 开发者需要关注非常多业务功能以外的技术事项。每个微服务都需要运行各种客户端来获得配置恢复、服务发现、负载均衡等功能。除了实现所有的功能性服务,Java 开发者还需要投入额外的精力来构建和管理一个通用的微服务平台。
- 在一个完整的微服务项目中,开发者往往需要依赖 Spring Cloud 平台组件,还需要考虑自动化部署、调度、资源管理、进程隔离、自愈、构建流水线等平台功能。而这些能力除了需要第三方软件的支持,还需要有相应的运行时技术保障。

Kubernetes 的优劣势

优势

- Kubernetes 是语言无关的容器管理平台,能够兼容云原生应用和传统的 Web 应用。它提供的服务包含配置管理、服务发现、负载均衡、度量收集和日志聚合,而这些平台功能对应用不存在侵入性。这使得组织可以只提供一个平台,供多个使用不同技术栈的应用项目使用。
- 相比 Spring Cloud 平台,Kubernetes 实现了更广阔的 MSA(Micro Service Architect,微服务框架)概念集合。除了提供运行时服务,Kubernetes 也提供环境变量、设置资源限制、RBAC、管理应用生命周期、自动伸缩、自愈等特性。

劣势

- Kubernetes 是兼容多种语言的，因此它的服务和原语是通用的，没有针对不同的平台做优化，缺少灵活性。例如，配置是通过环境变量或者挂载文件系统传递给应用的。它没有 Spring Cloud 配置提供的那样精妙的配置更新能力。
- Kubernetes 不是一个针对开发者的平台。它的目的是供具有 DevOps 思想的 IT 人员或运维人员使用。因此，应用开发者需要学习很多新的概念，以及新的解决问题的方式思路。不管使用 MiniKube 来部署一个 Kubernetes 开发实例多么容易，手工安装一个高可用的 Kubernetes 集群还是有明显的操作成本的。
- Kubernetes 在使用过程中，相比 Spring Cloud 技术平台，从使用体验上来说，更像一个黑盒。当出现技术问题时，调试和跟踪过程都对开发人员不透明，无法做定制化的绑定或者更改，存在一定的技术壁垒。

从上面两者的优劣势对比来看，两个平台都有各自的优势和对微服务不同的关注点和着力点。Spring Cloud 相对容易上手，对开发者友好，但是完全掌握平台需要一定的技术积累和实践，才能游刃有余；而 Kubernetes 是对 DevOps 友好的，有着陡峭的学习曲线，同时包含了更广泛的微服务概念。

11.3.2　Spring Cloud 与 Kubernetes 的融合

结合上述对 Spring Cloud 和 Kubernetes 的优劣势分析，我们可以融合它们各自的优势，搭建出适合公司的微服务平台。下图的技术栈和构建流程可以作为参考。

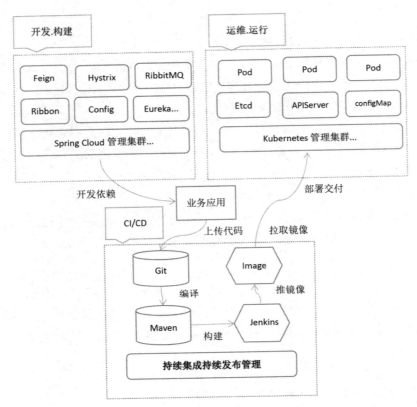

使用 Spring Boot，可以帮助业务应用快速开发、简化应用的启动和加载。通过 Spring Cloud 生态，可以为微服务平台提供服务的注册与发现、配置管理、事件驱动框架、消息队列、安全认证管理、容错管理、负载均衡、健康监测等功能。

Kubernetes 平台结合 DevOps 实践方法论，借助第三方的 Jenkins、Maven 等工具实现自动打包、构建、上传部署交付物到容器仓库，通过 Kubernetes 的 Yaml 文件，可以定义部署交付物在容器集群环境下的集群配置。

11.3.3　Spring Cloud Kubernetes 项目

Spring Cloud Kubernetes（GitHub 开源项目）是 Spring Cloud 官方提供的一个通用服务接口实现，用来促成 Kubernetes 原生环境下运行的 Spring Cloud 或者 Spring Boot 应用更好地相互集成。

Spring Cloud Kubernetes 提供了如下 4 个核心特性。

- Kubernetes 生态意识识别。

- Kubernetes 环境下 Discovery Client 实现服务发现。
- PropertySource 使用 ConfigMap 实现配置加载管理。
- Ribbon 在 Kubernetes 下的发现。

Kubernetes 生态意识识别

从开发者的使用角度来看，Spring Boot 应用程序启动和调试无须在 Kubernetes 中部署，因为 Spring Cloud Kubernetes 项目代码依赖 Fabric8 Kubernetes Java 客户端，它可以使用 HTTP 协议与 Kubernetes Server 的 Rest API 进行通信。

- Kubernetes 配置文件自动配置

当应用程序在 Kubernetes 中作为 Pod 运行时，名为 Kubernetes 的 Spring 配置文件将自动被激活。它可以自定义配置，对 Kubernetes 平台中部署 Spring Boot 应用程序按需加载对应的 Beans（根据不同的测试、开发、生产配置文件）。

- Istio[1] 意识

当应用程序类的路径中包含 spring-cloud-kubernetes-istio 模块时，相关模块的配置文件将被添加到应用程序中。然后可以在 Beans 和 @Configuration 类中使用 spring @Profile("Istio") 注释。这时 Spring 应用将包含一个客户端模块（Istio-Client），可以通过这个 Istio 生态意识模块与 Istio 提供的 API 进行交互。

Discovery Client 实现服务发现

该项目提供了 Kubernetes 的 Discovery Client 的客户端实现。通过此客户端可以按名称查询 Kubernetes 端点。Kubernetes API 服务器通常将服务公开为代表 HTTP 和 HTTPs 地址端点的集合，客户端可以从作为 Pod 运行的 Spring Boot 应用程序进行访问。Spring Cloud Kubernetes Ribbon 项目可以使用此功能来获取服务端点列表。Maven 依赖如下：

```
<dependency>
    <groupId>org.springframework.cloud</groupId>
    <artifactId>spring-cloud-starter-Kubernetes</artifactId>
</dependency>
```

如果需要启用 Discovery Client 的加载，请将 @EnableDiscoveryClient 添加到相应的配置或应用程序类中。

```
@SpringBootApplication
```

---

[1] Istio：微服务网格技术。

```
@EnableDiscoveryClient
public class Application {
    public static void main(String[] args) {
        SpringApplication.run(Application.class, args);
    }
}
```

PropertySource 使用 ConfigMap 实现配置加载管理

Kubernetes 提供了一个 ConfigMap 资源，用于以键值对或嵌入式的 application.properties 或 application.yaml 文件的形式来外部化要传递给应用程序的参数。在 Spring Cloud Kubernetes 配置项目中，Kubernetes ConfigMap 实例可以在应用中观察到 ConfigMap 实例中检测到的变化，并装配 Beans 或 Spring 上下文。这个组件的功能与 Spring Cloud Config 配置中心的功能类似，只不过配置信息源来自 Kubernetes 的 ConfigMap。

找到的所有匹配的 ConfigMap 都将按以下方式处理。

- 应用单个配置属性。
- 将名为 application.yaml 或者 application.properties 的任何属性的内容都用作属性文件。

假设我们有一个名为 demo 的 Spring Boot 应用程序，使用以下属性读取其线程池配置。

```
pool.size.core
pool.size.maximum
```

可以将其外部化为 Yaml 格式的配置映射。

```
kind: ConfigMap
apiVersion: v1
metadata:
    name: demo
data:
    pool.size.core: 1
    pool.size.max: 16
```

Ribbon 在 Kubernetes 下的服务发现

Spring Cloud 调用微服务的 Ribbon 组件实现客户端的负载均衡功能，以便自动发现它可以在哪个端点到达给定服务。该机制已在 Spring 开源项目[1]中实现，Kubernetes 客户端可以自动填充 Ribbon-ServerList，其中包含有关此类端点的信息。该实现是以下启动器的一部分，可以通过将其

---

[1] spring-cloud-Kubernetes-ribbon。

依赖项添加到Maven文件来实现该依赖。

```xml
<dependency>
    <groupId>org.springframework.cloud</groupId>
    <artifactId>spring-cloud-starter-Kubernetes-ribbon</artifactId>
    <version>${latest.version}</version>
</dependency>
```

填充端点列表后,通过匹配 Ribbon Client 注解中定义的服务名称,Kubernetes 客户端搜索位于当前名称空间或项目中的已注册端点。

spring-cloud-starter-kubernetes-ribbon 模块可以从 spring.factories 文件中找到自动配置类。

```
org.springframework.boot.autoconfigure.EnableAutoConfiguration=\
org.springframework.cloud.kubernetes.ribbon.RibbonKubernetesAutoConfiguration
```

自动配置类 RibbonKubernetesAutoConfiguration 的源码如下。

```java
@Configuration(proxyBeanMethods = false)
@EnableConfigurationProperties
@ConditionalOnBean(SpringClientFactory.class)
@ConditionalOnProperty(value = "spring.cloud.kubernetes.ribbon.enabled",matchIfMissing = true)
@AutoConfigureAfter(RibbonAutoConfiguration.class)
@RibbonClients(defaultConfiguration = KubernetesRibbonClientConfiguration.class)
    public class RibbonKubernetesAutoConfiguration {
}
```

KubernetesRibbonClientConfiguration 是使用@RibbonClients 注解导入的配置类,也就是通过 ImportBeanDefinitionRegistrar 注册的,源码如下。

```java
@Configuration(proxyBeanMethods = false)
@EnableConfigurationProperties(KubernetesRibbonProperties.class)
public class KubernetesRibbonClientConfiguration {
@Bean
@ConditionalOnMissingBean
public ServerList<?> ribbonServerList(KubernetesClient client, IClientConfig config,
    KubernetesRibbonProperties properties) {
    KubernetesServerList serverList;
    if (properties.getMode() == KubernetesRibbonMode.SERVICE) {
        serverList = new KubernetesServicesServerList(client, properties);
    }
     else {
        serverList = new KubernetesEndpointsServerList(client, properties);
    }
    serverList.initWithNiwsConfig(config);
```

```
        return serverList;
    }
}
```

11.4 小结

Kubernetes 作为容器调度运行平台,保证了微服务的弹性、负载、语言无关、扩缩容等强大的 DevOps 能力,而 Spring Cloud 框架提供的开发者经验是面向开发人员友好的微服务平台,两个平台都有各自的强项。在微服务实践过程中,我们需要集成它们各自的优势,最终诉求是满足业务场景、解决复杂问题域、提高开发效能、提升服务的交付效率。

第 12 章 微服务发展趋势

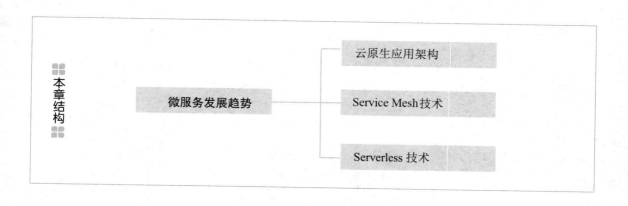

随着 Docker 技术的普及和 Kubernetes 在互联网公司的大量部署与使用，微服务架构正在围绕应用如何易于开发交付、减少资源消耗、无侵入治理等方面进行变革和演进。本章我们将讲解云原生架构、Service Mesh 技术、无服务器架构（Serverless）技术。

12.1 云原生应用架构

云原生应用架构的 3 个特征包括：容器化、微服务、DevOps。通俗地讲，就是将现代应用基于微服务架构原则（云原生 12 因子）构建，使用 DevOps 开发运维一体化的动态管理机制，将微服务自动化部署在私有云或者公有云。

12.1.1 云原生应用架构进阶

Pivotal 是云原生应用的提出者，推出了 Pivotal Cloud Foundry 云原生应用平台和 Spring 开源微服务框架。近几年，随着云原生生态的不断发展壮大，Google 主导成立的云原生计算基金会对云原生做了重新定义：

> 云原生技术有利于各组织在公有云、私有云和混合云等新型动态环境中，构建和运行可弹性扩展的应用。云原生的代表技术包括容器、服务网格、微服务、不可变基础设施和声明式 API。

CNCF 对云原生的定义从 Cloud 和 Native 两个方面进一步阐述。

- 一方面，强调 Cloud 代表着应用的运行时，运行环境基于私有云、公有云或者混合云等，有别于传统的数据中心机房环境。
- 另一方面，Native 应用是适合云环境的微服务程序，这些微服务程序更加适合运行在云端环境。

下面我们从应用、平台、组织流程等不同视角来看云原生应用架构的演进过程，以及云原生架构相比传统应用软件开发模式的组织特征和架构特性，示意图如下。

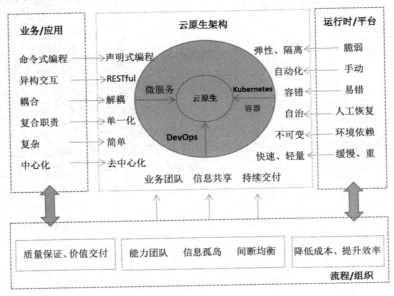

从云平台搭建开始

云平台相比传统的 IT 运维方式具备成本低、弹性、可靠性、便捷性等特性，而这些显而易见的优势都成为企业转型使用云平台的重要因素。

业务微服务化转型

企业进行云原生架构转型的核心动力是快速响应业务的需求和变化。传统的单体架构成为业务发展的羁绊，微服务给应用开发及部署带来了极大的灵活性和可扩展性。

持续的价值交付

持续交付需要基于 DevOps 方法论，结合持续集成和持续部署（CI/CD）过程完成应用持续的价值交付，从而使业务能从云原生技术架构中得到持续的价值收益。

12.1.2 Java 的云原生应用优化

云原生应用围绕性能（Performance）、稳定性（Stability）、安全（Security）、扩展性（Scalability）等特性持续迭代演进。

在企业应用开发领域，使用 Spring Boot 为代表的开发框架作为云原生应用开发框架，依然处于主流地位，但是同样存在诸多劣势。

我们可以从以下几个方面考虑优化应用性能。

编译速度优化

Spring Boot 在 2.3.0.M1 版本中对默认的编译工具进行了重大更改，使用 Gradle 而非 Maven 作为构建项目的主要代码管理工具。Spring Boot 团队考虑切换到 Gradle 的主要原因是减少构建项目所需的时间，提升编译的效率。

相比 Maven，Gradle 在依赖管理、多模块构建、插件机制等多方面特性都有更加显著的优势。Gradle 使用 XML 方式进行配置，把"约定大于配置"的设计理念进一步发扬光大，最重要的是并行化的编译速度有显著的提升。

镜像瘦身

交付物打包体积的大小直接影响镜像的分发和传输速度，通过对 Docker 镜像瘦身，可以显著提升构建交付物的效率。

分阶段构建则通过将构建环境和运行环境分离，减少上述构建产生的镜像冗余问题。下面列举了使用两阶段进行打包构建的方式。

```
# First stage: complete build environment
FROM maven:3.5.0-jdk-8-alpine AS builder
# add pom.xml and source code
ADD ./pom.xml pom.xml
ADD ./src src/
# package jar
RUN mvn clean package
# Second stage: minimal Runtime environment
From openjdk:8-jre-alpine
# copy jar from the first stage
COPY --from=builder target/msb-1.0.jar msb.jar
# run jar
CMD ["java", "-jar", "msb.jar"]
```

从上述 DockerFile 可以看到,我们将镜像构建分成两个阶段。

- 构建（Build）阶段依然采用 JDK 作为基础镜像,并利用 Maven 进行应用构建。
- 发布镜像阶段,我们采用 JRE 作为基础镜像,并从"Build"镜像中直接复制出生成的打包文件。在发布镜像阶段,不包含任何编译时的依赖,减少了镜像体积。

提升启动速度

JVM 9 引入了 AOT 编译方式,它会将 JVM 编译结果保存在 SCC 中,在后续 JVM 启动中可以直接重用。与启动时进行的 JIT 编译相比,从 SCC 加载预编译的实现要快得多,而且消耗的资源更少,启动时间也得到明显改善。使用方式就是在 OpenJDK 的启动参数中增加参数配置：-Xshareclasses 开启 SCC，-Xquickstart 开启 AOT。从测试结果来看,使用 OpenJDK 的 SCC 和 AOT 特性启动速度提高了 50%；而 JVM 资源占用也减少了 400MB 左右。

Java 云原生框架探寻

Java 云原生框架在社区中出现了一些技术框架的探索,其中比较典型的代表是 Quarkus 和 Micronaut。二者都可以运行在 GraalVM 上。GraalVM 使 AOT 编译成为可能,将字节码转换为本地机器代码,从而产生可以本地执行的二进制文件。

12.2 Service Mesh 技术

服务啮合（Service Mesh）是一种为了保证"从服务到服务"的安全、快速和可靠的通信而产生的基础架构层。在云原生架构下,服务啮合层的提出,可以帮助开发者将服务的交互通信问题与微服务内部的业务问题隔离开来,使之专注于各自的领域。

12.2.1 微服务的 SideCar 模式

SideCar 的本意是边车，它在客户端和服务端之间增加了一个服务代理，而这个代理是以应用组件的模式与微服务应用一起打包部署在容器或者单独进程中的。

边车模式类似连接到摩托车的边车，起到辅助和支持的作用。这种模式通过增加了边车（SideCar），实现边车组件完成一些非功能公共服务需求（如服务发现、熔断）。它的最大好处就是可以集成异构系统。

SideCar 模式并没有在微服务架构中大面积应用，因为这种模式仅仅作为一种过渡，或者说解决了部分异构系统的服务发现、服务负载等局部问题，但它的局限性在于本质上它还是为特定的基础设施而设计的，无法满足兼容性。

12.2.2 Service Mesh 的技术前景

Service Mesh 解决了 SideCar 模式的根本问题和局限性。

- Service Mesh 是一种网络模型和基础设置，类似 TCP/IP 通信协议，服务之间通信使用 Service Mesh，不再像 SideCar 被视为一个单独的组件，而是强调网络。
- Service Mesh 作为通用协议的控制组件，不仅关注数据面的消息转发，还增加了控制面，实现对流量的控制和管理。

Service Mesh 的概念

Service Mesh 可以总结为一个专门处理服务通信的基础设施层。它的职责是在由云原生应用组成服务的复杂拓扑结构下进行可靠的请求传送。一个典型的 Service Mesh 架构由服务代理（数据平面）和管理与配置这些代理的"控制平面"组成。Service Mesh 的控制平面如下图所示。

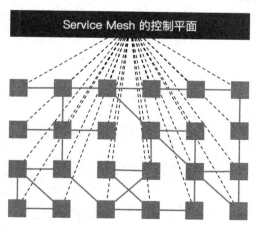

Service Mesh 的优势

相比传统的微服务框架，Service Mesh 有以下优势。

- 服务网格将 SDK 的服务治理能力从业务中剥离出来，拆分为独立进程，通过拦截标准协议和对网络通信层的控制实现服务治理，实现服务治理与业务的分离和解耦。
- 传统的微服务架构存在技术栈、遗留系统改造等约束条件限制，而 Service Mesh 可以统一管理这些服务，减少了维护和改造的成本。
- 服务网格技术是一个专用的基础设施层，它可以更有效地处理服务的治理需求，如路由的灰度发布、安全认证、加密等特性。

Service Mesh 的局限

Service Mesh 不是"银弹"，它的局限与优势一样明显。Service Mesh 本身也带来了更多的复杂性。

- 服务网格技术会极大地增加开发和运维的复杂性。
- 服务网格技术相对不易做定制化开发和扩展，缺少了开发的灵活性。
- 服务网格技术缺少业务特性支持，如分布式事务等特性还没有相应的解决方案。
- 服务网格技术会给业务带来一定的延迟开销，对于性能有极致要求的场景，这样的延迟在大流量场景下，还会带来用户体验的下降。
- 服务网格技术的运行能力将成为整个网络和所有应用的瓶颈。

12.3 Serverless 技术

12.3.1 Serverless 的模式

回顾软件技术发展的历史，我们会发现"抽象、分解、集成、复用"的主题贯穿始终，行业的每一次更新换代都伴随着更高程度的软件服务模式的抽象，并随之引起 IT 行业的商业模式革新。

- On-Premises（本地部署）：硬件裸机时代，机房所有的硬件、操作系统、容器、运行时环境、应用、函数等都需要自己管理。
- IaaS（基础设施即服务）：IaaS 处于底层，服务商提供底层或物理层的基础设施资源（如数据中心、电源、服务器机房），客户自己部署应用程序等各种软件。
- CaaS（容器即服务）：CaaS 服务的出现使我们不再需要自己维护操作系统层面的东西，只需要维护业务应用系统即可。
- PaaS（平台即服务）：PaaS 处于中间层，服务商提供基础设施的底层服务、操作系统，客户自己控制上层的应用程序部署。
- FaaS（函数即服务）：FaaS 提供一个平台，用户实现业务函数逻辑，无须构建、维护与开发和启动应用程序相关的基础架构。

Serverless 的提出

Serverless 可以理解为由开发者实现的服务端逻辑运行在无状态的计算容器中，它由事件触发，完全被第三方管理。Serverless 架构可以帮助我们减少部署、提高扩展性，并减轻代码后面的基础设施的维护负担。

Serverless 从广义上包含 FaaS 和 BaaS（后端即服务）两方面。FaaS 解决了应用本身的"无服务器"化，BaaS 解决了应用依赖的第三方服务的"无服务器"化。当应用和其依赖的服务都实现了"无服务器"化时，这个应用才算是完整的 Serverless 应用。

Serverless 模型使客户仅需要关心"业务代码"，设计好自己的业务模型，把代码部署到云服务中，就可以完成一系列复杂的部署、运维、监控操作。

12.3.2 Serverless 的技术前景

Serverless 的使用场景

- Serverless 适用于应用后端事件触发场景，通过调用 Serverless 云函数，实现文件上传、简单的消息推送、定时器任务等功能。
- Serverless 适用于应用的 AI 智能对话场景，Serverless 最核心的竞争优势不仅仅是云函数，更重要的是服务商本身所提供的 AI 能力。
- Serverless 提供云端安全认证服务，可以减少不必要的 IT 重复建设。
- Serverless 提供大数据处理能力，最典型的就是物联网应用，解决实时海量大数据计算和存储问题。

Knative 的 Serverless 架构方案

Knative 是谷歌开源的一套 Serverless 架构方案。它提高了构建可在本地、云和第三方数据中心等地方运行的现代化的、以资源为中心且基于容器的应用的能力，以 Kubernetes 的 CRD 形式运行存在。

Knative 专注于解决以容器为核心的 Serverless 应用的构建、部署和运行的问题，构建在 Kubernetes 和 Istio 的基础上，为构建和部署 Serverless 及基于事件驱动的应用程序提供了一致的标准模式。

Knative 的目标是提供标准的 Serverless 编排框架，简化烦琐的构建、部署、应用运维、服务治理等步骤，逐渐成为主流的无服务平台和技术的标准。

12.4 总结

在前面的章节中，我们已经讨论了很多与微服务有关的话题，最后让我们快速回顾总结一下全书的核心内容。

技术与价值

从早期的 SOA 架构开始，微服务以一种区别于传统单体应用的细粒度服务实现方式出现，使用分布式架构技术解决软件面临的系统性问题，逐渐成为企业开发的主流架构模式。作为一种"基础架构"技术，微服务融合了云原生 12 因子、领域驱动设计、Docker、Spring Boot、Spring Cloud 框架、康威定律、DevOps、CI/CD 等众多架构理念和软件技术开发实践。

微服务作为一种优化资源组织的体系结构方法，其价值在于解决实际系统面临的复杂性问题。随着业务规模的扩大，单体应用的程序变得无法适应和管理，微服务架构通过把整体应用划分为小型、自治、独立的服务集群，来有效地提升整体业务系统的可管控性、可维护性、可扩展性。从软件工程的角度来看，微服务通过代码层面的解耦，有利于团队的并行化开发，提高应用系统的交付效率，缩短生产周期；微服务也让开发人员从庞大的单体架构中解脱，不必理解整体系统工程，只需要关注自己负责的业务模块；微服务之间可以通过定义轻量化、标准、规范、用户友好的 API 进行集成交互。

同时，微服务可以有效地分离业务与技术的复杂度，通过将重复的组件沉淀在微服务架构底座，结合基础设施的隔离运行机制及持续集成、持续交付工具，将与业务无关的共性技术问题抽离，这样开发人员可以专注于业务本身。相比单体架构，微服务在快速响应、弹性、容错、维持速度、可演性方面都有更加显而易见的优势。

然而，微服务不是"银弹"，将整体系统分解为微服务后带来的系统分散性问题，以及微服务对技术、人员、组织、流程管理带来的研发习惯、工作模式的改变，都是考验企业转型微服务架构的重要决策因素。总而言之，任何技术的采用都需要结合业务实际情况进行一番利弊权衡。正所谓"最合适的技术才是最有价值的技术"。如果你的应用只是短期、小众用户的项目，完全可以不考虑系统架构；而随着时间推移，当用户量增长、业务新增需求，而你的系统无法扩展，需要重构扩展时，技术架构对业务的价值影响和冲击可能会造成无法挽回的损失。

业务与平台

微服务的实践围绕业务和平台两个方向发展，二者不存在割裂的关系，在开发实践的优先级方面，应该根据公司的发展战略和业务发展阶段有不同的侧重。

大部分企业都基于业务驱动方式选择微服务，原因是随着业务发展到一定程度，积累了大量的单体应用，需要依靠微服务的拆分和领域分解，解决日益增长的业务复杂性问题。微服务在这个阶段主要围绕业务进行微服务化改造。以 Spring Boot 为代表的基底模式是业务转型微服务的主要构建模式，以 DDD（领域驱动设计）思想为指导，结合业务逻辑、开发人员技术能力、组织结构、基础 IT 架构等多方面因素综合考虑落地实践微服务。

在微服务的治理平台建设方面，随着服务规模的扩大，以 Spring Cloud 为代表的技术生态为规模化服务提供注册中心、配置中心、微服务网关、容错管理、集成交互、服务链路监控、日志聚集管理等基础设施和能力。

对于微服务的运行时平台，容器目前仍然是微服务应用运行的最佳虚拟环境和载体。容器技术虽然本质上与微服务是独立的，并且有着不同的解决领域和目标，然而结合 DevOps 实践方法论，它们共同组成了云原生架构的底层技术平台。伴随着微服务规模的增长、发布和交付的频率加快，缺少了容器技术的支持，将使微服务的规模化发展难以维系。自动化 CI/CD 和以 Kubernetes 技术为代表的 PaaS 平台建设成为微服务自动化、规模化、平台化阶段的主要工作。

当然微服务平台化建设也受限于企业的组织结构、流程管理及业务发展等方面，单纯依靠技术投入无法达到预期效果。平台建设的关键需要和业务微服务化改造相辅相成，在开发、测试、交付整个软件流程过程中建立规范和标准、划分职责边界，促进业务领域构建与技术平台融合、达成共识，使微服务架构可以持续迭代演进发展。

趋势与未来

目前，微服务技术的发展趋势是对基础设施层的进一步沉淀，实现业务与微服务底层架构运行时的分离。以 Service Mesh、Serverless 技术为代表的事件驱动形式的微服务架构，将成为下一阶段微服务的发展趋势和重点关注领域。随着云原生平台的重塑，微服务将进一步演进，平台将使开发人员更加专注于业务逻辑实现，抽离的基础服务将极大地提升开发人员的生产力，围绕着微服务、云原生基础设施、演进式架构，这里既充满挑战，也将会迸发出更多的生机与机遇。

反侵权盗版声明

电子工业出版社依法对本作品享有专有出版权。任何未经权利人书面许可，复制、销售或通过信息网络传播本作品的行为；歪曲、篡改、剽窃本作品的行为，均违反《中华人民共和国著作权法》，其行为人应承担相应的民事责任和行政责任，构成犯罪的，将被依法追究刑事责任。

为了维护市场秩序，保护权利人的合法权益，我社将依法查处和打击侵权盗版的单位和个人。欢迎社会各界人士积极举报侵权盗版行为，本社将奖励举报有功人员，并保证举报人的信息不被泄露。

举报电话：（010）88254396；（010）88258888

传　　真：（010）88254397

E-mail: dbqq@phei.com.cn

通信地址：北京市万寿路173信箱　电子工业出版社总编办公室

邮　　编：100036